普通高等教育"十三五"规划教材

电力传动与调速控制系统及应用

王立乔 沈 虹 吴俊娟 等编著

化学工业出版社

·北京·

本书将电力传动以及电机调速控制的相关知识有机融为一体,结合电机调速控制系统的应用和技术解决方案,全面、系统地介绍了电机传动以及调速的有关基础知识、先进技术和应用实践,主要包括电力传动及电力电子变换器基础,直流电机调速系统、交流电机调速系统等具体调速的原理、设计细节、实际应用等。附录中提供了关于直流调速系统的 CDIO 项目任务书,全书配套课件可在以下链接免费下载:http://download. cip. com. cn/html/20170717/378135615. html。

　　本书可供电气技术人员、电机修理人员以及相关电气自动化专业师生参考。

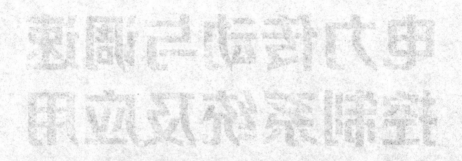

图书在版编目（CIP）数据

电力传动与调速控制系统及应用/王立乔等编著.—北京：化学工业出版社，2017.5（2023.1重印）
ISBN 978-7-122-29403-6

Ⅰ.①电… Ⅱ.①王… Ⅲ.①电力传动-控制系统 Ⅳ.①TM921.5

中国版本图书馆 CIP 数据核字（2017）第 066685 号

责任编辑：刘丽宏	文字编辑：孙凤英　毛亚囡
责任校对：王素芹	装帧设计：刘丽华

出版发行：化学工业出版社（北京市东城区青年湖南街 13 号　邮政编码 100011）
印　　装：天津盛通数码科技有限公司
787mm×1092mm　1/16　印张 17¾　字数 471 千字　2023 年 1 月北京第 1 版第 3 次印刷

购书咨询：010-64518888　　　　售后服务：010-64518899
网　　址：http://www.cip.com.cn
凡购买本书，如有缺损质量问题，本社销售中心负责调换。

定　价：59.00 元

　　电力传动与控制是大学本科电气工程及自动化专业、自动化专业的必修内容。考虑到电力传动与控制技术具有非常强的综合性，想要很好地学习和理解这门技术，必须要有足够的专业基础知识，也就是需要掌握"电机学""电力电子技术""自动控制原理""微机原理"以及"检测与转换技术"（或"电气测量"）等先修课程的基本内容。

　　电力传动与控制的核心就是电机调速。按电机的类型划分，电机调速可分为直流调速和交流调速两种。直流调速在相当长的时间内一直占据调速系统的主流地位，但随着现代电机制造技术和现代电力电子技术的快速发展，以及微处理器运算能力和运算速度的大幅度提高，近20年以来，交流调速取得了长足的进步。目前，在大多数应用场合，交流调速已经取代直流调速，占据了主导地位。

　　但作为教材，直流调速方面的内容仍然有充足的理由继续保留。主要原因有以下几条。首先，直流调速的闭环系统结构和控制算法，是交流调速的样本和基础；高性能的交流调速技术如矢量控制，正是利用坐标变换的手段，将交流电机模拟为直流电机，并按直流调速的闭环系统结构和控制算法进行控制。其次，相对于交流电机高阶、强耦合、非线性的特点，直流电机的数学模型非常简单，与"自动控制原理"课程的衔接非常容易，对初学者而言也更容易上手实践。再次，直流调速系统也并未完全退出市场，在某些功率比较大、精度要求比较高的场合如重型机械领域还有较多的应用。

　　综上所述，本书仍给予直流调速足够的篇幅，与交流调速基本相当。考虑到当前流行的先修课程教材《电机学》中有关传动基础的部分非常少，与本课程的衔接不好。为此本书特增加一篇的内容，作为两门课程的过渡内容。如果选用《电机与拖动基础》作为先修课程教材，这部分内容可以选讲或者不讲。当前流行的先修课程教材《电力电子技术》中有关调速用变换器及其控制的内容也比较少，同样与本课程的衔接不好。为此本书也增加了"电力传动中的电力电子技术"一章，作为衔接，也放在第1篇内。此外，转速检测是调速系统的基础构成成分，也写了一章，同样安排在第1篇。

　　为了配合当前本科教育中对工程实践和CDIO项目式教学的要求，本书提供了关于直流调速系统的CDIO项目任务书，作为附录。

　　本书配套课件资源请自行免费下载：http://download.cip.com.cn/html/20170717/378135615.html。

　　本书由燕山大学王立乔、沈虹、吴俊娟、肖莹和郭忠南共同编写。其中，绪论由王立乔编写，第1章由郭忠南编写，第2章由沈虹编写，第3、第4章由王立乔编写，第5章由郭忠南、吴俊娟编写，第6、第7章由吴俊娟、王立乔编写，第8章由肖莹编写，第9、第10章由沈虹、肖莹编写，第11章由肖莹、王立乔编写。全书由王立乔统稿。

由于学识有限，书中难免有不足之处，欢迎读者批评指正。

编著者

第1篇　电力传动基础

第1章　直流电动机传动基础 / 005

第 2 篇　直流调速系统

第 3 篇　交流调速系统

第 8 章 标量控制的异步电动机变压变频调速系统 / 172

绪 论

0.1 电力传动的发展概况

传动是指机械之间的动力传递，将机械动力通过中间媒介传递给生产机械产生运动，从而完成一定的生产任务。以电动机作为原动机带动机械设备运动的传动方式称为电力传动（Power Drive），或称电力拖动（Power Traction）。

一般情况下，电力传动装置可分为电动机、工作机构、控制设备及电源四个组成部分，如图 0-1 所示。电动机把电能转换成机械动力，用以带动生产机械的某一工作机构。工作机构是生产机械为执行某一任务的机械部分。控制设备是由各种控制电机、电器、自动化元件及工业控制计算机等组成的，用以控制电动机的运动，从而对工作机构的运动实现自动控制。为了向电动机及一些电气控制设备供电，在电力传动系

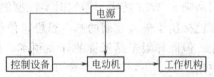

图 0-1 电力传动的基本原理框图

统中必须设有电源。需要指出的是，在许多情况下，电动机与工作机构并不同轴，而是在二者之间有传动机构，它把电动机的运动经过中间变速或变换运动方式后再传给生产机械的工作机构。

广义而言，电力传动的发端可追溯到电动机的发明，但真正意义上的电力传动则是在 19世纪末电力系统正式商用化之后才逐步建立的。当时鉴于直流传动具有优越的调速性能，高性能可调速传动都采用直流电动机，而约占电力传动总容量 80% 以上的不变速传动系统则采用交流电动机，这种分工在一段时期内为公认的格局。

考虑到电力系统已经普遍采用交流发电和输配电，为了给直流电机提供可用的直流电源，出现了 Ward-Leonard 系统，其结构如图 0-2 所示。在 Ward-Leonard 系统中，交流电动机和直流发电机的作用是将电网获得的交流电变为直流电动机所需的直流电，这实际上完成了电能从交流到直流的变换，因此也被称为旋转变流机组。

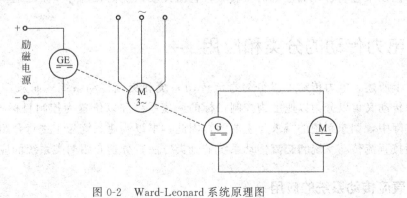

图 0-2 Ward-Leonard 系统原理图

20 世纪 30 年代出现了汞弧整流器，从而使变流技术从旋转阶段开始向静止阶段发展。但

旋转变流机组遇到的真正挑战则是 1957 年以晶闸管诞生为标志的电力电子技术。可以说，此后电力传动的每一次重大突破都与电力电子技术的先行发展密切相关，没有电力电子技术的突飞猛进就没有电力传动现在的格局和未来的蓝图。也正因为如此，在 20 世纪末，我国在制订新的高等学校本科和研究生专业学科目录的时候，把电力传动和电力电子合并为了一个专业，即电力电子与电力传动专业。

1958 年晶闸管正式投入商用以后，迅速在整流领域取代旋转变流机组和汞弧整流器，开始了晶闸管整流器时代。而电力传动系统也从旋转变流机组发展到了晶闸管-直流电动机系统，也称静止 Ward-Leonard 系统。事实上，在 20 世纪 60 年代，直流斩波器诞生之后，利用直流斩波器实现直流调速的思想就已经开始出现。而直流脉宽调速技术真正获得迅速发展则是以 GTO、GTR 为代表的全控型器件的出现以及 PWM 技术的推广应用。

而全控型器件和 PWM 技术的发展，也为交流调速系统提供了强有力的支撑。早在 20 世纪 70 年代，PWM 技术，特别是 SPWM 技术的基本概念和理论就已经成形。1975 年英国的 S. R. Bowes 博士在 IEE 会刊上发表的关于 SPWM 数学模型的论文已经从数学角度定量地给出了 SPWM 技术的谐波分布规律。人们已经清楚地知道要想获得优质的正弦波逆变器，必须采用高频 SPWM 技术，但当时半控型的晶闸管是难以实现高频 SPWM 的。与此同时，德国科学家也提出了矢量控制的基本思想，使得交流电动机获得与直流电动机相媲美的调速性能成为可能。但同样限于晶闸管的开关频率，以及微处理器的运算速度，矢量控制技术也未得到真正应用。

但交流传动在当时也并非毫无进展。由晶闸管构成的交交直接变换器，也就是周波变换器，在大容量交流电动机调速中开始推广应用。交流传动方面另一个重要的进展是静止 Scherbius 系统的出现，我国通常将之称为"串级调速"系统。虽然串级调速系统的调速范围有限，但其在大型风机、水泵等原来不调速的系统中的应用还是能带来可观的节能效果。

随着 20 世纪 70 年代末全控型器件 GTO、GTR 以及电力 MOSFET 的相继出现，特别是 20 世纪 80 年代中后期 IGBT 的问世，电力电子技术进入到了高频时代。电力传动领域首先在直流脉宽调速系统中取得进展，而后交流传动系统则以后发制人的姿态全面挺进，直至现在交流传动系统已经成为电力传动领域中的主导者。这种转变主要是因为交流异步电动机的制造成本和维护费用远低于同等容量的直流电动机，换向能力也限制了直流电动机的容量和速度。而矢量控制技术和 1990 年前后出现的直接转矩控制技术的工业化实现使交流传动系统获得了与直流传动系统相媲美的良好性能。以现代变频调速技术为核心的交流传动系统迅速普及，全面进入到生产生活的各个领域。相比于交流传动系统的迅猛发展，直流传动系统的市场份额则日益萎缩，但在某些场合，如重型机械领域，直流传动系统仍然占有一席之地。

0.2 电力传动的分类和应用

如以上所述，电力传动可以分为直流传动系统和交流传动系统。而从控制目标的角度来说，电力传动又可以分为以速度为控制目标的调速系统和以位置为控制目标的位置随动系统。在工业实际中，调速系统的需求是主要的，因此本书以调速系统为主进行介绍。

下面按直流传动系统和交流传动系统的分类方法，分别介绍两类系统的应用情况。

0.2.1 直流传动系统的应用

在以矢量控制和直接转矩控制为代表的高性能交流调速技术广泛应用之前，直流传动系统在电力传动领域曾经独领风骚。但时过境迁，直流传动系统在很多应用场合已经被现代交流传动系统取代。但在某些领域，直流传动系统仍然得到相当多的应用。这是因为直流电动机具有调速范围广，易于平滑调速，启动、制动和过载转矩大，易于控制，可靠性高等优点，尤其是在转速低、力矩大的应用场合，直流传动系统仍有一定优势。当然由于换相问题，直流电动机的极限容量受到限制，维护成本较高。尽管如此，由于运行特性良好以及运行经验丰富，因而在精度要求比较高的轧钢、锻压等重型机械领域，直流传动系统仍然是合适的选择。此外在数控机床、低压伺服系统、汽车电子等领域，直流传动系统也占有一定份额。

0.2.2 交流传动系统的应用

相比于直流传动系统，交流传动系统的应用要广泛得多。具体而言，有以下几个方面：

（1）一般工业应用 一般工业中很多生产设备需要调速，比如起重机、传送机以及机械加工设备等，在这些场合交流变频调速系统已经基本取代直流传动系统。除此之外，风机与水泵是交流传动系统的主要应用对象。风机和水泵的用量很大，总用电量约占全国用电量的 1/3。风机和水泵的传动控制主要是改变电机的速度以节约电能。在传统上，串级调速系统曾经在风机和水泵类调速系统中占据大量份额，但目前已经基本被变频调速系统所取代。实际上，采用背靠背双 PWM 变流器的双馈调速系统在性能上不次于变频调速系统，且其电力电子变换器的容量只占系统总容量的 1/3，因而在风机和水泵类负载应用中有重要的潜在优势。

（2）交通运输 轨道交通目前几乎全部使用交流传动系统。在牵引传动方面，除了制造和维护成本以外，与直流传动系统相比，交流传动系统还有以下优点：在转向架有限空间内可以设置更大功率的电机，以适应高速和重载的需要；电动机能在静止状态下任意的时间有高的启动力，以利于复杂条件的重载启动；可以在 3 倍左右的宽速度范围内实现恒功率输出，以适应多种运输要求；黏着系数比直流传动高 10 倍以上，容易控制列车发挥更大的牵引力。轨道交通中，几乎都采用异步电动机。在现代城市轨道交通中，直线电机交流传动也得到了广泛关注，如北京地铁机场线、广州地铁 4 号线等，还有上海磁悬浮线路也是直线电机的交流传动。

（3）民用设施和家用电器 在民用设施中，交流传动系统也得到了广泛应用，其中最常见的就是电梯。电梯需要适应频繁启动和制动的要求，且要求噪声小、过载能力强。对电梯的控制要求是安全可靠、平稳舒适、平层准确，另外希望效率高、经济实用、调度运行合理。除电梯外，恒压供水设备也是民用设施中重要的交流传动系统应用场合。

在家用电器中，由于对节能和高效率的要求，交流变频调速系统越来越受到重视，变频空调、变频冰箱、变频洗衣机的市场占有率越来越高。此外，在录像机、DVD 机，以及计算机中 CPU 风扇和各种磁盘、光盘驱动器，大多采用永磁同步电动机传动系统。

（4）特大容量、极高转速的交流传动 在特大容量的场合，直流电动机由于换相问题限制了应用，交流电动机传动系统成为了唯一选择，在矿山机械如矿井卷扬机、球磨机等场合更是如此。而转速极高的传动系统，如高速磨头、离心机等，也都以交流调速为宜。

0.3 本书的主要内容

"电力传动与控制系统"是普通高等学校本科专业电气工程及自动化、自动化的专业必修课程。"电力传动与控制系统"集电力传动、电力电子、自动控制、检测技术以及计算机控制等相关专业知识于一身，是高等学校本科"强电"专业中最具综合性的一门课程。为了适应现代高等教育的特点，特别是从加强对学生工程实践能力的培养这一角度出发，编者在多年教学和科研的基础上完成了这本教材的写作。

本书共分为3篇，分别是电力传动基础、直流调速系统和交流调速系统，下面进行简要介绍。

电力传动基础篇是本课程与先行课程的接口。考虑到《电机学》和《电力电子技术》的现行教材中，有关传动的内容比较少；直接教授控制系统相关内容，学生在理解方面存在一定难度。因此从多年教学实践的感受出发，特意编写本篇。在选用"电机与拖动基础"课程的学校，这部分内容可以选讲或略讲。本篇的主要内容包括直流电动机的传动基础、交流电动机的传动基础和电力传动中的电力电子变换器。在电力电子变换器中，对 H 桥可逆 PWM 电路进行了较为详细的分析，特别是对其四象限运行能力进行了讨论；对于晶闸管相控整流器，则着重对其带电动机负载时的机械特性以及整流装置的动态数学模型进行了讨论，对其四象限运行的情况则放到第七章进行讨论。对于逆变器调制技术特别是空间矢量调制技术，本书是按照电压型逆变器的常规调制技术进行讲授的，这在恒压频比控制和矢量控制的交流变频器中是适用的，但在直接转矩控制中则有不同需要。为此本书将直接转矩控制中有关矢量的优化安排的内容放在第3篇对应章节中。调速是电力传动系统的主要目标，转速的检测是调速系统中重要的环节，本书特别列出一章讲述相关的内容，也放在第1篇。

第2篇是直流调速系统。如前所述，直流调速系统到目前为止在一些领域还在应用，特别是其中关于闭环系统的相关分析和工程设计法不但是调速系统而且也是其他工程控制系统设计的基础，具有普遍性和一般性的价值；因而仍然自成一篇。该篇的主要内容包括单闭环控制的直流调速系统、双闭环控制的直流调速系统、工程设计法以及可逆直流调速系统等。

第3篇是交流调速系统。本篇首先讲述的是标量控制的交流变频调速系统，其次是高性能的交流变频调速系统，包括矢量控制和直接转矩控制。虽然绕线电机的串级调速系统目前应用已经较少，但作为交流调速系统中一种经典的方案，特别是其升级版"双馈调速系统"在节能效果上不次于变频调速系统且在风力发电领域有重要应用，本书仍然将其作为一章列入。此外，交流同步电动机，特别是永磁交流同步电动机的工业应用越来越广泛，本书对同步电动机的调速单独作为一章进行讲述。

为了培养学生的工程实践能力，本课程的讲授可以采用 CDIO 项目式教学法。作为范例，本书在附录中给出了直流脉宽调速系统的 CDIO 三级项目教学培养方案，希望对读者有所帮助。

本书可作为统一设置的《电力传动与控制系统》课程教材，也可以作为独立设置的《直流调速系统》和《交流调速系统》课程教材；使用者可根据具体情况选讲。

第1篇

电力传动基础

第1章
直流电动机传动基础

> 本章首先介绍电力传动系统的运动学基础，包括运动方程、工作机构物理量折算和生产机械的负载转矩特性等。这些内容不但适用于直流电机，也同样适用于交流电机。
>
> 直流电机的基本结构和工作原理在"电机学"中已经讲过，因此本书直接从他励直流电动机的机械特性讲起。结合电动机的机械特性、负载的转矩特性和电力传动系统的运动方程，本章介绍了电力传动系统稳定运行的条件。在此基础上，对他励直流电动机的启动和制动两个基本过渡过程进行了分析和讨论。本章最后介绍了直流电动机调速的基础知识，包括调速的相关指标和调速方法等。必须指出，本章所讲内容虽然由直流电动机所引发，但很多内容是电力传动系统中的共性问题；很多基本概念和基本方法已延伸至交流传动系统之中。

1.1 电力传动系统的运动学基础

1.1.1 电力传动系统的运动方程

(1) 运动方程式 电动机从运动方式上可分直线电动机和旋转电动机。顾名思义，直线电动机做直线运动，旋转电动机做旋转运动。当前实际应用中的电动机绝大多数是旋转电动机，因此本书只对旋转电动机的运动学方程进行讨论。

由力学的基本定律可知，旋转运动的方程式为：

$$T - T_L = J\frac{d\Omega}{dt} \tag{1-1}$$

式中，T 为电动机产生的传动转矩，$N \cdot m$；T_L 为阻转矩（或称负载转矩），$N \cdot m$；$J(d\Omega/dt)$ 为惯性转矩（或称加速转矩）。

转动惯量 J 可用下式表示：

$$J = mr^2 = \frac{GD^2}{4g} \tag{1-2}$$

式中，m 与 G 为旋转部分的质量（kg）与重量（N）；r 与 D 为惯性半径与惯性直径，m；g 为重力加速度，$g=9.81\text{m/s}^2$。

这样，由式(1-2)可见，转动惯量 J 的单位为 $\text{kg} \cdot \text{m}^2$。

运动方程式(1-1)的形式不够实用，在实际计算中常把它变换为另一种形式。

在式(1-1)中，如将角速度 $\Omega(\text{rad/s})$ 变成用每分钟转数 $n(\text{r/min})$ 表示的形式，即 $\Omega = 2\pi n/60$，并把式(1-2)代入，可得到旋转运动方程的实用形式：

$$T-T_{\text{L}}=\frac{GD^2}{375}\times\frac{\text{d}n}{\text{d}t} \tag{1-3}$$

式中，GD^2 为旋转部分的飞轮惯量。

必须指出，式(1-3)中的数字 375 是具有加速度量纲的，式(1-3)中各物理量在前述的指定单位时此式才成立。

电动机电枢（或转子）及其他转动部分的飞轮惯量 GD^2 的数值可在相应的产品目录中查到，但是其单位目前有时仍然用 $\text{kg} \cdot \text{m}^2$ 表示。为了转化成国际单位制，可将查到的数据乘以 9.81，就可换算成 $\text{N} \cdot \text{m}^2$ 的单位。

电动机的工作状态可由运动方程式表示出来。分析式(1-3)可知：

① 当 $T=T_{\text{L}}$，$\dfrac{\text{d}n}{\text{d}t}=0$ 时，$n=0$ 或 $n=$ 常值，即电动机静止或等速旋转，电力传动系统处于稳定运转状态下。

② 当 $T>T_{\text{L}}$，$\dfrac{\text{d}n}{\text{d}t}>0$ 时，电力传动系统处于加速状态，即处于过渡过程中。

③ 当 $T<T_{\text{L}}$，$\dfrac{\text{d}n}{\text{d}t}<0$ 时，电力传动系统处于减速状态，也是处于过渡过程中。

(2) 运动方程式中转矩的正负符号分析　应用运动方程式，通常以电动机轴为研究对象。由于电动机类型及运转状态的不同，以及生产机械负载类型的不同，电动机轴上的传动转矩 T 及阻转矩 T_{L} 不仅大小不同，方向也是变化的。因此，运动方程式可写成下列一般形式：

$$\pm T-(\pm T_{\text{L}})=\frac{GD^2}{375}\times\frac{\text{d}n}{\text{d}t} \tag{1-4}$$

式(1-4)中转矩 T 与 T_{L} 前均带有正负符号，一般可作如下规定：如果预先规定某一旋转方向（如顺时针方向）为正方向，则转矩 T 的方向如果与所规定的正方向相同，式(1-4)中 T 前带正号，相反时带负号。阻转矩 T_{L} 在式(1-4)中已带有总的负号，因此其正负号的规定恰恰与转矩 T 的规定相反，即阻转矩 T_{L} 的方向如果与所规定的旋转正方向相同时，T_{L} 前取负号，相反时则取正号。而在反转方向（如逆时针方向），则转矩 T 如果与反转的方向相同时取负号，相反时则取正号；阻转矩 T_{L} 如果与反转的方向相同时取正号，相反时则取负号。

上面的规定也可归纳为：转矩 T 正向取正，反向取负；阻转矩 T_{L} 正向取负，反向取正。

加速转矩 $\dfrac{GD^2}{375}\times\dfrac{\text{d}n}{\text{d}t}$ 的大小及正负符号由转矩 T 及阻转矩 T_{L} 的代数和决定。

1.1.2　工作机构各物理量的折算

实际传动系统的轴常常不止一根，如图 1-1(a) 所示，图中采用 4 根轴，将电动机角速度 Ω 变成符合工作机构需要的角速度 Ω_z。在不同的轴上各有其本身的转动惯量及转速；也有相应的反映电动机传动的转矩及反映工作机构工作的阻转矩。这种系统显然比一根轴的系统要复杂，计算起来也较为困难。

　　要全面研究这个系统的问题，必须对每根轴列出其相应的运动方程式，还要列出各轴间互相联系的方程式，最后把这些方程式联系起来，才能全面地研究系统的运动。用这种方法研究是比较复杂的。就电力传动系统而言，一般不须详细研究每根轴的问题，通常只要把电动机轴作为研究对象即可。

　　为此，引入折算的概念，把实际的传动系统等效为单轴系统，折算的原则是保持两个系统传送的功率及储存的动能相同。这样，只要研究一根轴，如图 1-1(b) 中所示的电动机轴，即可解决整个传动系统的问题，研究方法大为简化。

　　以电动机轴为折算对象，需要折算的参量为：工作机构转矩 T'_L，系统中各轴（除电动机轴外）的转动惯量 J_1、J_2、J_z。对于某些直线运动的工作机构，还必须把进行直线运动的质量 m_z 及运动所需克服的阻力 F_z 折算到电动机轴上去。

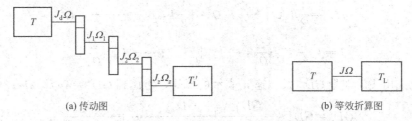

(a) 传动图　　　　　　　　　　　　　　　(b) 等效折算图

图 1-1　电力传动系统示意图

　　(1) 工作机构转矩 T'_L 的折算　如图 1-1(a)、(b) 所示，用电动机轴上的阻转矩 T_L 来反映工作机构上的转矩 T'_L 的工作。折算的原则是系统的传送功率不变，暂时先不考虑中间传动机构的损耗。

　　按传送功率不变的原则，应有如下的关系：

$$T_L\Omega = T'_L\Omega_z$$
$$T_L = \frac{T'_L}{\Omega/\Omega_z} = \frac{T'_L}{j} \tag{1-5}$$

　　式中，j 为电动机轴与工作机构轴间的转速比，$j = \Omega/\Omega_z = n/n_z$。

　　传动机构如系多级齿轮或带轮变速，且已知每级速比为 j_1、j_2、j_3、…，则总的速比 j 应为各级速比的乘积

$$j = j_1 j_2 j_3 \cdots$$

　　在一般设备上，电动机多数是高转速的，而工作机构轴多数是低转速的，故 $j \gg 1$。在有些设备上，如高速离心机等，电动机的转速比工作机构轴的转速低，这时 $j < 1$。

　　(2) 工作机构直线作用力的折算　某些生产机械具有直线运动的工作机构，如起重机的提升机构，其钢绳以力 F_z 吊质量为 m_z 的重物 G_z，以速度 v_z 等匀速上升或下降，示意图如图 1-2 所示。另外，如刨床工作台带动工件前进，以某一切削速度进行切削，也是直线运动机构的一例。无论是钢绳拉力或刨床切削力都将在电动机轴上反映一个阻转矩 T_L，折算原则与上述相同，也是传送功率不变，同样传动损耗暂不考虑。今以图 1-2 为例，介绍折算方法。

　　折算时根据传送功率不变，可写出如下关系：

$$T_L\Omega = F_z v_z$$

　　把电动机角速度 Ω(rad/s) 换算成以 r/min 为单位，则 $\Omega = 2\pi n/60$，上式变成

$$T_L = 9.55 \frac{F_z v_z}{n} \tag{1-6}$$

　　式中，F_z 为工作机构直线作用力，N；v_z 为重物提升速度，m/s；T_L 为力 F_z 折算为电动机轴上的阻转矩，N·m；9.55 为单位换算系数，9.55 = 60/2π。

(3) 传动机构与工作机构飞轮惯量的折算 在类似图 1-1(a) 所示的多轴系统中，必须将传动机构各轴的转动惯量 J_1、J_2、J_3、… 及工作机构的转动惯量 J_z 折算到电动机轴上，用电动机轴上一个等效的转动惯量 J（或飞轮惯量 GD^2）来反映整个传动系统转速不同的各轴的转动惯量（或飞轮惯量）的影响。各轴转动惯量对运动过程的影响直接反映在各轴转动惯量所储存的动能上，因此折算必须以实际系统与等效系统储存动能相等为原则。当各轴的角速度为 Ω、Ω_1、Ω_2、Ω_3、…、Ω_z 时，得到下列关系：

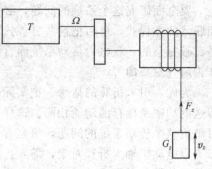

图 1-2 起重机示意图

$$\frac{1}{2}J\Omega^2 = \frac{1}{2}J_d\Omega^2 + \frac{1}{2}J_1\Omega_1^2 + \frac{1}{2}J_2\Omega_2^2 + \cdots + \frac{1}{2}J_z\Omega_z^2$$

$$J = J_d + J_1/\left(\frac{\Omega}{\Omega_1}\right)^2 + J_2/\left(\frac{\Omega}{\Omega_2}\right)^2 + \cdots + J_z/\left(\frac{\Omega}{\Omega_z}\right)^2 \tag{1-7}$$

把式(1-7) 化成用飞轮惯量 GD^2 及转速 n 表示的形式，考虑到 $GD^2 = 4gJ$，$\Omega = 2\pi n/60$，得：

$$GD^2 = GD_d^2 + \frac{GD_1^2}{(n/n_1)^2} + \frac{GD_2^2}{(n/n_2)^2} + \cdots + \frac{GD_z^2}{(n/n_z)^2} \tag{1-8}$$

一般情况下，在系统总的飞轮惯量中，占最大比重的是电动机轴上的飞轮惯量，其次是工作机构轴上的飞轮惯量的折算值，所占比重最小的是传动机构各轴上的飞轮惯量的折算值。

(4) 工作机构直线运动质量的折算 以图 1-2 为例，提升或下放重物 G_z，在其质量 m_z 中储存着动能。由于重物的直线运动由电动机带动，是整个系统的一部分，因此必须把速度为 v_z(m/s) 的质量 m_z (kg) 折算到电动机轴上，用电动机轴上的一个转动惯量为 J_z 的转动体与之等效。折算的原则是转动惯量 J_z 中及质量 m_z 中储存的动能相等，即

$$J_z\frac{\Omega^2}{2} = m_z\frac{v_z^2}{2}$$

把 $J_z = GD_z^2/(4g)$，$\Omega = 2\pi n/60$ 及 $m_z = G_z/g$ 代入上式并化简，得

$$GD_z^2 = 365\frac{G_z v_z^2}{n^2} \tag{1-9}$$

式中，$365 \approx (60/\pi)^2$。

通过以上分析，可以把多轴传动系统（在系统中可包括旋转运动及直线运动部分）折算成一个单轴传动系统。这样，仅用一个运动方程式即可研究实际多轴系统的静态（稳定状态）与动态（过渡过程）问题（均暂未考虑传动机构中的损耗）。

1.1.3 生产机械的负载转矩特性

在运动方程式中，阻转矩（或称负载转矩）T_L 与转速 n 的关系 $T_L = f(n)$ 即为生产机械的负载转矩特性。

负载转矩 T_L 的大小和多种因素有关。以车床主轴为例，当车床切削工件时，主轴转矩与切削速度、切削量大小、工件直径、工件材料及刀具类型等都有密切关系。

根据统计，大多数生产机械的负载转矩特性可归纳为下列几种类型。

(1) 恒转矩负载特性 所谓恒转矩负载特性，就是指负载转矩 T_L 与转速 n 无关的特性，即当转速变化时，负载转矩 T_L 保持常值。

恒转矩负载特性多数是反抗性的，也有位能性的。

反抗性恒转矩负载特性的特点是，恒转矩 T_L 总是反对运动的方向。根据本节前面内容中对转矩 T_L 正负符号的规定，当正转时，n 为正，转矩 T_L 为反向，应取正号，即为 $+T_L$；而反转时，n 为负，转矩 T_L 为正向，应变为 $-T_L$，如图 1-3 所示。显然，反抗性恒转矩负载特性应画在第一与第三象限内。属于这类特性的负载有金属的压延机构、机床的平移机构等。

位能性恒转矩负载则与反抗性的特性不同，它由传动系统中某些具有位能的部件（如起重类型负载中的重物）造成，其特点是转矩 T_L 具有固定的方向，不随转速方向改变而改变。如图 1-4 所示，不论重物提升（n 为正）或下放（n 为负），负载转矩始终为反方向，即 T_L 始终为正，特性画在第一与第四象限内，表示恒值特性的直线是连续的。由图 1-4 可见，提升时，转矩 T_L 反抗提升；下放时，T_L 却帮助下放，这是位能性负载的特点。

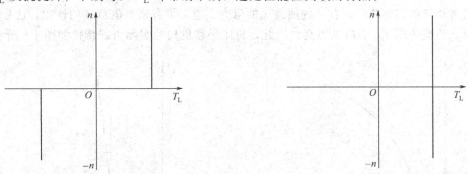

图 1-3　反抗性恒转矩负载特性图　　　　　图 1-4　位能性恒转矩负载特性

（2）通风机负载特性　通风机负载的转矩与转速大小有关，基本上与转速的二次方成正比，即

$$T_L = Kn^2 \tag{1-10}$$

式中，K 为比例常数。

通风机负载特性如图 1-5 所示。属于通风机负载的生产机械有离心式通风机、水泵、油泵等，其中空气、水、油等介质对机器叶片的阻力基本上和转速的二次方成正比。

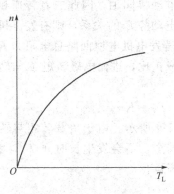 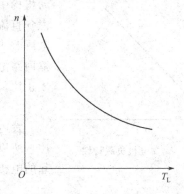

图 1-5　通风机负载特性　　　　　　　图 1-6　恒功率负载特性

（3）恒功率负载特性　一些机床，如车床，在粗加工时，切削量大，阻力大，此时开低速；在精加工时，切削量小，阻力小，往往开高速。因此，在不同的转速下，负载转矩基本上与转速成反比，即

$$T_L = K/n$$

$$P_L = T_L \Omega = T_L \frac{2\pi n}{60} = \frac{T_L n}{9.55} = K/9.55 = K_1 \tag{1-11}$$

式中，$K_1 = K/9.55 = $ 常数；P_L 为负载（切削）功率，W。

可见，切削功率基本不变，负载转矩 T_L 与 n 的特性曲线呈现恒功率的性质，如图 1-6 所示。

必须指出，实际生产机械的负载转矩特性可能是以上几种典型特性的综合。例如，实际通风机除了主要是通风机负载特性外，由于其轴承上还有一定的摩擦转矩 T_0，因而实际通风机负载特性应为

$$T_L = T_0 + Kn^2 \tag{1-12}$$

与上式相应的特性如图 1-7 所示。

又如，机床刀架等机构在平移时，负载的性质基本上是反抗性恒转矩负载，但从静止状态启动及当转速还很低时，由于润滑油没有散开，静摩擦系数较动摩擦系数大，摩擦阻力较大。另外，当传动机构在旋转时，有一些油或风的阻力，通常带有通风机负载的性质，这导致在转速较高时，负载转矩 T_L 会略见增高，因此，机床平移机构的实际负载特性如图 1-8 所示。

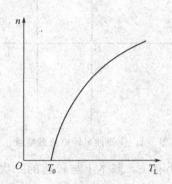
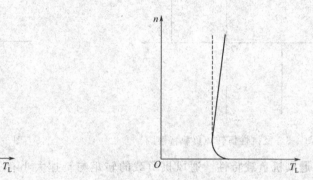

图 1-7 实际的通风机负载特性　　　　图 1-8 机床平移机构实际的负载特性

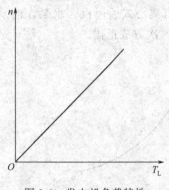

图 1-9 发电机负载特性

除了以上三种典型的负载特性以外，还有一种负载特性。在实验室中，常用直流发电机作为调速系统的负载，即用直流发电机与被试电动机同轴连接，而发电机的输出则接一个较为理想的电阻作为负载。在这种传动机构中，由于发电机与电动机同轴，因此二者转速相同。考虑到直流电机转速 n 与反电动势 E 的关系，则有发电机的输出电压 U 与转速 n 成正比。若发电机电枢回路总电阻为 R，则电枢回路电流 I 与转速 n 也成正比，进而电磁转矩 T 与转速 n 也成正比，即

$$T_L = Kn \tag{1-13}$$

发电机负载特性如图 1-9 所示。由于负载转矩与转速成正比，所以在做实验时比较安全，不会发生长时间 $T_e > T_L$ 所引起的电机超出额定转速很高运行。

1.2　他励直流电动机的机械特性

电力传动系统主要研究电动机和生产机械之间的关系，具体表现在电磁转矩 T 与负载转矩 T_L 的关系上，用电力传动运动方程式具体体现，即式(1-1)。把工作机构的转矩、力、飞轮惯量和质量折算到电动机轴上，电动机和生产机械就成为同轴连接的系统，有着同样的转速。$n = f(T)$ 的方程式和曲线称为电动机的机械特性，$n = f(T_L)$ 的方程式和曲线则称为负

载转矩特性。把两者绘制在同一个图上，称为分析电力传动系统的重要工具，它们在某种配合下，其交点可能是稳态运行点。利用电动机与负载的两种特性可以清楚地分析电力传动系统的各种过渡过程，包括启动和制动过程。前面已经介绍过负载特性，下面介绍他励电动机的机械特性。

必须指出，机械特性中的转矩 T 是电磁转矩，它与电动机轴上的输出转矩 T_d 是不同的，其间差一个空载转矩 T_0，当电动机工作在电动状态时

$$T = T_d + T_0 \tag{1-14}$$

式(1-14) 中的 T_d 在稳态下与负载转矩 T_L 相平衡，即 $T_d = T_L$。

在运动方程式中，已将 T_L 作为负载转矩，则该式中的 T 应为轴上传动转矩，即相当于式(1-14) 中的 T_d，它与机械特性上的电磁转矩不同，比后者小 T_0。

如果在运动方程式中，将 T 视作电磁转矩，则该式中的 T_z 将为负载转矩与空载转矩 T_0 之和。由于在一般情况下，空载转矩 T_0 占转矩 T 或 T_d 之比例较小，在一般工程计算中可忽略去 T_0，而粗略地认为电磁转矩 T 与轴上的输出转矩 T_d 相等。

1.2.1 机械特性方程

他励直流电动机的电路原理图如图 1-10 所示。图中励磁电路中串联一调节电阻 r_Q，以调节励磁电流 I_f，从而调节磁通 Φ。

在电机学课程中已推导出直流电动机的几个基本方程式，即

电磁转矩 $\qquad\qquad\qquad T = C_T \Phi I_a$

感应电动势 $\qquad\qquad\qquad E_a = C_e \Phi n$

电枢电路电动势平衡方程式 $\qquad U = E_a + I_a R$

电动机的转速特性 $\qquad\qquad n = \dfrac{U - I_a R}{C_e \Phi}$

由电磁转矩方程式 $I_a = T/(C_T \Phi)$ 代入转速特性方程式，即得机械特性方程式

$$n = \frac{U}{C_e \Phi} - \frac{R}{C_e C_T \Phi^2} T \tag{1-15}$$

式中，R 为电枢电路总电阻，包括 R_a 及电枢串联电阻 R_Ω；C_e 为电动势常数，$C_e = n_p Z/(60a)$；C_T 为转矩常数，$C_T = n_p Z/(2\pi a)$。

在机械特性方程式(1-15) 中，当 U、R、Φ 为常数时，即可画出一条向下倾斜的直线，如图 1-11 所示，这根直线就是他励直流电动机的机械特性 $n = f(T)$。由特性可见，转速 n 随转矩 T 的增大而降低，这说明电动机一加负载，转速会有一些降落。

在式(1-15) 中，当 $T = 0$ 时，$n = U/(C_e \Phi)$，称为理想空载转速，即

$$n_0 = \frac{U}{C_e \Phi} \tag{1-16}$$

这相当于图 1-11 中直线与纵轴交点的转速。由式(1-16) 可见，调节 U 或 Φ，可以改变理想空载转速 n_0 的大小。

须指出，电动机的实际空载转速 n_0' 比 n_0 略低，如图 1-11 所示。这是因为电动机空载旋转时电磁转矩 T 不可能为零，必须等于 T_0，即电动机必须克服空载损耗转矩 T_0，此时电动机实际空载转速 n_0' 为

$$n_0' = n_0 - \frac{R}{C_e C_T \Phi^2} T_0 \tag{1-17}$$

式(1-17) 右边第二项表示电动机带负载后的转速降，如用 Δn 表示，则

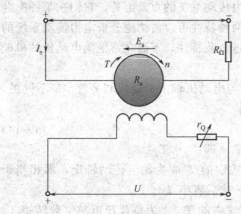

图 1-10 他励直流电动机电路原理图

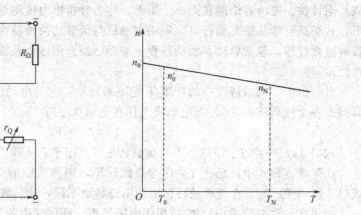

图 1-11 他励直流电动机的机械特性

$$\Delta n = \frac{R}{C_e C_T \Phi^2} T = \beta T \tag{1-18}$$

式中，β 为机械特性的斜率，$\beta = R/(C_e C_T \Phi^2)$。$\beta$ 愈大，Δn 愈大，机械特性愈软。通常称 β 小的机械特性为硬特性，而 β 大的为软特性。

一般他励电动机，当没有电枢外接电阻时，机械特性都比较硬。如国产 Z2 系列他励直流电动机，按规定 Δn_N 为 10%～18%，而大容量电动机为 3%～8%。Δn_N 为额定转速变化率，其值为

$$\Delta n_N = \frac{n_0 - n_N}{n_N} \times 100\% \tag{1-19}$$

式中，n_N 为电动机额定转速。

将式（1-16）及式（1-17）代入式（1-15），即得机械特性方程式的简单形式，即

$$n = n_0 - \beta T \tag{1-20}$$

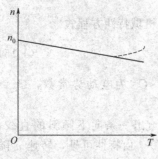

图 1-12 电枢反应对机械
特性的影响

最后，分析一下电枢反应对机械特性的影响。在电机学课程中已简单分析了电枢反应：当电刷放在几何中心线上，电枢电流不大时，电枢反应的影响很小，可以忽略不计；但当电枢电流较大时，由于饱和的影响，产生去磁作用，使每极磁通量略有降低。由式（1-15）可见，磁通 Φ 降低，转速 n 就要回升，机械特性在负载大时呈上翘现象，如图 1-12 所示。为了避免上翘，往往在主磁极上加一个匝数很少的串励绕组，其磁动势可以抵消电枢反应的去磁作用。此时电动机实质上已由他励变为积复励，但由于串励磁动势较弱，其机械特性又与没有电枢反应的他励电动机相同，因此仍可视为他励电动机。上述串励绕组常称为稳定绕组。

1.2.2 固有机械特性与人为机械特性

他励电动机电压 U 及磁通 Φ 均为额定值 U_N 及 Φ_N，电枢没有串联电阻时的机械特性称为固有机械特性；其方程为

$$n = \frac{U_N}{C_e \Phi_N} - \frac{R_a}{C_e C_T \Phi_N^2} T \tag{1-21}$$

按式（1-21）绘出的固有机械特性如图 1-13 中的直线 1 所示。由于 R_a 较小，他励直流电动机的固有机械特性较硬。

人为机械特性可用改变电动机参数的方法获得，他励直流电动机一般可得下列三种人为机械特性。

(1) 电枢串联电阻时的人为机械特性 此时 $U=U_N$，$\Phi=\Phi_N$，$R=R_a+R_\Omega$，电枢串联电阻 R_Ω 时，人为机械特性的方程式为

$$n=\frac{U_N}{C_e\Phi_N}-\frac{R_a+R_\Omega}{C_eC_T\Phi_N^2}T \tag{1-22}$$

由于电动机的电压及磁通保持额定值不变，人为机械特性具有与固有机械特性相同的理想空载转速 n_0，而其斜率 β 的绝对值则随串联电阻 R_Ω 的增大而加大，人为机械特性的硬度降低，如图 1-13 中直线 2 与 3 所示。

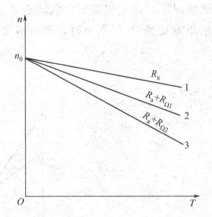

图 1-13 他励直流电动机的固有机械特性及电枢串联电阻时的人为机械特性
1—固有机械特性；2,3—电枢串联电阻为 $R_{\Omega1}$，$R_{\Omega2}(R_{\Omega2}>R_{\Omega1})$ 时的人为机械特性

由图可见，在一定的负载转矩（例如在额定转矩 T_N）下，转速降 Δn 随串联电阻的加大而增加。人为机械特性由交纵坐标轴于一点（$n=n_0$）但具有不同斜率的射线簇组成。

(2) 改变电压时的人为机械特性 此时电枢不串联电阻（$R_\Omega=0$），$\Phi=\Phi_N$，改变电压时人为机械特性方程式为

$$n=\frac{U}{C_e\Phi_N}-\frac{R_a}{C_eC_T\Phi_N^2}T \tag{1-23}$$

比较式(1-21) 及式(1-23) 可见，改变电压时，n_0 随电压的降低而降低，特性的斜率则保持不变。一般他励电动机的电压向低于额定电压的方向改变，因此人为机械特性是几根平行线，它们低于固有机械特性 1，又与固有机械特性相平行，如图 1-14 所示。由于电枢中没有串联电阻，因此其特性较串联电阻时硬。

(3) 减弱电动机磁通时的人为机械特性 一般他励直流电动机在额定磁通下运行时，电动机已接近饱和，改变磁通实际上是减弱励磁。在励磁回路内串联电阻 r_Q，并变化其值，既能使磁通 Φ 减弱，也能在磁通低于额定磁通 Φ 时，使磁通 Φ 增强（参见图 1-10）。

此时 $U=U_N$，电枢不串电阻，减弱磁通时人为机械特性的方程式为

$$n=\frac{U_N}{C_e\Phi_N}-\frac{R_a}{C_eC_T\Phi_N^2}T \tag{1-24}$$

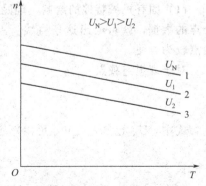

图 1-14 他励直流电动机电压不同时的人为机械特性
1—$U=U_N$；2—$U=U_1$；3—$U=U_2$

$n=f(I_a)$ 特性方程式为

$$n=\frac{U_N}{C_e\Phi}-\frac{R_a}{C_e\Phi}I_a \tag{1-25}$$

由上述两式可见，当 Φ 减弱时，理想空载转速 $n_0=U_N/(C_e\Phi)$ 加大，短路（堵转）电流 $I_{sc}=U_N/R_a=$ 常值，而短路（堵转）转矩 T_{sc} 将随 Φ 之减弱而减弱（因 $T_{sc}=C_T\Phi I_{sc}$）。

在图 1-15 上绘出了 Φ 为不同数值时的 $n=f(I_a)$ 曲线，这些特性曲线都是直线，交横坐标轴于一点（$I_a=I_{sc}$），磁通 Φ 愈小特性愈软。

Φ 为不同数值时的人为机械特性 $n=f(T)$ 绘于图 1-16 上。图中 T_{scN}，T_{sc1}，T_{sc2} 分别为 Φ_N，Φ_1，Φ_2 时的短路（堵转）转矩，由于 $\Phi_N>\Phi_1>\Phi_2$，故 $T_{scN}>T_{sc1}>T_{sc2}$，不同的特性在第一象限内有交点。一般情况下，电动机额定负载转矩 T_N 比 T_{sc} 小得多，故减弱磁通使电动机转速升高。当负载特别重或磁通 Φ 特别小时，如再减弱 Φ，转速反而会发生下降的现象。

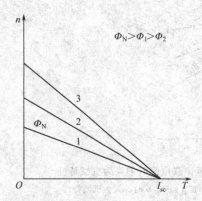

图 1-15　Φ 不同时的 $n=f(I_a)$ 曲线

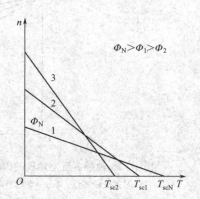

图 1-16　Φ 不同时的 $n=f(T)$ 曲线

1.2.3　机械特性的绘制

由机械特性方程式可见，欲计算或绘制机械特性，必须知道 $C_e\Phi$ 及 $C_T\Phi$ 等参数，而这些参数又和电动机绕组结构参数 p、a、Z 等有关，要把所有的参数都查清楚不太容易，特别是这些参数在电动机铭牌上更是不会标出的。

在设计时，往往根据电动机铭牌数据、产品目录或实测数据来计算机械特性。对计算有用的数据一般是 P_N、U_N、I_N 和 n_N。下面介绍固有机械特性的计算及绘制方法。

(1) 固有机械特性的绘制　他励直流电动机的固有机械特性是一条直线，只要求出线上两个点的数据，就可绘出这条直线。一般选择理想空载（$T=0$，n_0）及额定运行（T_N，n_N）两点较为方便。

对于理想空载点

$$n_0=\frac{U_N}{C_e\Phi_N}$$

式中，U_N 已知，$C_e\Phi_N$ 可由额定状态下的电枢电路电压方程式求得

$$C_e\Phi_N=\frac{E_N}{n_N}=\frac{U_N-I_NR_a}{n_N} \tag{1-26}$$

式中，I_N 及 n_N 均为已知，只有 R_a 为未知。

通常 R_a 的数值在铭牌上与产品目录中是找不到的。如果已有电动机，R_a 可以实测；如果设计时还没有电动机，可用下式估算 R_a 的数值，即

$$R_a = \left(\frac{1}{2} \sim \frac{2}{3}\right) \frac{U_N I_N - P_N}{I_N^2} \tag{1-27}$$

式中，P_N 为额定输出功率，W。

式(1-27)是一个经验公式，其中认为在额定负载下，电枢铜损耗占电动机总损耗的 $1/2 \sim 2/3$。

这样，按式(1-27)估算出 R_a，代入式(1-26)即可计算 $C_e\Phi_N$，进而得理想空载点。

至于另一额定点 (T_N, n_N)

$$T_N = C_T \Phi I_N$$

式中，I_N 为已知数据，由 $C_e = n_p Z/(60a)$ 和 $C_T = n_p Z/(2\pi a)$ 可得 $C_T \Phi_N = 9.55 C_e \Phi_N$，$C_e \Phi_N$ 前面已算出，则 T_N 即可算出，因而额定点也可求得。

既已求出两个点，通过这两点的连线即为固有机械特性。

(2) 人为机械特性的绘制 各种人为机械特性的计算较为简单，只要把相应的参数值代入相应的人为机械特性方程式即可。例如，电枢串联电阻 R_Ω 的人为机械特性可用式(1-22)求得，式中 U_N 为已知，R_a，$C_e\Phi_N$ 与 $C_T\Phi_N$ 的计算方法与前相同。根据串联电阻 R_Ω 的数值，假定一个转矩 T 值（一般用 T_N），用式(1-22)求出 n 值，这样得出人为机械特性上的一点 (T_N, n)，连接这点与理想空载点，即得电枢串联电阻的人为机械特性。

用类似的方法，可绘出改变电压 U 及减弱磁通 Φ 时的人为机械特性。

【例1-1】 一台 Z2 型他励直流电动机的铭牌数据为：$P_N = 22\text{kW}$，$U_N = 220\text{V}$，$I_N = 116\text{A}$，$n_N = 1500\text{r/min}$，试计算其机械特性。

解： (1) 估算 R_a

$$R_a = \frac{2}{3}\left(\frac{U_N I_N - P_N}{I_N^2}\right) = \frac{2}{3} \times \frac{220 \times 116 - 22000}{116^2}\Omega = 0.1744\Omega$$

由于 Z2 型直流电动机铜损占总损耗的比例较高，故上式中取 $\frac{2}{3}$。

(2) 计算 $C_e\Phi_N$

$$C_e\Phi_N = \frac{U_N - I_N R_a}{n_N} = \frac{220 - 116 \times 0.1744}{1500}\text{V/(r/min)} = 0.133\text{V/(r/min)}$$

(3) 理想空载点

$$T = 0; n = n_0 = \frac{U_N}{C_e\Phi_N} = \frac{220}{0.133}\text{r/min} \approx 1654\text{r/min}$$

(4) 额定点

$$T = T_N = 9.55 C_e\Phi_N I_N = 9.55 \times 0.133 \times 116\text{N} \cdot \text{m} \approx 147.34\text{N} \cdot \text{m}$$

1.2.4 电力传动系统稳定运行的要求

在生产机械运行时，电动机的机械特性与生产机械的负载转矩特性是同时存在的。为了分析电力传动的运行问题，可以把二者画在同一坐标图上。例如，在图 1-17 上示出由他励直流电动机带动恒转矩负载的 $n = f(T)$ 与 $n = f(T_L)$ 两种特性，前者相当于特性3，而直线1及2对应两种不同负载的 $n = f(T_L)$ 特性。

在电力传动运动方程式中已指出，当转矩 T 与 T_L 方向相反、大小相等而相互平衡时，转速为某一稳定值，传动系统处于稳定，或称静态。在图 1-17 上，两种特性的交点，如直线1与3的交点 A，转速都是 n_A，而 $T = T_L = T_{L1}$，因而交点 A 表明电力传动系统的某一稳态运行点。

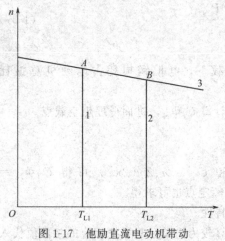

图 1-17　他励直流电动机带动
恒转矩负载的两种特性
1,2—两种不同负载的 $n=f(T_L)$ 特性；
3— $n=f(T)$ 机械特性

如负载增大，负载转矩特性由 1 变为 2，T_L 由 T_{L1} 增为 T_{L2}，此时由于惯性，转速开始时仍为 n_A，T 也还是由 A 点决定。即 $T_L=T_{L1}<T_{L2}$，平衡状态被破坏，$dn/dt<0$，传动系统进入动态减速过程，或称减速过渡过程状态。

在减速过程中，T 与 T_L 各按其本身的特性变化，由图 1-17 可见，随着 n 的下降，T_L 保持为 T_{L2} 不变，而 T 则不断增加［电动机内部的物理过程为：随着 n 的下降，感应电动势 $E_a=C_e\Phi n$ 不断下降，而电枢电流 $I_a=(U-E_a)/R_a$ 则随 E_a 之下降而不断升高，$T=C_T\Phi I_a$ 随之不断增加］。只要 T 尚未增加到 T_{L2}（即还是 $T<T_{L2}$），这一过程继续进行下去，n 继续下降，一直到特性 3 与 2 的交点 B 点，$T=T_B=T_{L2}$，减速过程才结束，系统又转化为稳态，达到新的平衡，以新的转速 n_B 稳定运行。由此可见，稳态下电动机发出转矩的大小是由负载转矩的数值所决定的。

由前面的讨论可见，如果电动机的机械特性与负载转矩特性具有交点，则电力传动系统可能稳定运行。但必须指出，如果交点处两特性配合情况不好，运行也有可能是不稳定的。也就是说，两种特性有交点仅是稳定运行的必要条件，但还不够充分。充分的条件是：如果电力传动系统原在交点处稳定运行，由于出现某种干扰作用（如电网电压的波动、负载转矩的微小变化等），使原来转矩 T 与 T_L 的平衡变成不平衡，电动机转速便稍有变化，这时，当干扰消除后，传动系统必须有能力使转速恢复到原来交点处的数值。电力传动系统如能满足这样的特性配合条件，则该系统是稳定的，否则是不稳定的。下面举例说明。

图 1-18 表示他励电动机（特性为 2）传动一恒转矩负载（特性为 1）。图 1-18(a) 中两特性的交点为 A，下面的分析将证明在 A 点可以稳定运行，因为如果出现瞬时扰动（如端电压升高）使 I_a 及 T 均瞬时增大，而使转速稍有增大（$+\Delta n$），当扰动消除后，负载转矩 T_L 就大于电动机转矩 T 而迫使转速下降，消除（$+\Delta n$）而恢复原值 n_A；同理如瞬时扰动引起转速稍有降低（$-\Delta n$），当扰动消失后，则由于 $T_L<T$，将使转速上升，也会恢复原值 n_A。由此可见，在 A 点系统能稳定运行。

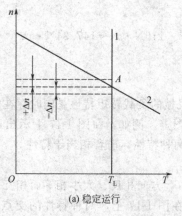

(a) 稳定运行

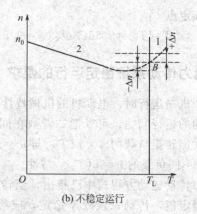

(b) 不稳定运行

图 1-18　两种特性的不同配合
1—恒转矩负载特性；2—电动机机械特性

图 1-18(b) 中，特性 2 为考虑电枢反应影响时电动机的机械特性，前面已讨论过，该特性在负载大时呈上翘现象。在该图上直线 1 为负载较大时的负载转矩特性，它与特性 2 相交于 B 点，B 点处于特性 2 的上翘部分。特性 1 与 2 在 B 点这样的配合将导致不稳定运行，因为这时转速的微小增加将使 $T > T_L$，而使电动机继续加速；反之，转速稍有减小将导致 $T < T_L$，电动机将进一步减速。总之，在 B 点，不论转速瞬时微小增加或减小，传动系统都没有恢复到原来转速 n_B 的能力，所以在 B 点系统的运行不是稳定的。

由图 1-18 的分析可见，对于恒转矩负载，要得到稳定运行，电动机需要具有向下倾斜的机械特性。如果电动机的机械特性向上翘，便不能稳定运行。

推广到一般情况，如果特性 $n = f(T)$ 与 $n = f(T_L)$ 在交点处的配合能满足下列要求，则系统的运行是稳定的，否则是不稳定的（对应于第一象限）。即，在交点所对应的转速之上应保证 $T < T_L$，而在这一转速之下则要求 $T > T_L$。显然，特性这样的配合保证了系统有恢复原转速的能力。

更一般地，可归结为：电力传动系统稳定运行的条件是特性 $n = f(T)$ 与 $n = f(T_L)$ 在交点处的配合能满足以下公式。

$$\frac{\mathrm{d}T}{\mathrm{d}n} < \frac{\mathrm{d}T_L}{\mathrm{d}n} \tag{1-28}$$

1.3　他励直流电动机的启动

1.3.1　启动方法

他励直流电动机启动时，必须先保证有磁场（即先通励磁电流），而后加电枢电压。当忽略电枢电感时，电枢电流 I_a 为

$$I_a = \frac{U - E_a}{R_a}$$

刚启动时，转速 $n = 0$，$E_a = 0$，电动机的电枢绕组电阻 R_a 很小，如直接加额定电压启动，I_a 可能突然增到额定电流的十多倍。这样，将导致电动机的换向情况恶化，产生严重的火花，而且与电流成正比的转矩将损坏传动系统的转动机构。为此，在启动时，必须设法限制电枢电流。一般 Z2 型直流电动机的瞬时过载电流按规定不得超过额定电流的 $1.5 \sim 2$ 倍。

为了限制启动电流，往往采用减压启动方法。启动时，电压 U 比较低，电流 I_a 不大，随着转速的不断提高，电动势 E_a 也逐渐增长，但同时使电压 U 也在人为地不断提高，U 与 E_a 的差值使电流仍可保持在允许的数值范围内。

在手工调节电压 U 时，U 不能升得太快，否则电流还会发生较大的冲击。为了保证限制电枢电流，手工调节必须小心地进行。在自动化的系统中，电压的调节及电流的限制靠一些环节自动实现，较为方便。

上述启动方法适用于电动机的直流电源是可调的。当没有可调电源时，可在电枢电路中串联电阻以限制启动电流，在启动过程中并将启动电阻逐步切除。这种电阻分级启动方法一般应用在无轨电车及一些生产机械上。

图 1-19(a) 表示他励直流电动机分两级启动时的电路图。当电动机已有磁场时，接通触点 K，此时触点 K_1 和 K_2 断开，电枢和两段电阻 $R_{\Omega 1}$ 及 $R_{\Omega 2}$ 串联接入电网。设电压为 U，则启动电流

$$I_1 = \frac{U}{R_2}$$

式中，R_2 为电枢电路内的总电阻，$R_2 = R_a + R_{\Omega 1} + R_{\Omega 2}$。

由电流 I_1 所产生的启动转矩 T_1 如图 1-19(b) 所示。由于 $T_1 > T_L$，电动机开始启动，转速上升，转矩下降 [见图 1-19(b) 中的特性 $a \rightarrow b$]，加速度逐步变小。为了得到较大的加速度，到 b 点时把电阻 $R_{\Omega 2}$ 切除（控制线路使触点 K_2 接通），b 点的电流 I_2 称为切换电流。电阻 $R_{\Omega 2}$ 切除后，电枢电路只有总电阻 $R_1(R_1 = R_a + R_{\Omega 1})$，机械特性变成直线 $n_0 dc$ 了。电阻切换的瞬时，由于机械惯性，转速不能突变，电动势也保持不变，因而电流将随 $R_{\Omega 2}$ 被短接而突增，转矩也按比例增加。如果电阻设计恰当，可以保证 c 点的电流与 I_1 相等，电动机产生的转矩 T_1 保证电动机又获得较大的加速度。电动机由 c 点加速到 d 点，再切除电阻 $R_{\Omega 1}$（触点 K_1 闭合），运行点由 d 点过渡到固有特性上的 e 点，电动机电流又一次由 I_2 回升到 I_1（转矩由 T_2 增至 T_1），传动系统继续加速到 g 点稳定运转，此时转速为 n_L，转矩 $T = T_L$，启动过程到此结束。

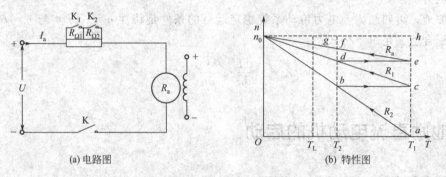

(a) 电路图   (b) 特性图

图 1-19　他励直流电动机分两级启动的电路和特性

必须指出，分级启动时使每一级的 I_1（或 T_1）与 I_2（或 T_2）取得大小一致，可以使电动机有较均匀的加速度，并能改善电动机的换向情况，缓和转矩对传动机构与工作机械的有害冲击。

1.3.2　串电阻启动的各级电阻计算

他励直流电动机分级启动时，启动电阻一般可用下列两法计算。

（1）图解分析法　首先画出分级启动时电动机的机械特性图，作图的步骤如下。

① 绘制固有机械特性　首先按本章 1.2.2 节介绍的方法绘制固有机械特性，如图 1-19(b) 中的直线 $n_0 ge$ 所示。

② 选取启动过程中的最大电流 I_1 与电阻切除时的切换电流 I_2（或 T_1 与 T_2）　一般 $I_1 = (1.5 \sim 2.0) I_N$ [或 $T_1 = (1.5 \sim 2.0) T_N$]，$I_2 = (1.1 \sim 1.2) I_N$ [或 $T_2 = (1.1 \sim 1.2) T_N$]，I_2（或 T_2）之值也可选取为 $I_2 = (1.2 \sim 1.5) I_N$ [或 $T_2 = (1.2 \sim 1.5) T_N$]。

在图中横坐标轴上截取两点，并分别向上做横坐标轴的垂线。

③ 画出分级启动特性图　画人为机械特性 $n_0 a$ [图 1-19(b) 中相当于总电阻 $R_2 = R_a + R_{\Omega 1} + R_{\Omega 2}$]，$n_0 a$ 交 I_2（或 T_2）的垂线与 b 点，画水平线 bc 交 I_1（或 T_1）的垂线与 c 点，作人为机械特性 $n_0 c$（对应于总电阻 $R_1 = R_a + R_{\Omega 1}$）交 I_2（或 T_2）的垂线于 d 点，画水平线 de。最后，当切除末段电阻时所画的水平线与 I_1（或 T_1）的垂线的交点正好位于固有特性上 [即水平线、I_1 的垂线与固有机械特性三者交于一点，在图 1-19(b) 中为 e 点]。如果作图的结果不能保证这一点，必须对选取的 T_1 或 T_2 数值稍作变动（一般可变动 T_2 的数值），再按上述同样的步骤绘制，直到满足 I_1（或 T_1）一致的条件为止。

分级启动特性图一经绘出，即可在图上截取相应的线段，并作很简单的计算，就可算出各

段电阻。计算的根据是，由机械特性方程式

$$n = n_0 - \frac{R}{C_e C_T \Phi^2} T$$

得

$$\Delta n = n_0 - n = \frac{T}{C_e C_T \Phi^2} R$$

在电枢串电阻分级启动时，磁通 Φ 一般不变，当取 T 为定值时（如 $T = T_1 =$ 定值）机械特性上的转速降 Δn 与该特性所对应的电枢内总电阻 R 成正比，即

$$\Delta n = KR$$

式中，K 为比例常数，$K = \frac{T}{C_e C_T \Phi^2}$。

在图 1-19(b) 中，当 $T = T_1$ 时，可得下列关系：

$$KR_a = \Delta n_{he}$$
$$KR_1 = K(R_a + R_{\Omega 1}) = \Delta n_{hc}$$
$$KR_2 = K(R_a + R_{\Omega 1} + R_{\Omega 2}) = \Delta n_{ha}$$

化成比例关系

$$\frac{R_1}{R_a} = \frac{R_a + R_{\Omega 1}}{R_a} = \frac{\Delta n_{hc}}{\Delta n_{he}} = \frac{\Delta n_{he} + \Delta n_{ec}}{\Delta n_{he}}$$

由此得

$$R_{\Omega 1} = R_a \frac{\Delta n_{ec}}{\Delta n_{he}}$$

同样可得

$$R_{\Omega 2} = R_a \frac{\Delta n_{ca}}{\Delta n_{he}}$$

由此可见，在绘制的机械特性图上，把对应于转矩常值 T_1 的转速降量出，如 Δn_{he}，Δn_{ec}，Δn_{ca}，如已知 R_a，即可用上式算出分级电阻值 $R_{\Omega 1}$ 及 $R_{\Omega 2}$。

必须指出，也可利用对应于其他转矩常值（如 $T_2 =$ 常值，或额定转矩 $T_N =$ 常值）量出的转速降来计算分析启动电阻。但一般这一转矩常值取得大一些较好，这样量出的转矩降相对较大，相对误差可小一些，因而计算结果也更为准确。

（2）**解析法** 用解析法，可以不必先绘制分级启动特性图而直接计算分级电阻的数值。解析法的根据如下：

在图 1-19(b) 中，当从特性 $n_0 ba$（对应于电枢电路总电阻 $R_2 = R_a + R_{\Omega 1} + R_{\Omega 2}$）转换到特性 $n_0 dc$（对应于总电阻 $R_1 = R_a + R_{\Omega 1}$）时，亦即从 b 点转换到 c 点时，由于切除电阻 $R_{\Omega 2}$ 进行得很快，如果忽略电感的影响，可假定 $n_b = n_c$，即电动势 $E_b = E_c$，这样在 b 点

$$I_2 = \frac{U - E_b}{R_2}$$

在 c 点

$$I_1 = \frac{U - E_c}{R_1}$$

两式相除，考虑到 $E_b = E_c$，得

$$\frac{I_1}{I_2} = \frac{R_2}{R_1}$$

同样，当从 d 点转换到 e 点时，得

$$\frac{I_1}{I_2}=\frac{R_1}{R_a}$$

这样，如图 1-19（b）所示的两级启动时，得

$$\frac{I_1}{I_2}=\frac{R_2}{R_1}=\frac{R_1}{R_a}$$

推广到 m 级启动时的一般情况，得

$$\frac{I_1}{I_2}=\frac{R_m}{R_{m-1}}=\frac{R_{m-1}}{R_{m-2}}=\cdots=\frac{R_2}{R_1}=\frac{R_1}{R_a}$$

式中，R_m，R_{m-1}，…为第 m，$m-1$，…级电枢电路总电阻。

设 $I_1/I_2=\beta$（或 $T_1/T_2=\beta$），β 称为电流比（或启动转矩比），则

$$\left.\begin{array}{l}R_1=R_a\beta\\R_2=R_1\beta=R_a\beta^2\\\vdots\\R_{m-1}=R_{m-2}\beta=R_a\beta^{m-1}\\R_m=R_{m-1}\beta=R_a\beta^m\end{array}\right\}\tag{1-29}$$

由式（1-29）得

$$\beta=\sqrt[m]{\frac{R_m}{R_a}}\tag{1-30}$$

式中，m 为启动的级数。

如果给定 β，需求 m，可将式（1-30）取对数得

$$m=\frac{\lg\dfrac{R_m}{R_a}}{\lg\beta}\tag{1-31}$$

如需求每级的分段电阻值 $R_{\Omega m}$、$R_{\Omega(m-1)}$、…、$R_{\Omega2}$、$R_{\Omega1}$，只要把式（1-29）中各相邻两级总电阻相减即可。这些电阻值是

$$\left.\begin{array}{l}R_{\Omega1}=R_1-R_a=(\beta-1)R_a\\R_{\Omega2}=R_2-R_1=(\beta^2-\beta)R_a=\beta R_{\Omega1}\\\vdots\\R_{\Omega(m-1)}=R_{m-1}-R_{m-2}=\beta R_{\Omega(m-2)}=\beta^{m-2}R_{\Omega1}\\R_{\Omega m}=R_m-R_{m-1}=\beta R_{\Omega(m-1)}=\beta^{m-1}R_{\Omega1}\end{array}\right\}\tag{1-32}$$

用解析法计算分级启动电阻，可能有下列两种情况：

① 启动级数 m 未定　此时可在图解分析法规定的范围内初步选定 T_1（或 I_1）及 T_2（或 I_2），即初选了 β 值。用式（1-31）求出启动级数 m（显然，该式中 $R_m=U/I_1$），如求得的 m 为分数值，则将其加大到相近的整数值。然后将 m 的整数值代入式（1-30），求出新的 β 值。将新的 β 值代入式（1-29）或式（1-32），就可算出启动各级电枢电路总电阻或各级分段电阻。

② 启动级数 m 已定　此时比较简单，先选定 T_1（或 I_1）的数值，算出 $R_m=U/I_1$，将 m 及 R_m 的数值代入式（1-30），算出 β 值。同样，利用式（1-29）或式（1-32），就可以算出各级电阻值（总电阻或分段电阻）。

【例 1-2】　一台他励直流电动机的铭牌数据为：型号 Z-290，额定功率 $P_N=29\text{kW}$，额定电压 $U_N=440\text{V}$，额定电流 $I_N=76\text{A}$，额定转速 $n_N=1000\text{r/min}$，电枢绕组电阻 $R_a=$

0.377Ω。试用解析法计算四级启动时的启动电阻值。

解： 已知启动级数 $m=4$

选取

$$I_1=2I_N=2\times76A=152A$$

$$R_m=R_4=\frac{U_N}{I_1}=\frac{440}{152}\Omega=2.895\Omega$$

$$\beta=\sqrt[4]{\frac{R_4}{R_a}}=\sqrt[4]{\frac{2.895}{0.377}}=1.664$$

则各级启动总电阻如下：

$$R_1=\beta R_a=1.664\times0.377\Omega=0.627\Omega$$
$$R_2=\beta R_1=1.664\times0.627\Omega=1.043\Omega$$
$$R_3=\beta R_2=1.664\times1.043\Omega=1.736\Omega$$
$$R_4=\beta R_3=1.664\times1.736\Omega=2.889\Omega$$

各分段电阻如下：

$$R_{\Omega1}=R_1-R_a=0.627\Omega-0.377\Omega=0.250\Omega$$
$$R_{\Omega2}=R_2-R_1=1.043\Omega-0.627\Omega=0.416\Omega$$
$$R_{\Omega3}=R_3-R_2=1.736\Omega-1.043\Omega=0.693\Omega$$
$$R_{\Omega4}=R_4-R_3=2.889\Omega-1.736\Omega=1.153\Omega$$

1.3.3 造成他励直流电动机启动延缓的原因及应对措施

在电力传动系统中，一些电气参数（如电压、电阻等）与负载转矩的突然变化，会引起过渡过程，但由于惯性，这些变化却不能导致电动机的转速、电流、转矩及磁通等参量的突变，而必须是个连续变化的过程。电力传动系统中一般存在以下三种惯性：

① 机械惯性 主要反映在系统的飞轮惯量 GD^2 上，它使转速 n 不能突变。

② 电磁惯性 主要反映在电枢回路电感 L_a 及励磁回路电感 L_f 上，它们分别使电枢电流和励磁电流不能突变，从而使磁通不能突变。

③ 热惯性 它使电动机的温度不能突变。由于温度的变化比转速、电流等参量的变化要慢得多，因此一般不考虑热惯性的影响。

他励直流电动机启动过程延缓的原因主要有两个：

① 系统本身有机械惯性，惯性越大，即 GD^2 或传动系统的机电时间常数越大，转速上升得越慢。

② 启动过程中由于转速的增加使电枢电流（或启动转矩）随时间呈指数规律衰减，使系统的加速度在启动过程中不断衰减。

欲加快启动过程，可以针对上述两个原因采取措施。

措施之一是设法减小系统的飞轮惯量 GD^2 以减小机电时间常数，从而降低系统的惯性。前面已指出，电动机电枢的飞轮惯量占整个系统的飞轮惯量的主要部分，因此，要减小系统的飞轮惯量，主要是设法减小电动机电枢的 GD^2。某些生产机械，例如龙门刨床，采用双电动机传动，其目的主要在于此。所谓双电动机传动，就是两台电动机同轴运行以共同传动某一工作机构，如龙门刨床的刨台。在输出功率和运行速度相同的情况下，两台一半容量的电动机的 GD^2 的和要比一台电动机的 GD^2 小。例如一台 46kW、转速 580r/min 的直流电动机，其 GD^2 为 $216N\cdot m^2$；而采用两台 23kW，转速 600r/min 的直流电动机同轴运行时，其 GD^2 的和为 $2\times92.2N\cdot m^2=184.4N\cdot m^2$，比采用一台电动机时的 GD^2 减小了近 15%。用这种方法减小传动系统的机电时间常数，对于中等以上容量而且经常正反转的传动系统是很有效的。

措施之二是在设计电力传动系统时，尽可能设法改善启动过程中电枢电流的波形。这是加速启动过程的一种十分有效的方法。可以设想，如果启动电流不是按指数规律下降的，而是一直保持电动机过载能力所允许的最大电流值 I_{dm}，到启动完毕，电动机转速已加速到额定转速时，电流才突然下降到 I_N（额定负载时下降到额定电流 I_N）。这时电动机的转速就会按允许的最大加速度直线上升，启动时间将大大缩短。但要做到这一点，用上面讲的简单的启动方式难于实现，必须采用自动调节的传动系统，有关这方面的内容将在后面章节中论述。

1.4 他励直流电动机的制动

他励直流电动机有两种运转状态，即

① 电动运转状态　其特点是电动机转矩 T 的方向与旋转方向（转速 n 的方向）相同，此时电网向电动机输入电能，并变为机械能以带动负载。

② 制动运转状态　其特点是转矩 T 与转速 n 的方向相反，此时电动机变成为发电机吸收机械能并转化为电能。

制动的目的是使电力传动系统停车，有时也为了使传动系统的转速降低，对于位能负载的工作机构，用制动可获得稳定的下降速度。

欲使电力传动系统停车，最简单的方法是断开电枢电源，系统就会慢下来，最后停车，这叫作自由停车法。自由停车一般较慢，特别是空载自由停车，更需要较长的时间。如果希望使制动过程加快，可以使用电磁制动器，即所谓"抱闸"；也可使用电气制动方法，常用的有能耗制动、反接制动等，使电动机产生一个负的转矩（即制动转矩），使系统较快地停下来。

在调速系统减速过程中，还可应用回馈制动（或称再生制动）。应用上述三种电气制动方法，也可以使位能负载的工作机构获得稳定的下放速度。现分别介绍三种电气制动方法。

1.4.1 能耗制动

图 1-20（b）是采用能耗制动的电路，为了比较，图 1-20（a）上绘出了电动状态时的电路。在电动状态时，图 1-20（a）中标出的各参量的方向均为正方向。制动时，磁场应保持不变，常开触点 K_1、K_2 断开，电枢脱离电源，同时常闭触点 K_3 把电枢接到制动电阻 R_z 上去。开始制动时，由于惯性，转速 n 存在且转向与电动状态时相同，因此电枢具有感应电势 E_a，其方向亦与电动状态时相同。此时 E_a 产生电流 I_a，其方向与 E_a 相同，而与电动状态时相反。显然，由于 $U=0$，因此

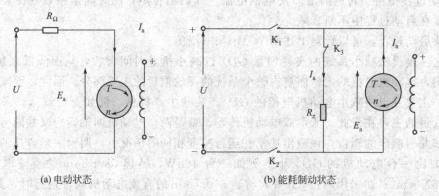

(a) 电动状态　　　　　　　　　　　(b) 能耗制动状态

图 1-20　他励直流电动机电动及能耗制动状态下的电路图

$$I_a = -\frac{E_a}{R_a + R_z}$$

所以电枢电流 I_a 为负值，即其方向与电动状态时的正方向相反。当 Φ 方向未变而电流反向时，转矩 T 也与电动状态时反向，因此 T 与 n 的方向相反，此时为制动状态，T 为制动转矩，使系统较快地减速。制动过程中，电动机靠系统的动能发电，转化成发电机，把动能变成电能，消耗在电枢电路内的电阻上，因此称之为能耗制动。

能耗制动的特点是 $U=0$，$R=R_a+R_z$，代入公式(1-15)，得能耗制动机械特性方程式，即

$$n = -\frac{R_a + R_z}{C_e C_T \Phi^2} T \tag{1-33}$$

由公式(1-33)可见，n 为正时，T 为负；$n=0$ 时，$T=0$，所以机械特性位于第二象限，并通过坐标原点（参见图 1-21）。特性斜率为 $\beta = -(R_a+R_z)/(C_e C_T \Phi^2)$，与电枢串联电阻 R_z 时的人为机械特性的斜率相同，两条特性互相平行。

如果制动前运行转速是 n_1，开始制动时，n_1 不变，工作点平移到能耗制动特性上，因而制动转矩 T_L 为负，在 $(-T_1 - T_L)$ 的作用下，电动机减速，工作点沿特性下降，制动转矩逐渐减小，直到零为止，电动机停车。

制动电阻 R_z 愈小，则机械特性愈平，T_1 的绝对值愈大，制动愈快。但 R_z 又不能太小，否则 I_1 及 T_1 将超过允许值。如果按最大制动电流不超过 $2I_N$ 来选择 R_z，则可近似认为

$$R_a + R_z \geqslant \frac{E_N}{2I_N} \approx \frac{U_N}{2I_N}$$

则

$$R_z \geqslant \frac{U_N}{2I_N} - R_a \tag{1-34}$$

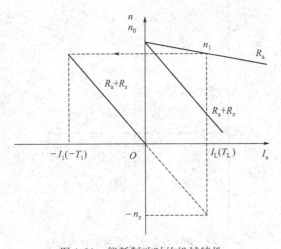

图 1-21 能耗制动时的机械特性

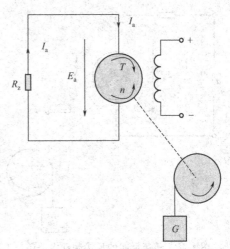

图 1-22 电动机带位能负载时的能耗制动电路图

如电动机带动位能负载（参见图 1-22），当电动机停止时（$T=0$，$n=0$），在位能负载（图中为重物）作用下，电动机将在反方向加速，此时 n、E_a、I_L 之方向均与图 1-20(b) 相反，这相当于机械特性的第四象限（n 为负，T 为正）部分（图 1-21 中用虚线表示）。随着转速的增加，转矩 T 也不断增大，直到 $T=T_L$ 时，系统加速度为零，转速稳定，实现恒速下放。

必须指出，在一定转速下进行能耗制动时，电枢必须串联电阻 R_z，否则电枢电流将过大，

在高速时甚至接近短路电流的数值。

1.4.2 反接制动

反接制动可用两种方法实现，即转速反向（用于位能负载）与电枢反接（一般用于反作用负载）。

(1) 转速反向的反接制动 这种制动方法可用图 1-23 中起重机重物下放时的电路图来说明。假定起重机重物 G 产生的负载转矩为 T_L，电动机以与电动状态时一样的电路接通，其转矩的方向拟使重物 G 向上提升。由于电枢电路内串入较大的电阻 R_Ω，使电动机的启动转矩 $T_{ST} < T_L$（参见图 1-24），这样在位能负载 T_L 向下拉的作用下，使电动机反方向启动。这时位能负载倒拉电动机，使转速 n 逆转矩 T 的方向旋转。电动机转矩 T 的方向与电动状态时相同，即为正向，但转速 n 为负方向，T 与 n 的方向相反，电动机为制动状态；对于 n 的负方向，犹如电枢已被反接（n_0 与 n 的方向相反），因而称为反接制动状态。这种转速反向的反接制动状态通称为倒拉反接制动。

图 1-24 中绘出了电动机串较大电阻 R_Ω 时的人为特性，特性在第四象限内的一段（图中用实线表示）即为转速反向的反接制动特性，此时 T 为正，n 为负。由特性可见，随着转速（在反向）的增加，转矩 T 也加大，直到 T 与 T_L 相等时，转速稳定，获得了稳定的下放速度。

在转速反向的反接制动状态下，由于 n 为负，感应电动势 E_a 的方向与电动状态时相反。电枢电路的电压平衡方程式变为

$$I_a(R_a + R_\Omega) = U - (-E_a) = U + E_a \tag{1-35}$$

由式（1-35）可见，在额定转速 n 时，$U + E_a$ 可达到近于 $2U$ 的数值，此时 R_Ω 必须较大，以限制电枢电流。

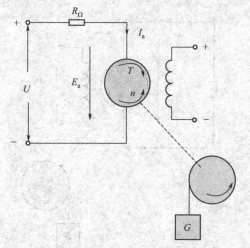
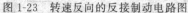

图 1-23　转速反向的反接制动电路图

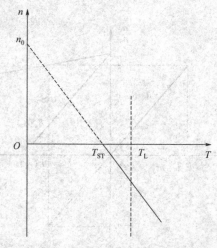

图 1-24　转速反向的反接制动机械特性

由式（1-35）也可看出，随着 n_N 及 E_a 之增大，I_a（及 T）也不断增大，即 T 随着 n 增加而增加，这就清楚地说明了第四象限中特性的形状。转速反向的反接制动特性方程式为

$$n = n_0 - \frac{R_a + R_\Omega}{C_e C_T \Phi^2} \tag{1-36}$$

显然式（1-36）与电动状态下的人为机械特性的方程式在形式上是相同的。

现在讨论一下转速反向反接制动状态下功率传送的方向，如将式（1-35）两边同乘以

I_a，得

$$I_a^2(R_a+R_\Omega)=UI_a+E_aI_a$$

此时 U 与 I_a 的方向与电动状态时相同，故 UI_a 仍表示由电网输入的功率；E_a 的方向与电动状态时相反，EI_a 为输入的机械功率在电枢内变成的电磁功率（在电动状态下，则为电枢接收的电磁功率，变为机械功率在轴上输出），UI_a 与 E_aI_a 两者之和消耗在电枢电路的电阻 R_a+R_Ω 上。

（2）电枢反接的反接制动 如图 1-25 所示电枢反接的反接制动电路图，为了使工作机械迅速停车或反向，可突然断开触点 K_1、K_2，并接通触点 K_3、K_4，把电枢电源反接，电枢电路中要串入电阻 R_Ω。

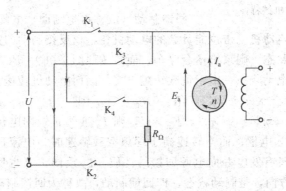

图 1-25 电枢反接的反接制动电路图

这样，由于电枢反接，U 为负，则电流 I_a 为

$$I_a=\frac{-U-E_a}{R_a+R_\Omega}=-\frac{U+E_a}{R_a+R_\Omega} \tag{1-37}$$

式中，I_a 为负值，T 亦为负值，而 n 为正值，T 与 n 反向，故为制动状态；此时电枢被反接，$n_0=-U/(C_e\Phi)$ 为负值，即 n_0 与 n 反向，因此称为反接制动。

由于 T 为负值，则运动方程式为

$$-T-T_L=\frac{GD^2}{375}\times\frac{dn}{dt} \tag{1-38}$$

dn/dt 为负值，系统迅速制动。此时机械特性方程式为

$$n=-n_0-\frac{R_a+R_\Omega}{C_eC_T\Phi^2}T \tag{1-39}$$

图 1-26 上直线 $BCDE$ 是按式(1-39)绘出的，直线通过（0，$-n_0$）点，其斜率为

$$\beta=-(R_a+R_\Omega)/C_eC_T\Phi^2$$

图 1-26 表示，如电动机在制动前工作在电动状态，在固有机械特性的 A 点运转，电枢反接，转矩瞬时变为 $-T_B$（T_B 的大小决定于 R_Ω 的数值），由于转速不能突变，$n_B=n_A$，电动机工作点转移到人为机械特性 $BCDE$ 的 B 点，B 点之 T 为负，n 为正，在第二象限。直线在第二象限的一段 BC 即为反接制动特性。

如果反接制动时最大电流也不超过 $2I_N$，则应使

$$R_a+R_\Omega\geqslant\frac{U_N+E_N}{2I_N}\approx\frac{2U_N}{2I_N}=\frac{U_N}{I_N}$$

即

$$R_\Omega\geqslant\frac{U_N}{I_N}-R_a \tag{1-40}$$

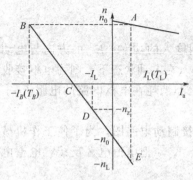

图 1-26 电枢反接时的机械特性

与式（1-34）比较可见，R_Ω 比能耗制动时的 R_z 差不多大一倍，特性比能耗制动陡得多。图 1-26 的特点是：BC 段的制动转矩都比较大，因此比能耗制动时制动作用更强烈，制动更快。

如果制动的目的是为了停车，则必须在转速到零以前用控制线路使触点 K_3、K_4 断开，否则系统有自行反转的可能性。

1.4.3 回馈制动

回馈制动（或称再生制动）主要用于下列两种情况。

(1) 位能负载传动电动机 带位能负载的电动机在电枢反接制动的过程中，如果在转速到零之后仍保持电枢反接状态，则系统不会停车，而是按照图 1-26 中 BC 段机械特性继续运行，进入第三象限，即反向电动状态。由于负载转矩未变，因而电动机转速会一直反向增长，直到进入第四象限。此时，$I_a=(-U+E_a)/(R_a+R_\Omega)<0$（因 $|-n|<|-n_0|$，$E_a<U$），当转速高于理想空载转速时，$|-n|>|-n_0|$，$E_a>U$，则 I_a 变为正，即电流反向了。在反向电动时，I_a 由电源的正端流入电枢；而当转速高于理想空载转速时，电流反向，由电枢流向电源之正端并从正端流出，具有发电并向电源回馈的性质。I_a 反向，T 也反向（与反向电动时相反），即 T 变得与 n 反方向，是制动状态，即回馈制动，故称为回馈制动状态。这时位能负载带动电动机，电枢将轴上输入的机械功率变为电磁功率 E_aI_a 后，大部分回馈给电网（UI_a），小部分变为电枢回路的铜耗 $I_a^2(R_a+R_\Omega)$。电动机变为一台与电网并联运行的发电机。

为了获得位能负载下较低的稳定下放速度，一般在回馈制动时，将电枢内串联的电阻 R_Ω 切除。

(2) 他励电动机改变电枢电压调速 在降低电枢电压的操作过程中，当突然降低电枢电压，感应电动势还来不及变化时，就会发生 $E_a>U$ 的情况，亦即出现了回馈制动状态。

图 1-27 上绘出了他励电动机减压、降速过程中的回馈制动特性。当电压从 U_N 降到 U_1、U_2、…时，理想空载转速由 n_0 降到 n_{01}、n_{02}、…，人为机械特性向下平行移动。当电压从 U_N 降到 U_1 时，转速从 n_N 降到 n_{01} 的期间，由于 $E_a>U_1$，将产生回馈制动。此时电流 I_a 将与正向电动状态时相反，即 I_a 与 T 为负，而 n 为正，故回馈制动特性相当于特性在第二象限的区段。如果减速到 n_{01} 时，不再降低电压，则转速将继续下降到 n_1。当转速低于 n_{01}

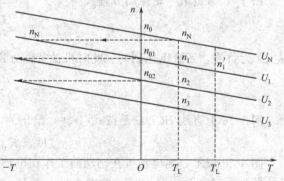

图 1-27 他励电动机减压、降速过程中的回馈制动特性

时，$E_a<U_1$，电流 I_a 将恢复到电动状态时的正向，此时电动机恢复到电动状态下工作（n 与 T 同为正向）。

如果要继续保持回馈制动状态，必须不断降低电压，以实现在回馈制动状态下系统减速。

在回馈制动过程中，有功率 UI_a 回馈电网。因此与能耗制动及反接制动相比，从电能消耗来看，回馈制动是较为经济的。

【例 1-3】 一台他励直流电动机的数据如下：$P_N=29\text{kW}$，$U_N=440\text{V}$，$I_N=76.2\text{A}$，

$n_N = 1050 \text{r/min}$，$R_a = 0.393\Omega$。

(1) 电动机带动一个位能负载，在固有特性上作回馈制动下放，$I_a = 60$A，求电动机反向下放速度。

(2) 电动机带动位能负载，作反接制动下放，$I_a = 50$A 时，转速 $n = -600$r/min，求串接在电枢电路中的电阻值、电网输入的功率、从轴上输入的功率及电枢电路电阻上消耗的功率。

(3) 电动机带动反作用负载，从 $n = 500$r/min 进行能耗制动，若其最大制动电流限制在100A，试计算串接在电枢电路中的电阻值。

解： (1)
$$C_e\Phi = \frac{U_N - I_N R_a}{n_N} = \frac{440 - 76.2 \times 0.393}{1050} = 0.39$$

电动机反向下放速度 n

$$n = \frac{-U_N - I_N R_a}{C_N\Phi} = \frac{-440 - 60 \times 0.393}{0.39}\text{r/min} = -1189\text{r/min}$$

(2) 电枢电路总电阻 R

$$R = R_a + R_\Omega = \frac{U_N - C_e\Phi n}{I_a} = \frac{440 - 0.39 \times (-600)}{50}\Omega = 13.48\Omega$$

电枢电路串接电阻 R_Ω

$$R_\Omega = R - R_a = 13.48\Omega - 0.393\Omega = 13.087\Omega$$

电网输入功率为

$$R_1 = U_N I_a = 440 \times 50\text{W} = 22000\text{W} = 22\text{kW}$$

电枢电路电阻上消耗的功率为

$$P = I_a^2 R = 50^2 \times 13.48\text{W} = 33700\text{W} = 33.7\text{kW}$$

轴上功率为

$$P_2 = E_a I_a = (U_N - I_a R)I_a = (440 - 50 \times 13.48) \times 50\text{W}$$
$$= -11700\text{W} = -11.7\text{kW}$$

P_2 为负，即轴上输入功率为 11.7kW。

(3) 能耗制动时最大电流出现在制动开始时，此时的感应电动势 E_{st} 为

$$E_{st} = C_e\Phi n_{st} = 0.39 \times 500\text{V} = 195\text{V}$$

电枢电路总电阻为

$$R = R_a + R_\Omega = \frac{E_{st}}{I_{st}} = \frac{195}{100}\Omega = 1.95\Omega$$

电枢电路串接电阻为

$$R_\Omega = R - R_a = 1.95\Omega - 0.393\Omega = 1.557\Omega$$

1.5 他励直流电动机的调速

为了使生产机械以最合理的速度进行工作，从而提高生产率和保证产品具有较高的质量，大量的生产机械（如各种机床、轧钢机、造纸机、纺织机械等）要求在不同的情况下以不同的速度工作。这就要求我们采用一定的方法来改变生产机械的生产速度，以满足生产的需要，这种人为的改变电动机的转速通常称为调速。

调速可用机械方法、电气方法或机械电气配合的方法。在用机械方法调速的设备上，速度的调节是用改变传动机构的速比来实现的，但机械变速机构较复杂；用电气方法调速，电动机在一定负载情况下可获得多种转速，电动机可与工作机构同轴，或其间只用一套变速机构，机械上较

为简单，但电气上可能较复杂；在机械电气配合的调速设备上，用电动机获得几种转速，配合用几套机械变速机构来调速。究竟用何种方案，以及机械电气如何配合，要全面考虑，有时要进行各种方案的技术经济比较才能决定。本节只讨论他励直流电动机的调速方法及其优缺点。

他励直流电动机的机械特性方程为：

$$n = \frac{U}{C_e \Phi} - \frac{R}{C_e C_T \Phi^2} T \tag{1-41}$$

由式(1-41)可见，若要调节转速 n，可以采取三种办法：调节电枢电压，电枢回路上串电阻，改变励磁磁通。

提高电动机电枢端电压受到绕组绝缘耐压的限制，按规定只允许比额定电压提高 30%，因此提高电枢电压的可能性不大，一般只采用降低电枢电压的方法进行调速，即降压调速。降低电枢电压降低了理想空载转速，因此只能在基速（额定转速）以下进行调速。

电枢回路串电阻调速是在电枢回路上串联电阻，使得电枢上分担的电压降低，从而实现调速的，也属于降压调速，同样只能在基速以下进行调速。

而一般电动机的额定磁通已设计得使铁芯接近饱和，因此改变 Φ 一般也应用在减弱的方向，称为弱磁调速，使转速从基速向上调节。

在调速的范围要求较宽的情况下，可结合应用降压调速和弱磁调速，即在额定转速以下降压，而在额定转速以上弱磁。

必须指出，调速与因负载变化而引起的转速变化是不同的。调速需要人为地改变电气参数，进而转换机械特性，在某一负载下得到不同的转速。负载变化时转速变化是自动进行的，这时电气参数未变。如在图 1-27 中，当负载转矩由 T_L 变到 T_L' 时，在同一条机械特性 U_1 上转速由 n_1 变到 n_1'。

1.5.1 调速指标

为生产机械选择调速方法，必须做好技术经济比较，因此衡量调速方法最主要的有两大指标：即技术指标和经济指标。现分别说明如下：

(1) 调速的技术指标 衡量调速技术的优劣可从下列四个方面考虑。

① 调速范围 生产机械要求的调速范围 D 代表机械可能运行的最大转速 n_{max} 与最小转速 n_{min} 之比，或最大与最小线速度（v_{max} 与 v_{min}）之比，即

$$D = \frac{n_{max}}{n_{min}} = \frac{v_{max}}{v_{min}} \tag{1-42}$$

不同的生产机械要求的调速范围是不同的，例如机床 $D = 20 \sim 120$，龙门刨床 $D = 10 \sim 40$，机床的进给机构 $D = 5 \sim 200$，轧钢机 $D = 3 \sim 120$，造纸机 $D = 3 \sim 20$ 等。

式(1-42)中，D 是生产机械总的调速范围，可以由机械、电气或机械电气结合的方法来实现。如果用机械电气配合的方案，则 D 应为机械调速范围与电气调速范围的乘积。

我们主要研究电气调速范围，式(1-42)中的 n_{max} 与 n_{min} 假定其代表电动机在额定负载下可能达到的最高与最低转速。对一些负载很轻的生产机械，如精密磨床等，可用实际负载时的最高与最低转速来计算 D。

由 D 的表达式可见：要扩大调速范围，必须设法尽可能地提高 n_{max} 及降低 n_{min}。

电动机 n_{max} 受其机械强度、换向等方面的限制，一般在额定转速以上转速提高的范围是不大的。

降低 n_{min} 受低速运行时的相对稳定性的限制。所谓相对稳定性，是指负载转矩变化下转

速变化的程度。负载转矩变化时，转速变化愈小，相对稳定性愈好，能得到的 n_{min} 愈小，D 也就愈高。

生产机械对机械特性相对稳定性的程度是有要求的。显然，如果低速时机械特性较软，相对稳定性较差，低速就不稳定，负载变化时，电动机转速可能接近于零，甚至可能使生产机械停下来。因此，必须设法得到低速硬特性，以扩大调速范围。

② 静差率　前面已引出了相对稳定性的概念，相对稳定性的程度用静差率 ε 来表示。其定义为：在一条机械特性上运行时，电动机由理想空载加到额定负载，所出现的转速降 Δn_N 与理想空载转速之比，用百分数表示为

$$\varepsilon = \frac{\Delta n_N}{n_0} \times 100\% = \frac{n_0 - n_N}{n_0} \times 100\% \tag{1-43}$$

显然，电动机的机械特性愈硬，则静差率愈小，相对静差率愈高。

生产机械调速时，为保持一定的稳定程度，要求静差率 ε 小于某一允许值。不同的生产机械，其允许的静差率是不同的，例如普通机床允许 $\varepsilon < 30\%$，有些设备上允许 $\varepsilon < 50\%$，而精度高的造纸机则要求 $\varepsilon < 0.1\%$。

静差率和机械特性的硬度有关系，但又有不同之处。两条互相平行的机械特性，硬度相同，但静差率不同。如图 1-28 中特性 1 和 3 相平行，即硬度相同；而 $\varepsilon_1 < \varepsilon_3$，转速愈低，静差率愈大，愈难满足生产机械对静差率的要求。

由此可见，调速范围和静差率这两项指标并不是彼此孤立的，必须同时提才有意义。调速系统的静差率指标应以最低速时所能达到的数值为准。而调速系统的调速范围，是指在最低速时还能满足所需静差率的转速可调范围。

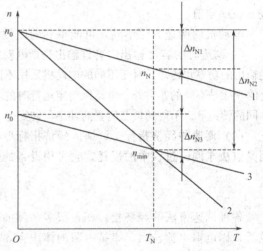

图 1-28　不同机械特性下的静差率

现利用图 1-28 中的特性 1 与 3，推导调速范围 D 与低速静差率 ε 间的关系。

$$D = \frac{n_{max}}{n_{min}} = \frac{n_{max}}{n_0' - \Delta n_N} = \frac{n_{max}}{n_0'\left(1 - \frac{\Delta n_N}{n_0'}\right)} = \frac{n_{max}}{\frac{\Delta n_N}{\varepsilon}(1-\varepsilon)} = \frac{n_{max}\varepsilon}{\Delta n_N(1-\varepsilon)} \tag{1-44}$$

式中，Δn_N 为低速特性额定负载时的转速降落，如用特性 3，则 $\Delta n_N = \Delta n_{N3}$。

式（1-44）中 n_{max} 由电动机的额定转速决定，低速静差率 ε 由生产机械提出允许值。如已选定某一调速方法，低速特性已定，这样在一定的 Δn_N 下可计算 D，以检验能否满足生产机械工艺的要求。

一般设计调速方案前，D 与 ε 已由生产机械要求确定，这时可算出允许的转速降 Δn_N，式（1-44）可写成另一种形式，即

$$\Delta n_N = \frac{n_{max}\varepsilon}{D(1-\varepsilon)} \tag{1-45}$$

在图 1-28 中，用特性 2 及 3 均可得到低速 n_{min}，则 D 已定。若 $\varepsilon = 50\%$，考虑到 $D = n_{max}/n_{min}$，由式（1-45）可得低速允许的转速降 $\Delta n_N = n_{min}$，由图 1-28 可见 $\Delta n_{N3} < n_{min} < \Delta n_{N2}$，因此特性 2 不能满足生产机械的要求；如改用降低电源电压的调速方法使特性变成 3，则能满足 D 和 ε 的要求。采用降低电源电压的调速时，最高转速就是 n_N，式（1-45）可写成

$$\Delta n_N = \frac{n_N \varepsilon}{D(1-\varepsilon)} \qquad (1\text{-}46)$$

如果生产机械对 D 与 ε 的要求较高，则低速容许转速降 Δn_N 较小，如采用简单的降低电源电压的调速方法不能满足要求，则必须考虑采用反馈控制系统，以提高机械特性的硬度，减小转速降，来满足生产机械的要求。关于这方面的内容将在后续课程中介绍。

③ 平滑性 在一定的调速范围内，调速的级数愈多则认为调速愈平滑。平滑的程度用平滑系数 φ 来衡量，它是相邻两级转速或线速度之比，即

$$\varphi = \frac{n_i}{n_{i-1}} = \frac{v_i}{v_{i-1}} \qquad (1\text{-}47)$$

φ 值愈接近于 1，则平滑性好。$\varphi = 1$ 时称为无级调速，即转速连续可调，级数接近无穷多，此时调速的平滑性最好。

在机床上，φ 的大小有一定的规定，一般取为 1.26、1.41、1.58 等，对某一台机床而言应是一固定值。

电动机的调速方法不同，可能得到的级数和平滑性的程度也不同。

④ 调速时的容许输出 容许输出是指电动机在得到充分利用的情况下，在调速过程中轴上所能输出的功率和转矩。对于不同的电动机采用不同的转速方法时，容许输出的功率和转矩随转速变化的规律是不同的。另外，电动机稳定运行时的实际输出功率与转矩是由负载的需求来决定的。在不同的转速下，不同的负载需要的功率与转矩也是不同的。应该使调速方法适应负载的要求。

(2) 调速的经济指标 调速的经济指标取决于调速系统的设备投资和运行费用，而运行费用又取决于调速过程中的损耗，它可用设备的效率 η 来说明。

$$\eta = \frac{P_2}{P_2 + \Delta P} \qquad (1\text{-}48)$$

各种调速方法的经济指标相差很多，例如他励直流电动机电枢串电阻的调速方法经济指标较低，因电枢电流较大，串接电阻的体积大，所以投资多，运行时产生大量损耗，效率低。而弱磁调速方法则经济得多，因励磁电流较小，励磁电路的功率仅为电枢电路功率的 1‰～5‰。

1.5.2 三种调速方式原理及技术分析

(1) 他励直流电动机的串电阻调速 电枢串联电阻后，在电阻上流过电枢电流产生压降，电枢端电压因之降低。电枢端电压受负载影响很大，由图 1-29 可见，转速受负载的影响也很大，在空载时几乎没有调速作用。在负载转矩 T_L 下，电枢串联不同电阻可得到不同转速，图 1-29 中 $n_1 > n_2 > n_3 > n_4$。

现以转速由 n_1 降为 n_2 来说明系统的调速过程。当电枢电阻由 R_a 突增至 R_1 时，n 及 E_a 一开始不能突变，I_a 及 T 减小，在图 1-29 中，运行点即在相同的转速下由 a 点过渡到 b 点，转矩由 T_L 下降为 T'，$T = T' < T_L$，dn/dt 为负，系统减速。随着 n 及 E_a 的下降，I_a 及 T 不断增高，$I_a = (U - E_a)/R$，$T - T_L$ 仍为负，系统继续减速，但减速的速度在不断减小，直到 n 降到 n_2，T 增至 T_L，转矩新的平衡又建立，系统以较低的速度稳定运行，调速过程结束。

由图 1-29 可见，随着串联电阻的增大，机械特性越来越软，也就是说串电阻调速时，转速越低，机械特性越软，这是很不利的。

现在分析电枢串接电阻调速的经济性。

电动机由电网吸取功率 P_1 为

$$P_1 = U I_a = E_a I_a + I_a^2 R \qquad (1\text{-}49)$$

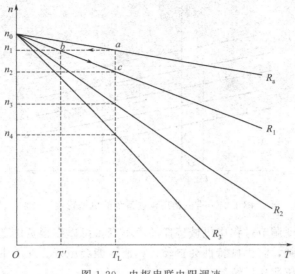

图 1-29　电枢串联电阻调速

损耗 ΔP 为

$$\Delta P = I_a^2 R = U I_a - E_a I_a = U I_a \left(1 - \frac{E_a}{U}\right) = P_1 \left(1 - \frac{C_e \Phi n}{C_e \Phi n_0}\right) = P_1 \left(\frac{n_0 - n}{n_0}\right) \tag{1-50}$$

效率 η 为

$$\eta = \frac{P_1 - \Delta P}{P_1} = 1 - \frac{n_0 - n}{n_0} = \frac{n}{n_0} \tag{1-51}$$

如电动机带动额定恒转矩负载，$I_a = I$、$P_1 = P_{1N} = U_N I_N$ 为定值，随着 n 的降低，损耗增大，效率降低。如当 $n = n_0/2$ 时，由式(1-50)及式(1-51)可见，$\Delta P = P_1/2$，$\eta = 0.5$，即转速调到 $n_0/2$ 时，由电网吸取功率的一半消耗在电枢回路总电阻上，效率仅为 50%。

可见，这种调速方法是很不经济的。除此之外，由图 1-29 可以看出，串电阻调速是一种有级调速，这也是其一大缺点。

串电阻调速的优点是方法比较简单，控制设备不复杂。

(2) 他励直流电动机的调压调速　欲实现调节电枢电压调速，其关键是电压可调的可控直流电源。在电力传动发展的初期，一般采用旋转变流机组作为可调电压源。随着电力电子技术的不断发展，又先后出现了晶闸管相控整流器和直流脉宽调制（即 PWM）斩波器等静止可调直流电压源。目前，在大容量直流调速系统中，仍多采用晶闸管相控整流器作为可调电压源，如图 1-30 所示。而在中小容量场合，直流 PWM 斩波器应用较多。关于这些内容，在本书的后续章节中将有详细介绍。

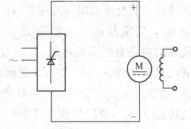

图 1-30　晶闸管整流器供电的直流调速系统示意图

直流调压调速系统的机械特性如图 1-31 所示。可见，当电枢电压改变时，可得到一簇平行的直线。现以转速由 n_1 降为 n_2 来说明系统的调速过程。当电枢电压由 U_{01} 改变为 U_{02} 时，n 及 E_a 一开始不能突变，I_a 及 T 减小，在图 1-31 中，运行点即在相同的转速下由 a 点过渡到 b 点，转矩由 T_L 下降为 T'，$T = T' < T_L$，$\mathrm{d}n/\mathrm{d}t$ 为负，系统减速。随着 n 及 E_a 的下降，I_a 及 T 不断增高，$I_a = (U - E_a)/R$，$T - T_L$ 仍为负，系统继续减速，但减速的速度在不断减小，直到 n 降到 n_2，T 增至 T_L，转矩新的平衡又建立，系统以较低的速度稳定运行，调速过程结束。

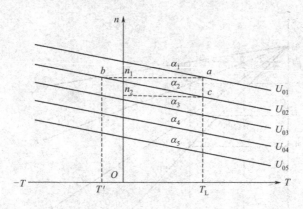

图 1-31   直流调压调速系统的机械特性

调压调速系统在速度调节过程中机械特性硬度不变，可以在很宽的范围内实现无级平滑调速。若采用闭环反馈控制，其机械特性会更硬，调速性能会更好。在本书的后续章节中将着重介绍闭环控制的直流调压调速系统。

(3) 他励直流电动机的弱磁调速   减弱磁通，小容量系统可在励磁电路中串接可调电阻 r_Q 来实现，容量大时则用单独的可调直流电源如晶闸管整流装置向电动机的励磁电路供电，如图 1-32 所示。

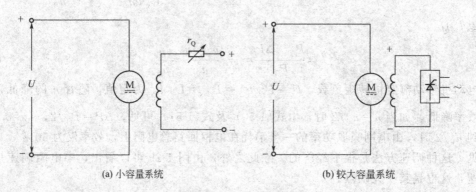

(a) 小容量系统   (b) 较大容量系统

图 1-32   弱磁调速电路示意图

在图 1-33 上绘出电动机的固有机械特性 1，其磁通为 $\Phi_1 = \Phi_N$，磁通减弱到 Φ_2 的人为机械特性为特性 2。现以转速由 n_1 升为 n_2 来说明系统的调速过程。磁通减弱前，电动机的磁通为 Φ_1，转速为 n_1，转矩为 T_L，相应的电流为 I_{a1}，运行点为固有机械特性上的 a 点。如电动机励磁电路突然串联电阻 r_Q，当磁路未饱和时，励磁电流及磁通 Φ 都按指数规律减小。由于电动机的转速 n 一时来不及变化，电动机的反电动势 E_a 将随 Φ 的降低而降低，这样使电枢电流 I_a 迅速由 I_{a1} 增大。在一般情况下，I_a 增加的相对数量比 Φ 下降的相对数量大，所以电动机转矩 $T = C_T \Phi I_a$ 增大，$T > T_L$ 使系统加速，n 由 n_1 开始上升。n 的不断上升使 E_a 由一开始的下降经某一最小值逐渐回升，I_a 及 T 由一开始的上升经某一最大值逐渐下降，直到 T 下降到 $T = T_L$ 时，系统又达到新的平衡，转速上升到 n_2 为止，运行点转移到人为特性 2 上的 b 点。自 a 点到 b 点，T 的变化如图 1-33 上曲线 3 所示，曲线 3 有时称为动态机械特性。必须注意，图 1-33 中 a 点与 b 点的转矩虽相等，但 b 点的电流却比 a 点的电流大。

弱磁调速范围对于普通电动机最多为 2；对于特殊设计的额定转速较低的调磁电动机 $D = 3 \sim 4$。主要原因是弱磁调速在额定转速以上调节，电动机 n_{max} 不可能太高，它受电动机的机械强度及换向的限制。另外，为了保证在 n_{max} 时有一定的转矩输出，调磁电动机的电枢绕必

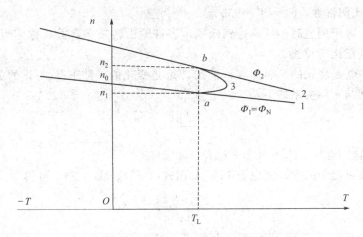

图 1-33 减弱磁通时的机械特性

须按较大的电流设计。

在低速时，Φ 较大，为了使电动机磁路不致饱和，电动机的体积及耗费的材料又须大为增加，显得很不经济。

弱磁调速的优点是，在功率较小的励磁电路中进行调节，控制方便，能量损耗小，调速的平滑性较高。由于调速范围不大，常和额定转速以下的降压调速配合应用，以扩大调速范围。

需要注意的是，如果他励直流电动机在运行过程中励磁电路突然断路，Φ 变成很少的剩磁，此时不仅使电枢电流大大增加，而且由于严重弱磁，转速将上升到危险的飞逸转速，甚至会破坏整个电枢，因此必须有相应的保护措施。

1.5.3 调速方法的转矩特性及其与负载的配合

电动机在额定转速下容许输出的功率主要取决于电动机的发热，而发热又主要取决于电枢电流。在调速过程中，只要在不同转速下电流不超过额定值 I_N，电动机长时运行，其发热就不会超过容许的限度。因此，额定电流是电动机长期工作的利用限度。在调速过程中，如发动机在不同转速下都能保持电流为 I_N，则电动机利用充分，运行安全（在这里，忽略了自冷式电动机低速运行时散热情况变坏所发生的影响）。而电动机运行时电枢电流的大小取决于所拖动的转矩特性和电动机的调速方法，所以为了充分利用电动机，需要具体分析采用不同调速方法拖动不同特性的负载时电枢电流的情况。

（1）调速方法的转矩特性 调速方法的转矩特性是保持 I_N 不变的前提下，用来表征电动机采用某种调速方法时带负载能力的性能指标。

对于他励直流电动机，转矩与功率的关系为：

$$T_e = C_T \Phi I_a \tag{1-52}$$

$$P_M = \frac{T\Omega}{1000} = \frac{T}{1000} \times \frac{2\pi n}{60} \approx \frac{Tn}{9550} \tag{1-53}$$

式中，T_e、n、P_M 各参数的单位分别为 N·m、r/min、kW。

在降压调速（电枢串联电阻与降电枢电压）时，如不同转速时保持 I_N 不变，由式(1-52)、式(1-53) 可得

$$T_e = C_T \Phi_N I_N = T_N = 常数 \tag{1-54}$$

$$P_M = \frac{T_N n}{9550} = C_1 n \tag{1-55}$$

式中，C_1 为比例常数，$C_1 = T_N/9550$。

由上式可见，降压调速时，从高速到低速，容许输出转矩是常数，称为恒转矩调速方式，而容许输出功率则正比于转速。

弱磁调速时，Φ 是变化的，显然容许输出转矩是变化的，欲求 T 与 n 的关系，必须先知 Φ 与 n 的关系。Φ 与 n 的关系如下：

$$\Phi = \frac{U_N - I_N R_a}{C_e n} = \frac{C_2}{n}$$

式中，C_2 为比例常数，$C_2 = (U_N - I_N R_a)/C_e$。

电枢电流调速过程中的容许值也为 I_N，利用式(1-52)、式(1-53) 可得

$$T_e = C_T \frac{C_2}{n} I_N \tag{1-56}$$

$$P_M = \frac{Tn}{9550} = C_T \frac{C_2}{n} I_N \times \frac{n}{9550} = C_3 I_N = 常数 \tag{1-57}$$

式中，C_3 为比例常数，$C_3 = \frac{C_T C_2}{9550}$。

可见弱磁调速时的容许输出功率为常数，称为恒功率调速方式；而容许输出转矩则与转速成反比。

(2) 调速方法的转矩特性与负载特性的配合 电动机采用恒转矩调速时，如果拖动额定的恒转矩负载 T_L 运行，稳态时必有 $T_N = T_L$，那么无论运行在什么转速上，电动机的电枢电流始终保持 I_N 不变，电动机得到充分利用。可见，电动机的恒转矩调速特性与负载恒转矩特性可以良好地配合。通常把这种情况称为电动机的调速特性与负载特性相匹配。

而当电动机采用恒功率调速时，如果拖动额定的恒功率负载运行，稳态时必有 $P_M = C_3 I_N$ 不变，那么无论运行在什么转速上，电动机的电枢电流也始终保持 I_N 不变，电动机被充分利用。因此电动机的恒功率调速与恒功率负载也是匹配的。

总而言之，要想电动机得到充分利用，其调速特性应与负载的转矩特性相一致。换句话说，如果电动机的调速特性如果与负载的转矩特性不一致，就会出现不匹配的现象，电动机就得不到充分利用。

例如，用恒转矩的调压调速拖动恒功率负载，由于恒功率负载的特点是转速越低转矩越大，为了保证电动机在很宽的转速范围内安全运行，必须按照"低速运行时电动机额定转矩等于负载转矩、电枢电流等于负载电流"这一原则选择电动机。而电动机工作在较高转速时，负载转矩低于额定转矩，电动机电磁转矩也低于额定转矩。而调压调速时，磁通维持 Φ_N 不变，因此电枢电流此时小于额定电流 I_N，电动机未得到充分利用，也就是说恒转矩调速特性与恒功率负载特性不匹配。通过类似的分析，可以知道恒功率调速特性与恒转矩负载特性也是不匹配的。至于通风机类负载，无论恒转矩调速还是恒功率调速都是不匹配的。

习 题

1. 电力传动系统的运动方程式是什么？如何利用运动方程式判断系统的工作状态？

2. 生产机械的负载特性有哪几种？

3. 某他励直流电动机的数据如下：$P_N = 10kW$，$U_N = 220V$，$I_N = 57.3A$，$n_N = 3000r/min$，试计算并作出下列机械特性：

① 固有机械特性；

② 电枢回路总电阻为 $1.5R_N$ 时的人为机械特性；

③ 电枢电压为 $50\% U_N$ 时的人为机械特性；

④ 励磁磁通为 $80\%\Phi_N$ 时的人为机械特性。

4. 图 1-34 所示为 5 类电力拖动系统的机械特性图，试判断哪些系统是稳定的，哪些系统是不稳定的。

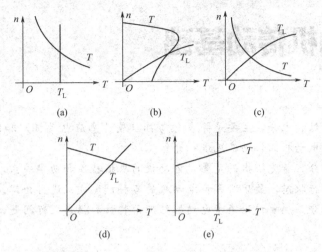

图 1-34 5 类电力拖动系统的机械特性图

5. 一台他励直流电动机的额定数据为：$P_N = 7.5\text{kW}$，$U_N = 220\text{V}$，$I_N = 85.2\text{A}$，$n_N = 750\text{r/min}$，$R_a = 0.13\Omega$。拟采用三级启动，最大启动电流限制在额定电流的 2.5 倍，求各段的启动电阻值为多少。

6. 他励直流电动机的电气制动方法有哪几种？

7. 使位能性负载稳速下降的办法有哪几种？

8. 某他励直流电动机的额定数据为：$P_N = 29\text{kW}$，$U_N = 440\text{V}$，$I_N = 76\text{A}$，$n_N = 1000\text{r/min}$，$R_a = 0.38\Omega$。若忽略空载损耗，用哪几种方法可以使负载（$0.8T_N$）以 500r/min 的转速平稳下放？求每种方法所需接入的电阻值。

9. 他励直流电动机有哪几种调速方法？

10. 调速系统的性能指标是什么？调速指标中的静差率与机械特性硬度有何关系？

11. 一台他励直流电动机的铭牌数据如下：额定功率 $P_N = 40\text{kW}$，$U_N = 220\text{V}$，$I_N = 200\text{A}$，$n_N = 1000\text{r/min}$，$R_a = 0.1\Omega$。生产工艺要求静差率 $\varepsilon = 20\%$，系统能达到的调速范围是多少？如果静差率 $\varepsilon = 30\%$，系统能达到的调速范围是多少？

12. 某台直流电动机最高理想空载转速 $n_{0\max} = 1500\text{r/min}$，最低理想空载转速 $n_{0\min} = 150\text{r/min}$，额定速降 $\Delta n_N = 15\text{r/min}$，求该电动机拖动额定负载时的调速范围和静差率。

第2章
交流电动机传动基础

交流电动机从结构上分，主要是异步电动机（或称感应电动机）和同步电动机两种。本章分别对这两种电动机的传动基础进行介绍。

异步电动机部分，首先给出的是异步电动机的机械特性和功率关系，其次讨论异步电动机的各种稳定运行状态，最后对异步电动机的各种调速方式进行介绍。

同步电动机部分，主要讨论同步电动机转矩角特性和稳态运行问题，并对其调速进行简要介绍。

2.1 异步电动机的机械特性和稳态运行

直流电动机可看作线性被控对象，因而很容易描述，其机械特性也比较容易得到。而交流异步电动机则是一个高阶、强耦合、非线性的被控对象，很难描述。为了分析异步电动机的机械特性，首先对其电路进行简化，得到其稳态等效电路。

2.1.1 异步电动机稳态数学模型

根据电机学原理，在对称的多相绕组中通入对称多相电流，可以产生恒定的圆形旋转磁场。在圆形旋转磁场的作用下，定、转子绕组产生感应电动势，转子感应电流与旋转磁场互相作用产生电磁转矩，拖动转子不断旋转。当电动机产生的电磁转矩与负载转矩相平衡时，电动机在某一转速下稳定运行。

在下述假定条件下，异步电动机的稳态 T 型等效电路如图 2-1 所示。

① 忽略空间和时间谐波；
② 忽略磁路饱和；
③ 忽略铁芯损耗。

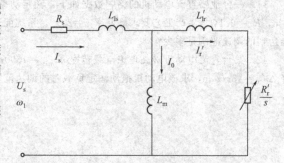

图 2-1 异步电动机的稳态 T 型等效电路

图 2-1 中各参数定义如下：

R_s，R_r'——定子每相电阻和折合到定子侧的转子每相电阻；

L_{ls}，L_{lr}'——定子每相漏感和折合到定子侧的转子每相漏感；

L_m——定子每相绕组产生气隙主磁通的等效电感，即励磁电感；

U_s，ω_1——定子相电压和供电角频率；

s——转差率。

在一般情况下，L_m 远远大于 L_{ls}、L_{lr}'，励磁电流 I_0 很小，可以将励磁阻抗支路断开，得到简化等效电路，如图 2-2 所示，相当于将上述第 3 条假设条件改成"忽略铁芯损耗和励磁电流"。

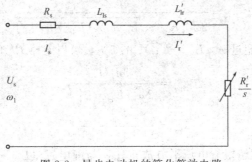

图 2-2　异步电动机的简化等效电路

2.1.2　异步电动机的机械特性

由图 2-2 可以求出：

$$I_s \approx I_r' = \frac{U_s}{\sqrt{\left(R_s + \dfrac{R_r'}{s}\right)^2 + \omega_1^2(L_{ls} + L_{lr}')^2}} \tag{2-1}$$

三相异步电动机的电磁功率 $P_m = 3I_r'^2\dfrac{R_r'}{s}$，同步机械角转速 $\omega_{m1} = \dfrac{\omega_1}{n_p}$，$n_p$ 为极对数，则异步电动机的电磁转矩为

$$T_e = \frac{P_m}{\omega_{m1}} = \frac{3n_p}{\omega_1}I_r'^2\frac{R_r'}{s} = \frac{3n_p U_s^2 R_r'/s}{\omega_1\left[\left(R_s + \dfrac{R_r'}{s}\right)^2 + \omega_1^2(L_{ls} + L_{lr}')^2\right]} \tag{2-2}$$

式（2-2）就是异步电动机的机械特性方程式。

下面进行具体分析。

(1) 固有机械特性　三相异步电动机在电压、频率均为额定值不变，定、转子回路不串入任何电路元件条件下的机械特性称为固有机械特性，其特性曲线如图 2-3 所示。

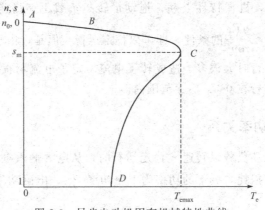

图 2-3　异步电动机固有机械特性曲线

(2) 最大电磁转矩　将式（2-2）对 s 求导，并令 $dT_e/ds = 0$，可求出产生最大转矩时的临界转差率

$$s_m = \frac{R_r'}{\sqrt{R_s^2 + \omega_1^2(L_{ls} + L_{lr}')^2}} \tag{2-3}$$

和最大转矩

$$T_{emax} = \frac{3n_p U_s^2}{2\omega_1 [R_s + \sqrt{R_s^2 + \omega_1^2 (L_{1s} + L_{1r}')^2}]} \tag{2-4}$$

一般情况下，R_s^2 值不超过 $\omega_1^2 (L_{1s} + L_{1r}')^2$ 的 5%，可以忽略 R_s^2 的影响，则有

$$T_{emax} = \frac{3n_p U_s^2}{2\omega_1^2 (L_{1s} + L_{1r}')}$$

$$s_m = \frac{R_r'}{\omega_1 (L_{1s} + L_{1r}')}$$

上两式说明：最大电磁转矩与电压平方成正比，与漏电感 $(L_{1s} + L_{1r}')$ 成反比，与转子电阻无关；临界转差率与转子电阻成正比，与漏电感 $(L_{1s} + L_{1r}')$ 成反比，与电压大小无关。

(3) 过载能力 最大电磁转矩与额定电磁转矩的比值即最大转矩倍数，又称过载倍数，用 λ 表示为

$$\lambda = \frac{T_{emax}}{T_N}$$

一般异步电动机 $\lambda = 1.6 \sim 2.2$，起重、冶金用的异步电动机 $\lambda = 2.2 \sim 2.8$。应用于不同场合的异步电动机都有足够大的过载倍数。

(4) 堵转转矩 电动机启动时，$n = 0$，$s = 1$ 的电磁转矩称为堵转转矩（或初始启动转矩），将 $s = 1$ 代入式(2-2)，得到堵转转矩：

$$T_{st} = \frac{3n_p U_s^2 R_r'}{\omega_1 [(R_s + R_r')^2 + \omega_1^2 (L_{1s} + L_{1r}')^2]} \tag{2-5}$$

从式(2-5)中可以看出，T_{st} 与电压的平方成正比，漏电抗越大，堵转转矩越小。

堵转转矩与额定转矩的比值称为堵转转矩倍数，用 K_T 表示，即 $K_T = T_{st}/T_N$，电动机启动时，$T_{st} > (1.1 \sim 1.2) T_L$ 时就可顺利启动。一般异步电动机堵转转矩倍数 $K_T = 0.8 \sim 1.3$。

(5) 稳定运行问题 从异步电动机机械特性上看，在 AC 阶段，$0 < s < s_m$，机械特性下斜，拖动恒转矩负载和泵类负载运行时均能稳定运行。

CD 阶段，$s_m < s < 1$，机械特性上翘，拖动恒转矩负载不能稳定运行。但拖动泵类负载时，满足 $T_e = T_L$ 处 $\frac{dT_e}{dn} < \frac{dT_L}{dn}$ 的条件，即可以稳定运行。但是，由于这时候转速低，转差率大，转子电动势比正常运行时大很多，造成转子电流、定子电流均很大，因此不能长期运行。异步电动机应长期稳定运行在 $0 < s < s_m$ 范围内。

2.1.3 异步电动机的功率关系

当三相异步电动机拖动负载以转速 n 稳定运行时，从电源输入电功率 P_1，减去定子绕组铜损耗以及电动机的铁芯损耗，剩下的功率为电磁功率 P_m，电磁功率通过电磁感应作用从定子绕组传递到转子绕组。

$$P_m = P_1 - p_{Cus} - p_{Fe} \tag{2-6}$$

电磁功率传送到转子以后，必伴生转子电流在转子绕组内通过，在转子电阻上发生转子铜损耗，由于转子电流的频率较小，所以转子铁芯的铁耗可忽略不计。这样，电磁功率减去转子的铜损耗，便是电动机产生的总的机械功率。

$$P_{mech} = P_m - p_{Cur} \tag{2-7}$$

总的机械功率减去机械损耗功率 p_{mech} 和附加损耗功率 p_s，就是轴上输出净的机械功

率 P_2。

$$P_2 = P_{mech} - (p_{mech} + p_s) \tag{2-8}$$

式(2-6)、式(2-7)、式(2-8)构成了异步电动机正常运行时的功率平衡关系，全过程为

$$P_2 = P_1 - p_{Cus} - p_{Fe} - p_{Cur} - p_{mech} - p_s$$

用功率流程图表示如图 2-4 所示。

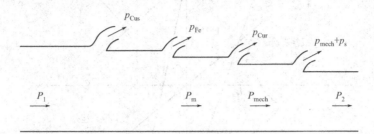

图 2-4 异步电动机的功率流程

式(2-7)中 $P_m = 3I_r'^2 \dfrac{R_r'}{s}$，$P_{mech} = 3I_r'^2 \dfrac{1-s}{s} R_r' = (1-s)P_m$，$p_{Cur} = 3I_r'^2 R_r' = sP_m$，所以三者的关系为 $P_m : P_{mech} : p_{Cur} = 1 : (1-s) : s$。

可见，转子铜耗正比于电动机的转差率 s，s 越大（转速越低），转子电流越大，电磁功率消耗在转子铜损耗中的比例就越大，电动机的效率越低。因此从经济观点来说，异步电动机不适宜长期低速运行。

$P_{Cur} = sP_m$ 为转差率与电磁功率的乘积，在交流调速系统中又称之为转差功率，用 P_s 来表示。转差功率 P_s 不一定都消耗在转子电阻上，在异步电动机中有的调速方法中如绕线式异步电动机的双馈调速系统，转差功率能够得到回收。

2.1.4 异步电动机的稳态运行

交流电力传动系统运行时，在不同负载的条件下，若改变异步电动机电源电压的大小、相序及频率，或者改变绕线式异步电动机转子回路所串电阻等参数，三相异步电动机就会运行在四个象限的各种不同状态，如图 2-5 所示。

与直流电动机类似，异步电动机也存在两种运转状态：电动运转和制动运转。

电动运转状态的特点是电动机电磁转矩的方向与电动机旋转的方向相同。图 2-5 中，当电动机工作点在第Ⅰ象限时，例如 A、B 两点，电动机为正向电动运行状态（A 点工作在正向固有特性上，B 点工作在转子回路串接电阻调速特性上）；当工作点在第Ⅲ象限时，例如 C、D 点，电动机为反向电动运行状态。电动运行状态下，电磁转矩为传动转矩，此时电动机将电能转换为机械能。电动状态下，转差率 $s > 0$，即同步转速 n_s 高于电动机转速 n。

制动运转状态的特点是电动机电磁转矩与转速的方向相反。此时，电动机由轴上吸收机械能，并转换为电能。制动状态下，转差率 $s < 0$，即同步转速 n_s 低于电动机转速 n。与直流电动机类似，异步电动机的制动状态也有能耗制动、倒拉反转制动、反接制动和回馈制动几种，下面分别进行介绍。

(1) 能耗制动状态 三相异步电动机原处于电动运行状态，让电动机脱离三相电网，同时定子的两相绕组内通入直流电流，在定子内形成一固定磁场。当转子由于惯性而仍在旋转时，其转子导体切割此固定磁场，产生转子感应电动势及转子电流。根据左手定则，可确定出电磁转矩的方向与转速的方向相反，即为制动转矩。

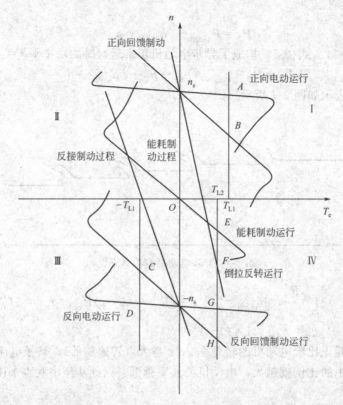

图 2-5 三相绕线式异步电动机的各种运行状态

在切换电源后的瞬间，由于机械惯性，电动机转速不能突变，继续维持原逆时针方向旋转。转子转向为逆时针方向，受到的转矩为顺时针方向，显然 T_e 与 n 反方向，电动机处于制动运行状态。如果电动机拖动的负载为反抗性恒转矩负载，在电磁转矩与负载转矩共同作用下，电动机减速，直至转速 $n=0$。此时，感应电动势和电流均下降为零，电动机不产生电磁转矩，电动机拖动系统停止不转，使生产机械准确停车。制动停车过程中，将转动部分储存的动能转换为电能消耗在转子回路中，与直流电动机能耗制动过程类似，也称为能耗制动过程。

如果电动机拖动的负载为位能性恒转矩负载，可以实现等速下放重物（图 2-5 中 E 点），称为能耗制动运行。

（2）倒拉反转制动状态 带位能性恒转矩负载运行的三相绕线式异步电动机，若在转子回路内串入三相对称电阻，电动机转速降低。如果所串的电阻超过某一数值后，电动机还要反转，运行于第Ⅳ象限，称之为倒拉反转的制动状态，也叫电磁制动状态。

此时

$$s=\frac{n_s-(-n)}{n_s}=\frac{n_s+n}{n_s}>1$$

该状态在第四象限也可实现等速下放重物（图 2-5 中 F 点）。制动曲线所在区域为电动状态在第Ⅳ象限的延长部分。

电动机轴上的输出功率为 $P_{mech}=3I_r'^2\frac{1-s}{s}(R_r'+R')<0$，说明这时从外界输入机械功率。

从定子传送到转子的电磁功率 $P_m=3I_r'^2\frac{1}{s}(R_r'+R')>0$，表示电动机内部的功率传递方向不变。也就是说电动机工作在倒拉反转运行状态时，一部分由轴上输入机械功率，同时，定子绕

组又通过气隙磁场向转子绕组输入电功率，这两部分功率合起来消耗在转子回路的总电阻 $(R'_r + R')$ 中，即 $P_m + |P_{mech}| = P_s$。所以在倒拉反转的制动状态时，能量损耗比较大。

（3）反接制动 假设原来电动机拖动生产机械正向运转，为了迅速停车或反向，现将定子电源任意两相换接一下，旋转磁场改变了方向，转子电动势和电流也改变了方向，电磁转矩变为负值，起制动作用。反接电源并在转子电路串接电阻的机械特性如图 2-5 所示（第Ⅱ象限），系统在负载转矩及电磁转矩的共同作用下，转速迅速下降，直至转速为零。

电源相序为负序，处于第Ⅱ象限时，$n \geq 0$，则

$$s = \frac{-n_s + n}{-n_s} > 1$$

故反接制动机械特性为反向电动机械特性在第Ⅱ象限的延长部分。

同倒拉反转制动的功率关系，电动机不仅从电源吸收电能，也从机械轴上吸收机械能，这两部分能量都消耗在转子回路的总电阻上，转换成热能。

如果是绕线式异步电动机，反接制动的同时串入大的制动电阻（比启动电阻阻值要大）。则可以获得比较大的制动转矩，同时限制电流，以保护电动机不致由于过热而损坏。

与他励直流电动机制动停车一样，三相异步电动机反接制动停车比能耗制动停车速度快，但能量损失较大。一些频繁正、反转的生产机械，经常采用反接制动停车接着反向启动，就是为了迅速改变转向，提高生产率。

笼式异步电动机转子回路无法串电阻，最好不要频繁采用反接制动。

（4）回馈制动状态 运行在正向电动状态的三相异步电动机，负载为位能性恒转矩性质时，如果进行反接制动停车，当转速降到 $n = 0$ 时，若不采取停车措施，那么电动机将会反向启动，并反向加速到第Ⅳ象限稳定运行，此时进入到反向回馈制动状态。异步电动机转速高于同步转速 n_s，即 $n > n_s$，对应于图 2-5 中 G 与 H 点。

除此之外异步电动机由于变极调速、变频调速时，从高速到低速降速过程，也可能使异步电动机转速高于同步转速 n_s 的情况。

回馈制动时

$$s = \frac{n_s - n}{n_s} < 0$$

异步电动机输出的机械功率 $P_{mech} = 3I_r'^2 \dfrac{1-s}{s} R'_r < 0$，表明电动机轴上的机械功率是从外界输入的。电磁功率 $P_m = 3I_r'^2 \dfrac{R'_r}{s} < 0$，则表明电动机的电磁功率不是从定子绕组传递到转子绕组的，而是由转子绕组传到定子绕组，再由定子绕组送回电网。从回馈制动的有功功率传递关系来看，这时的三相异步电动机实际上是一台发电机。

功率平衡关系为：$|P_{mech}| = |P_m| + P_s$。

回馈制动状态的机械特性方程式在形式上完全与电动机状态相同，则回馈状态的机械特性曲线，是电动状态下的机械特性向第Ⅱ象限或第Ⅳ象限的延伸。当电动机的制动转矩与负载转矩平衡时，电动机即能稳定运行。

回馈制动的具体应用有以下几种：

① 一般用于位能性负载下放。回馈制动状态处于第Ⅳ象限，其制动过程与直流电动机回馈制动状态完全相同。

② 回馈制动还可能发生在电动机改变极对数或改变电网频率运行时，从高速变到低速，电动机将过渡到回馈制动状态，将转动部分的动能回馈到电网，与直流电动机增磁或降压过程类似。

③ 感应发电机：把异步电动机接入电网，从电网吸取励磁电流，建立磁场，而用原动机带动转子以高于同步转速的速度旋转，这时，电动机便将原动机输入的机械能转换成电能输出，成为一台发电机。

2.2 异步电动机的调速

异步电动机结构简单，价格便宜，运行可靠，但受限于电力电子器件和高速微处理器的发展，在调速性能和控制性能上长期赶不上直流电动机，所以异步电动机以前大多应用在不需要调速或要求调速性能一般的场合。

近几十年来，随着电力电子技术、微电子技术、计算机技术以及自动控制技术的飞速发展，交流调速日趋完善，目前已经在很大程度上取代了直流调速。

在圆形旋转磁场的作用下，电动机拖动某一负载稳定运行。转速的表达式为：

$$n=\frac{60f_1}{n_p}(1-s)=n_s(1-s) \tag{2-9}$$

由式(2-9)可以看出，异步电动机的调速方法只能通过改变同步转速或转差率两个参数实现。改变这两个参数的方法众多，如表 2-1 所示。对这些调速方法的分类方法很多。按时间顺序可分为三个阶段：Ⅰ—初期应用，为异步电动机调速的初级阶段，系统简单；Ⅱ—近代应用，为异步电动机调速的中级阶段，系统一般；Ⅲ—现代应用，为异步电动机调速的高级阶段，系统复杂。

表 2-1　异步电动机调速方法

分　类	具体方法	按时间顺序分类
转差功率消耗型	降低电源电压调速	Ⅱ
	绕线式异步电动机转子回路串电阻调速	Ⅰ
	利用转差离合器调速	Ⅱ
转差功率回馈型	绕线式异步电动机串级调速	Ⅱ
	绕线式异步电动机双馈调速	Ⅲ
转差功率不变型	变极对数调速	Ⅰ
	变压变频调速	Ⅲ

而最本质的分类方法是按电动机的能量转换类型分类。按照交流异步电动机的原理，从定子传入转子的电磁功率可分成两部分：一部分是拖动负载的有效功率，称作机械功率；另一部分是传输给转子电路的转差功率，与转差率 s 成正比。从能量转换的角度上看，转差功率是否增大，是消耗掉还是得到回收，是评价调速系统效率高低的标志。从这点出发，可以把异步电动机的调速系统分成三类，即转差功率消耗型、转差功率回馈型和转差功率不变型。

转差功率消耗型调速系统中，全部转差功率都转换成热能消耗在转子回路中，效率最低，越到低速时效率越低；但系统结构简单，设备成本低。

转差功率回馈型调速系统中，一部分转差功率被消耗掉，大部分则通过变流装置回馈给电网（或从电网馈入）或转化成机械能予以利用。效率较高，但要增加一些设备。

转差功率不变型调速系统，无论转速高低，转差功率中的转子铜损部分基本不变。变极对数调速是有级的，应用场合有限。变压变频调速效率高，设备成本也最高，应用也最广。

以上所述的异步电动机调速方式中，变压变频调速和双馈调速（串级调速）效率较高，具有良好的节能降耗性能，本书将在后续章节着重讨论。本节只对其他几种调速方法进行介绍。

2.2.1 异步电动机调压调速

所谓调压调速，就是通过改变定子外加电压来改变其机械特性的函数关系，从而达到改变电动机在一定输出转矩下转速的目的。

由式（2-2）可知，当异步电动机的等效电路参数不变时，在相同的转速下，电磁转矩 T_e 与定子电压的二次方 U_s^2 成正比，因此，改变定子外加电压就可以得到不同的人为机械特性，从而达到调节电动机转速的目的。

三相异步电动机恒频变压时的机械特性如图 2-6 所示。若电动机拖动恒转矩负载，降低电源电压可以降低转速。如图 2-6 所示，A 点为固有机械特性上的运行点，B 点、C 点为降低电压后的运行点。

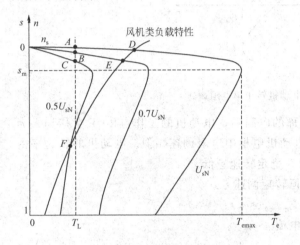

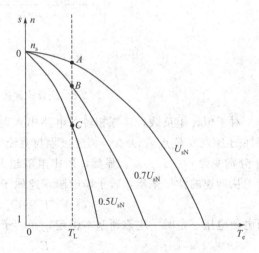

图 2-6　三相异步电动机恒频变压时的机械特性　　　图 2-7　高转子电阻电动机（交流力矩电动机）在不同电压下的机械特性

对于一般的笼式异步电动机，由图 2-6 可见：

① 带恒转矩负载 T_L 时，普通的笼型异步电动机变电压时的稳定工作点为 A、B、C，在转速低于临界转速 $n_m = n_0(1-s_m)$ 的机械特性部分不能稳定运行，因此降压调速范围很窄。带风机类负载运行，则工作点为 D、E、F，调速范围可以大一些。

② 低速时，I'_r 和 I_s 增大，易产生过热现象，如长期运行，则有烧坏电动机的可能。

对于恒转矩负载，要想扩大变压调速范围，且使电动机在较低速下稳定运行而又不致过热，须要求电动机转子绕组有较高的电阻值，如国产的 JLF 力矩电动机，转子导条用电阻率较大的黄铜条制成。图 2-7 给出了高转子电阻电动机变电压时的机械特性，带恒转矩负载时的变压调速范围增大了，即使在堵转转矩下工作也不致烧坏电动机，这种电动机又称作交流力矩电动机。但交流力矩电动机的机械特性太软，低速时稳定性较差，工作点不易稳定，即负载转矩或供电电压稍有波动，都会引起转速有较大的变化，甚至无法工作。为了提高调压调速机械特性的硬度，则需采用闭环控制。另外在低速时还有效率较低、电流较大的缺点。

除了调速系统以外，异步电动机的变压控制在软起动器和轻载降压节能运行中也有广泛的应用。

2.2.2 绕线式异步电动机转子回路串电阻调速

对于绕线式异步电动机，通过改变转子回路串入三相对称电阻值的大小，可以改变电动机的转速。在转子回路串接不同电阻时的机械特性如图 2-8 所示。

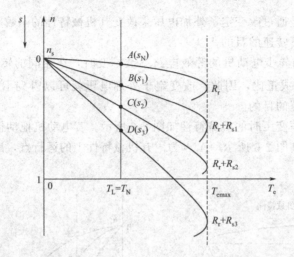

图 2-8 绕线式异步电动机转子串电阻调速

对于恒转矩负载，在三相转子电路串入对称的电阻后，电动机的工作点由 A 点移到人为特性的 B 点或 C 点或 D 点，调速过程与直流电动机电枢串电阻调速相似。电动机的转差率由 s_N 分别变为 s_1、s_2、s_3。显然，所串电阻越大，稳定转速越低。

从调速的性质来看，转子串电阻调速属于恒转矩调速方式。

$$T_e = C_{mJ} \Phi_m I_r \cos\varphi_r$$

当电源电压一定时，主磁通基本恒定，而转子电流

$$I_r = \frac{E_2}{\sqrt{\left(\dfrac{R_r}{s_N}\right)^2 + X_r^2}} = \frac{E_2}{\sqrt{\left(\dfrac{R_r + R_s}{s}\right)^2 + X_r^2}}$$

转子串电阻调速时，如果保持电动机转子电流为额定值，必有

$$\frac{R_r}{s_N} = \frac{R_r + R_s}{s} = 常数 \tag{2-10}$$

式中，R_s 为转子回路所串联的电阻。

当电动机转子回路串了电阻后，转子回路的功率因数为

$$\cos\varphi_r = \frac{\dfrac{R_r + R_s}{s}}{\sqrt{\left(\dfrac{R_r + R_s}{s}\right)^2 + X_r^2}} = \frac{\dfrac{R_r}{s_N}}{\sqrt{\left(\dfrac{R_r}{s_N}\right)^2 + X_r^2}} = \cos\varphi_{rN} = 常数$$

但从调速的技术性能与经济性能来看，这种方法有较多的不足之处，其主要缺点可以归纳如下：

① 这种方法是通过增大异步电动机转子回路的电阻值来降低电动机转速的。当电动机轴上带有恒转矩负载时，电动机的转速越低，其转差功率也越大，而这些转差功率又被转化为热能消耗掉了，调速越深，效率越低。

从三相异步电动机的功率关系知道，异步电动机采用降压调速或串电阻调速时，欲扩大调

速范围，必须增大转差率 s。这样一来，将使转子回路总铜损耗增大，降低了电动机的效率。如 $s=0.5$ 时，电磁功率中只有一半转换为机械功率输出，其余的一半则损耗在电动机转子回路中。转速越低，情况越严重。

② 用这种方法调速时，由于电动机的极对数与施加于其定子侧的电压频率都不变，所以电动机的同步转速或理想空载转速也不变，这样异步电动机的机械特性是一簇通过理想空载转速点的特性，调速时机械特性随着转子回路电阻的增大而变软，从而大大降低了电气传动的稳态调速精度。

③ 在实际应用中，由于串入电动机转子回路的附加电阻级数受限，无法实现平滑的调速，属于有级调速。

④ 调速时只能从同步转速以下单方向调速，调速范围小。

这种调速方式在中小型容量的绕线式异步电动机中得到了应用，多用于断续工作的生产机械上，这类机械在低速运行的时间不长，且要求调速性能不高，如桥式起重机上绕线型异步电动机几乎都采用这种调速方法。

2.2.3　笼式三相异步电动机变极对数调速

在电源频率 f_1 不变的情况下，异步电动机旋转磁动势同步转速 n_s 与电动机极对数成反比。改变笼式定子绕组的极对数，就改变了同步转速 n_s。电动机的极数增加一倍，同步转速就会降低一半，电动机的转速也几乎下降一半，从而实现变极调速。定子绕组产生的磁极对数的改变，是通过改变定子绕组的接线方式得到的。

图 2-9 所示为三相异步电动机定子绕组的接线及产生的磁极数，图中只画出了 A 相绕组的情况。每相绕组为两个等效集中线圈正向串联，例如 AX 绕组为头尾串联，如图 2-9(a) 所示。三相绕组的磁极数则为四极的，即为四极异步电动机。

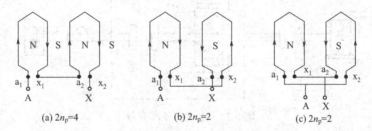

(a) $2n_p=4$　　　　　(b) $2n_p=2$　　　　　(c) $2n_p=2$

图 2-9　改变定子绕组连接方法以改变定子极对数

如果把图 2-9(a) 中的接线方式改变一下，每相绕组不再是两个线圈头尾串联，而变为两个线圈尾尾串联，即 A 相绕组 AX 为反向串联，如图 2-9(b) 所示；或者，每相绕组两个线圈变为头尾串联后再并联，即 AX 为反向并联，如图 2-9(c) 所示。那么改变后的两种接线方式，三相绕组的磁极数是二极的，即为二极异步电动机。

从上面的分析可以看出，三相笼式异步电动机的定子绕组，若把每相绕组中一半线圈的电流改变方向，即半相绕组反向，则电动机的极对数便成倍变化。由此，同步转速 n_s 也成倍变化，对拖动恒转矩负载运行的电动机来讲，运行的转速也接近成倍改变。所以这种调速方式属于有级调速。异步电动机变极调速时的机械特性如图 2-10 所示。

这种调速电动机称为多速电动机。多速电动机均采用笼式异步电动机，因为转子磁极数决定于定子的磁极数，变极运行时，不必对转子进行任何改动。

绕线式异步电动机转子极对数不能自动随定子极对数变化，而同时改变定、转子绕组极对数又比较麻烦，因此不采用变极调速。

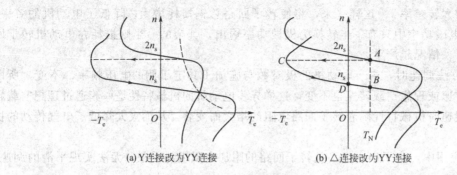

(a) Y连接改为YY连接　　　　(b) △连接改为YY连接

图 2-10　异步电动机变极调速时的机械特性

必须注意的是，为了保证变极调速时电动机的转向不变，变极调速的同时，需要改变定子绕组的相序或者说电源的相序。

变极调速转速几乎是成倍地变化，变极调速的平滑性差，属于有级调速。变极调速转速有较硬的机械特性，稳定性好，所以对于不需要无级调速的生产机械，如金属切削机床、通风机、升降机等，多速电动机的应用较为广泛。

2.2.4　异步电动机转差离合器调速

电磁转差离合器主要由电枢与磁极两个旋转部分组成。电枢部分与调速异步电动机连接，是主动部分；磁极部分与异步电动机所拖动的负载连接，是从动部分。图 2-11 为电磁转差离合器示意图。

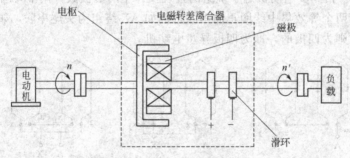

图 2-11　电磁转差离合器

电磁转差离合器结构有多种形式，但原理是相同的。图 2-11 中电枢部分可以是笼式绕组，也可以是整块铸钢。为整块铸钢时，可以看成是无限多根笼条并联，其中流过的涡流类似于笼式导条中的电流。磁极上装有励磁绕组，由直流电流励磁，极数可多可少。电磁转差离合器的电枢部分在异步电动机运行时，随异步电动机转子同速旋转，转向设为顺时针方向，转速为

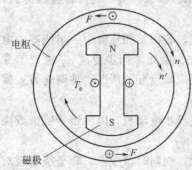

图 2-12　电磁转差离合器的工作原理

n，如图 2-12 所示。若励磁绕组通入的励磁电流 $I_f' = 0$，电枢与磁极二者之间则既无电的联系又无磁的联系，磁极及所连接的负载则不转动，这时负载相当于被"离开"。

若励磁电流 $I_f \neq 0$，则磁极有磁性，磁极与电枢二者之间就有了磁的联系。由于电枢与磁极之间有相对运动，电枢笼式导条要感应电动势并产生电流，对着 N 极的导条电流流出纸面，对着 S 极的则流入纸面。电流在磁场中流过，受力为 F，使电枢受到逆时针方向与异步电动机输出转矩相平衡的阻转矩。磁极则受到与电枢同样大小、相反方向

的电磁转矩，也就是顺时针方向的电磁转矩 T_e。在它的作用下，磁极部分以及负载便顺时针转动，转速为 n'，此时负载相当于被"合上"。

若异步电动机旋转方向为逆时针，通过电磁转差离合器的作用，负载转向也为逆时针，二者方向是一致的。显然，转差离合器电磁转矩 T_e 的产生，还有一个先决条件是电枢与磁极两部分之间有相对运动，因此负载转速 n' 必定小于电动机转速 n（若 $n=n'$，则 $T_e=0$），所谓转差离合器的"转差"指的就是这点。

电磁转差离合器原理与异步电动机很相似，机械特性也相似，但理想空载点的转速为异步电动机转速 n 而不是同步转速 n_s。励磁电流 I_f 越大，磁通越多，改变 I_f 的大小与改变异步电动机电源电压的大小一样：若转速相同，则 I_f 越大，电磁转矩 T_e 也越大；若转矩相同，则 I_f 越大，转速越高。电磁转差离合器的机械特性如

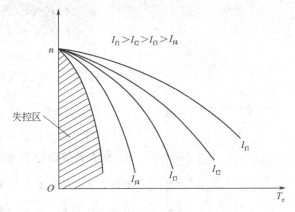

图 2-13 电磁转差离合器的机械特性

图 2-13 所示。改变励磁电流 I_f，就可以调节负载的转速。

电磁转差离合器设备简单，控制方便，可平滑调速，这是它的优点。但是由于其机械特性较软，转速稳定性较差，调速范围较小。低速时，效率也较低。适合于通风机和泵类负载，与异步电动机降压调速相似。

电磁转差离合器与异步电动机装成一体，即同一个机壳时，称为滑差电动机或电磁调速异步电动机。

2.3 同步电动机的稳态数学模型与传动基础

顾名思义，同步电动机的转速与电源频率保持严格同步。只要电源频率保持恒定，同步电动机的转速就绝对不变，与负载大小无关。与异步电动机相比，同步电动机具有以下特点：稳态转速等于同步转速，因而机械特性很硬；除定子磁势外，转子侧还有独立的直流励磁，或者靠永久磁钢励磁；由于转子有独立励磁，在极低的电源频率下也能运行，因此在同样条件下，同步电动机的调速范围比异步电动机更宽；通过改变转矩角就能改变转矩，因此对转矩扰动具有更强的承受能力，动态响应更快。

同步电动机从结构上可分为凸极式和隐极式两种。按励磁方式分为可控励磁同步电动机和永磁同步电动机两种。永磁同步电动机按气隙磁场分布又可分为正弦波永磁同步电动机、梯形波永磁同步电动机和开关磁阻电动机。

2.3.1 同步电动机的转矩角特性

（1）凸极同步电动机的转矩角特性 忽略定子电阻，凸极同步电动机稳态运行且功率因数超前时的相量图如图 2-14 所示。

同步电动机从定子侧输入的电磁功率为

$$P_M = P_1 = 3U_s I_s \cos\varphi \tag{2-11}$$

由图 2-14 得 $\varphi = \phi - \theta$，于是

$$P_M = P_1 = 3U_s I_s \cos\varphi = 3U_s I_s \cos(\phi - \theta)$$
$$= 3U_s I_s \cos\phi\cos\theta + 3U_s I_s \sin\phi\sin\theta \tag{2-12}$$

令

$$\left.\begin{array}{l} I_{sd} = I_s \sin\phi \\ I_{sq} = I_s \cos\phi \\ x_d I_{sd} = E_s - U_s \cos\theta \\ x_q I_{sq} = U_s \sin\theta \end{array}\right\} \tag{2-13}$$

将式(2-13) 代入式(2-12) 得

$$P_M = \frac{3U_s E_s}{x_d}\sin\theta + \frac{3U_s^2(x_d - x_q)}{2x_d x_q}\sin 2\theta \tag{2-14}$$

式中，U_s 为定子相电压有效值；I_s 为定子相电流有效值；E_s 为转子磁动势在定子绕组产生的感应电动势；x_d 为定子直轴电抗；x_q 为定子交轴电抗；φ 为功率因数角；ϕ 为 $\dot{I}_s$ 与 $\dot{E}_s$ 间相位角；θ 为 $\dot{U}_s$ 与 $\dot{E}_s$ 间相位角，在 U_s 与 E_s 恒定时，同步电动机的电磁功率和电磁转矩由 θ 确定，故称 θ 为功率角或转矩角。

式(2-14) 两边除以机械角速度 Ω，得电磁转矩

$$T_e = \frac{3U_s E_s}{\Omega x_d}\sin\theta + \frac{3U_s^2(x_d - x_q)}{2\Omega x_d x_q}\sin 2\theta \tag{2-15}$$

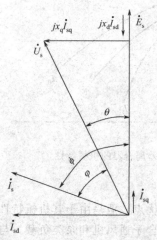

图 2-14 凸极同步电动机稳态运行相量图（功率因数超前）

电磁转矩由两部分组成，第一部分由转子磁动势产生，是同步电动机的主转矩；第二部分由于磁路不对称产生，称作磁阻反应转矩。式(2-14) 和式(2-15) 是凸极同步电动机的功率角特性和转矩角特性。按式(2-15) 可画出凸极同步电动机的转矩角特性，如图 2-15 所示。由于磁阻转矩正比于 $\sin 2\theta$，使得最大转矩位置超前。

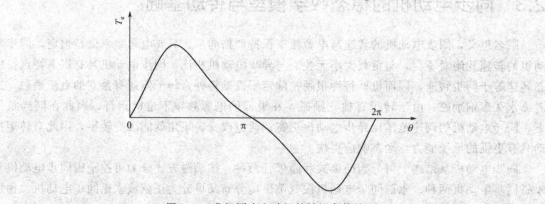

图 2-15 凸极同步电动机的转矩角特性

（2）隐极同步电动机的转矩角特性　对于隐极同步电动机，$x_d = x_q$，故隐极同步电动机的电磁功率为

$$P_M = \frac{3U_s E_s}{x_d}\sin\theta \tag{2-16}$$

电磁转矩为

$$T_e = \frac{3U_s E_s}{\Omega_m x_d}\sin\theta \tag{2-17}$$

图 2-16 为隐极同步电动机的转矩角特性，当 $\theta = \dfrac{\pi}{2}$ 时，电磁转矩最大，为

$$T_{\text{emax}} = \frac{3U_s E_s}{\Omega_m x_d} \tag{2-18}$$

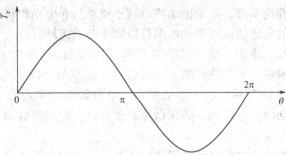

图 2-16　隐极同步电动机的转矩角特性

2.3.2　同步电动机的稳态运行

以隐极同步电动机为例，分析同步电动机恒频恒压时的稳定运行问题。

(1) 在 $0 < \theta < \dfrac{\pi}{2}$ 范围内　在图 2-17 中，若同步电动机稳定运行于 θ_1（$0 < \theta_1 < \dfrac{\pi}{2}$），此时电磁转矩 T_{e1} 和负载转矩 T_{L1} 相平衡，即 $T_{e1} = T_{L1} = \dfrac{3U_s E_s}{\Omega_m x_d}\sin\theta_1$。当负载转矩加大为 T_{L2} 时，转子速度减慢，转子感应电动势滞后，θ 角增大，当 $\theta = \theta_2 < \dfrac{\pi}{2}$ 时，电磁转矩 T_{e2} 和负载转矩 T_{L2} 又达到平衡，即 $T_{e2} = T_{L2} = \dfrac{3U_s E_s}{\Omega_m x_d}\sin\theta_2$，同步电动机仍以同步转矩稳态运行。若负载转矩又恢复为 T_{L1}，则 θ 恢复为 θ_1，电磁转矩恢复为 T_{e1}。因此在 $0 < \theta < \dfrac{\pi}{2}$ 范围内同步电动机能够稳定运行。

(2) 在 $\dfrac{\pi}{2} < \theta < \pi$ 范围内　若同步电动机稳定运行于 θ_3（$0 < \theta_3 < \dfrac{\pi}{2}$），电磁转矩 $T_{e3} = \dfrac{3U_s E_s}{\Omega_m x_d}\sin\theta_3$ 和负载转矩 T_{L3} 相等。当负载转矩加大为 T_{L4} 时，转子减速，θ 角增大，电磁转矩 T_{e4} 反而减小，如图 2-18 所示。由于电磁转矩的减小，导致 θ 角继续增加，电磁转矩持续减小，最终，同步电动机转速偏离同步转速，这一现象称为"失步"。总之，在 $\dfrac{\pi}{2} < \theta < \pi$ 范围内同步电动机不能稳定运行，产生失步现象。

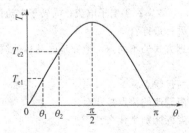

图 2-17　在 $0 < \theta < \dfrac{\pi}{2}$ 范围内

隐极同步电动机的转矩角特性

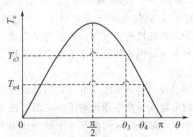

图 2-18　在 $\dfrac{\pi}{2} < \theta < \pi$ 范围内

隐极同步电动机的转矩角特性

2.3.3　同步电动机的启动

同步电动机三相对称的定子绕组通入三相对称电流会在气隙内产生一旋转磁动势，旋转磁动势的同步转速为 $n_s = 60f_1/n_p$。同步电动机转子的励磁绕组通入直流，在转子内产生一恒定磁动势，由电动机统一理论知道，定子磁动势与转子磁动势在电动机稳态运行时，必须保持相对静止，才能产生稳定的电磁转矩，驱动电动机以同步转速旋转。

把同步电动机直接投入电网，定子磁动势 F_s 以同步转速 n_s 旋转。由于机械惯性的作用，电动机转速具有较大的滞后，不能快速跟上同步转速；转矩角 θ 以 2π 为周期变化，电磁转矩呈正弦规律变化，如图 2-16 所示。在一个周期内，电磁转矩的平均值等于零，故同步电动机不能启动。因此，要启动同步电动机，必须借助其他方法。常用的启动方法有异步启动法、辅助电机启动法和变频启动法。

辅助电机启动法只能用于空载启动的同步电动机，对于大容量电动机而言经济上比较差。在变频调速工业化实现之前，同步电动机更常用的启动方法是异步启动法。为实现异步启动，在同步电动机的转子中需要附加有类似笼型异步电动机中的启动绕组，使电动机按异步电动机的方式启动，当转速接近同步电动机时再通入励磁电流进入同步运行。

随着变频调速技术的成熟发展，同步电动机的启动问题也得到了良好的解决。启动问题本身就是调速问题，即从零初始转速调节到额定转速。因此变频启动的原理和方法可以归入到调速系统中。

2.3.4　同步电动机的调速

同步电动机的转速 n 等于同步转速 n_s，而同步电动机的磁极对数又是确定的，所以同步电动机的调速只能是改变电源频率。

过去由于没有变频电源，难以实现同步电动机的调速，同步电动机的启动问题、重载时的失步和振荡问题也难以解决。随着电力电子技术的不断发展，这些问题已经逐步得到解决。现在常用的有变频调速、最大转矩控制、单位功率因数控制等。同步电动机调速的相关内容将在第 11 章详细介绍。

习　题

1. 一台额定频率为 50Hz 的三相异步电动机用在 40Hz 的电源上，其他不变，电动机磁通如何变化？空载电流如何变化？

2. 三相异步电动机能否长期运行在最大电磁转矩情况下？为什么？

3. 忽略空载损耗，拖动恒转矩负载运行的三相异步电动机，其 $n_1 = 1500\text{r/min}$，电磁功率 $P_m = 10\text{kW}$。若运行在 1455r/min，则输出的机械功率是多少？若运行在 900r/min，则输出的机械功率是多少？

4. 有一台三相六极异步电动机，额定数据为：$P_N = 28\text{kW}$，$U_N = 380\text{V}$，$f_1 = 50\text{Hz}$，$n_N = 950\text{r/min}$，额定负载时定子边的功率因数 $\cos\varphi_{1N} = 0.88$，定子铜损耗为 1.5kW，铁芯损耗为 0.7kW，机械损耗为 1.0kW，附加损耗为 0.1kW。在额定负载时，求：①转差率；②转子铜耗；③效率；④定子电流；⑤转子电流的频率。

5. 异步电动机的电气制动方法有哪几种？从节能角度考虑，哪种最好？

6. 异步电动机的调速方法主要有哪几种？根据对转差功率处理方式的不同，可把异步电动机的调速系统分成哪几类？

7. 画出异步电动机改变电压时的机械特性。说明变压调速有何优缺点？

8. 画出绕线异步电动机转子串电阻时的机械特性。转子串电阻调速的缺点是什么？

9. 变极调速与变频调速都属于转差功率不变型调速方法，二者的区别是什么？

10. 分别画出隐极式同步电动机和凸极式同步电动机转矩角特性。

11. 分析同步电动机恒频恒压时的稳定运行区间。什么叫同步电动机的失步问题？如何解决？

12. 同步电动机如何启动？

第3章
电力传动中的电力电子技术

在我国学科专业目录中，电力电子与电力传动是一级学科"电气工程"下属的一个二级学科；可见电力传动与电力电子密切相关。事实上，现代电力传动的每一次关键进展都是由电力电子技术的更新换代带动的：晶闸管的出现，使电力传动系统从旋转变流时代进入静止变流时代；IGBT和PWM的工业化应用，使交流调速系统全面取代直流调速系统。考虑到电力电子变换器在电力传动中的重要作用，本书单设一章专门进行介绍。

直流调速系统中最常用的调速方法是调压调速，其关键是电压可调的可控直流电源。在直流调速的发展史中，先后出现了三种可控直流电源：旋转变流机组、晶闸管相控整流器和直流PWM斩波器。旋转变流机组已经退出历史舞台，本书不再过多讲述，而把重点放在晶闸管相控整流器和直流PWM斩波器上。

交流调速系统中，交-直-交变频器和交-交变频器两种结构都在使用。交-直-交变频器的应用较为广泛，容量范围从数瓦到数兆瓦不等，其核心是后级逆变器部分。本章除了对常规的三相两电平桥式逆变器及其调制策略进行详细讲述以外，还将对应用于大功率场合的三相电流型桥式逆变器和多电平逆变器进行介绍。交-交变频器主要应用于容量在数兆瓦到数百兆瓦范围内的特大容量交流传动系统中，采用的结构为相控周波变换器。在中小功率领域中，可采用的交-交变频器为矩阵式变换器。本章对这两种交-交变频器都进行简单介绍。

3.1 晶闸管相控整流器

晶闸管相控整流器带直流电动机负载构成的直流调速系统，可称为晶闸管直流电动机系统，简称 V-M 系统。在先行课程"电力电子技术"中，已经详细介绍了晶闸管相控整流器的基本工作原理，其主要关注的是带电动机负载时相控整流电路的工作情况，而在本节中则更关注相控整流电路供电时电动机的工作情况特别是机械特性问题。此外，按照分析和设计直流调速系统的需要，本节还要介绍晶闸管触发和整流装置的放大系数和传递函数。

3.1.1 负载电流连续时 V-M 系统的机械特性

V-M 系统的等效电路原理图如图 3-1 所示，其中 U_{d0} 为整流器输出电压平均值。从《电力电子技术》中可以知道，相控整流器的输出电压除了直流平均值外，还包含交流分量。在脉波数较小的电路中，整流输出电压中交流成分含量还比较大。虽然如此，由于电动机的机械惯量较大，在系统稳定运行时，其转速和反电动势都基本无脉动。此时 U_{d0} 由电动机的反电动势 E 及电路中负载电流 I_d 所引起的各种电压降所平衡。整流输出电压的交流分量则全部落在电感 L 上。电感 L 为线路总电感，除了电动机的电枢电感外，还包括为平抑负载电流脉动而设置的平波电抗器电感，以及线路杂散电感。而电阻 R 则由三部分构成：整流器内阻 R_{rec}，包括整流变压器等效电阻、晶闸管的导通电阻和换相重叠压降对应的等效电阻；平波电抗器电阻 R_L；电动机电枢电阻 R_a。此时，V-M 系统的平均电压平衡方程式为：

$$U_{d0} = E + RI_d \tag{3-1}$$

负载电流连续时，整流电路输出电压平均值 U_{d0} 可表示为：

$$U_{d0} = \frac{m}{\pi} U_m \sin\left(\frac{\pi}{m}\right) \cos\alpha \tag{3-2}$$

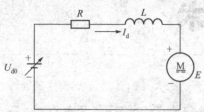

图 3-1　V-M 系统的等效电路原理图

式中，α 为触发延迟角；U_m 为整流电压波形峰值；m 为整流电路脉波数。

以三相桥式晶闸管相控整流电路为例，$m=6$，U_m 为线电压峰值，代入式(3-2)，得到 $U_{d0} = 2.34U_2\cos\alpha$，其中 U_2 为相电压峰值。α 的移相范围为 $0° \sim 180°$，当 $0° \leqslant \alpha \leqslant 90°$ 时，整流器工作于整流状态；当 $90° \leqslant \alpha \leqslant 180°$ 时，整流器工作于有源逆变状态。

直流电动机的反电动势 E 为：

$$E = C_e \Phi n \tag{3-3}$$

式中，C_e 为电动机常数；Φ 为磁通量，Wb；n 为转速，r/min。

将式(3-2) 和式(3-3) 代入式(3-1)，并整理，即可得到 V-M 系统转速与电流的机械特性关系式为：

$$n = \frac{\frac{m}{\pi} U_m \sin\left(\frac{\pi}{m}\right) \cos\alpha}{C_e \Phi} - \frac{RI_d}{C_e \Phi} \tag{3-4}$$

根据式(3-4)，可以画出不同 α 时 V-M 系统机械特性曲线如图 3-2 所示。由式(3-4) 和图 3-2 可以看出，V-M 系统在负载电流连续时的机械特性曲线为一簇斜率相同的平行线。

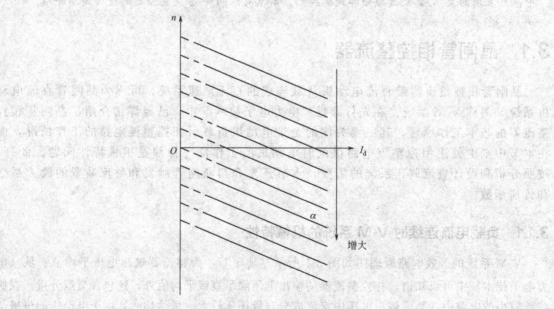

图 3-2　电流连续时 V-M 系统的机械特性

3.1.2　负载电流断续时 V-M 系统的机械特性

在电机学中，已知电动机的负载转矩与电流 I_d 成正比。当负载较轻时，对应的负载电流也小。在小电流情况下，特别是在低速时，由于电感的储能减小，往往不能维持电流连续，从而出现电流断续现象。电流断续时，整流电路输出电压已不能按式（3-2）计算，V-M 系统的机械特性也不能通过式（3-4）得到。

电流断续时，由于系统已经呈非线性，因此其机械特性要复杂得多。以三相半波整流电路构成的 V-M 系统为例，通过求解相关微分方程，可得电流断续时的机械特性为：

$$n = \frac{\sqrt{2}U_2\cos\varphi\left[\sin\left(\frac{\pi}{6}+\alpha+\theta-\varphi\right)-\sin\left(\frac{\pi}{6}+\alpha-\varphi\right)e^{-\frac{\theta}{\tan\varphi}}\right]}{C_e\Phi\left(1-e^{-\frac{\theta}{\tan\varphi}}\right)} \tag{3-5}$$

$$I_d = \frac{3\sqrt{2}U_2}{2\pi R}\left[\cos\left(\frac{\pi}{6}+\alpha\right)-\cos\left(\frac{\pi}{6}+\alpha+\theta\right)-\frac{C_e\Phi}{\sqrt{2}U_2}\theta n\right] \tag{3-6}$$

式中，φ 为阻抗角$\left(\varphi=\arctan\dfrac{\omega L}{R}\right)$；$\theta$ 为晶闸管的导通角。

式（3-5）和式（3-6）为超越方程，通过数值解法，可根据给出的 θ 以及 L 和 R 值求出对应的 n 和 I_d。对于三相相控整流电路，电流连续时 θ 为 $2\pi/3$；因此电流断续时 θ 的范围为 $0\sim2\pi/3$。将 θ 在 $0\sim2\pi/3$ 变化时的 n 和 I_d 逐点描出，即为电流断续时的机械特性，如图 3-3 所示。当总电感 L 足够大时，由于电流断续区间小，可以只考虑电流连续段，完全按线性处理；断续部分可用连续部分的延长线表示，如图 3-2 中的虚线部分。当低速轻载时，断续特性难以忽略，可改用另一段更陡的特性进行近似处理，如图 3-3 所示，其等效电阻比实际的电阻要大一个数量级。

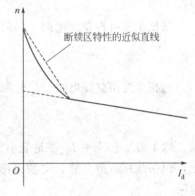

图 3-3　电流断续区机械特性的近似处理

3.1.3 电流断续的不利影响及其抑制方法

（1）电流断续的不利影响　电流断续对 V-M 系统有着很多不利影响，主要表现为以下几个方面：

① 从图 3-3 中可以看出，电流断续时，电动机的理想空载转速被抬高，V-M 系统机械特性变软。也就是说负载电流的微小变化也会引起转速的巨大变化。电流断续区会随着 α 的增大而增大（此处就第一象限而言，第四象限与此相反）。

② 由于负载转矩与电流成正比，因此负载电流断续会造成负载电磁转矩的脉动，并传导到机械轴上造成机械振动和摩擦，增加系统的发热，降低系统的效率和可靠性。实际上，即使负载电流连续，若电流脉动量较大，也同样会造成上述问题，但相比电流断续而言，其影响相对较弱。

③ 由于电流平均值与电流波形的面积成正比，当 α 较大时，为了在断续区获得与连续区相同的负载电流平均值，负载电流峰值必然大幅度提高。较大的电流峰值在电动机换向时容易产生火花。同时，对于相同的电流平均值，电流底部越窄，其有效值越大，对电源的容量要求也越大。

（2）抑制方法　综合以上分析，应尽量保持负载电流连续，具体可以采取以下两种措施：

① 增加整流电路脉波数　以纯电阻负载而言，三相半波可控整流电路（三脉波整流电路）在 $\alpha\leqslant30°$ 时，电流连续。三相桥式全控整流电路（六脉波整流电路）在 $\alpha\leqslant60°$ 时，电流连续。

可见，在纯电阻负载下，随着整流电路脉波数的增加，电流连续区逐渐增大；同时随着脉波数的增加，电流的脉动量也会大幅度降低。因此增加整流电路脉波数，是减小电流断续区并平抑电流脉动量的重要方法。增加整流电路脉波数的具体方法有两种：一是采用多相整流电流，二是采用多重化技术。采用多重化技术，除了增加整流电流脉波数之外，还可以大幅降低整流装置交流侧电流的谐波含量。

② 设置平波电抗器　单纯依靠增加整流电路脉波数，并不能实现负载变化时大范围内的电流连续，而且即使电流连续时，仅靠电动机的电枢电感和线路电感，还是难以抵抗负载电流的脉动。为此，V-M 系统必须设置平波电抗器，以维持电流连续，并平抑电流波动。

平波电抗器的电感量一般按低速轻载时保证电流连续的条件来选择。

单相全控桥整流电路，为保证负载电流连续所需的主回路总电感 L(mH) 的取值为：

$$L = 2.87 \frac{U_2}{I_{dmin}} \tag{3-7}$$

三相半波可控整流电路，L 的取值为：

$$L = 1.46 \frac{U_2}{I_{dmin}} \tag{3-8}$$

三相全控桥整流电路，L 的取值为：

$$L = 0.693 \frac{U_2}{I_{dmin}} \tag{3-9}$$

以上三个公式中 I_{dmin} 是最小负载电流，一般取电动机额定电流的 $5\%\sim10\%$。L 如前所述，包括线路杂散电感、电动机电枢电感和平波电抗器电感，一般前两者数值较小，有时可忽略。

从以上三个公式还可以看出，随着脉波数的增加，平波电抗器的电感量大幅度降低，因此在实际设计时上述两种方法可配合使用以达到最佳效果。

3.1.4　V-M 系统的多象限运行

由于晶闸管的单向导电性，使得单组晶闸管装置的直流侧电流不能改变方向；而其直流侧电压方向却可以通过调节控制角 α 的大小得到改变。这种工作特性使得由单组晶闸管装置供电的 V-M 系统可以在第一、第四两个象限工作，恰好适用于起重机类负载的拖动系统，如图 3-4 所示。

当 $\alpha < 90°$ 时，直流侧平均电压为正，且理想空载值 $U_{d0} > E$，晶闸管装置输出电流 I_d，使电动机产生电磁转矩 T_e 做电动运行，将重物提升。此过程中，晶闸管装置工作于整流状态，能量从交流电网经整流装置提供给电动机负载，系统工作于第一象限。

当 $\alpha > 90°$ 时，直流侧平均电压为负，晶闸管装置工作于逆变状态，不能为负载提供能量。电动机不能产生转矩提升重物，只有靠重物本身的重量下降，迫使电动机反转，感生反向的电动势 $-E$。当 $|E| > |U_{d0}|$ 时，可以产生与图 3-4(a) 中同方向的电流，因而产生与提升重物同方向的转矩，起制动作用，阻止重物下降得太快。此时电动机处于反转制动的状态，成为受重物拖动的发电机，将重物的位能转换为电能，通过晶闸管装置回馈给交流电网，系统工作于第四象限。

由以上分析可知，单组晶闸管装置供电的 V-M 系统可拖动位能性负载在第一、四象限运行。但对于反抗性负载和其他要求电动机正、反转都能运行的生产机械来说，单组晶闸管装置就不能满足要求了。对于需要四象限运行的机械负载来说，可采用由两组晶闸管装置反并联构成的可逆 V-M 系统满足工艺要求，这部分内容将在第 7 章详细讲述。

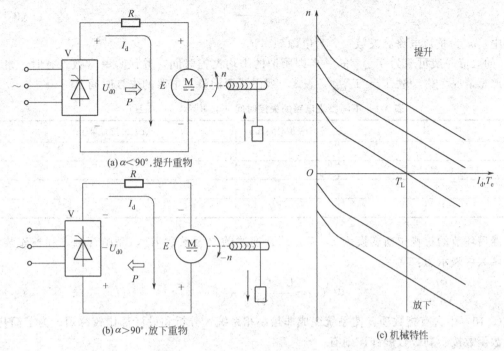

(a) α<90°, 提升重物

(b) α>90°, 放下重物

(c) 机械特性

图 3-4　单组 V-M 系统带起重机类型负载时的整流和逆变状态

3.1.5　晶闸管触发和整流装置的放大系数和传递函数

为了应用线性控制理论，对调速系统进行分析和设计，需要把晶闸管触发和整流装置作为一个线性环节进行处理，求出其放大系数和传递函数。

实际的触发电路和整流电路都是非线性的，需要进行线性化处理。工程上，有条件进行试验的，应采取实测的办法，绘出该环节的输入-输出特性。对于采用锯齿波同步触发的晶闸管触发和整流装置，其输入-输出特性如图 3-5 所示。可见，该特性的中间部分（即图 3-5 中 $U_\text{dmax} \sim U_\text{dmin}$ 区间）基本成线性关系。在设计时，应尽量把整个调速范围的工作点都落在这个区间内。此时，该环节的放大系数 K_s，可由工作范围的特性斜率决定：

$$K_\text{s} = \frac{\Delta U_\text{d}}{\Delta U_\text{c}} \tag{3-10}$$

如果不能实测参数，则可仍按式(3-8)进行估算，计算时直接取 U_c 的最大变化量为 ΔU_c，U_d 的最大变化量为 ΔU_d 即可。

在动态过程中，可把晶闸管触发和整流装置看作纯滞后环节，其滞后效应是由晶闸管的失控引起的。失控问题的出现，缘自晶闸管的半控性——晶闸管的门极控制信号只能控制其开通而不能控制其关断。当晶闸管开通之后，控制电压信号 U_c 的变化不会立即发生作用使整流输出电压随之变化，只能等到下一相触发脉冲到来；这就出现了整流电压滞后于控制电压的现象，这段滞后的时间就是失控时间 T_s。

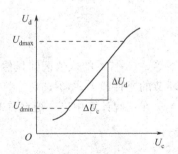

图 3-5　晶闸管触发和整流装置的输入-输出特性

失控时间 T_s 显然是随机的，随着 U_c 发生变化的时间而改变。而最大失控时间 T_smax 则是两个相邻自然换相点之间的时间，即：

$$T_{smax} = \frac{1}{mf} \tag{3-11}$$

式中，m 为整流电路脉波数；f 为电源频率。

T_s 的取值一般可取为 T_{smax} 的一半即所谓的平均失控时间，并认为是常数。有时，也可以按最严重情况考虑，取 $T_s = T_{smax}$。表 3-1 列出了不同整流电路的失控时间。

表 3-1　不同整流电路的失控时间（电源频率为 50Hz）

项　目	平均失控时间/ms	最大失控时间/ms
单相半波	10	20
单相全桥/单相全波	5	10
三相半波	3.33	6.67
三相桥式	1.67	3.33

纯滞后环节的拉普拉斯变换为 $e^{-T_s s}$，结合前述的放大系数 K_s，晶闸管触发和整流装置的传递函数可表示为：

$$W_s(s) = \frac{U_{d0}(s)}{U_c(s)} = K_s e^{-T_s s} \tag{3-12}$$

式(3-10) 中含有指数项，使系统变成非最小相系统，分析和设计都比较麻烦。为了简化，可将指数函数按泰勒级数展开，则有：

$$W_s(s) = K_s e^{-T_s s} = \frac{K_s}{e^{T_s s}} = \frac{K_s}{1 + T_s s + \frac{1}{2!} T_s^2 s^2 + \cdots} \tag{3-13}$$

考虑到 T_s 很小，可忽略高次项，则传递函数简化为一阶惯性环节：

$$W_s(s) = \frac{K_s}{1 + T_s s} \tag{3-14}$$

这样处理的前提是式(3-11) 和式(3-12) 的频率特性近似相等，即

$$W(j\omega) = \frac{K_s}{\left(1 - \frac{1}{2}\omega^2 T_s^2 + \frac{1}{24}\omega^4 T_s^4 - \cdots\right) + j\left(\omega T_s - \frac{1}{6}\omega^3 T_s^3 + \frac{1}{120}\omega^5 T_s^5 - \cdots\right)} \approx \frac{1}{1 + j\omega T_s} \tag{3-15}$$

由式(3-15) 可得近似条件为：

$$\frac{1}{2}\omega^2 T_s^2 \ll 1 \tag{3-16}$$

$$\frac{1}{6}\omega^3 T_s^3 \ll \omega T_s \tag{3-17}$$

不等式(3-17) 的取值区间显然包含于不等式(3-16) 的取值区间，因此纯滞后环节近似为惯性环节的条件即为式(3-16)。

在工程计算中，一般允许有 10% 以内的误差，因此上面的近似条件可以写成

$$\frac{1}{2}\omega^2 T_s^2 < \frac{1}{10} \Rightarrow \omega_b \leqslant \frac{1}{2.24 T_s}$$

式中，ω_b 为闭环特性通频带。

在进行系统动态校正设计时，一般绘出的是闭环系统的开环频率特性，而开环截止频率 ω_c 一般小于 ω_b，因而近似条件可粗略地写作

$$\omega_c \leqslant \frac{1}{3 T_s} \tag{3-18}$$

3.2 直流 PWM 斩波器

直流斩波器，或称直流-直流变换器最早出现在 20 世纪 60 年代，其广泛应用则是在全控型器件工业化生产之后。就调制方式而言，直流斩波器有脉冲宽度调制（即 PWM）、脉冲幅度调制及混合调制三种；但在直流调速领域，使用最多也最成熟的是脉冲宽度调制。

由直流 PWM 斩波器与直流电动机构成的调速系统，通称为直流脉宽调速系统。直流脉宽调速系统，相对于 V-M 系统，具有体积小、效率高、调速范围宽、动态响应速度快以及抗扰能力强等优点，因而在中小功率调速领域取代 V-M 系统成为了主流。

从能量流动的方向划分，直流 PWM 斩波器可分为单象限斩波器、两象限斩波器和四象限斩波器。单象限斩波器，即常规的 Buck 斩波器、Boost 斩波器等，其结构和原理在"电力电子技术"中已经讲过，本文不再赘述。单象限斩波器只能拖动电动机在一个象限运行，当电动机需要制动时，不能提供制动转矩实现回馈制动，只能依靠外加电路实现能耗制动或反接制动，因此效率较低，实用性不强。两象限斩波器则可以工作在两个象限，在电动机需要制动时，可提供制动转矩，实现再生能量的回馈。两象限斩波电路可以基本满足牵引传动负载和位能性负载的工作要求，但对于反抗性负载以及其他需要正反转运行的负载来说，就不能适用了；这时只能采用四象限斩波器。四象限斩波器有 T 型和 H 型两种，其中 H 型应用最多。

本节将首先介绍两象限 PWM 斩波器和 H 型四象限 PWM 斩波器的基本构成、工作原理及输入-输出关系，其次介绍电能回馈与电压泵升问题，再次给出直流脉宽调速系统的机械特性并对多象限运行问题进行讨论，最后给出直流 PWM 斩波器的数学模型。

3.2.1 两象限 PWM 斩波器

两象限斩波器从功能和结构上可分为电流可逆斩波电路和电压可逆斩波电路，以下分别进行介绍。

(1) 电流可逆 PWM 斩波器 电流可逆 PWM 斩波器的电路结构如图 3-6 所示。该电路可以看作由两个基本斩波电路复合而成：开关管 VT_1 和二极管 VD_2 组成一个 Buck 斩波电路，当电动机电动运行时，电源 U_s 通过该 Buck 斩波电路向电动机供电，系统工作在第一象限；开关管 VT_2 和二极管 VD_1 组成一个 Boost 斩波电路，当电动机回馈制动运行时，电动机（反电动势为 E）通过该 Boost 斩波电路向电源回馈电能，系统工作在第二象限。不论工作在电动状态，还是制动状态，复合斩波器的输出电压 u_d 均为正极性，而电流则可双向流动；因此称为电流可逆斩波器，亦称双向 Buck/Boost 斩波器。

电流可逆 PWM 斩波器有两种工作方式：非互补工作方式和互补工作方式。所谓"非互补工作方式"，是针对开关管 VT_1 和 VT_2 而言的：当系统工作在第一象限即电动状态时，封锁开关管 VT_2 的触发脉冲，对开关管 VT_1 进行脉宽调制，电路实际上完全变为 Buck 电路；当系统工作在第二象限即再生制动状态时，封锁开关管 VT_1 的触发脉冲，对开关管 VT_2 进行脉宽调制，电路实际上完全变

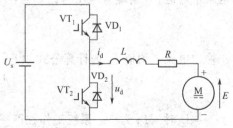

图 3-6 电流可逆 PWM 斩波器电路结构

为 Boost 电路。采用非互补工作方式，需要有两种工作状态的模式切换环节和有极性的负载电流检测装置，适用于启、制动不频繁的应用场合。

所谓"互补工作方式"，就是开关管 VT_1 和 VT_2 互补工作，工作波形如图 3-7 所示。当负载较重（即负载电流较大）时，虽然 VT_1 和 VT_2 的触发脉冲互补，但由于电流方向不能改变，VT_2 并不真正工作，而是由 VD_2 实现续流，实际工作状态与非互补工作方式完全一致。图 3-7(a) 所示即为负载较重时电动工况下的工作波形，此时电流可逆 PWM 斩波相当于 Buck 斩波器。此时能量从电源发出，经电压可逆斩波器，传送给负载，系统工作在第一象限。

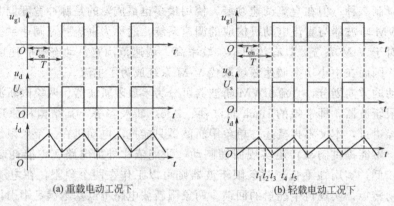

(a) 重载电动工况下　　　　　　　　(b) 轻载电动工况下

图 3-7　互补工作方式下电流可逆 PWM 斩波器的工作波形

当负载较轻时，其工作波形如图 3-7(b) 所示，图中 u_{g1} 为 VT_1 的触发脉冲，VT_2 的触发脉冲与其互补。假设电路已经稳定工作。t_1 时刻 u_{g1} 由高电平变为低电平，VT_1 关断，但负载电流 $i_d>0$，因而 VT_2 虽有高电平触发脉冲也不能导通，而由 VD_2 续流。由于负载电流较轻，电感中存储的能量较少，到 t_2 时刻，i_d 下降为 0；由于 VT_2 此时触发脉冲仍为高电平，故 VT_2 导通，i_d 反向增长。到 t_3 时刻，u_{g1} 由低电平变为高电平，VT_2 触发脉冲变为低电平关断，但负载电流 $i_d<0$，因而 VT_1 虽有高电平触发脉冲也不能导通，而由 VD_1 续流。到 t_4 时刻，i_d 重新回到 0；由于 VT_1 此时触发脉冲仍为高电平，故 VT_1 导通，i_d 正向增长。直到 t_5 时刻，本开关周期结束，开始下一开关周期的工作。

观察图 3-7(a) 和 (b)，可以发现在触发脉冲相同的情况下，输出电压 u_d 的波形不变；而负载电流的波形则随着负载的减轻沿着纵轴向下平移。在图 3-7(b) 负载电流平均值仍然为正，故仍为电动状态，系统仍工作在第一象限。若负载继续减轻，负载电流将继续向下移动；当负载电流平均值为负时，系统自动进入再生制动状态，进入第二象限工作，而不需要模式切换环节。由此可见，采用互补工作方式，在轻载和制动工况下，一个开关周期内电枢电流可沿两个方向流通，没有电流断续的情况发生，可从电动工况平滑切换到制动工况，适于频繁启制动的场合。

电流可逆 PWM 斩波器的输出电压由占空比 $D(D=t_{on}/T)$ 调节，电压传输系数 γ（即输出电压平均值 U_d 与输入电压的比）为：

$$\gamma=\frac{U_d}{U_s}=D \tag{3-19}$$

输出电流平均值 I_d 的计算公式如下：

$$I_d=\frac{U_d-E}{R}=\frac{\gamma U_s-E}{R} \tag{3-20}$$

当 $\gamma U_s>E$ 时，I_d 为正，系统工作在第一象限，为电动状态；当 $\gamma U_s<E$ 时，I_d 为负，系统工作在第二象限，为再生制动状态。

需要注意的是，为防止两个开关管同时导通以致电源短路，二者触发信号应设置死区。

(2) 电压可逆 PWM 斩波器　电压可逆 PWM 斩波器的电路结构如图 3-8 所示，可看作由两个半桥构成的全桥结构。每个半桥由一个可控器件和一个不可控器件串联构成，负载接在两个半桥的中点。

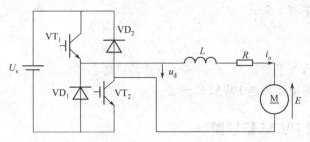

图 3-8　电压可逆 PWM 斩波器电路

如果电动机需要正转，也就是要求输出电压平均值 $U_d > 0$，须令 VT_1 为常通状态，即令 u_{g1} 维持为高电平，VT_2 则按高频斩波方式工作，具体工作波形如图 3-9(a) 所示。当 VT_2 的触发信号 u_{g2} 为高电平时，VT_1 和 VT_2 同时导通，输出电压 $u_d = U_s$，电源向负载提供能量，同时为电感充电，电感电流上升；当 VT_2 的触发信号 u_{g2} 为低电平时，VT_2 关断，为维持电流连续，VD_2 正偏导通，输出电压 $u_d = 0$，电感放电，将存储的能量释放给负载，电感电流下降。由输出电压 u_d 的波形，可以求出其平均值为 $U_d = DU_s > 0$。这表明此时，电压可逆 PWM 斩波器具有降压特性，与 Buck 斩波器功能类似。此时能量从电源发出，经电压可逆斩波器，传送给负载，电动机为正转电动状态，系统工作在第一象限。输出电流平均值 I_d 为

$$I_d = \frac{U_d - E}{R}$$

如果电动机需要反转，也就是要求输出电压平均值 $U_d < 0$，须令 VT_1 为常断状态，即令 u_{g1} 维持为低电平，VT_2 则按高频斩波方式工作，具体工作波形如图 3-9(b) 所示。当 VT_2 的触发信号 u_{g2} 为高电平时，VT_2 导通，为维持电流连续，VD_1 正偏导通，输出电压 $u_d = 0$，电动机反电动势为电感充电，电感电流上升；当 VT_2 的触发信号 u_{g2} 为低电平时，VT_1 和 VT_2 同时关断，为维持电流连续，VD_1 和 VD_2 同时导通，输出电压 $u_d = -U_s$，电感电流下降。由输出电压 u_d 的波形，可以求出其平均值为 $U_d = -DU_s < 0$。此时输出电流平均值 I_d 仍可用式(3-20) 表示。由于 U_d 为负值，保证 $I_d > 0$ 的条件是：$E < 0$，且 $|E| > |U_d|$。此时电动机作发电机运行，将能量回馈给电源，系统工作在第四象限。

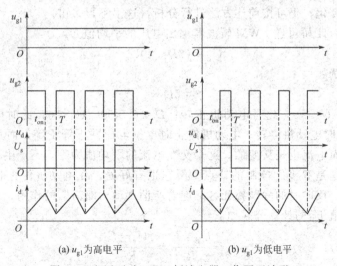

(a) u_{g1} 为高电平　　　　(b) u_{g1} 为低电平

图 3-9　电压可逆 PWM 斩波电器工作原理波形

综合以上分析，输出电压平均值 U_d 可表示为：

$$U_d = \gamma U_s \tag{3-21}$$

其中，电压传输系数 γ 为：

$$\gamma = \begin{cases} D & u_{g1} \text{为高电平} \\ -D & u_{g1} \text{为低电平} \end{cases} \tag{3-22}$$

由此可见，输出电压平均值 U_d 的幅值和极性均可随器件的开关状态变化，而输出电流则始终为正值，因此称为电压可逆 PWM 斩波器。

3.2.2　H 型四象限 PWM 斩波器

H 型四象限 PWM 斩波器，也称 H 桥可逆 PWM 斩波器，或者全桥 PWM 斩波器，电路结构如图 3-10 所示。H 桥可逆 PWM 斩波器由两个半桥电路组合而成，共四个桥臂。每个桥臂由一个开关管和反并联二极管构成。同一半桥上下两个桥臂的触发信号互补导通，为防止直通应设置死区。H 桥可逆 PWM 斩波器的控制方式有双极性、单极性两大类。单极性控制方式又可分为同频单极性、倍频单极性两种。以下分别进行介绍。

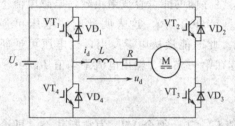

图 3-10　H 桥可逆 PWM 斩波器电路

(1) 双极性控制　双极性控制时，VT_1 和 VT_3 的触发脉冲 u_{g1} 和 u_{g3} 采用相同信号，VT_2 和 VT_4 的触发脉冲 u_{g2} 和 u_{g4} 采用相同信号，具体工作波形如图 3-11 所示。在一个开关周期内，$0\sim t_{on}$ 区间，u_{g1} 和 u_{g3} 为高电平，VT_1 和 VT_3（或 VD_1 和 VD_3）导通，输出电压 $u_d = U_s$；$t_{on}\sim T$ 区间，u_{g2} 和 u_{g4} 为高电平，VT_2 和 VT_4（或 VD_2 和 VD_4）导通，输出电压 $u_d = -U_s$。也就是说，在一个开关周期内，输出电压有两个极性，因此称为双极性控制。至于具体是开关管导通，还是二极管导通，则由电流方向决定：对于感性负载（电动机属于此类负载），电流方向与电压方向相同时，开关管导通；电流方向与电压方向相反时，二极管导通。例如，当负载电流较大时，如图 3-11 中 i_{d1} 所示，在 $0\sim t_{on}$ 区间，输出电压与电流均为正，此区间内导通的器件是 VT_1 和 VT_3；$t_{on}\sim T$ 区间，输出电压为负，电流为正，此区间内导通的器件是 VD_2 和 VD_4。当负载减轻时，负载电流逐渐减小；若输出电压不变，则电流波形向下平移，如图 3-11 中 i_{d2} 所示；此时各区间器件导通的模式发生变化，仍可按前述方法进行分析，这里不再多讲。

双极性控制时，H 桥可逆 PWM 斩波器输出电压的平均值 U_d 为：

$$U_d = (2D-1)U_s \tag{3-23}$$

而电压传输系数 γ 为：

$$\gamma = 2D-1 \tag{3-24}$$

当 $D > 0.5$ 时，$U_d > 0$，此时电动机正转；$D < 0.5$ 时，$U_d < 0$，此时电动机反转；$D = 0.5$ 时，$U_d = 0$，此时电动机停转。电动机停止时电枢电压并不等于零，而是正负脉宽相等的交变脉冲电压，因而电流也是交变的。这个交变电流的平均值为零，不产生平均转矩，徒然增大电动机的损耗，这是双极性控制的缺点。但它也有好处，在电动机停止时仍有高频微振电流，从而消除了正、反向时的静摩擦死区，起着所谓"动力润滑"的作用。

输出电流平均值 I_d 的计算公式如下：

$$I_d = \frac{U_d - E}{R} = \frac{\gamma U_s - E}{R} \tag{3-25}$$

当 $\gamma U_s > E$ 时，I_d 为正；当 $\gamma U_s < E$ 时，I_d 为负。

结合式(3-23) 和式(3-25)，可知双极性控制的 H 桥可逆 PWM 斩波器可以方便地实现四象限运行。

双极性控制的 H 桥可逆 PWM 斩波器有以下优点：

① 电流必定连续；

② 可使电动机在四象限运行；

③ 电动机停止时有微振电流，能消除静摩擦死区。

④ 低速平稳性好，系统的调速范围可达 1：20000 左右。

⑤ 低速时，每个开关管的驱动脉冲仍较宽，有利于开关管的可靠导通。

双极性控制的不足之处在于四个开关管均高频工作，开关损耗大。

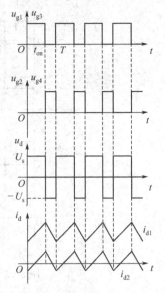

图 3-11　双极性控制 H 桥可逆 PWM 斩波器工作波形

（2）同频单极性控制　采用同频单极性控制方式时，需将 H 桥可逆 PWM 斩波器的左右两个半桥分别进行控制：比如将左半桥定义为斩波臂，负责高频斩波，调节输出电压；将右半桥定义为控制臂，负责控制电压极性，决定转速方向。同一半桥上下两个桥臂的触发信号仍互补导通，为防止直通仍应设置死区。

如果电动机需要正转，也就是要求输出电压平均值 $U_d > 0$，则需令控制臂的下桥臂维持导通状态，即令 u_{g3} 为高电平；斩波臂上下两个桥臂则高频互补导通，具体工作波形如图 3-12(a) 所示。在一个开关周期内，$0 \sim t_{on}$ 区间，u_{g1} 和 u_{g3} 为高电平，VT_1 和 VT_3（或 VD_1 和 VD_3）导通，输出电压 $u_d = U_s$；$t_{on} \sim T$ 区间，u_{g3} 和 u_{g4} 为高电平，VT_3 和 VD_4（或 VD_3 和 VT_4）导通，输出电压 $u_d = 0$。在一个开关周期内，输出电压只有正极性。负载电流的方向则可正可负：若负载电流平均值为正，则电动机工作在第一象限，正转电动状态；若负载电流平均值为负，则电动机工作在第二象限，正转再生制动状态。图 3-12(a) 中给出的是正转电动状态下的负载电流波形。

如果电动机需要反转，也就是要求输出电压平均值 $U_d < 0$，则需令控制臂的上桥臂维持导通状态，即令 u_{g2} 为高电平；斩波臂上下两个桥臂则高频互补导通，具体工作波形如图 3-12(b) 所示。在一个开关周期内，$0 \sim t_{on}$ 区间，u_{g2} 和 u_{g4} 为高电平，VT_2 和 VT_4（或 VD_2 和 VD_4）导通，输出电压 $u_d = -U_s$；$t_{on} \sim T$ 区间，u_{g1} 和 u_{g2} 为高电平，VT_1 和 VD_2（或 VD_1 和 VT_2）导通，输出电压 $u_d = 0$。在一个开关周期内，输出电压只有负极性。若输出电流平均值为正，则电动机工作在第四象限，反转再生制动状态；若输出电流平均值为负，则电动机工作在第三象限，反转电动状态。图 3-12(b) 中给出的是反转再生制动状态下的负载电流波形。

由于输出电压在一个开关周期内只有一个极性，故该控制方式称为单极性控制。输出电压脉动频率与开关频率相同，故称为同频单极性控制。

同频单极性控制时，H 桥可逆 PWM 斩波器输出电压的平均值 U_d 为：

$$U_d = \begin{cases} DU_s & u_{g3} > 0 \\ -DU_s & u_{g3} < 0 \end{cases} \tag{3-26}$$

而电压传输系数 γ 为：

$$\gamma = \begin{cases} D & u_{g3} > 0 \\ -D & u_{g3} < 0 \end{cases} \tag{3-27}$$

与双极性控制相比，同频单极性控制在开关频率相同的条件下，由于控制臂中器件处于常通或常断状态，因而开关次数和开关损耗降低一半，效率有所提高。但同频单极性控制在正、反转切换时需要设计逻辑转换环节，因而动、静态性能略有降低。

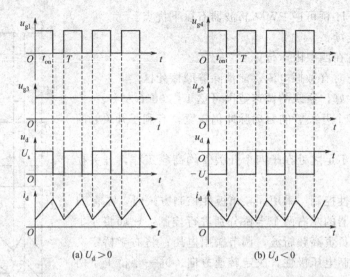

图 3-12　同频单极性控制 H 桥可逆 PWM 斩波器工作波形

（3）倍频单极性控制　倍频单极性控制方式的基本原理和工作波形如图 3-13 所示。同一半桥上下两个桥臂的触发信号仍互补导通，为防止直通仍应设置死区。正对角线两器件 VT_1 和 VT_3 的触发脉冲 u_{g1} 和 u_{g3} 具有相同的占空比，但在时序上相差半个开关周期。

图 3-13（a）给出的是 $D > 0.5$ 时的情况。当 u_{g1} 和 u_{g3} 同为高电平时，VT_1 和 VT_3（或 VD_1 和 VD_3）导通，输出电压 $u_d = U_s$；当 u_{g1} 和 u_{g2} 同为高电平时，VT_1 和 VD_2（或 VD_1 和 VT_2）导通，输出电压 $u_d = 0$；当 u_{g3} 和 u_{g4} 同为高电平时，VT_3 和 VD_4（或 VD_3 和 VT_4）导通，输出电压 $u_d = 0$。故而，在一个开关周期内，输出电压只有正极性。

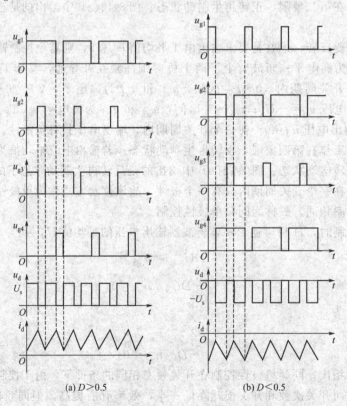

图 3-13　倍频单极性控制 H 桥可逆 PWM 斩波器工作波形

图 3-13(b) 给出的是 $D<0.5$ 时的情况。当 u_{g2} 和 u_{g4} 同为高电平时，VT_2 和 VT_4（或 VD_2 和 VD_4）导通，输出电压 $u_d=-U_s$；当 u_{g1} 和 u_{g2} 同为高电平时，VT_1 和 VD_2（或 VD_1 和 VT_2）导通，输出电压 $u_d=0$；当 u_{g3} 和 u_{g4} 同为高电平时，VT_3 和 VD_4（或 VD_3 和 VT_4）导通，输出电压 $u_d=0$。故而，在一个开关周期内，输出电压只有负极性。

由于输出电压在一个开关周期内只有一个极性，故该控制方式为单极性控制。输出电压脉动频率为开关频率的两倍，故称为倍频单极性控制。

倍频单极性控制时，H 桥可逆 PWM 斩波器输出电压的平均值 U_d 为：

$$U_d=(2D-1)U_s \tag{3-28}$$

而电压传输系数 γ 为：

$$\gamma=2D-1 \tag{3-29}$$

当 $D>0.5$ 时，$U_d>0$，此时电动机正转；$D<0.5$ 时，$U_d<0$，此时电动机反转；$D=0.5$ 时，$U_d=0$，此时电动机停转。

可见，倍频单极性控制方式下，H 桥可逆 PWM 斩波器输出电压的平均值及电压传输系数与双极性控制方式完全相同，因而其具有双极性控制方式的全部优点。同时，在输出脉动频率相同的条件下，倍频单极性控制的开关频率仅为双极性控制的一半，开关损耗与同频单极性控制基本相等。因此，倍频单极性控制兼具双极性控制和同频单极性控制的优点，开关利用率高，热稳定性好，具有一定的优势。

3.2.3 电能回馈与泵升电压的限制

直流 PWM 斩波器的直流电源通常由交流电网经二极管不控整流桥提供。包含整流电源的 H 桥可逆 PWM 斩波器主电路的原理图如图 3-14 所示。图中 R_0 是限流电阻，用以限制电路启动时过大的直流母线电流；与其并联的延时开关在系统正常工作后闭合将 R_0 短路，以降低损耗。

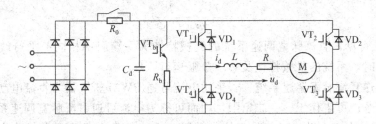

图 3-14　包含整流电源的 H 桥可逆 PWM 斩波器主电路

电容 C_d 起双重作用：一是作为滤波器，滤除直流母线上的电压波动；二是当负载电动机再生制动时，吸收运行系统的动能。由于二极管不控整流器不能回馈电能，电动机制动时产生的能量只能给电容充电，使电容电压升高，称为“泵升电压”。假设电压由 U_s 提高到 U_{sm}，则电容储能由 $\frac{1}{2}C_dU_s^2$ 提高到 $\frac{1}{2}C_dU_{sm}^2$，储能的增量基本上等于运动系统在制动时释放的全部动能 A_d，于是：

$$\frac{1}{2}C_dU_{sm}^2-\frac{1}{2}C_dU_s^2=A_d \tag{3-30}$$

按制动储能要求选择的电容量应为：

$$C_d=\frac{2A_d}{U_{sm}^2-U_s^2} \tag{3-31}$$

开关器件的耐压限制着最高泵升电压，因此电容量相当大。一般几千瓦的系统所需的电容量达到数千微法。当系统容量大或负载惯性较大，只靠电容难以限制泵升电压时，可以在直流母线上并联泄放电阻 R_b 和泄放开关 VT_b；当泵升电压达到上限值时，使 VT_b 开通，把多余的能量通过 R_b 损耗掉。这种电路可应用于对电动机制动时间有一定要求的调速系统中。

当系统容量特别巨大时，上述泵升电压限制电路中损耗的能量较多，影响系统效率。这时，可增加一套并网逆变器与整流桥并联，在再生制动时将能量通过该逆变器回馈给电网。具体电路结构，可参见本书 3.3 节相关内容。

3.2.4 直流脉宽调速系统的机械特性及多象限运行

从前面相关工作原理的讲述可以看出，直流 PWM 斩波器输出电压和电流都含有高频脉动成分，并非平稳直流，因而直流脉宽调速系统的转速和转矩都是脉动的。为了简化起见，这里所讲的机械特性实质上是指电动机的平均转速和平均电流的关系。当然，由于电动机的机械惯性时间常数（至少数十毫秒）远大于直流 PWM 斩波器的开关周期（1ms 以下，采用 IGBT 可控制在 $100\mu s$ 以下），因此尽管电枢电压脉动量比较大，但在稳态时电动机的机械转速脉动量通常只在额定空载转速的万分之一以下，可忽略不计。而电流脉动量由于电枢电感的存在也会得到有效的抑制，当最大电流脉动量不超过额定电流的 5% 时，电流脉动也可忽略不计；若最大电流脉动量超过额定电流的 5%，可在回路中串入平波电抗器进一步抑制电流脉动。

就稳态情况，也就是电动机平均电磁转矩与负载转矩平衡时的状态而言，不论 PWM 斩波器采用何种结构和控制方式，其平均电压平衡方程式均可以表示为：

$$\gamma U_s = RI_d + E = RI_d + C_e\Phi n \tag{3-32}$$

只是不同电路结构和控制方式的 γ 有所区别，详见式（3-19）、式（3-22）、式（3-24）、式（3-27）和式（3-29）。

由式（3-32）可得直流脉宽调速系统的机械特性方程式为：

$$n = \frac{\gamma U_s}{C_e\Phi} - \frac{R}{C_e\Phi}I_d \tag{3-33}$$

由式（3-33）可见，直流脉宽调速系统的机械特性为一簇斜率相同的平行线。下面分别介绍不同电路结构时，系统的机械特性及其多象限运行原理。

(1) 电流可逆直流脉宽调速系统 若采用电流可逆 PWM 斩波器为直流电动机供电，由于电流方向可逆，系统可工作于一、二象限，因而可称为电流可逆直流脉宽调速系统，其机械特性如图 3-15 所示。由于电动机可工作于第二象限，也就是具有正向再生制动能力，因而该系

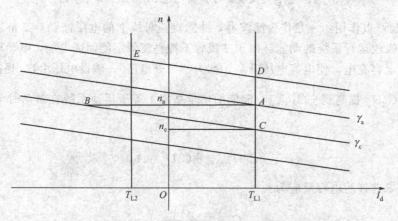

图 3-15 电流可逆直流脉宽调速系统的机械特性

统用于车辆牵引时，在减速、停车和下坡行驶时具有较好的技术经济性能。

下面介绍带恒转矩负载时，电流可逆直流脉宽调速系统的调速过程。假设系统稳定工作于 A 点，此时电动机的电磁转矩 T_e 与负载机械转矩 T_{L1} 相平衡，转速为 n_a，电压传输系数为 γ_a。若需要将转速降至 n_c，即将稳定工作点由 A 移到 C 点，则只需要将系统的电压传输系数降为 γ_c，使其机械特性对应于直线 BC。由于调速系统的电磁时间常数远小于机电时间常数，当斩波器平均输出电压 U_d 迅速下降时，电动机转速仍然维持为 n_a，系统工作点由 A 点跳到 B 点。此时电动机的电磁转矩 T_e 为负，负载转矩 T_{L1} 则仍为正值，因此电动机处于制动状态，沿着机械特性 BC 向下减速运行，直到 C 点，重新达到平衡。

当系统用于车辆牵引时，上述情况还出现在车辆下坡路况。假设车辆平地恒速运行于 D 点，此时电磁转矩 T_e 与负载转矩 T_{L1} 相平衡。当车辆下坡时，若车体重力沿斜坡方向的分力超过摩擦力，则负载转矩由 T_{L1} 变为 T_{L2}。由于电磁转矩 T_e 尚来不及变化，仍为正值，而负载转矩变为负值，故系统沿机械特性 DE 加速运行，至 E 点重新达到平衡，车辆稳速下行，此时系统稳定工作于第二象限。

(2) 电压可逆直流脉宽调速系统　若采用电压可逆 PWM 斩波器为直流电动机供电，由于电压方向可逆，系统可工作于一、四象限，因而可称为电压可逆直流脉宽调速系统，其机械特性如图 3-16 所示。由于电动机可以在第四象限运行，也就是具有反转制动能力，因而该系统非常适合起重机类位能型负载。当提升重物时，电动机通过调速电源将电能转化为位能，系统工作于第一象限，电动机工作于正转电动状态；当下放重物时，电动机作发电机运行，将重力位能转化为电能通过调速电源回馈到电源，系统工作于第四象限，电动机工作于反转制动状态。下面分三种工况对其调速过程进行分析。

① **提升中的调速过程**　假设系统已经稳定工作于 A 点，以恒定转速 n_a 提升重物，电压传输系数为 γ_a。若需要将转速降至 n_c，即将稳定工作点由 A 移到 C 点，则只需要将系统的电压传输系数降为 γ_c，使其机械特性对应于直线 BC。由于调速系统的电磁时间常数远小于机电时间常数，当斩波器平均输出电压 U_d 迅速下降时，电动机转速仍然维持为 n_a，系统工作点由 A 点跳到 B 点。此时，负载转矩维持不变，而电动机电磁转矩突然下降，导致加速度为负，系统沿机械特性 BC 减速运行，至 C 点重新达到平衡。

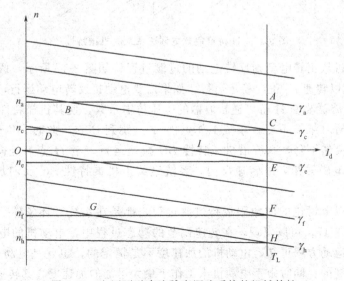

图 3-16　电压可逆直流脉宽调速系统的机械特性

② **下放中的调速过程**　假设系统已经稳定工作于 F 点，重物以转速 n_f 匀速下降，电压传

输系数为 γ_f。若需要将转速升至 n_h，即将稳定工作点由 F 移到 H 点，则只需要将系统的电压传输系数降为 γ_h，使其机械特性对应于直线 GH。考虑到惯性，转速暂时维持不变，系统工作点由 F 点跳到 G 点。此时，负载转矩维持不变，而电动机电磁转矩突然下降，系统沿机械特性 GH 反向加速运行，至 H 点重新达到平衡。

③ 转速方向改变时的调速过程　假设系统已经稳定工作于 C 点，以恒定转速 n_c 提升重物，电压传输系数为 γ_c。若此时需要将重物下降，并以转速 n_e 平稳运行，则可将系统的电压传输系数降为 γ_e，使其机械特性对应于直线 DE。考虑到惯性，转速暂时维持不变，系统工作点由 C 点跳到 D 点。此时，负载转矩维持不变，而电动机电磁转矩突然下降，系统沿机械特性 DE 减速运行，至 I 点转速降为 0。由于此时负载转矩仍然高于电磁转矩，故转速反向，系统继续沿机械特性 DE 反向加速，直到 E 点，重新达到平衡。

(3) H 桥可逆直流调速系统　当负载为反抗性恒转矩负载或其他有反转电动要求的负载时，两象限电路不能满足系统要求，必须采用具有四象限工作能力的可逆调速系统。若采用 H 桥可逆 PWM 斩波器作为调速电源，则可称为 H 桥可逆直流调速系统，其机械特性如图 3-17 所示。

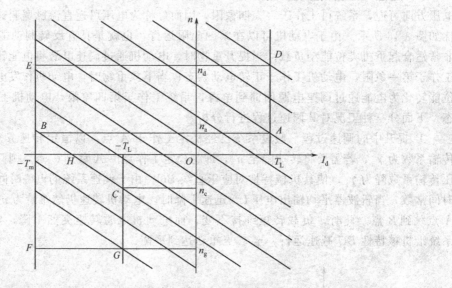

图 3-17　H 桥可逆脉宽调速系统的机械特性

下面分析电动机从正转电动到反转电动的过渡过程。如图 3-17 所示，假设系统稳定工作于第一象限 A 点，以转速 n_a 正向稳定运行。如果需要电动机反转电动运行，并稳定工作于第三象限的 C 点，则需要改变 H 桥可逆斩波器的电压传输系数，使其机械特性对应于直线 BC。考虑到惯性，转速暂时维持不变，系统工作点由 A 点跳到 B 点。此时，负载转矩维持不变，而电动机电磁转矩突然下降，系统沿机械特性 BC 减速运行，至 H 点转速降为 0。由于此时负载转矩仍然高于电磁转矩，故转速反向，系统继续沿机械特性 BC 反向加速，直到 C 点，重新达到平衡。

需要注意的是以上讨论的四象限运行过渡过程，都是在系统开环条件下进行的。观察图3-15、图 3-16 和图 3-17，可以发现，在转速调节的动态过程中，电动机的电磁转矩始终是变化的，由电动机的运动方程可知，电动机的加速度不是恒定的，也就是电动机做变加速运动，这对生产机械是不利的；同时由于电动机未工作于最大可能的加速度，其转速调节时间也会比较长，对于要求不高的调速系统尚可接受，但对于要求较高的调速系统则是不行的。

为了使系统转速动态调节的过程中以最大加速度工作，从而达到最快的过渡过程时间，需要采用闭环控制，这部分内容将在第5章和第6章详细讨论。这里只给出按最大加速度运行的理想过渡过程轨迹，如图3-17中的 D—E—F—G。假设系统稳定工作于第一象限 D 点，以转速 n_d 正向稳定运行。如果需要电动机反转电动运行，并稳定工作于第三象限的 G 点。则需要通过闭环控制，首先在维持转速基本不变的情况下，将电动机的电磁转矩迅速降为0，然后反向增加到电动机容许的最大电磁转矩 $-T_m$；即从工作点 D 直线移动到工作点 E。然后令电动机的电磁转矩维持在 $-T_m$，使其获得最大的加速度，转速得以线性快速下降到0，然后反转加速至 F 点。到达给定转速后，系统经直线 FG 于 G 点达到新的平衡。

3.2.5 直流 PWM 斩波器的数学模型

直流 PWM 斩波器的动态数学模型和晶闸管触发与整流装置在形式上基本一致，也包含放大系数和滞后环节两部分。但由于电路结构和控制方法不同，二者有本质上的差异。

从放大系数上看，晶闸管触发与整流装置的输入-输出特性只是近似线性关系，需进行线性化处理；而直流 PWM 斩波器的输入-输出特性从稳态上看则是完全线性的，直接按照电压传输关系式即可确定放大系数。从滞后环节上看，直流 PWM 斩波器也存在响应延迟的情况，但其最大的时延仅为一个开关周期。因此，直流 PWM 斩波器的传递函数可表示为：

$$W_s(s) = \frac{U_d(s)}{U_c(s)} = K_s e^{-T_s s} \tag{3-34}$$

式中，K_s 为放大系数；T_s 为延迟时间。

由于 PWM 装置的数学模型在形式上与晶闸管装置一致，在控制系统中的作用也相同，故而采用了相同的表示方法。

为了方便起见，与晶闸管装置相类似，也可把式(3-34)中的纯滞后环节近似看成一阶惯性环节，于是有：

$$W_s(s) = \frac{K_s}{1 + T_s s} \tag{3-35}$$

为实现上述近似，在工程上应满足以下条件：

$$\omega_c \leqslant \frac{1}{3T_s} \tag{3-36}$$

式中，ω_c 为系统开环截止频率。

应该注意的是，不论式(3-34)还是式(3-35)都只是直流 PWM 斩波器的近似传递函数。因为从动态上看直流 PWM 斩波器是具有继电特性的非线性环节，难以用简单的传递函数表示。但在工程应用中，只要主电路和控制电路参数设计合理，采用式(3-35)作为直流 PWM 斩波器的传递函数是可以满足设计要求的。

3.3 交流变频器的电路结构

现代交流调速系统中，不论是采用变频调速，还是采用双馈调速，都需要能够同时控制电压幅值和频率的电力电子变压变频器（Variable Voltage Variable Frequency，简称 VVVF），通称为交流变频器。

交流变频器从总体结构上，可分为交-直-交变频器和交-交变频器。所谓"交-直-交变频器"，就是有中间直流环节的变频器，其工作原理是先将工频交流电整流为直流，经中间直流滤波环节后，再逆变为频率和电压可调的交流电，其基本结构如图3-18(a)所示。所谓"交-

交变频器"，就是将工频交流电直接变换为频率和电压可调的交流电的变频器，而不需要中间直流环节，其基本结构如图 3-18(b) 所示。

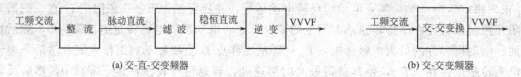

$$工频交流 \rightarrow \boxed{整\ 流} \xrightarrow{脉动直流} \boxed{滤\ 波} \xrightarrow{稳恒直流} \boxed{逆\ 变} \xrightarrow{VVVF}$$

(a) 交-直-交变频器

$$工频交流 \rightarrow \boxed{交-交变换} \xrightarrow{VVVF}$$

(b) 交-交变频器

图 3-18　交流变频器的两种基本结构

实际应用中，交-直-交变频器的应用较为广泛，功率等级从数十瓦到数兆瓦不等，一般采用 PWM 技术以减少电流谐波和转矩脉动。交-交变频器则主要应用于数十兆瓦以上的大功率系统。下面具体介绍两种交流变频器的电路结构。

3.3.1　交-直-交变频器

交-直-交变频器的分类方法很多。比如以中间直流环节性质划分，则可分为电压型变频器和电流型变频器。从功能用途上划分，可分为通用型变频器和专用型变频器。从电压等级上划分，可分为低压变频器、中压变频器和高压变频器。本文按照电压等级，介绍交-直-交变频器的基本结构。

(1) 低压变频器　实际上，所谓高压、低压都是相对的说法，不同的应用场合有不同的定义。就变频器而言，在我国低压变频器通常是指额定电压为 690V 以下的交流变频器。低压变频器的结构通常采用如图 3-19 所示的电压型结构，其中整流部分采用二极管不控整流，中间滤波环节为电容滤波，逆变部分采用三相电压型 PWM 逆变器。

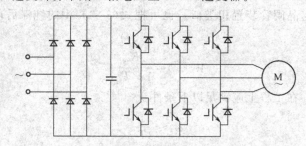

图 3-19　常规电压型变频器原理图

由于采用二极管不控整流作为输入电源，当电动机处于再生制动状态时，负载回馈的能量不能传输到交流电网，只能存储在直流侧电容中，使电容电压升高。该结构直流电容的选择方法与直流脉宽调速系统相同，即式(3-30) 和式(3-31)。

变频器亦可在直流母线上并联泄放电阻和泄放开关，如图 3-20 所示。该方案适用于负载惯量较小，启制动不频繁的应用场合。

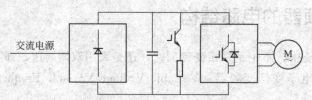

交流电源

图 3-20　带泄放电阻的电压型变频器

若系统容量或负载惯量较大，将回馈能量消耗在电阻上，就比较浪费了。这时可采用如图 3-21 的结构，再增加一套变流电路，使其工作在有源逆变状态。当负载能量回馈时，中间直流电压上升，使不控整流电路停止工作，中间直流环节电压极性不变，可控变流器工作在有源逆变状态，将负载能量传送回电网。

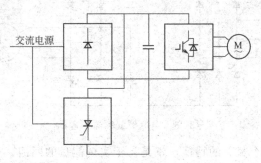

图 3-21　利用可控变流器实现再生制动的电压型变频器

以上结构共同的缺点是网侧功率因数较低，这主要是整流部分采用不控整流造成的。对于某些对输入功率因数和谐波品质要求较高的场合，或者需要四象限运行的场合，可采用如图 3-22 所示的双 PWM 结构。由于直流电容两侧的结构完全相同，该结构也称为背靠背结构。由于输入侧采用 PWM 整流，可实现功率因数角 360°可调，并且具有优秀的谐波品质，有些文献将其称为有源前端变换器。而只要改变交流侧电压的相序，就可方便地实现负载电动机正、反转。因此该结构也称为"四象限变频器"。四象限变频器除了可以应用在交流变频调速系统中，还可以应用于交流双馈调速系统和风力发电系统中。

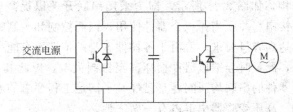

图 3-22　双 PWM 四象限变频器

（2）中、高压变频器　在我国，通常把额定电压在 3000V 以上的变频器称为高压变频器。额定电压在 690～3000V 的变频器则称为中压变频器。由于额定电压等级较高，中、高压变频器的结构与低压变频器相比有比较大的差别。

中、高压变频器中，有一种高-低-高结构，即先用降压变压器将交流电压降为低电压，再用低压变频器实现控制功能，输出经升压变压器将电压等级提高以匹配负载。由于该种结构原理简单，且中间采用低压变频器，运行经验丰富、可靠性高，因而在电压等级不太高的场合有一定的应用。但由于输入、输出均需采用大容量工频变压器，因而效率低下。

在电压等级比较高、容量比较大的场合，通常采用无输出电压器的电路结构，具体的有三种结构。一是采用电流型逆变器结构，如图 3-20 所示。由于直流环节采用大电感滤波，而电感的储能效率比较低，因而电流型逆变器在低压小容量场合应用有限。而在电压等级比较高、容量比较大的场合，电流型逆变器则具有较高的性价比。传统上，由于晶闸管的半控性，电流型逆变器大多采用 120°导通的六拍逆变器；将其应用于大容量同步电动机调速系统中，可通过负载换流的方式实现安全换流。随着 IGBT 开关容量的不断提升，特别是 IGCT 的工业化生产，大容量自关断器件的开关频率已经可上升到 10kHz 左右，这使得电流型逆变器采用 PWM 技术成为现实。如图 3-23 所示，逆变器部分采用 PWM 逆变方式（器件选择 GTO）；整流部分则采用相控整流方式，器件选择晶闸管。

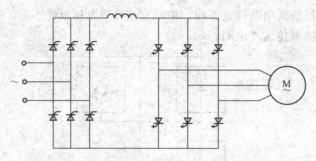

图 3-23 电流型变频器原理图

采用电流型结构,一个显著的特征,就是易于实现能量的回馈,从而便于四象限运行,适用于需要回馈制动和正、反转切换频繁的应用场合。电流型变频器的另一个优点就是无须短路保护,这是由于直流大电感的存在限制了电流的突变。此外,电流型变流器的控制量和输出量均为电流,直流侧电压的极性可以迅速改变,因此响应速度快,适用于对启制动速度有要求的应用场合。由于输入侧采用相控整流方式,必要时应在交流侧增加无功补偿装置以提高输入功率因数,或改用电流型 PWM 整流器。

无论如何,储能电感使得电流型变频器体积庞大、成本高昂。相对而言,直流侧采用电容的电压型变频器在体积和成本上有明显优势,但开关器件的容量等级,限制了电压型变频器在中、高压系统中的应用。如果将开关器件串、并联在一起,就可以提高系统容量;这就是中、高压变频器的第二种结构,如图 3-24 所示,即为采用串联开关以提高电压等级的一种结构。由于该类结构将器件直接串、并联当作一个器件使用,因而控制和调制策略与低压变频器完全相同。这样做虽然能够达到容量要求,但由于各器件本身的特性不可能完全相同,会导致各器件的电压、电流不均衡,严重时会造成器件损坏甚至控制失败,因此其关键技术是串联均压、并联均流问题。目前,器件的串联均压问题,已经有了满足工程要求的解决方案,因此器件直接串联的拓扑结构在中、高压变频器中也占有一席之地。

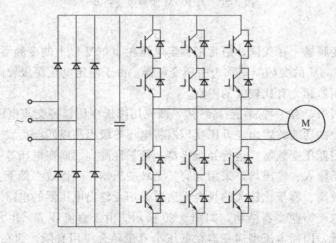

图 3-24 器件直接串联的电压型变频器

中、高压变频器的第三种结构,就是采用多电平变流器。所谓多电平变流器,就是不需变压器的连接,直接输出高电压的电路结构。多电平变流器中各开关器件并不是直接串、并联的,因此不存在串联均压、并联均流的问题。多电平变流器的种类非常多,但真正在工业中推广应用的只有两种。一种是中点钳位三电平变流器,如图 3-25 所示。中点钳位三电平变流器利用与直流侧中点连接的钳位二极管获得三电平输出,器件耐压仅为直流侧电压的一半,电

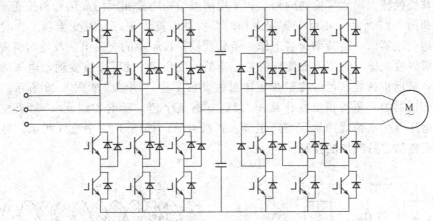

图 3-25 中点钳位型三电平四象限变频器

压等级可达到 3000V。输出波形为三电平，配合合适的开关调制策略，可以大大降低输出电压中的谐波含量。采用图 3-25 的背靠背结构，可以实现能量的双向流动和电动机的四象限运行。

在电压等级更高的应用场合，多采用如图 3-26 所示的单元串联多电平变流器结构（以五电平逆变器为例）。该结构将多个低压逆变器在交流侧直接串联，以输出高压，适于模块化生产、组装和调试，有很强的冗余功能。采用载波相移 SPWM 技术，可以大幅度改善谐波品质，甚至可以去除滤波器。输入侧可通过变压器的曲折绕法或延边变压器，构成多脉波整流电路，理论上可达到单位功率因数，但也大大增加了系统的成本。单元串联多电平变流器的缺点是每个逆变器单元均需采用独立的直流电源，输入变压器结构复杂，同时难以实现四象限运行。应该注意的是，在很多文献中，单元串联多电平变流器被称为级联型多电平变流器。

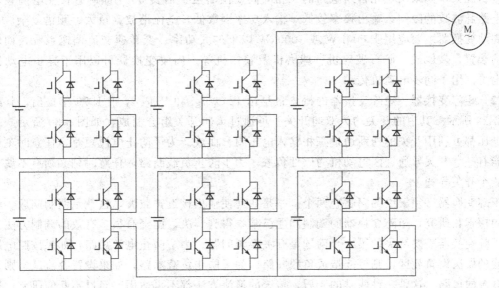

图 3-26 单元串联多电平变流器

3.3.2 交-交变频器

交-交变频器从电路结构和控制方式上，又可以分为两种：一种是由晶闸管相控变流器组合而成的，通称为周波变换器（Cycloconverter）；另一种是采用全控型器件、斩控方式的矩阵变换器（Matrix Converter）。

(1)周波变换器 周波变换器的每一相采用两组结构完全相同的晶闸管相控变流器反并联组合而成，如图 3-27 所示。正组变流器工作时，负载电流为正；反组变流器工作时，负载电流为负。两组变流器以一定频率交替工作，负载就获得该频率的交流电。改变两组变流器的切换频率，就可以改变输出频率；改变变流器工作的触发角 α，就可以改变输出电压的幅值。为了使输出波形接近正弦波，可以按正弦规律对触发角 α 进行调制，如图 3-28 所示。在半个周期内让正组变流器的 α 角按正弦规律从 90° 减到 0° 或某个值，再增加到 90°。每个控制间隔内的平均输出电压就按正弦规律从零增至最高，再减到零，如图 3-28 中虚线所示。另外半个周期可对反组变流器进行同样的控制。

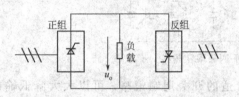

图 3-27　周波变换器原理图

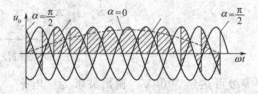

图 3-28　周波变换器单相输出电压波形

周波变换器的结构与可逆晶闸管直流调速装置类似，都是由两组可控变流器反并联组合而成的，工作方式也都可划分为无环流工作方式和有环流工作方式。但二者有本质的区别：可逆晶闸管直流调速装置输出的是直流电，周波变换器输出的是交流电。虽然如此，由于结构相似，周波变换器可以直接利用可逆整流器在技术和工艺上的成熟优势，因此国内有些企业已经生产出可靠的工业产品。

与交-直-交变频器相比，周波变换器的优点是：无中间直流环节，只用一次变流，因而效率较高；可方便地实现四象限运行；低频输出波形接近正弦波。缺点是：接线复杂，所需开关器件数目庞大，如采用三相桥式电路的三相周波变换器至少需要 36 个晶闸管；受电网频率和变流电路脉波数的限制，输出频率较低；输入功率因数低，电流谐波含量大、频谱复杂。

周波变换器主要应用于 500kW 或 1000kW 以上的大功率、低转速交流调速系统，如轧机主传动装置、鼓风机、矿石破碎机、球磨机及卷扬机等。周波变换器可以用于异步电动机传动，也可以用于同步电动机传动。

(2)矩阵变换器 矩阵变换器的概念最早由 L. Gyugi 和 B. Pelly 于 1976 年提出，其结构如图 3-29 所示。其中的开关均为双向开关，可通过单向开关组合而成，如图 3-30 所示。每相输出电压都可利用开关的通断通过三相输入电压组合而成。为了防止电源短路，任意时刻每一行只能有一个开关导通。因电动机为感性负载，为了防止负载断路，任意时刻必须有不属于同行的三个开关导通。

矩阵变换器必须解决的问题有两个。一是如何使输出接近正弦波，这就是调制问题。经过多年的探索和研究，矩阵变换器的调制问题已基本得到解决，已经有很多有效的调制方法。

矩阵变换器需要解决的第二个问题是开关换流问题。为了防止电源短路，如果按照电压型逆变器的做法设置死区，则可能造成负载断路。为了防止负载断路，如果设置叠流区，则可能造成电源的短路。这是一种两难的矛盾，传统的换流方法都不再适用。经过不断的研究，很多种换流方法被提出，如软开关换流、多步换流等。

相比较于交-直-交变频器和周波变换器，矩阵变换器有以下几方面的显著特点：输出电压幅值和频率可独立控制，理论上频率可以达到任意值；输入功率因数能够灵活调节，最大可达到 0.99 以上；采用双向开关，可以实现能量双向流动，便于电动机的四象限运行；没有中间储能环节，结构紧凑，效率高，易于集成化和模块化生产；输入电流波形好，无低次谐波。

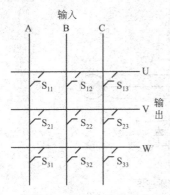

图 3-29 矩阵变换器结构

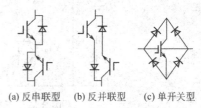

(a) 反串联型 (b) 反并联型 (c) 单开关型

图 3-30 双向开关的基本构成

矩阵变换器的缺点是开关器件数目较多，电路结构复杂，成本较高，控制方法还不算成熟。此外，矩阵变换器输出输入最大电压比只有 0.866，用于交流调速时输出电压偏低。

目前矩阵变换器大多尚处于实验室研究阶段，仅有少量低容量的工业产品出现。但鉴于其优秀的电气性能，矩阵变换器有着良好的应用前景。

3.4 交流变频器的脉宽调制技术

开关调制技术的选择对于变频器而言，是相当重要的。交流变频器的功率调节、输入输出特性以及谐波品质在很大程度上取决于其开关调制技术。衡量一种开关调制策略的优劣，一般从以下几个方面进行分析：输出的谐波特性、器件的开关频率、动态输出特性及传输带宽等。PWM 技术（Pulse Width Modulation Technique，即脉宽调制技术）在抑制和消除谐波、控制和传输信号等方面具有相当大的优势，其理论基础早在二十世纪七十年代就已经发展成熟，但对器件的工作频率和微处理器的运算速度要求比较高，因此在当时并未得到普遍应用。而随着大功率自关断器件（如 IGBT、电力 MOSFET 等）的普及应用和以单片机和数字信号处理器（DSP）为代表的微控制器的运算速度的大幅度提高，PWM 技术在变频器领域得到了普及应用。从 3.3 节可以看出，三相电压型逆变器是低压变频器的核心部件，为此本节主要讲述最常用的三相电压型逆变器的几种 PWM 技术，另外对三相电流型逆变器和多电平逆变器的 PWM 技术也进行简要介绍。

3.4.1 三相电压型逆变器的 PWM 技术

PWM 技术就生成方法而言，主要有载波调制法、定次谐波消除法、电压空间矢量调制法和电流滞环比较跟踪法等，下面分别进行介绍。

（1）SPWM 技术 SPWM，即正弦波 PWM 技术，是电压型逆变器中最常使用的调制技术。对于单相桥式逆变器来说，SPWM 有双极性调制、单极性调制和倍频式调制三种，而在如图 3-31 所示的三相电压型桥式逆变器中，只能采用双极性调制。

为了使三相严格对称，三相 PWM 逆变器通常共用一个三角载波，且载波比取为 3 的整数倍；同时为了消除偶次谐波，载波比应该为奇数。三相电压型逆变器 SPWM 的基本原理和各电量波形如图 3-32 所示。载波信号为对称的三角波 u_c，如图 3-32(a) 所示，重复频率为 f_c；调制信号为三相正弦波 u_{ga}，u_{gb} 和 u_{gc}，相位上依次相差 120°。根据三角波和调制波的交点决定各相控制极信号时序，如图 3-32(b) 所示。以 A 相为例，当 $u_{ga} > u_c$ 时，给上桥臂 VT_1 以

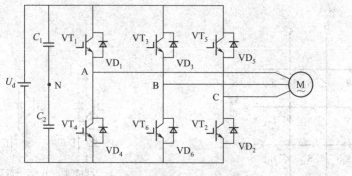

图 3-31　三相电压型桥式逆变器原理图

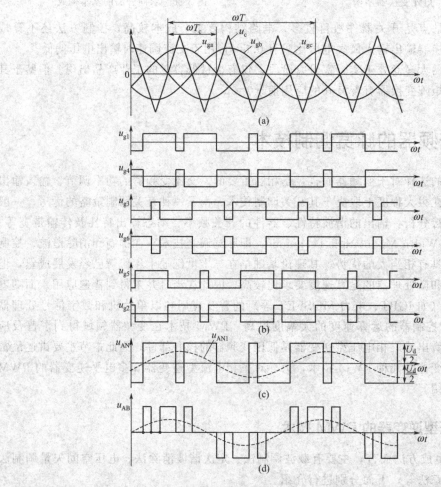

图 3-32　三相电压型桥式逆变器 SPWM 基本原理

开通信号，给下桥臂 VT$_4$ 以关断信号，则 A 相相对于直流电源中点 N 的输出相电压 $u_{AN}=U_d/2$；当 $u_{ga}<u_c$ 时，给上桥臂 VT$_1$ 以关断信号，给下桥臂 VT$_4$ 以开通信号，则 $u_{AN}=-U_d/2$。上下桥臂控制信号在相位上始终是互补的。当给 VT$_1$（VT$_4$）加开通信号时，可能是 VT$_1$（VT$_4$）导通，也可能是二极管 VD$_1$（VD$_4$）导通，这要由负载电流的方向来决定。B 相和 C 相的情况与 A 相相同。可以看出 u_{AN}、u_{BN} 和 u_{CN} 是典型的双极性 PWM 波，其幅值为 $U_d/2$。图 3-32（c）中虚线 u_{AN1} 是 u_{AN} 的基波分量，其幅值为 U_{AN1m}。图 3-32（d）是 A、B 两相之间的线电压波形。

三相电压型 PWM 逆变器的调制比 m 为

$$m = \frac{U_{\mathrm{AN1m}}}{U_{\mathrm{d}}/2} \tag{3-37}$$

于是有：

$$U_{\mathrm{AN1m}} = \frac{m}{2} U_{\mathrm{d}} \tag{3-38}$$

因为 m 的最大值为1，因此输出相电压的最大基波幅值为 $U_{\mathrm{d}}/2$，输出线电压的最大基波幅值为 $\sqrt{3} U_{\mathrm{d}}/2$。

SPWM 可以模拟实现，也可以数字实现。目前，数字 PWM 技术已经非常普及。各种微控制芯片如单片机、数字信号处理器（DSP）中均有专门的 PWM 发生单元，使用非常方便。

（2）定次谐波消除 PWM　在方波的某些角度上设置凹槽，以抑制不需要的谐波，控制基波分量的大小，就是定次谐波消除 PWM（Selected Harmonics Elimination PWM，简称 SHEPWM）。图 3-33 所示为双极性定次谐波消除法优化 PWM 的基本原理。为了减少谐波并简化控制，要尽量使波形具有对称性。

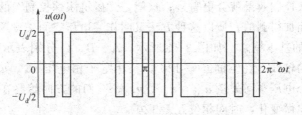

图 3-33　SHEPWM 基本原理波形

如图 3-33 所示，波形正负半周镜像对称，因此不含偶次谐波；半周期内关于 1/4 周期纵轴对称，因此不含余弦项。于是图 3-33 所示波形的傅里叶级数展开式就是：

$$u(\omega t) = \sum_{k=1}^{\infty} u_{\mathrm{km}} \sin(k\omega t) \tag{3-39}$$

由傅里叶级数的定义，可知：

$$u_{\mathrm{km}} = \frac{1}{\pi} \int_{0}^{2\pi} u(\omega t) \sin(k\omega t) \, \mathrm{d}(\omega t) \tag{3-40}$$

展开式(3-40)，可得：

$$u_{\mathrm{km}} = \frac{2U_{\mathrm{d}}}{k\pi} \left[1 + 2 \sum_{n=1}^{m} (-1)^{n} \cos(ka_{n}) \right] \tag{3-41}$$

在 1/4 周期内，有 p 个参数（脉冲开关时刻）需要确定，除了给定基波幅值外，还有 $p-1$ 个参数待定，这是消除谐波的自由度。令要消除的低次谐波的幅值为 0，给定基波幅值，即得到以下方程组：

$$\begin{cases} b_1 = \dfrac{2U_{\mathrm{d}}}{\pi} \left[1 + 2 \sum_{k=1}^{m} (-1)^{k} \cos a_{k} \right] \\ \vdots \\ b_i = \dfrac{2U_{\mathrm{d}}}{i\pi} \left[1 + 2 \sum_{k=1}^{m} (-1)^{k} \cos(ia_{k}) \right] = 0 \\ \vdots \\ b_p = \dfrac{2U_{\mathrm{d}}}{p\pi} \left[1 + 2 \sum_{k=1}^{m} (-1)^{k} \cos(ma_{k}) \right] = 0 \end{cases} \tag{3-42}$$

其中 i 表示谐波次数，$(1<i\leqslant p)$。对应不同的基波幅值，求解上述方程组，可以获得不同的开关角。

以 $p=4$ 为例，求解上述方程组，可得到 1/4 周期内的四个开关角。根据一个周期内半波对称，1/4 周期纵轴对称的性质，可以求出一个周期内所有的开关角数值，共 18 个（包含 0 和 π）。对于三相系统，可根据三相波形各相差 120° 来求出另两相的脉冲开关角，三相总共 54 个数值。

SHEPWM 能够直接消除指定次数的谐波分量，效果直观、原理清晰，开关频率较 SP-WM 大大降低。但 SHEPWM 中开关角的计算特别是在线计算较为复杂，因而在早期多通过离线计算、在线查表的方法实现。近年来，通过不断的研究，已经出现了一些可在线实现的 SHEPWM 算法，比如 Walsh 变换法和同伦算法等，这使得 SHEPWM 在大容量系统中的应用有了更坚实的基础。

(3) 电压空间矢量调制 SPWM 和 SHEPWM 主要着眼于使逆变器输出电压尽量接近正弦波，对电流波形一般只能采取间接控制，而交流电机则需要输入电流尽量接近正弦波，从而在空间上形成圆形旋转磁场，产生稳定的电磁转矩。如果对准这一目标，按照跟踪圆形磁场来控制 PWM 电压，那么控制效果就会更直接；这就是"磁链跟踪控制"的基本思想。磁链的轨迹是靠电压空间矢量相加得到的，所以这种方法又叫作"电压空间矢量调制"，即 SVPWM。

① 电压空间矢量的基本概念 如图 3-34 所示，A、B、C 分别表示在空间静止不动的交流电机定子三相绕组的轴线，在空间互差 120°，三相定子相电压 u_A、u_B、u_C 分别加在三相绕组上，可以定义三个电压空间矢量 u_{A0}、u_{B0}、u_{C0}，它们的方向始终在各相的轴线上，而大小则随时间按正弦规律做变化，时间相位互差 120°。

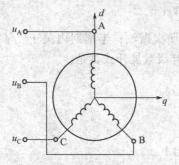 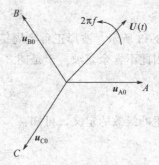

图 3-34　三相对称正弦波电压驱动三相对称电动机　　　　图 3-35　电压空间矢量

假设 M 为相电压幅值，f 为电源频率，则有：

$$\begin{cases} u_A(t)=M\cos(2\pi ft) \\ u_B(t)=M\cos(2\pi ft-2\pi/3) \\ u_C(t)=M\cos(2\pi ft+2\pi/3) \end{cases} \tag{3-43}$$

假设单位方向矢量 $\boldsymbol{\beta}=\mathrm{j}\dfrac{2}{3}\pi$，则三相电压空间矢量相加的合成空间矢量 $\boldsymbol{U}(t)$ 就可以表示为：

$$\boldsymbol{U}(t)=2/3[u_A(t)+\boldsymbol{\beta}u_B(t)+\boldsymbol{\beta}^2u_C(t)]=M\mathrm{e}^{\mathrm{j}2\pi ft} \tag{3-44}$$

可见 $\boldsymbol{U}(t)$ 是一个旋转的空间矢量，它的幅值不变；当频率不变时，以电源角频率 $2\pi f$ 为电气角速度做恒速同步旋转，在复平面上其轨迹为圆；哪一相电压为最大值时，合成电压矢量就落在该相的轴线上，如图 3-35 所示。

对于如图 3-31 所示的三相电压型逆变器，引入开关函数 S_A、S_B 和 S_C，分别代表三个桥臂的开关状态。$S_j(j=A,B,C)$ 是一个二值变量，上桥臂器件导通时 $S_j=1$，下桥臂器件

导通时 $S_j = 0$。(S_A, S_B, S_C) 组合在一起，一共有 8 种基本工作状态，即：100、110、010、011、001、101、111、000。其中前六个工作状态是有效的，称作非零矢量；后两个工作状态称作零矢量，因为没有输出电压。对于传统的六拍逆变器，在每个工作周期中，六种非零矢量各出现一次，每一种状态持续 60°。这样，在一个周期内六个非零矢量共转过 360°，形成一个封闭的正六边形，如图 3-36 所示。对于两个零矢量，在图 3-36 中位于原点，处在正六边形的中心。可见整个平面被电压空间矢量划分为六个扇区。

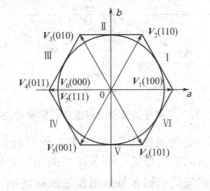

图 3-36　三相电压型逆变器矢量图

② 磁链跟踪控制的基本思想　在三相对称电压作用下，对于图 3-34 中所示的三相电动机，对每一相都可以列出一个电压平衡方程式：

$$\begin{cases} u_A(t) = R_A I_A + \dfrac{d\boldsymbol{\Psi}_A}{dt} \\[2mm] u_B(t) = R_B I_B + \dfrac{d\boldsymbol{\Psi}_B}{dt} \\[2mm] u_C(t) = R_C I_C + \dfrac{d\boldsymbol{\Psi}_C}{dt} \end{cases} \tag{3-45}$$

式中，R_X 为定子电阻；I_X 为定子电流；$\boldsymbol{\Psi}_X$ 为定子磁链；$X = A, B, C$。

当电动机转速不是很低时，可以忽略定子电阻，则式(3-45) 简化为：

$$\begin{cases} u_A(t) = \dfrac{d\boldsymbol{\Psi}_A}{dt} \\[2mm] u_B(t) = \dfrac{d\boldsymbol{\Psi}_B}{dt} \\[2mm] u_C(t) = \dfrac{d\boldsymbol{\Psi}_C}{dt} \end{cases} \tag{3-46}$$

将式(3-46) 代入式(3-44)，有：

$$U(t) = \frac{d\boldsymbol{\Psi}}{dt} \tag{3-47}$$

或

$$\boldsymbol{\Psi}(t) = \int U dt \tag{3-48}$$

式中，$\boldsymbol{\Psi}$ 为定子磁链矢量。

由式(3-48) 可知，在三相对称电压作用下定子磁链矢量是空间电压矢量的积分。由于空间电压矢量的轨迹为圆，因而定子磁链的轨迹也为圆。在磁链跟踪控制中，就是以此理想磁链圆为基准圆的。磁链矢量与前述的电压空间矢量一一对应，其大小与对应电压矢量持续的时间以及直流电压 U_d 的大小有关。若假定 8 种电压矢量对应的开关模式持续时间 T 相等，将不同开关模式时作用于电动机三相绕组上的电压对 T 进行积分，则可得三相磁链在 T 期间的增量 $\left[\Delta\Psi_A\Delta\Psi_B\Delta\Psi_C\right]^T$，考虑到相位关系，可得到如图 3-37 所示的磁链矢量图。

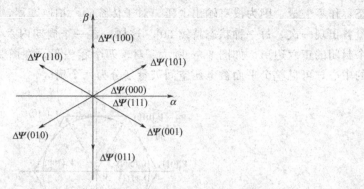

图 3-37　三相逆变器驱动时电动机的磁链矢量

将理想磁链圆作为基准圆，适当地使用图 3-37 中 8 种磁链矢量跟踪基准磁链圆。使用不同的磁链矢量，意味着使用不同的开关模式。开关模式的切换，则形成逆变器输出电压 PWM 波。不难理解，如果这 8 种磁链矢量能够很好地跟踪基准磁链圆，则逆变器输出三相电压也一定是三相对称的正弦 PWM 波。这就是这种磁链跟踪控制的基本思想。

③ SVPWM 的基本调制算法　从式(3-44)中可以明显看出电压矢量 $U(t)$ 在复平面上随时间变化的轨迹为圆。如果对三相定子相电压 u_A、u_B、u_C 进行采样，其采样频率为 $f_S(T_S=1/f_S)$，则离散矢量 V 可表示为：

$$\begin{cases} V(k)=Me^{j\varphi(k)} \\ \varphi(k)=2\pi fT_S k \end{cases} \tag{3-49}$$

式中，$\varphi(k)$ 为在第 k 个采样周期所对应的位置角。

当 k 从 0 到 $n(n=f_S/f)$ 变化时，$V(k)$ 在复平面上就形成了一系列的离散矢量，如图 3-38 所示。而三相逆变器实际能量产生的电压矢量只有 8 个，对于 8 个基本电压矢量以外的其他离散电压矢量，必须通过基本电压矢量组合得到。

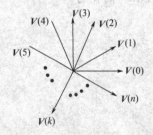

图 3-38　离散的电压矢量图

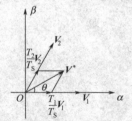

图 3-39　参考矢量合成方法

具体的组合方法有线性组合法、三段逼近法和比较判断法等。在一般性能的恒压频比变频调速系统和高性能的矢量控制变频调速系统，线性组合法最为常用，本节对此进行详细介绍。在直接转矩控制系统中，电压矢量的选择方法有自己的特点，本书将结合具体控制在相应章节做介绍，这里不多赘述。

所谓线性组合法，就是在一个开关周期 $T_S(T_S=1/f_S)$ 内，以第 I 扇区为例，如图 3-39 中的参考矢量 V^* 的作用效果可以由与其相邻的两个非零矢量线性组合来实现。通常情况下，两个非零矢量作用时间之和小于 T_S，不足的时间用零矢量补足。

对于图 3-39 所示的参考矢量 V^*，有：

$$T_1\mathbf{V}_1 + T_2\mathbf{V}_2 = T_S\mathbf{V}^* \tag{3-50}$$

式中，T_1、T_2 分别为零矢量 $\mathbf{V}_1$、$\mathbf{V}_2$ 的作用时间。

依据平行四边形法则，可得式(3-50)的解为：

$$\begin{cases} T_1 = \dfrac{\sqrt{3}MT_S\sin\left(\dfrac{\pi}{3}-\theta\right)}{U_d} \\[4mm] T_2 = \dfrac{\sqrt{3}MT_S\sin\theta}{U_d} \\[3mm] T_z = T_S - T_1 - T_2 \end{cases} \tag{3-51}$$

式中，$0\leqslant\theta\leqslant\pi/3$；$T_z$ 为零矢量作用时间。

由于零矢量有两个，其作用效果相同，可自由分配：

$$\begin{cases} T_0 = kT_z \\ T_7 = (1-k)T_z \end{cases} \tag{3-52}$$

式中，T_0、T_7 分别为零矢量 $\mathbf{V}_0$、$\mathbf{V}_7$ 的作用时间，$0\leqslant k\leqslant 1$。

其他扇区的调制算法完全相同，只是角度 θ 的取值范围不同，计算公式须进行相应变化。

定义调制比 m 为：

$$m = \frac{M}{U_d/\sqrt{3}} \tag{3-53}$$

而电压空间矢量调制的线性调制约束条件是：

$$T_1 + T_2 \leqslant T_S \tag{3-54}$$

将式(3-51)、式(3-53)代入式(3-54)，有：

$$m \leqslant \frac{1}{\cos\left(\dfrac{\pi}{6}-\theta\right)} \tag{3-55}$$

式(3-55)对于任何 θ 都应成立，而 $\dfrac{\sqrt{3}}{2}\leqslant\cos\left(\dfrac{\pi}{6}-\theta\right)\leqslant 1$，因而幅度调制比 m 的最大值为 1，也就是说逆变器输出相电压的最大峰值是 $U_d/\sqrt{3}$。反应在矢量图上，最大电压空间矢量的轨迹就是图 3-36 所示的正六边形的内切圆。传统的 SPWM 最大相电压峰值是 $U_d/2$，因而 SVPWM 的直流电压利用率比 SPWM 提高了 15%。

以上推导过程与矢量发送顺序和 k 值无关，因此直流电压利用率高是 SVPWM 的固有特性。进一步计算可知，m 取 1 时，线电压峰值等于 U_d，已经达到直流母线电压；再增加就不是线性调制了，所以在所有 PWM 技术中，SVPWM 的直流电压利用率是最高的。

由以上分析可知，以第一扇区为例，每个开关周期 T_S 区间都包含 T_1、T_2 和 T_z，也就是说在一个开关周期内需要进行多次矢量切换的过程。在实际系统中，应该尽量减少开关状态变化时引起的开关损耗，因此各矢量的安排顺序应遵守以下原则：每次矢量切换时，只切换一个功率开关器件。

常规的矢量安排方法中，k 取为 0.5，于是 T_0、T_7 各占 T_z 的一半。为了使电压波形对称，再把每种状态的作用时间一分为二，按照以上的原则，矢量的安排顺序（如图 3-40 所示）应为：000，100，110，111，111，110，100，000。可见常规的 SVPWM 策略在一个开关周期内有六次开关动作，每相各有一个触发脉冲，与 SPWM 的开关频率相同。因此就开关损耗而言，常规的 SVPWM 与 SPWM 没有区别。考虑到 SVPWM 中，k 取值的灵活性，又出现了最小开关损耗 SVPWM。

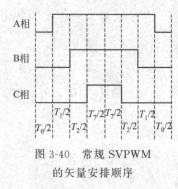

图 3-40 常规 SVPWM
的矢量安排顺序

④ 最小开关损耗 SVPWM 最小开关损耗 SVPWM 通过适当选择零矢量使用方式，使得在一个采样周期内的开关动作减少为四次，从而将开关频率减小了 33%，开关损耗大大降低；这对于提高装置功率等级、降低系统电磁干扰（EMI）有非常积极的意义。

与常规 SVPWM 中两种非零矢量都使用且平均分配不同，最小开关损耗 SVPWM 在一个采样周期内只采用一种零矢量。如果令 $k=1$，则只使用零矢量 000，以第Ⅰ扇区为例，一个采样周期内的矢量安排顺序如图 3-41(a) 所示。如果令 $k=0$，则只使用零矢量 111，以第Ⅰ扇区为例，一个采样周期内的矢量安排顺序如图 3-41(b) 所示。

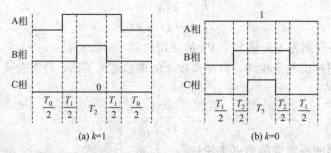

图 3-41 最小开关损耗 SVPWM 的两种矢量安排顺序

在具体实现时，最小开关损耗 SVPWM 又可分为两种方式。一种是在矢量图的所有区域中都使用同一个零矢量，这种方式称为单一零矢量调制方式。单一零矢量调制方式显然可分为两种方法：单独使用零矢量 V_0 的方法和单独使用零矢量 V_7 的方法。单一零矢量调制在降低开关损耗的同时，也使谐波成分更加复杂，谐波品质相比常规 SVPWM 变差。

为了克服这一问题，可以采用交替零矢量调制方式。交替零矢量调制方式是根据参考矢量所在的不同扇区，使用不同的零矢量。比如当参考矢量位于Ⅰ、Ⅲ、Ⅴ扇区时，零矢量取 V_0；当参考矢量位于Ⅱ、Ⅳ、Ⅵ扇区时，零矢量取 V_7。交替零矢量调制方式当然并非只有一种。比如，如图 3-42 所示，将矢量平面平均分为 12 个区域，区域①、④、⑤、⑧、⑨、⑫零矢量采用 111，区域②、③、⑥、⑦、⑩、⑪零矢量采用 000；研究发现采用此种交替零矢量调制方式，输出电压的谐波品质最优，与常规 SVPWM 接近。

(4) 电流滞环比较跟踪 PWM 以上所讲的各种 PWM 技术，在控制上都是开环的，本身无法实现闭环控制。若要实现闭环控制，可采用跟踪型 PWM 方法。这种方法不是用信号波对载波进行调制，而是把希望输出的电流或电压波形作为指令信号，把实际电流或电压波形作为反馈信号，通过两者的瞬时值比较来决定电路各功率开关器件的通断，使实际的输出跟踪指令信号变化。从上述定义可知，跟踪型 PWM 都属于兼具闭环控制功能的调制技术。当前常用的跟踪型 PWM 方法有滞环比较跟踪法、单周期控制法等。在交流调速系统中，电流滞环比较跟踪 PWM 技术应用较多。

电流滞环比较跟踪 PWM 技术的控制原理图如图 3-43 所示。三相滞环 PWM 采用三个相互独立的滞环比较器分别对三相电流进行滞环比较，三个比较器的输出就是三相开关信号。

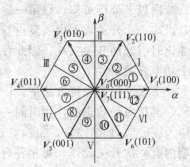

图 3-42 谐波品质最优的交替
零矢量调制扇区划分

该控制器的工作原理如图 3-44 所示：电流参考信号 i_x^* 与实际电流信号 i_x（$x=$ a，b，c）进行比较，作为滞环控制器的输入；当 $i_x < i_x^* - h$ 时（h 为滞环宽度），滞环比较器输出高电平信号，对应相上桥臂的开关器件导通，系统输入侧电流增大；当 $i_x > i_x^* + h$ 时，滞环比较器输出低电平信号，对应相下桥臂的开关器件导通，系统输入侧电流减小。这样不断进行滞环比较调节，保证 i_x 始终跟踪给定电流 i_x^*，且处于滞环带内。

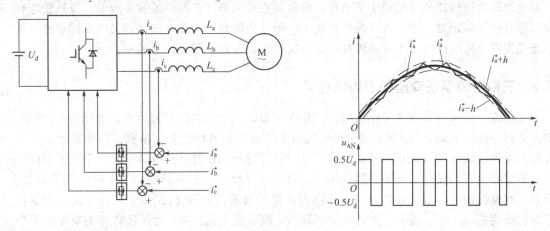

图 3-43　三相逆变器电流滞环比较跟踪 PWM 原理图　　图 3-44　电流滞环比较跟踪 PWM 电流与电压波形

由于滞环比较跟踪 PWM 没有载波，也不能确知每个周期内的开关次数，因此不能直接给出其开关频率，需要进行估算。由于开关频率远大于电动机感应电动势的频率，因此在一个开关周期可以认为电动机感应电动势 e_a 和给定电流 i_a^* 保持恒定。当 a 相上桥臂导通时有

$$0.5U_d - e_a = L\frac{\mathrm{d}i_a^*}{\mathrm{d}t} \tag{3-56}$$

根据滞环比较的条件可以得到开通时间为：

$$T_{on} = \frac{2h}{\mathrm{d}i_a^*/\mathrm{d}t} = \frac{2hL}{0.5U_d - e_a} \tag{3-57}$$

同理可得关断时间为：

$$T_{off} = \frac{2hL}{0.5U_d + e_a} \tag{3-58}$$

根据式（3-57）和式（3-58）可以得到开关频率为：

$$f_s = \frac{1}{T_{on} + T_{off}} = \frac{0.25U_d^2 - e_a^2}{2hLU_d} \tag{3-59}$$

通常逆变器输入电压 U_d 可以认为基本恒定，因此由式（3-59）可知，开关频率 f_s 与感应电动势 e_a、输出电感 L 和滞环宽度 h 有关。当电感 L 和滞环宽度 h 确定后，由于感应电动势 e_a 是按正弦规律变化的，因此开关频率是非线性变化的。

开关频率与下述因素有关：

① 开关频率与滞环宽度成反比，滞环越宽，开关频率越低。

② 变流器直流侧电压越大，交流电流变化率越快，开关频率也越大。在电网电压过零点时，开关频率最高，在电网电压峰值处，开关频率最低。

③ 交流侧电感 L 越大，交流电流变化率越慢，开关频率也越小。

④ 与参考电流的变化率有关，参考电流变化率越大，开关频率越小；参考电流变化率越小，开关频率越大。

可以根据需要的电流脉动量确定滞环宽度 h，然后根据电路允许的最高开关频率和最低开关频率可以确定电感 L。

电流滞环比较跟踪 PWM 具有如下优点：硬件电路简单；属于实时控制方式，电流响应快；不用载波，输出波形中不含特定频率的谐波分量，较 SPWM 产生的电磁噪声小；属于闭环控制，跟踪性能好。

电流滞环比较跟踪的开关频率不固定，使得其在开关器件选择、滤波参数设计及热稳定性等方面都存在许多困难，因此在大容量系统中应用受到限制。为此，很多开关频率固定或开关频率变化范围有限的改进技术被相继提出来，这些新技术正在研究和发展中。

3.4.2 三相电流型逆变器的 PWM 技术

三相电流型桥式逆变器的拓扑结构是三相电压型桥式变流器的对偶结构，如图 3-45 所示。图中开关器件选择 IGBT，为保证每个桥臂的单相导电性，各桥臂分别串联了一个二极管。为了保证直流侧电流保持恒定且不出现断续情况，任意时刻上桥臂必须有且仅有一个开关器件开通，下桥臂必须有且仅有一个开关器件开通，因此在三相中总有一相的上、下桥臂都不开通。对于每一相输出而言，若上桥臂导通，则输出电流为直流侧电流 I_d；如下桥臂导通，则输出电流为直流侧电流 $-I_d$；若上、下桥臂都不导通，则输出电流为 0。为保证在开关换流过程中直流侧电流连续，上、下桥臂之间必须设置叠流时间为直流侧电流提供续流通道。

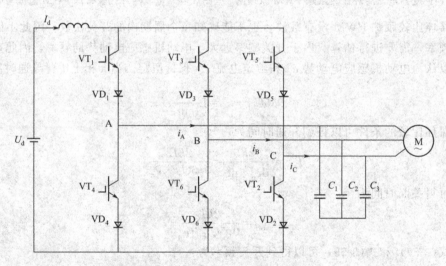

图 3-45　三相电流型桥式逆变器原理图

与电压型逆变器类似，在三相电流型逆变器中同样可以引入开关函数 X_A、X_B 和 X_C，分别代表三个桥臂的开关状态。与电压型变流器不同的是，$X_j (j=A、B、C)$ 是一个三值变量，上桥臂器件导通时 $X_j=1$，下桥臂器件导通时 $X_j=-1$，上下桥臂均不导通或均导通时 $X_j=0$。

三相电流型逆变器的调制方法也有两种：SPWM 和 SVPWM，下面分别进行介绍。

(1) SPWM 三相电流型逆变器的开关函数 X_j 是三值变量，可称之为三逻辑信号。三相电压型逆变器的开关函数 S_j 是二值变量，可称之为二逻辑信号。二逻辑信号通过下面变换可以构造出满足电流型变流器要求的三逻辑信号。

$$\begin{bmatrix} X_A \\ X_B \\ X_C \end{bmatrix} = \frac{1}{2} C \begin{bmatrix} S_A \\ S_B \\ S_C \end{bmatrix} \tag{3-60}$$

式中，
$$C=\begin{bmatrix} 1 & -1 & 0 \\ 0 & 1 & -1 \\ -1 & 0 & 1 \end{bmatrix} \qquad (3-61)$$

在常规三相电压型 SPWM 逆变器中，三个互差 120°的调制波与相同的三角载波相交产生三相二逻辑开关函数，通过式 (3-60) 转化为三逻辑开关函数可以满足电流型 PWM 变流器的要求，如图 3-46 所示。

比较图 3-46 和图 3-32，可见三逻辑 SPWM 信号的形状与常规三相电压型 SPWM 逆变器线电压完全相同。与二逻辑 SPWM 信号相比，三逻辑 SPWM 的开关谐波有所减少，主要是因为消除了载波谐波和 3 倍频谐波。

考虑到开关逻辑信号中包含调制波相位信息，因此在经过二逻辑 SPWM 信号到三逻辑 SPWM 的变换后，变流器交流侧电流的基波分量在相位上滞后于调制波信号，即交流侧电流的基波与调制信号不是线性关系，失去了二逻辑信号的传输线性。这种由于调制本身带来的非线性会给反馈控制的引入带来困难，为此需进行解耦预处理。

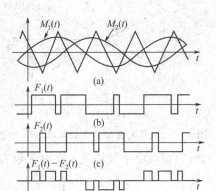

图 3-46　三逻辑 SPWM 生成方法

(2) SVPWM　对于三相电流型逆变器而言，三相开关函数 (X_A，X_B，X_C) 组合在一起，一共有 9 种基本工作状态，可依照电压型逆变器的相关定义，定义为 9 个基本电流矢量，如表 3-2 所示。

表 3-2　三相电流型逆变器的基本开关工作状态

序号	X_A	X_B	X_C	对应导通的器件
I_1	1	0	-1	VT_1,VT_2
I_2	0	1	-1	VT_2,VT_3
I_3	-1	1	0	VT_3,VT_4
I_4	-1	0	1	VT_4,VT_5
I_5	0	-1	1	VT_5,VT_6
I_6	1	-1	0	VT_6,VT_1
I_7	0	0	0	VT_1,VT_4
I_8	0	0	0	VT_3,VT_6
I_9	0	0	0	VT_2,VT_5

在这 9 个基本电流矢量中，$I_1 \sim I_6$ 为非零矢量，$I_7 \sim I_9$ 为零矢量；这些构成的矢量图如图 3-47 所示。与电压空间矢量调制类似，对于图 3-48 中的参考电流矢量可以通过其最相邻的两个非零矢量和零矢量合成，各矢量的作用时间和合成方式可参考电压空间矢量调制的方法得到。

3.4.3　多电平逆变器的 PWM 技术

多电平逆变器的 PWM 技术都是由两电平逆变器 PWM 技术扩展而来的，大致有以下几种：①由 SHEPWM 扩展而来的阶梯波优化 PWM；②由 SPWM 扩展而来的多载波 PWM，具体又分为载波层叠 PWM 和载波相移 PWM；③由 SVPWM 扩展而来的多电平 SVPWM。

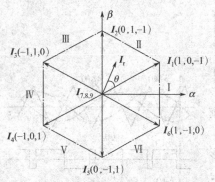

图 3-47　三相电流型逆变器基本电流矢量图

（1）阶梯波优化 PWM　阶梯波 PWM 就是用阶梯波来逼近正弦波（输出波形如图 3-48 所示）。在阶梯波 PWM 中，可以通过选择每一电平持续时间的长短，来实现低次谐波的消除和抑制。将 SHEPWM 引入多电平逆变器，通过优化算法计算出开关角度，可以消除选定的谐波分量；这种方法称为阶梯波优化 PWM。这种技术的优点是各器件均工作于基波频率，因此开关频率最低，开关损耗最小（当然通态损耗有所加大）；消除谐波效果明显，在电平数足够高的情况下可直接与负载相连而不需设置滤波器。缺点是消除谐波的自由度与电平数相关，在电平数有限的时候，不能很好地达到消除谐波的目的。

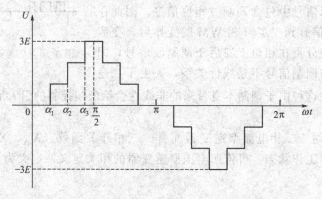

图 3-48　阶梯波 PWM 原理（以七电平为例）

　　为了解决上述问题，可以依照两电平 SHEPWM 的做法，在各电平台阶上设置凹槽；这样就可以在不增加电平数的基础上消除更多的谐波，但会导致开关频率的增加。

（2）载波层叠 PWM　对于中点钳位三电平逆变器，可将两个具有相同频率和相同幅值的三角载波按如图 3-49 所示的方式排列形成载波组；以载波组的水平中线作为参考零线，共同的调制波与其相交，得到相应的开关信号。根据三角载波的相位，又可分为同相层叠和反相层叠两种方式。

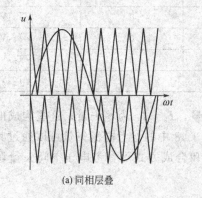
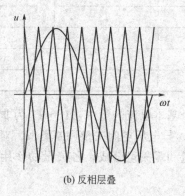

(a) 同相层叠　　　　　　　　　　　　(b) 反相层叠

图 3-49　载波层叠 PWM

　　如果电平数向上增加，则可相应地增加载波数目。当电平数超过 5 以后，反相层叠又可以分化为正负反相层叠和交替反相层叠两种。

（3）载波相移 SPWM　对于单元串联多电平逆变器，通常采用载波相移 SPWM 作为调制策略，其基本思想为：由 N 个逆变器单元构成的单元串联多电平逆变器，每级逆变器单元均采用相同载波频率和相同幅度调制比的倍频式 SPWM，各级变流器单元的载波相位依次相差三角载波周期的 $1/(2N)$，输出波形为 $2N+1$ 电平，如图 3-50 所示。由于采用共同的调制波，因而生成载波相移 SPWM 波形中基波成分为单个 SPWM 波形的 N 倍，没有基波损失。同时载波相移 SPWM 波形中的谐波主要集中在 $2N$ 倍载波频率附近，在各逆变器单元载波频率不变的情况下，将单元串联多电平逆变器的输出频率提高了 $2N$ 倍。也就是说载波相移 SPWM 可以在较低的器件开关频率下，得到较高等效开关频率的输出，输出波形的谐波特性也因而大大改善。

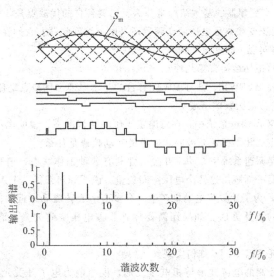

图 3-50　载波相移 SPWM 技术的原理

（4）多电平 SVPWM 多电平 SVPWM 技术的基本原理与二电平 SVPWM 技术相似，只是开关组合的方式随着电平数的增加而有所增加；其规律是对于 m 电平变流器，其电压空间矢量的数目为 m^3 个，当然这些电平中有些在空间上是重合的。比如对于中点钳位三电平逆变器，其电压空间矢量的数目为 27 个，其中独立的电压空间矢量为 19 个，一个零矢量，18 个非零矢量，如图 3-51 所示。对于任意时刻的矢量由相邻的三个非零矢量合成，在一个开关周期内对三个非零矢量与零矢量的作用时间进行优化安排，得到 PWM 输出波形。

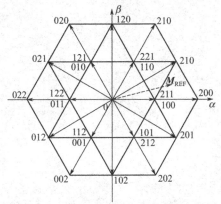

图 3-51　三电平变流器的基本电压矢量图

习　题

1. V-M 系统中，电流断续有何不利影响？如何改善？

2. 试画出采用单组晶闸管变流器供电的 V-M 系统的机械特性。在拖动位能性负载时，该系统是如何实现上升和下降两种工况的？

3. 什么是晶闸管相控整流器的失控现象？最大失控时间和平均失控时间应该如何计算？

4. 与 V-M 系统相比，直流脉宽调速系统有何优势？

5. 电流可逆 PWM 斩波电路和电压可逆斩波电路有何不同之处？各应用于何种工作场合？

6. H 桥可逆 PWM 斩波电路有几种控制方式？各自特点如何？

7. 双极性 PWM 控制的直流调速系统有何特点？

8. 泵升电压的产生原因是什么？如何抑制？

9. 交-直-交变频器和交-交变频器的基本结构是什么？二者各自的优缺点是什么？

10. 如何区别交-直-交变压变频器是电压源变频器还是电流源变频器？它们在性能上有什么差异？

11. 交-直-交变频器如何实现负载能量回馈？

12. 高压大容量变频器的拓扑结构有哪几种？

13. SPWM、SHEPWM、SVPWM、滞环 PWM 各自的基本原理和优缺点是什么？

14. SHEPWM 如何消除特定次数的谐波？

15. 在 SVPWM 变压变频器调速系统中，在忽略定子压降的情况下，说明电压空间矢量和磁链空间矢量的关系。如果输入电压波形为三相平衡正弦波时，磁链的运动轨迹是什么？

16. SVPWM 变压变频器调速系统中，功率开关器件共有 8 种工作状态，请写出这 8 种开关状态，并写出对应的电压空间矢量，在复平面画出这几个电压空间矢量。说明如何获得一个六边形的磁链轨迹？

17. 在 SVPWM 控制中，为了让异步电动机产生一个多边形旋转磁场来近似圆形旋转磁场，可用线性组合的方法。请解释线性组合的具体办法。如果还需要加入非零电压空间矢量，请写出电压空间矢量的作用顺序。

18. 什么是最小开关损耗 SVPWM？如何实现？

19. 画出电流滞环跟踪控制的电流波形与相电压波形，说明电力电子开关元件的频率与哪些因素有关？最大开关频率出现在什么情况下？在电流输出波形的一个周期内，开关频率变化吗？

20. 电流型逆变器的 SPWM 和 SVPWM 与电压型逆变器的 SPWM 和 SVPWM 有何联系和不同？

21. 多电平逆变器有哪几种开关调制策略？

第4章
转速测量基础

在闭环控制的交直流调速系统中，需要对很多物理量进行实时测量，如电压、电流、功率和转速等。以上各物理量中，电压、电流和功率属于电量，有关电量测量的问题在"电气测量"或"检测与传感技术"等课程中将会有详细的介绍，本书不再重复。而转速属于非电量，而且是调速系统最根本的控制目标，因而本书专设一章，介绍转速的测量。转速的测量方法，可分为模拟测速和数字测速两种。

4.1 模拟测速

模拟测速是采用模拟元器件（主要是测速发电机）的转速测量方法。在以光电编码器为代表的数字测速技术出现以前，模拟测速装置是调速系统不可缺少的重要部件。即使在数字测速技术已经非常成熟的现在，模拟测速技术由于其原理简单、使用方便等特点，仍然在很多场合中继续得到应用。

模拟测速的核心部件是测速发电机。为保证电机性能可靠，测速发电机的输出电动势具有斜率高、特性成线性、无信号区小或剩余电压小、正转和反转时输出电压不对称度小、温度敏感性低等特点。测速发电机可分为直流和交流两种。

4.1.1 直流测速发电机

直流测速发电机实际就是一种微型直流发电机，按定子磁极的励磁方式分为电磁式和永磁式。

直流测速发电机的工作原理与一般直流发电机相同。在恒定的磁场中，外部的机械转轴带动电枢以转速旋转，电枢绕组切割磁场从而在电刷间产生感应电动势：

$$E = C_e \Phi n \qquad (4\text{-}1)$$

当直流测速发电机带载工作时（如图 4-1 所示），若电枢电阻为 R_a，负载电阻为 R_L，忽略电刷与换向器的接触电阻，则可列电压平衡方程式为：

$$U = E - IR_a \qquad (4\text{-}2)$$

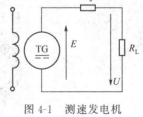

图 4-1 测速发电机
工作原理图

考虑到通常 $R_L \gg R_a$，于是有：

$$U = E - \frac{U}{R_L} R_a \qquad (4\text{-}3)$$

代入式(4-1)，整理，得：

$$n = \frac{1 + \dfrac{R_a}{R_L}}{C_e \Phi} U \tag{4-4}$$

可见，在 R_L、R_a 及 Φ 不变时，测速发电机的输出电压 U 与转速 n 成正比。

直流测速发电机的输出电压与转速要严格保持正比关系在实际中是难以做到的，主要是由电枢反应、延迟换向、电刷接触压降及温度等因素造成的。为使直流测速发电机工作在线性特性区内，需要设置最高限制转速和最小负载电阻。

此外，由于发电机输出电动势总是会带有一定的脉动，引起转速纹波，因此在构成闭环控制时应设置低通滤波器。

电磁式直流测速发电机采用他励式，不仅复杂且因励磁受电源、环境等因素的影响，输出电压变化较大，因此用得不多。永磁式采用高性能永磁材料励磁，受温度变化的影响较小，输出变化小，斜率高，线性误差小。这种发电机在 20 世纪 80 年代因新型永磁材料的出现而发展较快，但价格相对较贵。

4.1.2 交流测速发电机

交流测速发电机从结构和原理上可分为两种：异步测速发电机和同步测速发电机。

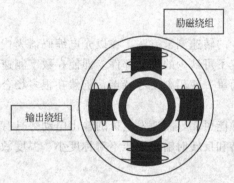

图 4-2 杯形交流异步测速
发电机的基本结构

(1) 异步测速发电机 交流异步测速发电机的结构有笼型转子和杯形转子两种。为了提高系统的快速性和灵敏度，减小转动惯量，杯形转子异步测速发电机的应用最为广泛。杯形转子是由非铁磁材料（硅锰青铜）制成的空心薄壁圆筒，以减少转子漏电抗、增加电阻。此外，为了减少磁路的磁阻，在空心杯形转子内放置有固定的内定子。在分析时，杯形转子可视作由无数并联的导体条组成，和笼型转子一样。

杯形交流异步测速发电机的定子由内定子和外定子两部分构成，在定子上嵌放有空间位置上相差 90° 电角度的两相绕组，一相绕组作为励磁绕组，另一相绕组作为输出绕组，如图 4-2 所示。

杯形交流异步测速发电机工作原理图如图 4-3 所示。

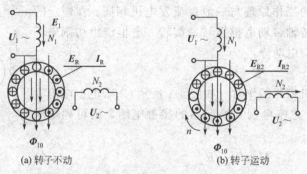

(a) 转子不动   (b) 转子运动

图 4-3 交流异步测速发电机工作原理图

当转子不动时，在励磁绕组加频率为 f_1 的励磁电压 U_1，励磁绕组中就有电流通过，并在内外定子间的气隙中产生频率为 f_1 的脉振磁场。脉振磁场轴线与励磁绕组轴线一致，它所产生的脉振磁通与励磁绕组和转子导体相匝链并交变。这时励磁绕组与转子间如同变压器原、副边间的情况一样。由于励磁绕组与输出绕组相互垂直，因此其磁通 $\boldsymbol{\Phi}_{10}$ 与输出绕组 N_2 的轴线也互相垂直。这样，磁通 $\boldsymbol{\Phi}_{10}$ 就不会在输出绕组 N_2 中感应出电势，所以当转子不动时，输出绕组 N_2 没有电压输出。

当转子以转速 n 转动时，若忽略励磁绕组的漏阻抗，则沿励磁绕组轴线脉振的磁通不变。由于转子的转动，转子导体切割磁通 $\boldsymbol{\Phi}_{10}$ 产生一个旋转电动势 E_{r2}，其方向为给定的转子转向，用右手定则判断，其有效值为：

$$E_{r2} = C_d \boldsymbol{\Phi}_{10} n \tag{4-5}$$

式中，C_d 为比例常数。

在旋转电动势 E_{r2} 的作用下，转子绕组中将产生交流电流 I_{r2}，由于杯形转子电阻很大，远大于转子电抗，可以认为 E_{r2} 和 I_{r2} 基本同相。I_{r2} 会在发电机内部产生一个交变磁通 $\boldsymbol{\Phi}_2$，的大小与 E_{r2} 和 I_{r2} 的大小成正比，即有：

$$\boldsymbol{\Phi}_2 = K E_{r2} \tag{4-6}$$

式中，K 为常数。

交变磁通 $\boldsymbol{\Phi}_2$ 的方向与输出绕组的轴线方向重合，会在输出绕组上感应出电势 E_2，产生测速发电机输出电压 U_2，其频率仍为 f_1，有效值为：

$$U_2 = 4.44 f_1 N_2 K_{N2} \boldsymbol{\Phi}_2 \tag{4-7}$$

式中，$N_2 K_{N2}$ 为输出绕组的有效匝数。

将式(4-7)、式(4-6) 代入式(4-5)，并整理可得：

$$U_2 = C_1 n \tag{4-8}$$

式中，C_1 为比例系数，$C_1 = 4.44 f_1 N_2 K_{N2} K C_d \boldsymbol{\Phi}_{10}$。

也就是说，当励磁绕组加上电源电压 U_1，电机以转速 n 旋转时，测速发电机的输出绕组将产生输出电压 U_2，其值与转速 n 成正比。当转向相反时，由于转子中的切割电势、电流及其产生的磁通的相位都与原来相反，因而输出电压 U_2 的相位也与原来相反。这样，异步测速发电机就可以很好地将转速信号变成为电压信号，实现测速的目的。由于磁通 $\boldsymbol{\Phi}_2$ 的频率是 f_1，因此输出电压 U_2 的频率等于电源频率 f_1，与转速无关。

理想异步测速发电机的输出特性为一条过原点的直线。实际特性由于各绕组漏阻抗和磁通等都有变化，使输出电压的大小与转速不是严格的直线关系，使用时应尽量让调速范围处于线性度好的区间内。

(2) 同步测速发电机 交流同步测速发电机又分为永磁式、感应子式和脉冲式三种。永磁式同步测速发电机实际就是永磁转子同步发电机，定子绕组感应的交变电势基本与转速成正比。而感应子式和脉冲式同步测速发电机工作原理是一致的：转子转动时，定子、转子齿槽位置相对变化，从而产生脉动的磁场与输出绕组交链，从而产生感应电动势。

同步测速发电机输出的三相电压经桥式整流、滤波后变换为直流输出电压，作为速度反馈信号，相当于直流测速发电机。

4.2 数字测速

数字测速具有测速精度高、分辨能力强、受器件影响小等优点，被广泛应用于调速要求高、调速范围大的调速系统和伺服系统。

4.2.1 数字转速传感器

数字转速传感器有很多种，其中最主要也最常用的是光电编码器。近年来，基于霍尔效应的霍尔式转速传感器的应用也逐渐增多。

(1) 光电编码器 光电编码器，全称为光电式旋转编码器，是利用光栅衍射原理实现位移-数字变换，通过光电转换，将输出轴上的机械几何位移量转换成脉冲数字量的传感器。光电编码器与电动机相连，当电动机转动时，带动码盘旋转，便发出转速或转角信号。光电编码器可分为绝对式和增量式两种。

① 绝对式编码器 绝对式编码器是直接输出数字量的传感器，在它的圆形码盘上沿径向有若干同心码道，每条道上由透光和不透光的扇形区相间组成，相邻码道的扇区数目是双倍关系，码盘上的码道数就是它的二进制数码的位数。码盘的一侧是光源，另一侧对应每一码道有一光敏元件；当码盘处于不同位置时，各光敏元件根据受光照与否转换出相应的电平信号，形成二进制数。这种编码器的特点是不要计数器，在转轴的任意位置都可读出一个固定的与位置相对应的数字码。对于一个具有 N 位二进制分辨率的编码器，其码盘必须有 N 条码道。当码盘转动一个角度，就输出一个数码；码盘转动一周，就输出 2^N 种不同的二进制数码。由此可知，二进制码盘所能分别的角度为 $\alpha = 360°/2^N$。以 $N = 4$ 为例，$\alpha = 360°/16 = 22.5°$。显然，位数越多，分辨率越高，但制作与安装要求也越严格。绝对式编码器的码盘根据编码方式的不同，又有二进制码盘和格雷码码盘两种，如图 4-4 所示。

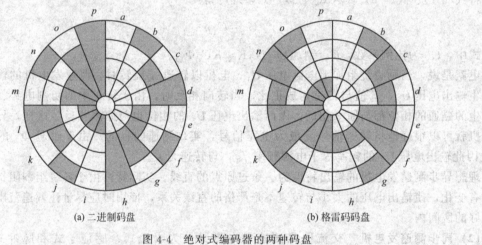

(a) 二进制码盘　　　　　　　　　　　　(b) 格雷码码盘

图 4-4　绝对式编码器的两种码盘

a. 二进制码盘。如图 4-4(a) 所示，码道由内到外按二进制刻制，外层为最低位，内层为最高位，码盘轴位与数码的对照表如表 4-1 所示。由于光电管排列不齐或特性不一致，在码盘转动时，可能出现偏移，导致两位以上数字同时改变，产生所谓"粗大误差"。如，当数码由0111 变为 1000 时，高位发生偏移，输出变为 0000，误差达到了 8。解决这种问题，可改用双排光电管组成双输出端，对进位与不进位的情况进行"选读"；虽然这种方法可以消除"粗大误差"，但结构和电路上则复杂得多。

b. 格雷码盘。格雷码盘又称循环码码盘，如图 4-4(b) 所示，可以彻底消除"粗大误差"。格雷码盘的特点是任意一个半径径线上只能有一个码道上会有数码的改变，相邻的两个码道之间只有一个数码发生变化。当读数改变时，只可能有一个光电管处于交界处。因此，即使存在特性不一致或排列不齐的问题，产生的误差最多也只有一位，从而避免了"粗大误差"的出现。格雷码码盘的轴位与数码对照表也在表 4-1 中。格雷码的缺点是在读出后必须通过编-译码电路转换为自然二进制数码，再进行运算。

表 4-1 绝对式编码盘轴位与数码对照表

角度	轴位	二进制码	格雷码	十进制数	角度	轴位	二进制码	格雷码	十进制数
0	a	0000	0000	0	8α	i	1000	1100	8
α	b	0001	0001	1	9α	j	1001	1101	9
2α	c	0010	0011	2	10α	k	1010	1111	10
3α	d	0011	0010	3	11α	l	1011	1110	11
4α	e	0100	0110	4	12α	m	1100	1010	12
5α	f	0101	0111	5	13α	n	1101	1011	13
6α	g	0110	0101	6	14α	o	1110	1001	14
7α	h	0111	0100	7	15α	p	1111	1000	15

　　绝对式编码器常用于转角检测，在同步电动机的自控变频调速系统以及伺服系统中应用非常广泛。若要检测转速，需对转角进行微分处理。

　　② 增量式编码器　增量式编码器在码盘上均匀地刻制一定数量的光栅，当电动机旋转时，码盘随之一起转动，如图 4-5 所示。通过光栅的作用，持续不断地开放或封闭光通路，从而在输出端接收到频率与转速成正比的方波脉冲序列。

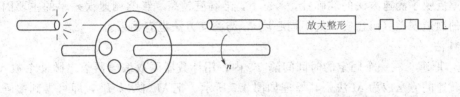

图 4-5　增量式光电编码器原理示意图

　　该脉冲序列只能反应转速值，不能鉴别转向。为此，需增加一对发光与接收装置，使两对发光与接收装置错开光栅节距的 1/4，则两组脉冲序列 A 和 B 的相位差为 90°，如图 4-6 所示。若 A 的相位超前于 B 则为正转，反之则为反转。可通过数字鉴相器判别转向。

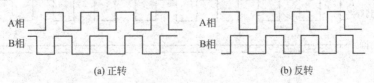

(a) 正转　　　　　　　　　　(b) 反转

图 4-6　编码器输出的两组脉冲序列

　　若码盘的光栅数为 N，则转速分辨率为 $1/N$，常用的光电编码器光栅数有 1024、2048、4096 等。再增加光栅数将大大增加制作难度和成本。采用倍频电路可有效地提高转速分辨率而不增加光栅数，一般多采用四倍频电路。

　　由于增量式编码器可直接输出转速信号，因而在测量转速时更为常用。需要进行位置检测时，应进行积分运算；增量式编码器一般带有零（Z）和非零（Z̄）信号，用于消除积分累计误差。

　　(2) 霍尔式转速传感器　霍尔式转速传感器属于磁性编码器，也是由位移量变换为数字式电脉冲信号的传感器。霍尔式转速传感器有多种不同的结构，常用的由磁性转盘与霍尔传感器组合构成。磁性转盘上均匀安装多个小磁铁。磁性转盘与电动机同轴相连，当电动机转动时，磁性转盘随之转动，固定在磁性转盘附近的霍尔传感器便可在每一个小磁铁通过时产生一个相应的脉冲，检测出现单位时间的脉冲数，便可知被测转速。磁性转盘上的小磁铁数目的多少决定了传感器测量转速的分辨率。霍尔式转速传感器的优点是体积小，结构简单，无触点，启动力矩小，使用寿命长，可靠性高，频率特性好；缺点是制成高分辨率的有一定困难。

4.2.2 数字测速方法

增量式光电编码器的数字测速方法有三种：M 法、T 法、M/T 法等。

在具体介绍各种测速方法之前，首先给出转速检测的技术指标，以便对各种检测方法进行比较分析。

(1) 测速方法的技术指标 测速方法的技术指标包括分辨率、误差率。

① 分辨率 分辨率表征测量方法对转速变化的敏感度。在数字测速方法中，用改变一个计数字所对应的转速变化量来表示分辨率，用 Q 表示。当被测转速由 n_1 变为 n_2 时，引起记数值改变了一个字，则该测速方法的分辨率为：

$$Q = n_2 - n_1 \tag{4-9}$$

Q 越小，说明该测速方法的分辨能力越强，对转速变化的敏感度越高。

② 误差率 误差率是测量值偏离实际值的百分比。当实际转速为 n、测量值与实际值偏差量为 Δn 时，测速误差率 δ 为：

$$\delta = \frac{\Delta n}{n} \times 100\% \tag{4-10}$$

误差率反映了测速方法的准确性，δ 越小，准确度越高。影响测速误差率的主要因素是光电编码器的制造误差（码盘安装的不同心度），与测速方法也有关系。

(2) M 法

① 基本原理 在一个固定的时间间隔 T_c 内，用计数器测取编码器输出脉冲个数 M_1，计算出平均转速的方法成为 M 法，其原理如图 4-7 所示。把 M_1 除以 T_c，即可得到编码器输出脉冲的频率 f_1。电动机每转一圈共产生 Z 个脉冲（$Z =$ 倍频系数×编码器光栅数），把 f_1 除以 Z 即得到电动机的转速（单位为 r/s）。再转换为常用的 r/min 单位，则电动机转速为：

$$n = \frac{60M_1}{ZT_c} \tag{4-11}$$

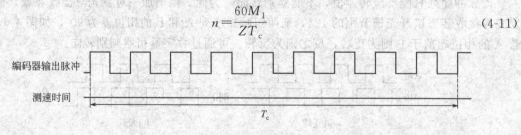

图 4-7 M 法测速原理

② 技术指标分析

a. 分辨率。M 法的分辨率为：

$$Q = \frac{60(M_1 + 1)}{ZT_c} - \frac{60M_1}{ZT_c} = \frac{60}{ZT_c} \tag{4-12}$$

可见，Q 与转速无关，即计数值 M_1 变化 1，在任何转速下所对应的转速值增量均等。当电动机转速很低时，在规定时间 T_c 内只有少数几个脉冲，甚至只有一个或者不到一个脉冲，则测出的速度就不准确了。欲提高分辨率，必须提高 Z 或 T_c。

b. 误差率。在 M 法测速中，测速误差决定于编码器的精度，以及编码器输出脉冲和测速时间采样脉冲前沿不齐所造成的误差等，最多可能产生 1 个脉冲的误差。因此，M 法测速误差率的最大值为：

$$\delta_{max} = \frac{\dfrac{60(M_1+1)}{ZT_c} - \dfrac{60M_1}{ZT_c}}{\dfrac{60M_1}{ZT_c}} \times 100\% = \frac{1}{M_1} \times 100\% \tag{4-13}$$

δ_{max} 与 M_1 成反比，当被测转速较高或电机旋转一圈发出的转速脉冲信号的个数较多时，才有较小的误差率。

(3) T法

① 基本原理　在编码器两个相邻输出脉冲的间隔时间内，用计数器对已知频率为 f_0 的高频时钟脉冲计数，并由此来计算转速，称为 T 法，如图 4-8 所示。用高频时钟脉冲个数 M_2 除以 f_0，即可得出两个相邻输出脉冲间隔时间，即脉冲周期 M_2/f_0。根据脉冲周期，可得电动机转速为：

$$n = \frac{60f_0}{ZM_2} \tag{4-14}$$

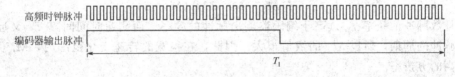

图 4-8　T 法测速原理

② 技术指标分析

a. 分辨率。T 法的分辨率为：

$$Q = \frac{60f_0}{ZM_2} - \frac{60f_0}{Z(M_2+1)} = \frac{60f_0}{ZM_2(M_2+1)} = \frac{Zn^2}{60f_0+Zn} \tag{4-15}$$

f_0 和 Z 为常数，Q 是关于 n 的函数。对式（4-15）求 n 的导数，有：

$$\frac{dQ}{dn} = \frac{Zn}{60f_0+Zn}\left(2 - \frac{Zn}{60f_0+Zn}\right) > 0 \tag{4-16}$$

式（4-16）表明，T 法中的 $Q(n)$ 具有单调递增的特性，即 n 越高，Q 越大，而 n 越低，Q 越小，也就是说 T 法在低转速下有较高的分辨率。

b. 误差率。T 法的测速误差与 M 法相仿，也是最多可能产生 1 个脉冲的误差。因此，T 法测速误差率的最大值为：

$$\delta_{max} = \frac{\dfrac{60f_0}{ZM_2} - \dfrac{60f_0}{Z(M_2+1)}}{\dfrac{60f_0}{ZM_2}} \times 100\% = \frac{1}{M_2+1} \times 100\% \tag{4-17}$$

δ_{max} 与 M_2 成反比，当被测转速较低，编码器相邻脉冲间隔时间长，测得的 M_2 更多，因此误差率小。

(4) M/T法

① 基本原理　M 法和 T 法分别适用于高速段和低速段的速度测量，如果将二者结合，将大大提高测速范围，这就是 M/T 法。具体的做法是，在固定时间间隔 T_c 内检测编码器输出的脉冲个数 M_1，同时在同一时间间隔 T_c 内检测高频时钟脉冲个数 M_2，如图 4-9 所示。如果高频时钟脉冲的频率为 f_0，则准确的检测时间 $T_t = M_2/f_0$，而电动机的转速为：

$$n = \frac{60M_1f_0}{ZM_2} \tag{4-18}$$

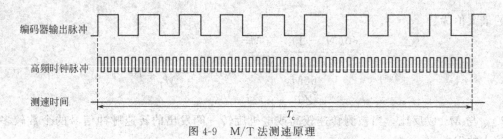

图 4-9 M/T 法测速原理

采用 M/T 法测速时，应保证高频时钟脉冲计数器和编码器输出脉冲计数器同时开启和关闭，以减小误差。只有等到编码器输出脉冲前沿到达时，两个计数器才同时开始或停止计数。

② 技术指标分析

a. 分辨率。由于计数器的开闭与被测信号是完全同步的，即在实际检测时间中包含整数个被测信号的整周期，M_1 没有误差，因此在计算 M/T 的分辨率时只需考虑 M_2 出现一个计数字变化时的情况。

$$Q = \frac{60 M_1 f_0}{Z M_2} - \frac{60 M_1 f_0}{Z(M_2+1)} = \frac{60 M_1 f_0}{Z M_2 (M_2+1)} = \frac{n}{M_2+1} \tag{4-19}$$

高速计数脉冲的频率 f_0 远高于编码器输出脉冲的频率，而测速时间间隔 T_c 又远高于编码器输出脉冲的周期，所以 M_2 的数值很大。因此，在很宽的转速变化范围内，M/T 法都可以保持很高的分辨率。

b. 误差率。在计算误差率时，仍可认为 M_1 没有误差，而 M_2 至多有一个脉冲的误差，于是最大误差率为：

$$\delta_{max} = \frac{\dfrac{60 M_1 f_0}{Z M_2} - \dfrac{60 M_1 f_0}{Z(M_2+1)}}{\dfrac{60 M_1 f_0}{Z M_2}} \times 100\% = \frac{1}{M_2+1} \times 100\% \tag{4-20}$$

由于 $T_t = M_2/f_0$，且 $T_t \approx T_c$；于是有：

$$\delta_{max} = \frac{1}{T_t f_0 + 1} \times 100\% \approx \frac{1}{T_c f_0 + 1} \times 100\% \tag{4-21}$$

可见，M/T 法中误差率基本上是常量，由测速时间间隔 T_c 和高频时钟脉冲频率 f_0 决定，与转速高低无关。

(5) 三种测速方法的比较 表 4-2 列出了三种数字测速方法的技术指标。

表 4-2 三种测速方法技术指标汇总

项目	M 法	T 法	M/T 法
分辨率 Q	$\dfrac{60}{Z T_c}$	$\dfrac{Z n^2}{60 f_0 + Z n}$	$\dfrac{n}{M_2+1}$
误差率 δ	$\dfrac{1}{M_1} \times 100\%$	$\dfrac{1}{M_2+1} \times 100\%$	$\dfrac{1}{T_c f_0 + 1} \times 100\%$

首先比较分辨率。M 法在高速时分辨率较高，T 法在低速时分辨率较高，M/T 法不论转速高低都有比较高的分辨率。

再看误差率。M 法在高速时误差率较低，T 法在低速时误差率较低，M/T 法的误差率则与转速高低没有直接关系。

综上所述，M 法适用于转速较高的应用场合，T 法适用于转速较低的应用场合。而 M/T 法则可用于转速范围变化较宽的应用场合。由于 M/T 法在各项技术指标上均优于其他两种算法，因而成为了目前应用最为广泛的数字测速方法。

4.2.3 数字滤波

调速系统的应用场合为工业现场，环境恶劣，干扰源多，因而检测得到的各种信号包括转速信号都会掺杂进一些干扰和噪声信号。为了抑制干扰和噪声，除了在系统硬件电路的设计、组装和使用中采用屏蔽、接地、隔离、合理布线、灭弧、净化、滤波等措施外，在微机控制系统中常常采用数字滤波技术来减少采样值的干扰因素，提高系统的可靠性。

所谓数字滤波，就是通过一定的计算程序，对采样信号进行平滑加工，提高其有用信号，抑制或消除各种干扰和噪声。数字滤波和模拟滤波相比，具有无须增加硬件设备、可靠性高、不存在阻抗匹配问题、可以多通道复用、可以对很低的频率进行滤波、可以灵活方便地修改滤波器的参数的特点。数字滤波的方法有很多，可根据不同的需要进行选择。

(1) 程序判断滤波 程序判断滤波是根据生产经验，确定两次采样信号可能出现的最大偏差，若超过此偏差值，则表明该输入信号为干扰信号，应该除去，否则作为有效信号。当采样信号由于外界电路设备的电磁干扰或误检测以及传感器异常而引起的严重失真时，可采用此方法。

(2) 中值滤波 中值滤波是对某一参数连续采样 N 次（一般为奇数），然后依大小排序，取中间值作为本次采样值。中值滤波对于去掉由于偶然因数引起的波动或采样器不稳定而造成的误差所引起的脉动干扰比较有效。若变量变化比较缓慢，采用中值滤波效果比较好，但对于快速变化过程的参数不宜采用。

(3) 算术平均值滤波 设有 N 次采样值 X_1、X_2、$\cdots$、X_N，算术平均值滤波是要寻找一个 Y，使该值与各采样值之间误差的平方和 $E = \sum\limits_{i=1}^{N}(Y - X_i)^2$ 最小，由一元函数求极值原理有：

$$Y = \frac{1}{N}\sum_{i=1}^{N} X_i \tag{4-22}$$

N 值较大时，信号平滑度较高，但灵敏度较低；N 值较小时，信号平滑度较低，但灵敏度较高。

算术平均值滤波适用于对一般具有随机干扰的信号进行滤波；不适用于测量速度较慢或要求数据计算速度较快的实时控制的应用场合，且比较浪费程序空间。

(4) 加权平均值滤波 该方法是在算术平均值滤波的基础上，给各采样值赋予权重，因而可以根据需要突出信号的某一部分，抑制信号的另一部分。公式为：

$$Y = \sum_{i=1}^{N} a_i X_i \tag{4-23}$$

式中，$\sum\limits_{i=1}^{N} a_i = 1$，具体取值情况可视需要确定。

(5) 滑动平均值滤波 算术平均值滤波和加权平均值滤波都需要连续采样 N 个数据，然后求得算术平均值或加权平均值，需要时间较长。滑动平均值滤波克服了这一缺点，把连续取 N 个采样值看成一个队列，队列的长度固定为 N，每次采样到一个新数据放入队尾，并扔掉原来队首的一次数据（先进先出原则），把队列中的 N 个数据进行算术平均运算，就可获得新的滤波结果。滑动平均值滤波的递推公式为：

$$Y(k) = \frac{1}{N}\sum_{i=0}^{N-1} x(k-i) \tag{4-24}$$

滑动平均值滤波对周期性干扰有良好的抑制作用，平滑度高，适用于高频振荡的系统。滑动平均值滤波的灵敏度低，对偶然出现的脉冲性干扰的抑制作用较差，不易消除由于脉冲干扰所引起的采样值偏差，不适用于脉冲干扰比较严重的场合，且占据程序空间较多。

(6) IIR 滤波 IIR 滤波器，即所谓无限冲击响应滤波器（Infinite Impulse Response Filter），通常直接由模拟滤波器离散化得到。IIR 滤波器的优点是设计方便，有经典公式，高通、低通、带通、陷波均可实现；缺点是计算量大，占据程序空间多。

在实际应用中，常采用一阶低通滤波器，其递推公式为：

$$Y(k)=bY(k-1)+(1-b)X(k) \tag{4-25}$$

当 $b<0.5$ 时，当前采样值的分量较重；当 $b>0.5$ 时，以往采样值的分量较重。可根据实际情况酌情选择。

一阶低通滤波器对周期性干扰具有良好的抑制作用，适用于波动频率较高的场合。但其相位滞后，灵敏度低，滞后程度取决于 b 值大小，不能消除滤波频率高于采样频率的 1/2 的干扰信号。

在实际应用中，为了达到更好的效果，可以将以上各种基本滤波算法结合起来构成复合滤波算法使用，比如中值平均值滤波、加权滑动平均值滤波等。

习　题

1. 测速发电机有哪几种？各有何特点？
2. 异步测速发电机的工作原理是什么？
3. 绝对式光电编码器和增量式光电编码器有何区别？
4. 为什么采用格雷码可以抑制绝对式光电编码器的"粗大误差"？
5. 采用增量式光电编码器时的数字测速方法有哪几种，各有何特点？
6. 旋转编码器光栅数为 1024，倍频系数为 4，高频时钟频率 $f_0=1\text{MHz}$，旋转编码器输出的脉冲个数和高频时钟脉冲个数均采用 16 位计数器，M 法和 T 法测速时间均为 0.01s，求转速分别为 1500r/min 和 150r/min 时的测速分辨率和误差率最大值。

第2篇

直流调速系统

第5章
闭环控制的直流调速系统

第 1 章已经介绍了直流电动机的三种调速方法，其中调压调速是应用最为广泛的。第 3 章则介绍了晶闸管相控整流器和直流 PWM 斩波器两种可控直流电源。有了这两方面的基础，就可以直接构成开环的直流调压调速系统了。但开环系统存在很多问题，有必要通过闭环控制解决。

本章首先分析开环直流调速系统存在的问题，然后引入转速单闭环控制，分别从稳态和动态两方面，对转速单闭环直流调速系统的分析和设计进行详细讨论。在此基础上，对比例控制、积分控制、比例积分控制等三种闭环控制规律进行比较和讨论，并对无静差转速单闭环直流调速系统的基本构成和特点进行分析。

在分析讨论转速单闭环直流调速系统存在问题的基础上，介绍了转速电流双闭环直流调速系统的基本构成和稳态工作状态。最后，对转速电流双闭环直流调速系统的动态特性进行分析。

5.1 转速单闭环调速系统的分析与设计

任何一台需要控制转速的设备，其生产工艺对调速性能都有一定的要求。例如，最高转速与最低转速之间的范围，是有级调速还是无级调速，在稳态运行时允许转速波动的大小，从正转运行变到反转运行的时间间隔，突加或突减负载时允许的转速波动，运行停止时要求的定位精度等等。归纳起来，对于调速系统转速控制的要求有以下三个方面：

① 调速。在一定的最高转速和最低转速范围内，分档（有级）或平滑地（无级）调节转速。

② 稳速。以一定的精度在所需转速上稳定运行，在各种干扰下不允许有过大的转速波动，以确保产品质量。

③ 加、减速。频繁启、制动的设备要求加、减速尽量快，以提高生产率；不宜经受剧烈速度变化的机械则要求启、制动尽量平稳。

对以上几个方面性能的要求，归结为调速系统的性能指标，即调速范围和静差率，在第一章已经介绍过了。而在实际工况中，开环控制往往不能兼顾调速范围和静差率的要求，因此必须引入闭环控制。

5.1.1 开环调速系统存在的问题

前面提到的晶闸管-电动机系统和可逆直流脉宽调速系统都是开环调速系统，调节控制电压 U_c 就可以改变电动机的转速。如果负载的生产工艺对运行时的静差率要求不高，这样的开环调速系统都能实现一定范围内的无级调速，可以找到一些用途。但是，许多需要调速的生产机械常常对静差率有一定的要求。例如龙门刨床，由于毛坯表面粗糙不平，加工时负载大小常有波动，但是，为了保证工件的加工精度和加工后的表面光洁度，加工过程中的速度却必须基本稳定；也就是说，静差率不能太大，一般要求，调速范围 $D=20\sim40$，静差 $\varepsilon\leqslant5\%$。又如热连轧机，各机架轧辊分别由单独的电动机拖动，钢材在几个机架内连续轧制，要求各机架出口线速度保持严格的比例关系，使被轧金属的每秒流量相等，才不致造成钢材拱起或拉断；根据工艺要求，须使调速范围 $D=3\sim10$ 时，保证静差率 $\varepsilon\leqslant0.2\%\sim0.5\%$。在这些情况下，开环调速系统往往不能满足要求。

【例 5-1】 某龙门刨床工作台拖动采用直流电动机，其额定数据如下：60kW，220V，305A，1000r/min，采用 V-M 系统，主电路总电阻 $R=0.18\Omega$，电动机电动势系数 $K_e=C_e\Phi=0.2V\cdot min/r$。如果要求调速范围 $D=20$，静差率 $\varepsilon\leqslant5\%$，采用开环调速能否满足？若要满足这个要求，系统的额定速降 Δn_N 最多能有多少？

解：当电流连续时，V-M 系统的额定速降为

$$\Delta n_N = \frac{I_{dN}R}{K_e} = \frac{305\times0.18}{0.2}r/min = 275r/min$$

开环系统机械特性连续段在额定转速时的静差率为

$$\varepsilon_N = \frac{\Delta n_N}{n_N+\Delta n_N} = \frac{275}{1000+275} = 0.216 = 21.6\%$$

这已大大超过了 $\varepsilon\leqslant5\%$ 的要求，更不必谈调到最低速了。

如果要求 $D=20$，$\varepsilon\leqslant5\%$，则由式(1-46)可知

$$\Delta n_N = \frac{n_N\varepsilon}{D(1-\varepsilon)} \leqslant \frac{1000\times0.05}{20\times(1-0.05)}r/min = 2.63r/min$$

由例 5-1 可以看出，开环调速系统的额定速降是 275r/min，而生产工艺的要求却只有 2.63r/min，相差几乎百倍！开环调速已无能为力，引入反馈闭环控制势在必行。

5.1.2 闭环调速系统组成及其静特性

与电动机同轴安装一台测速发电机 TG，从而引出与被调量转速成正比的负反馈电压 U_n，与给定电压相比较后，得到转速偏差电压 ΔU_n，经过放大器 A，产生电力电子变换器 UPE 所需的控制电压 U_c，用以控制电动机的转速。这就组成了反馈控制的闭环直流调速系统，其原理框图如图 5-1 所示。图中 UPE 是由电力电子器件组成的变换器，其输入接三相（或单相）交流电源，输出为可控的直流电压 U_{d0}。对于中、小容量系统，多采用由 IGBT 或 P-MOSFET 组成的 PWM 变换器；对于较大容量的系统，可采用其他电力电子开关器件，如 GTO、IGCT 等；对于特大容量的系统，则常用晶闸管装置。

根据自动控制原理，反馈控制的闭环系统是按被调量的偏差进行控制的系统，只要被调量

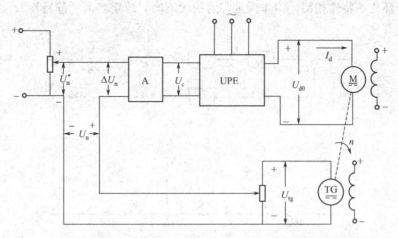

图 5-1 带转速负反馈的闭环直流调速系统原理框图

出现偏差，它就会自动产生纠正偏差的作用。转速降落正是由负载引起的转速偏差，显然，闭环调速系统应该能够大大减少转速降落。

下面分析闭环调速系统的稳态特性，以确定它如何能够减少转速降落。为了突出主要矛盾，先做如下的假定：忽略各种非线性因素，假定系统中各环节的输入-输出关系都是线性的，或者只取其线性工作段；忽略控制电源和电位器的内阻。

这样，图 5-1 所示的转速负反馈直流调速系统中各环节的稳态关系如下：

电压比较环节 $\qquad\qquad\qquad \Delta U_n = U_n^* - U_n$

放大器 $\qquad\qquad\qquad\qquad U_c = K_p \Delta U_n$

电力电子变换器 $\qquad\qquad\quad U_{d0} = K_s U_c$

调速系统开环机械特性 $\qquad\quad n = \dfrac{U_{d0} - I_d R}{K_e}$

测速反馈环节 $\qquad\qquad\qquad U_n = \alpha n$

以上各关系式中：

K_p——放大器的电压放大系数；

K_s——电力电子变换器的电压放大系数；

K_e——电动势系数，$K_e = C_e \Phi_N$，$V \cdot min/r$；

α——转速反馈系数，$V \cdot min/r$；

U_{d0}——电力电子变换器理想空载输出电压（变换器内阻已并入电枢回路总电阻 R），V。

根据各环节的稳态关系式可以画出闭环系统的稳态结构框图，如图 5-2(a) 所示，图中各方框内的文字符号代表该环节的放大系数。

将图 5-2(a) 转换为信号流图，如图 5-2(b) 所示，利用梅森公式，可得转速负反馈闭环直流调速系统的静特性方程式：

$$n = \frac{K_p K_s U_n^*}{K_e(1+K)} - \frac{RI_d}{K_e(1+K)} \qquad\qquad (5-1)$$

式中，$K = \dfrac{K_p K_s \alpha}{K_e}$，称作闭环系统的开环放大系数，它相当于在测速的反馈电位器输出端把反馈回路断开后，从放大器输入起直到测速反馈输出为止总的电压放大系数，是各环节单独的放大系数的乘积。

闭环调速系统的静特性表示闭环系统电动机转速与负载电流（或转矩）间的稳态关系，它在形式上与开环机械特性相似，但本质上却有很大不同，故定名为"静特性"，以示区别。

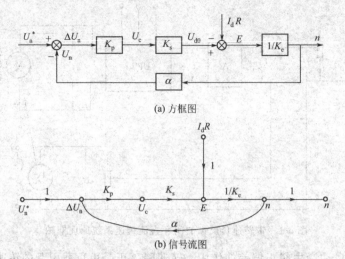

(a) 方框图

(b) 信号流图

图 5-2 转速负反馈闭环直流调速系统稳态结构框图

5.1.3 闭环静特性与开环机械特性的对比

比较一下开环系统的机械特性和闭环系统的静特性，能清楚地看出反馈闭环控制的优越性。如果断开反馈回路，则上述系统的开环机械特性为

$$n=\frac{K_{\mathrm{p}}K_{\mathrm{s}}U_{\mathrm{n}}^{*}}{K_{\mathrm{e}}}-\frac{RI_{\mathrm{d}}}{K_{\mathrm{e}}}=n_{0\mathrm{op}}-\Delta n_{\mathrm{op}} \tag{5-2}$$

而闭环式的静特性可写成

$$n=\frac{K_{\mathrm{p}}K_{\mathrm{s}}U_{\mathrm{n}}^{*}}{K_{\mathrm{e}}(1+K)}-\frac{RI_{\mathrm{d}}}{K_{\mathrm{e}}(1+K)}=n_{0\mathrm{cl}}-\Delta n_{\mathrm{cl}} \tag{5-3}$$

式中，$n_{0\mathrm{op}}$ 和 $n_{0\mathrm{cl}}$ 分别为开环和闭环系统的理想空载转速；Δn_{op} 和 Δn_{cl} 分别为开环和闭环系统的稳态速降。

比较式(5-2) 和式(5-3) 不难得出以下的论断。

① 闭环系统静特性可以比开环系统机械特性硬得多。

在同样的负载扰动下，开环系统和闭环系统的转速降落分别为：

$$\Delta n_{\mathrm{op}}=\frac{RI_{\mathrm{d}}}{K_{\mathrm{e}}}$$

$$\Delta n_{\mathrm{cl}}=\frac{RI_{\mathrm{d}}}{K_{\mathrm{e}}(1+K)}$$

它们的关系是

$$\Delta n_{\mathrm{cl}}=\frac{\Delta n_{\mathrm{op}}}{1+K} \tag{5-4}$$

显然，当 K 值较大时，Δn_{cl} 比 Δn_{op} 小得多，也就是说，闭环系统的特性要硬得多。

② 闭环系统的静差率要比开环系统小得多。

闭环系统和开环系统的静差率分别为：

$$\varepsilon_{\mathrm{cl}}=\frac{\Delta n_{\mathrm{cl}}}{n_{0\mathrm{cl}}}$$

$$\varepsilon_{\mathrm{op}}=\frac{\Delta n_{\mathrm{op}}}{n_{0\mathrm{op}}}$$

按理想空载转速相同的情况比较，$n_{0op}=n_{0cl}$ 时：

$$\varepsilon_{cl}=\frac{\varepsilon_{op}}{1+K} \tag{5-5}$$

③ 如果所要求的静差率一定，则闭环系统可以大大提高调速范围。

如果电动机的最高转速都是 n_N，而对最低速静差率的要求相同，那么，由调速范围、静差率和额定速降关系式(1-44) 可得：

开环时

$$D_{op}=\frac{n_N\varepsilon}{\Delta n_{op}(1-\varepsilon)}$$

闭环时

$$D_{cl}=\frac{n_N\varepsilon}{\Delta n_{cl}(1-\varepsilon)}$$

再考虑式(5-4)，得

$$D_{cl}=(1+K)D_{op} \tag{5-6}$$

需要指出的是，式(5-6) 的条件是开环和闭环系统的 n_N 相同，而式(5-5) 的条件是 n_0 相同，两式的条件不一样。若在同一条件下计算，其结果在数值上会略有差别，但②、③两条论断仍是正确的。

④ 要取得上述三项优势，闭环系统必须设置放大器。

上述三项优点若要有效，都取决于一点，即 K 要足够大，因此必须设置放大器。在闭环系统中，引入转速反馈电压 U_n 后，若要使转速偏差小，就必须把 $\Delta U_n=U_n^*-U_n$ 压得很低，所以必须设置放大器，才能获得足够的控制电压 U_c。在开环系统中，由于 U_n^* 和 U_c 是属于同一数量级的电压，可以把 U_n^* 直接当作 U_c 来控制，放大器便是多余的了。

由以上分析可得闭环系统的开环放大倍数 K 的下限为：

$$K\geqslant\frac{\Delta n_{op}}{\Delta n_{cl}}-1 \tag{5-7}$$

把以上四点概括起来，可得下述结论：闭环调速系统可以获得比开环调速系统硬得多的稳态特性，从而在保证一定静差率的要求下，能够提高调速范围，为此所需付出的代价是，须增设电压放大器以及检测与反馈装置。

【例 5-2】 在例 5-1 中，龙门刨床要求 $D=20$，$\varepsilon\leqslant5\%$，已知 $K_s=30$，$\alpha=0.015\text{V}\cdot\text{min/r}$，$K_e=0.2\text{V}\cdot\text{min/r}$，如何采用闭环系统满足此要求？

解： 在例 5-1 中已经求得 $\Delta n_{op}=275\text{r/min}$，但为了满足调速要求，须有 $\Delta n_{cl}\leqslant2.63\text{r/min}$，由式(5-4) 可得

$$K=\frac{\Delta n_{op}}{\Delta n_{cl}}-1\geqslant\frac{275}{2.63}-1=103.6$$

代入已知参数，则得

$$K_p=\frac{K}{K_s\alpha/K_e}\geqslant\frac{103.6}{30\times0.015/0.2}=46$$

即只要放大器的放大系数等于或大于46，闭环系统就能满足所需的稳态性能指标。

从系统的开环机械特性上看，在负载电流不变的情况下，若要减小稳态速降，必须降低电枢回路电阻。而上述闭环控制系统中，电枢回路的物理电阻并未下降，稳态速降却降了下来。这个问题需要进一步分析。

在开环系统中，当负载电流增大时，电枢压降也增大，转速只能降下来；闭环系统装有反

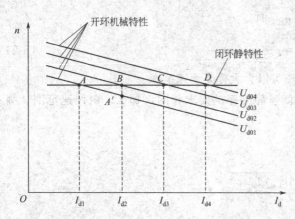

图 5-3 闭环系统静特性和开环系统机械特性

馈装置，转速稍有降落，反馈电压就会降低，通过比较和放大，提高电力电子装置的输出电压 U_{d0}，使系统工作在新的机械特性上，因而转速又有所回升。在图 5-3 中，设原始工作点为 A，负载电流为 I_{d1}，当负载增大到 I_{d2} 时，开环系统的转速必然降到 A' 点所对应的数值，闭环后，由于反馈调节作用，电压可升到 U_{d02}，使工作点变成 B，稳态速降比开环系统小得多。这样，在闭环系统中，每增加（或减少）一点负载，就相应地提高（或降低）一点电枢电压，因而就改换一条机械特性线。闭环系统的静特性就是这样在许多开环机械特性线上各取一个相应的工作点，如图 5-3 中的 A、B、C、D、…，再由这些工作点连接而成的。

由此看来，闭环系统能够减少稳态速降的实质在于它的自动调节作用，在于它能随着负载的变化而相应地改变电枢电压，以补偿电枢回路电阻压降的变化。

5.1.4　转速单闭环调速系统的动态稳定性分析

前面已经证明，转速单闭环控制的直流调速系统，在放大系数足够大时，就可以满足系统的稳态性能要求。然而，放大系数太大又可能引起闭环系统不稳定，这时应再增加动态校正措施，才能保证系统的正常工作。此外，还需满足系统的各项动态指标的要求。为此，必须进一步分析系统的动态性能，尤其是稳定性。

(1) 转速单闭环调速系统的动态数学模型　为了分析转速单闭环调速系统的稳定性，需要得到其动态数学模型。下面先分别推导图 5-1 各个环节的传递函数，然后再推导出系统总的数学模型。

① 直流电动机的传递函数　他励直流电动机在额定励磁下的等效电路绘于图 5-4，其中电枢回路总电阻 R 和电感 L 包含电力电子变换器内阻、电枢电阻和电感以及可能在主电路中接入的其他电阻和电感，规定的正方向如图 5-4 所示。

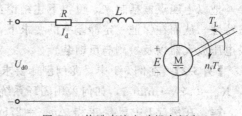

图 5-4　他励直流电动机在额定
励磁下的等效电路

假定主电路电流连续，则动态电压方程为

$$U_{d0} = RI_d + L\frac{dI_d}{dt} + E \qquad (5-8)$$

在零初始状态下，对式(5-8)取拉普拉斯变换，并整理得到电压与电流间的传递函数：

$$\frac{I_d(s)}{U_{d0}(s) - E(s)} = \frac{1/R}{T_1 s + 1} \qquad (5-9)$$

式中，T_1 为电枢回路电磁时间常数，s，$T_1 = L/R$。

由式(5-9)，可画出电枢电压与电流的动态结构图如图 5-6(a) 所示。

忽略黏性摩擦及弹性转矩，电动机轴上的动力学方程为

$$T_e - T_L = \frac{GD^2}{375} \times \frac{dn}{dt} \qquad (5-10)$$

额定励磁下的感应电动势和电磁转矩分别为

$$E = K_e n \tag{5-11}$$

$$T_e = C_m I_d \tag{5-12}$$

式中，C_m 为额定励磁下电动机的转矩系数，$N \cdot m/A$，$C_m = 9.55 K_e$。

将式(5-11) 和式(5-12) 代入式(5-10)，有：

$$I_d - I_{dL} = \frac{T_m}{R} \times \frac{dE}{dt} \tag{5-13}$$

式中，I_{dL} 为负载电流，A，$I_{dL} = \dfrac{T_L}{C_m}$；$T_m$ 为电力拖动系统机电时间常数，s，$T_m = \dfrac{GD^2 R}{375 K_e C_m}$。

在零初始状态下，对式(5-13) 取拉普拉斯变换，并整理得到电流与电动势间的传递函数：

$$\frac{E(s)}{I_d(s) - I_{dL}(s)} = \frac{R}{T_m s} \tag{5-14}$$

由式(5-14)，可画出电枢电压与电流的动态结构图如图 5-5(b) 所示。

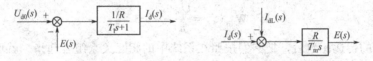

(a) 电压电流间的结构框图　　　　(b) 电流电动势间的结构框图

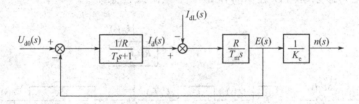

(c) 直流电动机的动态结构框图

图 5-5　额定励磁下直流电动机的动态结构框图

将图 5-5(a) 和图 5-5(b) 合在一起，并考虑到 $n = E/K_e$，即得额定励磁下直流电动机的动态结构框图，如图 5-5(c) 所示。

由图 5-5(c) 可以看出，直流电动机有两个输入量，一个是施加在电枢上的理想空载电压 U_{d0}，另一个是负载电流 I_{dL}。前者是控制输入量，后者是扰动输入量。如果不需要在结构框图中显示出电流 I_d，可将扰动量 I_{dL} 的综合点前移，再进行等效变换，得图 5-6(a)。如果是理想空载，则 $I_{dL} = 0$，结构框图即简化成图 5-6(b)。

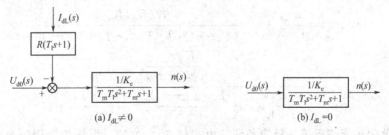

(a) $I_{dL} \neq 0$　　　　　　　(b) $I_{dL} = 0$

图 5-6　直动电动机动态结构框图的变换和简化

由图 5-6 可以看出，额定励磁下的直流电动机是一个二阶线性环节，其特征方程为：

$$T_m T_1 s^2 + T_m s + 1 = 0 \tag{5-15}$$

式中，T_m 和 T_1 两个时间常数分别表示机电惯性和电磁惯性。

若 $T_m > 4T_1$，式(5-15) 有两个负实根，则 U_{d0}、n 间的传递函数可以分解成两个惯性环节，突加给定时，转速呈单调变化；大多数直流电动机属于这种情况。若 $T_m < 4T_1$，式(5-15) 的两个根为具有负实部的共轭复数，则直流电动机是一个二阶振荡环节，机械和电磁能量互相转换，使电动机的运动过程带有振荡的性质。

② 电力电子变换器的传递函数　第 3.1 节和 3.2 节已经给出晶闸管触发与整流装置和直流 PWM 斩波器两种电力电子变换器的传递函数，它们的表达式是相同的，都是

$$W_s(s) \approx \frac{K_s}{T_s s + 1} \tag{5-16}$$

只是在不同场合下，参数 K_s 和 T_s 的数值不同而已。

③ 其他环节的传递函数　在图 5-1 所示的直流闭环调速系统中还有比例放大器和测速反馈环节，它们的响应都可以认为是瞬时的，因此它们的传递函数就是它们的放大系数，即

$$W_a(s) = \frac{U_c(s)}{\Delta U_n(s)} = K_p \tag{5-17}$$

$$W_{fn}(s) = \frac{U_n(s)}{n(s)} = \alpha \tag{5-18}$$

知道各环节的传递函数后，把它们按照在系统中的相互关系组合起来，就可以画出闭环直流调速系统的动态结构框图，如图 5-7 所示，将电力电子变换器按一阶惯性环节处理，带比例放大器的闭环直流调速系统可以近似看作是一个三阶线性系统。

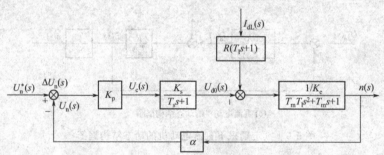

图 5-7　反馈控制闭环直流调速系统的动态结构框图

由图 5-7 可见，反馈控制闭环直流调速系统的开环传递函数是

$$W(s) = \frac{K}{(T_s s + 1)(T_m T_1 s^2 + T_m s + 1)} \tag{5-19}$$

式中，$K = K_p K_s \alpha / K_e$。

设 $I_{dL} = 0$，从给定输入作用看，闭环直流调速系统的闭环传递函数是

$$W_{cl}(s) = \frac{W(s)/\alpha}{1 + W(s)} = \frac{K_p K_s / K_e}{(T_s s + 1)(T_m T_1 s^2 + T_m s + 1) + K}$$

$$= \frac{\dfrac{K_p K_s}{K_e(1+K)}}{\dfrac{T_m T_1 T_s}{1+K} s^3 + \dfrac{T_m(T_1 + T_s)}{1+K} s^2 + \dfrac{T_m + T_1}{1+K} s + 1} \tag{5-20}$$

(2) 转速单闭环调速系统的稳定条件　由式(5-20) 可知，反馈控制闭环直流调速系统的特征方程为

$$\frac{T_m T_1 T_s}{1+K} s^3 + \frac{T_m(T_1 + T_s)}{1+K} s^2 + \frac{T_m + T_s}{1+K} s + 1 = 0 \tag{5-21}$$

根据三阶系统的劳斯-赫尔维茨判据,系统稳定的充分必要条件是

$$\frac{T_m(T_1+T_s)}{1+K}\frac{T_m+T_s}{1+K}-\frac{T_mT_1T_s}{1+K}>0$$

整理,得:

$$K<\frac{T_m(T_1+T_s)+T_s^2}{T_1T_s} \tag{5-22}$$

式(5-22)右边称作系统的临界放大系数 K_{cr},$K\geqslant K_{cr}$ 时,系统将不稳定。对于一个自动控制系统来说,稳定性是它能否正常工作的首要条件,是必须保证的。

综合来看,式(5-7)是转速单闭环调速系统满足稳态调速指标时,开环放大系数的下限;而式(5-22)则是该系统满足动态稳定性要求时,开环放大系数的上限。也就是说,转速单闭环调速系统满足稳态调速指标和动态稳定性要求的条件是,式(5-7)和式(5-22)必须有交集。那么这个交集存不存在呢?下面举例进行说明。

【例5-3】 某 V-M 调速系统,电动机参数为:$P_N=2.2kW$,$U_N=220V$,$I_N=12.5A$,$n_N=1500r/min$,电枢电阻 $R_a=1.5\Omega$,飞轮惯量 $GD^2=1.6N\cdot m^2$。整流装置采用三相半波电路,平波电抗器电感 $L=50mH$,整流装置内阻 $R_{rec}=1.0\Omega$,触发环节放大倍数 $K_s=35$。要求系统满足调速范围 $D=20$,静差率 $\varepsilon\leqslant10\%$。请分别计算满足系统稳态调速性能指标和动态稳定性的开环放大系数取值范围。

解: ① 首先计算满足系统稳态调速性能指标的开环放大系数取值范围。

电动机的电动势系数为:

$$K_e=\frac{U_N-I_NR_a}{n_N}=\frac{220-12.5\times1.5}{1500}V\cdot min/r=0.1342V\cdot min/r$$

则开环系统额定速降为

$$\Delta n_{op}=\frac{I_N(R_a+R_{rec})}{K_e}=\frac{12.5\times(1.5+1)}{0.1342}r/min=232.86r/min$$

为满足调速系统的稳态性能指标,额定负载时的稳态速降应为

$$\Delta n_{cl}=\frac{n_N\varepsilon}{D(1-\varepsilon)}\leqslant\frac{1500\times0.1}{20\times(1-0.1)}=8.33r/min$$

闭环系统的开环放大系数应为

$$K\geqslant\frac{\Delta n_{op}}{\Delta n_{cl}}-1=\frac{232.86}{8.33}-1=26.94$$

② 再计算满足系统动态稳定性的开环放大系数取值范围。

计算系统各环节的时间常数:

电磁时间常数

$$T_1=\frac{L}{R_a+R_{rec}}=\frac{0.05}{1.5+1}s=0.02s$$

机电时间常数

$$T_m=\frac{GD^2R}{375K_eC_m}=\frac{1.6\times(1+1.5)}{375\times9.55\times0.1342^2}s=0.062s$$

对于三相半波整流电路,晶闸管装置的滞后时间常数为

$$T_s=0.00333s$$

保证系统稳定,开环放大系数应满足式(5-22)的稳定条件:

$$K<\frac{T_m(T_1+T_s)+T_s^2}{T_1T_s}=\frac{T_m}{T_s}+\frac{T_m}{T_1}+\frac{T_s}{T_1}=\frac{0.062}{0.00333}+\frac{0.062}{0.02}+\frac{0.00333}{0.02}=21.89$$

计算结果表明，题中 V-M 系统按转速单闭环系统进行设计，是不能同时满足稳态性能指标和动态稳定性要求的。

【例 5-4】 在例 5-3 中的闭环直流调速系统中，若改用 IGBT 脉宽调速系统，电动机不变，电枢总电阻为 $R=2\Omega$，$L=5\text{mH}$，$K_s=44$，$T_s=0.1\text{ms}$（开关频率为 10kHz）。按同样的稳态性能指标该系统能否稳定？若系统能够稳定工作，进行以下计算：

① 计算满足系统稳态性能指标的放大器最小放大倍数。假设 $U_n^*=15\text{V}$ 时，$I_d=I_N$，$n=n_N$。

② 保持静差率指标不变，系统在临界稳定的条件下，最多能达到多大的调速范围？

解： 采用脉宽调速系统时，各环节时间常数为

$$T_l=\frac{L}{R}=\frac{0.005}{2}\text{s}=0.0025\text{s}$$

$$T_m=\frac{GD^2R}{375K_eC_m}=\frac{1.6\times2}{375\times9.55\times0.1342^2}\text{s}=0.0496\text{s}$$

$$T_s=0.0001\text{s}$$

按照式(5-22) 的稳定条件应为

$$K\leqslant\frac{0.0496}{0.0001}+\frac{0.0496}{0.0025}+\frac{0.0001}{0.0025}=515.88$$

而脉宽调速系统的开环额定速降为

$$\Delta n_{op}=\frac{I_NR}{K_e}=\frac{12.5\times2}{0.1342}\text{r/min}=186.28\text{r/min}$$

为了保持稳态性能指标，闭环系统的开环放大系数应满足

$$K\geqslant\frac{\Delta n_{op}}{\Delta n_{cl}}-1=\frac{186.28}{8.33}-1=21.36$$

显然，系统能在满足稳态性能的条件下稳定运行。

① 满足系统稳态性能指标的最小开环放大系数已经求得，即 $K=21.36$。而 K_s 和 K_e 已经知道，因此只需求出转速反馈系数 α，就可以解题了。

将 $U_n^*=15\text{V}$ 时，$I_d=I_N$，$n=n_N$ 以及其他已知条件代入闭环系统静特性方程(5-1)，即可求得：

$$\alpha=\frac{KU_n^*}{n_N(1+K)+I_NR/K_e}=\frac{21.36\times15}{1500\times(1+21.36)+12.5\times2/0.1342}=0.0095\text{V}\cdot\text{min/r}$$

由于静差率要求很小，因此也直接按以下方法近似计算：

$$\alpha\approx\frac{U_n^*}{n_N}=\frac{15}{1500}=0.01$$

可见近似计算结果与精确计算结果很相近。

因此，运算放大器的最小放大系数 K_p 应为

$$K_p=\frac{K}{\alpha K_s/K_e}=\frac{21.36}{0.0095\times44/0.1342}=6.86$$

实取 $K_p=7$。

② 系统保证稳定的条件是 $K\leqslant515.88$，临界稳定时，$K=515.88$，此时闭环系统的稳态速降可达

$$\Delta n_{cl}=\frac{\Delta n_{op}}{1+K}=\frac{186.28}{1+515.88}\text{r/min}=0.36\text{r/min}$$

闭环系统的调速范围最多能达到

$$D_{cl} = \frac{n_N \varepsilon}{\Delta n_{cl}(1-\varepsilon)} = \frac{1500 \times 0.1}{0.36 \times (1-0.1)} = 463$$

可以比原来的指标 $D=20$ 高得多。

从例 5-3 和例 5-4 的计算中可以看出，由于 IGBT 的开关频率高，PWM 装置的滞后时间常数 T_s 非常小，同时主电路不需要串接平波电抗器，电磁时间常数 T_l 也不大，因此闭环的脉宽调速系统容易稳定。或者说，在保证稳定的条件下，脉宽调速系统的稳态性能指标可以大大提高。

以上例子也表明，在设计闭环调速系统时，常常会遇到动态稳定性与稳态性能指标发生矛盾的情况。这时，必须设计合适的动态校正装置，用来改造系统，使它同时满足动态稳定和稳态指标两方面的要求。有关动态校正装置的设计问题，将在第 6 章详细介绍。

5.1.5 转速负反馈单闭环调速系统的限流保护

(1) 直流传动系统的限流问题 直流电动机全电压启动时，如果没有限流措施，会产生很大的冲击电流，这不仅对电动机换向不利，对过载能力低的电力电子器件来说，更是不能允许的。采用转速负反馈的闭环调速系统突然加上给定电压时，由于惯性，转速不可能立即建立起来，反馈电压仍为零，相当于偏差电压 $\Delta U_n = U_n^*$，差不多是其稳态工作值的 $1+K$ 倍。这时，由于放大器和变换器的惯性都很小，电枢电压 U_d 一下子就达到它的最高值，对电动机来说，相当于全压启动，当然是不允许的。

另外，有些生产机械的电动机可能会遇到堵转的情况，例如，由于故障使机械轴被卡住，或挖土机运行时碰到坚硬的石块等等。由于闭环系统的静特性很硬，若无限流环节，硬干下去，电流将远远超过允许值。如果只依靠过流继电器或熔断器保护，一过载就跳闸，也会给正常工作带来不便。

为了解决反馈闭环调速系统启动和堵转时电流过大的问题，系统中必须有自动限制电枢电流的环节。根据反馈控制原理，要维持哪一个物理量基本不变，就应该引入哪个物理量的负反馈。那么，引入电流负反馈，应该能够保持电流基本不变，使它不超过允许值。但是，这种作用只应在启动和堵转时存在，在正常运行时又得取消，让电流自由地随着负载增减。这种当电流大到一定程度时才出现的电流负反馈，叫作电流截止负反馈，简称截流反馈。

(2) 带电流截止负反馈的转速单闭环调速系统 直流调速系统中的电流截止负反馈环节如图 5-8 所示，电流反馈信号取自串入电动机电枢回路中的电流检测电阻 R_s，$I_d R_s$ 正比于电流。设 I_{dcr} 为临界的截止电流，当电流大于 I_{dcr} 时，将电流负反馈信号加到放大器的输入端；当电流小于 I_{dcr} 时，将电流反馈切断。为了实现这一作用，须引入比较电压 U_{com}。图 5-8(a) 中用独立的直流电源作为比较电压，其大小可用电位器调节，相当于调节截止电流。在 $I_d R_s$ 与 U_{com} 之间串接一个二极管 VD，当 $I_d R_s > U_{com}$ 时，二极管导通，电流负反馈信号 U_i 即可加到放大器上；当 $I_d R_s \leqslant U_{com}$ 时，二极管截止，U_i 即消失。显然，在这一线路中截止电流 $I_{dcr} = U_{com}/R_s$，电位器用来调节截止电流值。图 5-8(b) 中利用稳压管 VS 的击穿电压 U_{br} 作为比较电压，线路要简单得多，但不能平滑调节截止电流值。

另外，数字控制系统用微机软件实现电流截止时，只要采用条件语句即可，显然要比模拟控制简单得多。

电流截止负反馈环节的输入-输出特性如图 5-9 所示。它表明当输入信号 $I_d R_s - U_{com}$ 为正值时，输出和输入相等；当 $I_d R_s - U_{com}$ 为负值时，输出为零。这是一个两段线性环节，将它画在方框中，再和系统其他部分的框图连接起来，即得带电流截止负反馈的闭环直流调速系统稳态结构框图，如图 5-10 所示。图中 U_i 表示电流负反馈电压，U_n 表示转速负反馈电压。

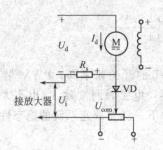

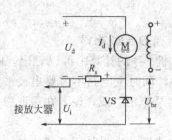

(a) 利用独立直流电源作比较电压   (b) 利用稳压管产生比较电压

图 5-8   电流截止负反馈环节

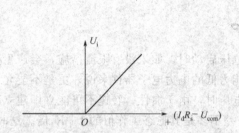

图 5-9   电流截止负反馈环节输入-输出特性

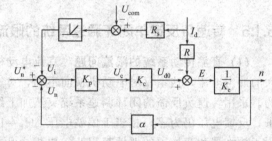

图 5-10   带电流截止负反馈的闭环
直流调速系统稳态结构图

由图 5-10 可写出该系统两段静特性的方程式。当 $I_d \leqslant I_{dcr}$，电流负反馈被截止，静特性和只有转速负反馈调速系统的静特性［见式(5-1)］相同，即

$$n = \frac{K_p K_s U_n^*}{K_e(1+K)} - \frac{R I_d}{K_e(1+K)} \tag{5-23}$$

$I_d > I_{dcr}$ 后，引入了电流负反馈，静特性变成

$$n = \frac{K_p K_s U_n^*}{K_e(1+K)} - \frac{K_p K_s}{K_e(1+K)}(R_s I_d - U_{com}) - \frac{R I_d}{K_e(1+K)}$$
$$= \frac{K_p K_s(U_n^* + U_{com})}{K_e(1+K)} - \frac{(R + K_p K_s R_s) I_d}{K_e(1+K)} \tag{5-24}$$

对应式(5-23) 和式(5-24) 的静特性见图 5-11。

电流负反馈被截止时相当于图 5-11 中的 CA 段，它就是闭环调速系统本身的静特性，显然是比较硬的。电流负反馈起作用后，相当于图 5-11 中的 AB 段。从式(5-24) 中可以看出，AB 段特性和 CA 段相比有两个特点：

① 电流负反馈的作用相当于在主电路中串入一个大电阻 $K_p K_s R_s$，因而稳态速降极大，特性急剧下垂。

② 比较电压 U_{com} 与给定电压 U_n^* 的作用一致，好像把理想空载转速提高到

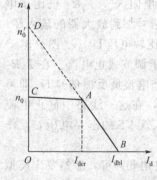

图 5-11   带电流截止负反馈
闭环调速系统静特性

$$n_0' = \frac{K_p K_s(U_n^* + U_{com})}{K_e(1+K)} \tag{5-25}$$

即把 n_0' 提高到图中的 D 点。当然，图中用虚线画出的 DA 段实际上是不起作用的。这样的两段式静特性常称作下垂特性或挖土机特性。当挖土机遇到坚硬的石块而过载时，电动机停下，电流也不过是堵转电流 I_{dbl}，在式(5-24) 中，令 $n=0$，得

$$I_{dbl} = \frac{K_p K_s (U_n^* + U_{com})}{R + K_p K_s R_s} \qquad (5-26)$$

一般 $K_p K_s R_s \geqslant R$，因此

$$I_{dbl} \approx \frac{U_n^* + U_{com}}{R_s} \qquad (5-27)$$

I_{dbl} 应小于电动机允许的最大电流，一般为 $(1.5\sim2)I_N$。另一方面，从调速系统的稳态性能上看，希望 CA 段的运行范围足够大，截止电流 I_{dcr} 应大于电动机的额定电流，例如，取 $I_{dcr} \geqslant (1.1\sim1.2)I_N$。这些就是设计电流截止负反馈环节参数的依据。

以上是从稳态静特性角度分析电流截止负反馈的作用，在电动机启动的动态过程中，怎样限流以及电流的动态波形如何还取决于系统的动态结构与参数，这将在后续章节中讨论。

5.2 反馈控制规律和无静差转速单闭环直流调速系统

通过前面的内容，可以看到由负反馈构成的闭环控制直流调速系统可以获得比开环调速系统硬得多的稳态特性，并满足调速性能指标要求。这些体现了反馈控制在满足稳态性能方面的作用，而实际上反馈控制的作用远不止如此。下面对反馈控制规律进行更进一步的分析。

5.2.1 反馈控制规律

采用比例放大器的转速反馈闭环调速系统是一种基本的反馈控制系统，它具有下述三个基本特征，也就是反馈控制的基本规律。各种不另加其他调节器的基本反馈控制系统都服从于这些规律。

① 只用比例放大器的反馈控制系统，其被调量仍是有静差的。从静特性分析中可以看出，闭环系统的开环放大系数 K 值越大，系统的稳态性能越好。然而，只要所设置的放大器仅仅是一个比例放大器，即 $K_p =$ 常数，稳态速差就只能减小，却不可能消除。因为闭环系统的稳态速降为

$$\Delta n_{cl} = \frac{RI_d}{K_e(1+K)}$$

只有 $K = \infty$，才能使 $\Delta n_{cl} = 0$，而这是不可能的。因此，这样的调速系统叫作有静差调速系统。

以上的分析是基于静特性的分析。下面以负载扰动为例，从动态过程对比例放大器的调节作用进行更深入的分析。当负载转矩由 T_{L1} 突增到 T_{L2} 时，有静差调速系统的转速 n、偏差电压 ΔU_n 和控制电压 U_c 的变化过程如图 5-12 所示。

在只采用比例放大器的调速系统中，调节器的输出是电力电子变换器的控制电压 $U_c = K_p \Delta U_n$。只要电动机在运行，就必须有控制电压 U_c，因而也必须有转速偏差电压 ΔU_n，这是此类调速系统有静差的根本原因。

② 反馈控制系统的作用是：抵抗扰动，服从给定。反馈控制系统具有良好的抗扰性能，它能有效地抑制一切被负反馈环所包围的前向通道上的扰动作用，但完全服从给定作用。

除给定信号外，作用在控制系统各环节上的一切会引起输出量变化的因素都叫作"扰动作用"。图 5-12 所示的是负载变化这样一种扰动作用，可见发生扰动后，反馈控制体现了抵抗作用。除此以外，交流电源电压的波动（使 K_s 变化）、电动机励磁的变化（造成 K_e 变化）、放

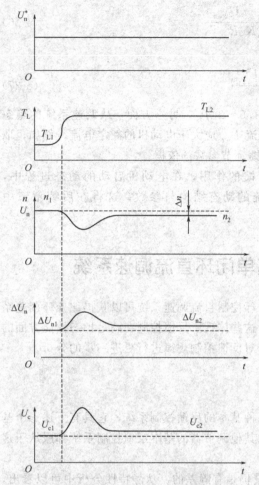

图 5-12　有静差调速系统突加负载时的动态过程

大器输出电压的漂移（使 K_p 变化）、由温升引起主电路电阻的增大等等，所有这些因素都和负载变化一样，最终都要影响到转速，都会被测速装置检测出来，再通过反馈控制的作用，减小它们对稳态转速的影响。图 5-13 中各种扰动作用都表示出来了，反馈控制系统对它们都有抑制功能。但是，如果在反馈通道上的测速反馈系数 α 受到某种影响而发生变化，它非但不能得到反馈控制系统的抑制，反而会增大被调量的误差。反馈控制系统所能抑制的只是被反馈环包围的前向通道上的扰动。

抗扰性能是反馈控制系统最突出的特征之一。正因为有这一特征，在设计闭环系统时，可以只考虑一种主要扰动作用，例如在调速系统中只考虑负载扰动。按照克服负载扰动的要求进行设计，则其他扰动也就自然都受到抑制了。

与众不同的是在反馈环外的给定作用，如图 5-13 中的转速给定信号 U_n^*，它的微小变化都会使被调量随之变化，丝毫不受反馈作用的抑制。因此，全面地看，反馈控制系统的规律是：一方面能够有效地抑制一切被包在负反馈环内前向通道上的扰动作用；另一方面，则紧紧地跟随着给定作用，对给定信号的任何变化都是唯命是从的。

③ 系统的精度依赖于给定和反馈检测的精度。如果产生给定电压的电源发生波动，反馈控制系统则无法鉴别是对给定电压的正常调节还是不应有的电压波动。因此，高精度的调速系统必须有更高精度的给定稳压电源。

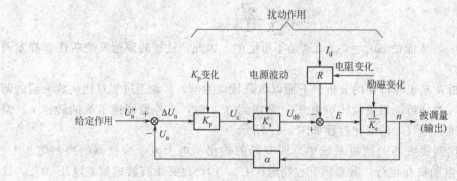

图 5-13　闭环调速系统的给定作用和扰动作用

　　反馈检测装置的误差也是反馈控制系统无法克服的。对于上述调速系统来说，反馈检测装置就是测速发电机。如果测速发电机励磁发生变化，会使反馈电压失真，从而使闭环系统的转速偏离应有数值。而测速发电机电压中的换向纹波、制造或安装不良造成转子偏心等等，都会给系统带来周期性干扰。采用光电编码盘的数字测速，可以大大提高调速系统的精度。

5.2.2 积分控制规律

前面讲到，只有比例放大器的反馈控制系统是有静差的。这是因为比例放大器的放大倍数 K_p 是有限值，使得闭环系统的开环放大系数 K 也是有限值。而从前面分析得知，只有 $K=\infty$，才能使 $\Delta n_{cl}=0$，从而做到无静差。可见要做到无静差，就必须使闭环系统的开环放大系数 K 达到无穷大，要做到这一点，需要调节器中含有积分环节。下面对此进行分析。

(1) 积分调节器 图 5-14(a) 绘出了用运算放大器构成的积分调节器（I 调节器）的原理图，由图可知

$$U_{ex}=\frac{1}{C}\int i\,dt=\frac{1}{R_0 C}\int U_{in}\,dt=\frac{1}{\tau}\int U_{in}\,dt \tag{5-28}$$

式中，τ 为积分时间常数，$\tau=R_0 C$。

因而积分调节的传递函数为

$$W_i(s)=\frac{U_{ex}(s)}{U_{in}(s)}=\frac{1}{\tau s} \tag{5-29}$$

其伯德图如图 5-14(c) 所示。

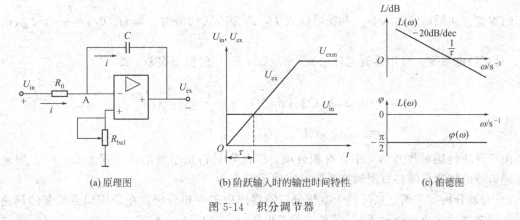

|(a) 原理图|(b) 阶跃输入时的输出时间特性|(c) 伯德图|

图 5-14 积分调节器

(2) 积分控制规律 图 5-14(b) 所示的输入输出时间特性表明，积分调节器有以下作用：

① 积累作用。只要输入端有信号，哪怕很微弱，积分作用就会进行，直到输出达到饱和。

② 记忆作用。积分调节器的输出不会由于输入信号的消失（变为零）而突然变化，而是会维持输入信号为零瞬间前的输出值。

③ 延缓作用。积分调节器的输出不会随着输入的突变而发生突变，而是逐渐积累线性增加。

积分调节器的这三个作用决定了其控制规律，积累作用和记忆作用使其可以实现消除稳态误差的目的；而延缓作用则影响了积分调节器的快速性。下面对积分控制规律进行深入分析。

1) 频域分析 从频域上分析积分调节器为何能消除静差。用积分调节器代替比例放大器的转速单闭环调速系统的动态结构框图如图 5-15 所示。

对图 5-15 进行化简，最终可得到系统的闭环传递函数为：

$$n(s)=\frac{W(s)/\alpha}{1+W(s)}U_n^*(s)-\frac{\dfrac{R(T_1 s+1)}{K_e(T_m T_1 s^2+T_m s+1)}}{1+W(s)}I_{dL}(s) \tag{5-30}$$

式(5-30) 中，$W(s)$ 为系统的开环传递函数为：

$$W(s)=\frac{K_s \alpha/(\tau K_e)}{s(T_s s+1)(T_m T_1 s^2+T_m s+1)} \tag{5-31}$$

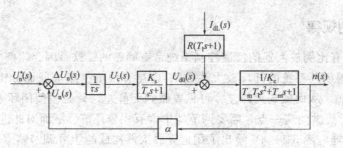

图 5-15　基于积分调节器的转速单闭环直流调速系统的动态结构框图

误差 $\Delta n(s)$ 则为：

$$\Delta n(s)=\frac{U_n^*(s)}{\alpha}-n(s)=\frac{1/\alpha}{1+W(s)}U_n^*(s)+\frac{\dfrac{R(T_1s+1)}{K_e(T_mT_1s^2+T_ms+1)}}{1+W(s)}I_{dL}(s)$$
$$=G_1(s)U_n^*(s)+G_2(s)I_{dL}(s) \tag{5-32}$$

由式（5-32）可知，系统误差包含两个方面：由给定输入 U_n^* 引起的误差和由扰动输入 I_{dL} 引起的误差。如果给定输入 U_n^* 和扰动输入 I_{dL} 均为阶跃信号时，即 $U_n^*(s)=\dfrac{U_n^*}{s}$，$I_{dl}(s)=\dfrac{I_{dL}}{s}$，对于稳定系统，可用终值定理求 $t\to\infty$（即 $s\to0$）的稳态误差，即

$$\Delta n=\lim_{s\to0}s\Delta n(s)=\lim_{s\to0}s\left[G_1(s)\frac{U_n^*}{s}+G_2(s)\frac{I_{dL}}{s}\right]$$
$$=\lim_{s\to0}[G_1(s)U_n^*+G_2(s)I_{dL}] \tag{5-33}$$

由于开环传递函数 $W(s)$ 中含有积分项，因此容易得出系统的稳态误差 $\Delta n=0$。即采用积分调节器的转速单闭环直流调速系统可实现无静差。

2）时域分析　下面，从时域上对积分控制规律做进一步分析。在采用积分控制的调速系统中，调节器的输出控制电压 U_c 是转速偏差电压 ΔU_n 的积分，按照式（5-28），应有

$$U_c=\frac{1}{\tau}\int_0^t\Delta U_n\mathrm{d}t$$

如果 ΔU_n 是阶跃函数，则 U_c 按线性规律增长，每一时刻的 U_c 大小和 ΔU_n 与横轴所包围的面积成正比，如图 5-16（a）所示。图 5-16（b）绘出的 $\Delta U_n(t)$ 是负载变化时的偏差电压波形。按照 ΔU_n 与横轴所包围面积的正比关系，可得到相应的 $U_c(t)$ 曲线，图中 ΔU_n 的最大值

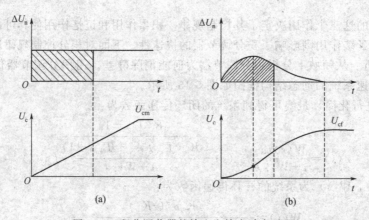

图 5-16　积分调节器的输入和输出动态过程

对应于 $U_c(t)$ 的拐点。以上都是 U_c 的初值为零的情况，若初值不为零，还应加上初始电压 U_{c0}，则积分式变成下式，动态过程曲线也有相应的变化。

$$U_c = \frac{1}{\tau} \int_0^t \Delta U_n dt + U_{c0}$$

由图 5-16(b) 可见，在动态过程中，当 ΔU_n 变化时，只要其极性不变，即只要仍是 $U_n^* > U_n$，调节器的输出 U_c 便一直增长；只要达到 $U_n^* = U_n$，$\Delta U_n = 0$ 时，U_c 才停止上升；不到 ΔU_n 变负，U_c 不会下降。在这里，值得特别强调的是，当 $\Delta U_n = 0$ 时，U_c 并不是零，而是一个终值 U_{cf}；如果 ΔU_n 不再变化，这个终值便保持恒定而不再变化，这是积分控制的特点。因此，积分控制可以使系统在无静差的情况下保持恒速运行，实现无静差调速。

当负载增加时，积分控制的无静差调速系统动态过程曲线如图 5-17 所示。在稳态运行时，转速偏差电压 ΔU_n 必为零，则 U_c 继续变化，就不是稳态了。在突加负载引起动态速降时产生 ΔU_n，达到新的稳态时，ΔU_n 又恢复为零，但 U_c 已从 U_{c1} 上升到 U_{c2}，使电枢电压由 U_{d1} 上升到 U_{d2}，以克服负载电流增加的压降。在这里，U_c 的改变并非仅仅依靠 ΔU_n 本身，而是依靠 ΔU_n 在一段时间内的积累。

将以上的分析归纳起来，可得下述论断：比例调节器的输出只取决于输入偏差量的现状，而积分调节器的输出则包含了输入偏差量的全部历史。虽然现在 $\Delta U_n = 0$，但只要历史上有过 ΔU_n，其积分就有一定数值，足以产生稳态运行所需要的控制电压 U_c。积分控制规律和比例控制规律的根本区别就在于此。

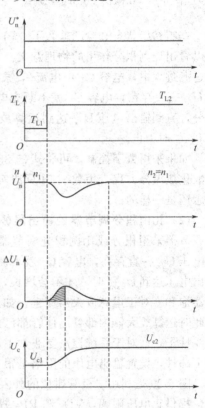

图 5-17 积分控制无静差调速系统突加负载时的动态过程

5.2.3 比例积分控制规律

积分调节器的积累作用和记忆作用使其实现了稳态无静差，这是其优点；而其延缓作用却降低了其快速性，这是其缺点。同样在阶跃输入作用下，比例调节器的输出可以立即响应，而积分控制器的输出却只能逐渐地变化［见图 5-16(b)］。如果既要稳态精度高，又要动态响应快，就要把比例和积分两种控制结合起来实现，这就是比例积分控制。

(1) 比例积分调节器 由运算放大器构成的比例积分调节器（PI 调节器）原理图如图 5-18 所示。图中 U_{in} 和 U_{ex} 分别表示调节器输入和输出电压的绝对值，图中所示的极性表示它们是反相的；R_{bal} 为运算放大器同相输入端的平衡电阻，一般取反相输入端各电路电阻的并联值。

按照运算放大器的输入输出关系，可得

$$U_{ex} = \frac{R_1}{R_0} U_{in} + \frac{1}{R_0 C_1} \int U_{in} dt = K_{pi} U_{in} + \frac{1}{\tau} \int U_{in} dt \tag{5-34}$$

式中，K_{pi} 为 PI 调节器比例部分的放大系数，$K_{pi} = R_1/R_0$；τ 为积分时间常数，$\tau = R_0 C_1$。

由此可见，PI 调节器的输出电压 U_{ex} 由比例和积分两部分叠加而成。取零初始条件下的

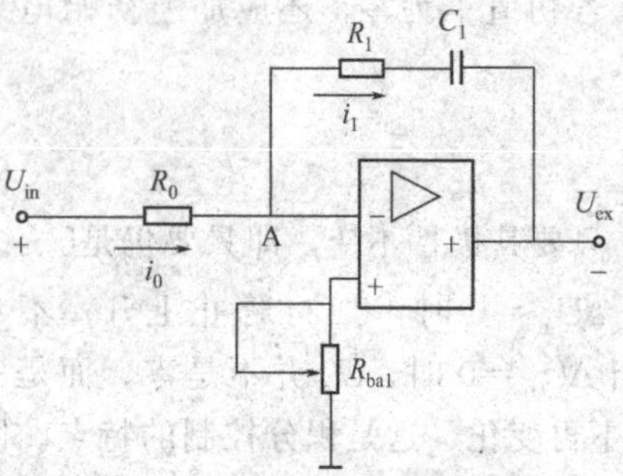

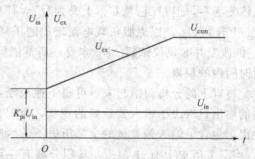

图 5-18 比例积分调节器原理图

拉普拉斯变换，可得到 PI 调节器的传递函数：

$$W_{pi}(s)=\frac{U_{ex}(s)}{U_{in}(s)}=K_{pi}+\frac{1}{\tau s}=\frac{K_{pi}\tau s+1}{\tau s} \quad (5-35)$$

令 $\tau_1=K_{pi}\tau=R_1C_1$，则 PI 调节器的传递函数也可以写成如下形式

$$W_{pi}(s)=\frac{\tau_1 s+1}{\tau s}=K_{pi}\frac{\tau_1 s+1}{\tau_1 s} \quad (5-36)$$

式(5-36) 表明，PI 调节器也可以用一个积分环节和一个比例微分环节来表示，τ_1 是微分项中的超前时间常数，和积分时间常数 τ 的物理意义是不同的。

在零初始状态和阶跃输入下，PI 调节器输出电压的时间特性如图 5-19 所示，从这个特性可以看出比例积分作用的物理意义。突加输入电压 U_{in} 时，输出电压 U_{ex} 首先突跳到 $K_{pi}U_{in}$。在过渡过程中，电容 C_1 由电流 i_1 恒流充电，实现积分作用，使 U_{ex} 线性地增长。如果输入电压 U_{in} 一直存在，电容 C_1 就不断充电，不断进行积分，直到输出电压 U_{ex} 达到运算放大器的限幅值 U_{exm} 时为止。

如果采用数字控制，可将式(5-35) 的方程式离散化成差分方程，用数字 PI 算法实现，其物理概念还是一样的。

(2) 比例积分调节器的输出限幅　当闭环系统调节器采用积分或比例积分调节器时，如果输入电压 U_{in} 一直存在，电容 C_1 就不断充电，直到输出电压达到 U_{exm} 时，才不会增长，称作运算放

图 5-19　阶跃输入时 PI 调节器输出电压的时间特性

大器饱和。对于运算放大器而言，如果不另设限幅环节，U_{exm} 就是运算放大器的电源电压，而此时运算放大器内部各晶体管都已经处于饱和非线性状态了，也就是运算放大器本身已经成非线性了，这对于系统控制是非常不利的。为了保证运算放大器的线性特性并保护调速系统的各个部件，设置输出电压的限幅是很有必要的。输出电压限幅电路有外限幅和内限幅两类。

图 5-20 是利用二极管钳位的外限幅电路，或称输出限幅电路，其中二极管 VD_1 和电位器 RP_1 提供正电压限幅，VD_2 和 RP_2 提供负电压限幅，电阻 R_{lim} 是限幅时的限流电阻。正限幅电压 $U_{exm}^+=U_M+\Delta U_D$，负限幅电压 $|U_{exm}^-|=|U_M|+\Delta U_D$，其中 ΔU_D 是二极管正向导通压降，U_M 和 U_N 分别表示电位器滑动端 M 点和 N 点电压。调节电位器 RP_1 和 RP_2 可以任意改变正、负限幅值。外限幅电路只保证对外输出限幅，对集成电路本身的输出电压（C 点电压）并没有限制住，只是把多余的电压降在电阻 R_{lim} 上面了。这样输出限幅时，调节器电容 C_1 上的电压仍继续上升，直到集成电路内的输出级晶体管饱和为止。一旦控制系统需要运算放大器的输出电压从限幅值降低下来，电容上多余的电压还需要一段放电时间，将影响系统的动态过程，这是外限幅电路的缺点。但是外限幅电路可以灵活调整正负限幅电压，这对于多环控制系统设置必要的相关参数是很有必要的。

要避免上述外限幅电路的缺点可采用内限幅电路，或称反馈限幅电路。最简单的内限幅电路是利用两个对接稳压管的电路，如图 5-21 所示。正限幅电压 U_{exm}^+ 等于稳压管 VST_1 的稳压值，负限幅电压 U_{exm}^- 等于稳压管 VST_2 的稳压值。如果输出电压 U_{ex} 要超过限幅值，会击穿该方向的稳压管，对运算放大器产生强烈的反馈作用，使 U_{ex} 回到限幅值。稳压管限幅电路虽然简单，但要调整限幅值时必须更换稳压管，是其不足之处。为了克服这个缺点，也可以采用

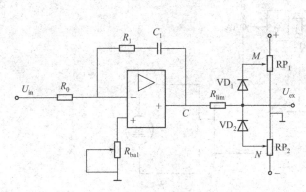

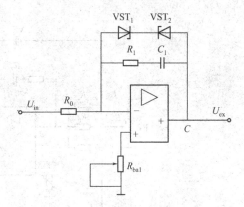

图 5-20　二极管钳位的外限幅电路　　　　图 5-21　稳压管钳位的内限幅电路

二极管或晶体三极管钳位的内限幅电路，用电位器调整限幅电压。

（3）比例积分控制规律　在频域上，对于 PI 调节器，式(5-32)、式(5-33) 仍然适用，只不过其中 $W(s)$、$G_1(s)$ 和 $G_2(s)$ 要根据式(5-35) 做出相应变化。由于 PI 调节器中含有积分环节，因而仍然能够得到系统无稳态误差的结论。

下面从时域上对比例积分控制规律进行分析。图 5-19 所示的是输入电压 U_{in} 为恒定值，PI 调节器的输出时间特性。将 PI 调节器应用于闭环调速系统中，其输出特性则如图 5-22 所示。

在初始阶段，由于电容 C_1 两端电压不能突变，相当于两端瞬间短路，在运算放大器反馈回路中只剩下电阻 R_1，等效于一个放大系数为 K_{pi} 的比例调节器，在输出端立即呈现电压 $K_{pi}\Delta U_n$，实现快速控制，发挥了比例控制的长处。此后，随着电容 C_1 被充电，输出电压 U_{ex} 开始积分，其数值不断增长，直到稳态。稳态时，C_1 两端电压等于 U_{ex}，R_1 已不起作用，又和积分调节器一样了，这时又能发挥积分控制的优点，实现了稳态无静差。

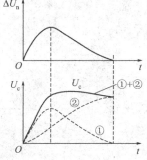

图 5-22　比例积分调节器的输入和输出动态过程

如图 5-22 所示，输出波形中比例部分①和 ΔU_n 成正比，积分部分②是 ΔU_n 的积分曲线，而 PI 调节器的输出电压 U_c 是这两部分之和，即①+②。可见，U_c 既具有快速响应性能，又足以消除调速系统的静差。

由此可见，比例积分控制综合了比例控制和积分控制两种规律的优点，又克服了各自的缺点，扬长避短，互相补充。比例部分能迅速响应控制作用，积分部分则最终消除稳态偏差。除此之外，比例积分调节器还是提高系统稳定性的校正装置。因此，它在调速系统和其他控制系统中获得了广泛的应用。

5.2.4　无静差转速单闭环直流调速系统

采用 PI 调节器的转速单闭环直流调速系统，可实现无静差调速。带电流截止负反馈的无静差转速单闭环直流调速系统的基本结构图如图 5-23 所示。与图 5-9 中有所不同的是电流检测环节。图 5-9 中是直接检测电动机电枢电流，考虑到电动机的四象限运行问题，电枢电流是双极性的，这在控制上会带来一些麻烦。图 5-23 中通过电流互感器检测交流侧电流，通过整流电路转化为直流量进行处理，这样得到的电流就是单极性的了，处理起来比较容易。

带电流截止负反馈的无静差转速单闭环直流调速系统的稳态结构图如图 5-24 所示，其中代表 PI 调节器的方框中无法用放大系数表示，一般画出它的输出特性，以表明是比例积分作用。

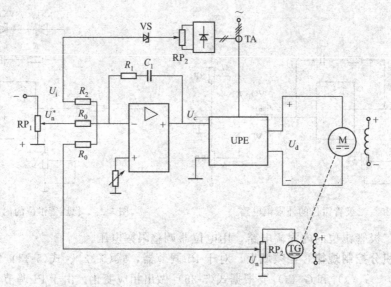

图 5-23 带电流截止负反馈的无静差转速单闭环直流调速系统基本结构图

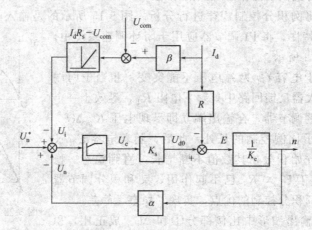

图 5-24 带电流截止负反馈的无静差转速单闭环直流调速系统稳态结构图

图中 β 为电流反馈系数，而电流负反馈截止环节输出为：

$$U_i = \beta I_d - U_{com} \tag{5-37}$$

由于电流截止负反馈的作用，系统呈分段线性状态，下面进行具体分析。

(1) $I_d \leqslant I_{dcr}$ 当 $I_d \leqslant I_{dcr}$ 时，电流负反馈被截止，只有转速负反馈起作用。由于采用了 PI 调节器，故而可实现无静差调速。当系统达到稳态时，PI 调节器输入偏差量 $\Delta U_n = 0$，也就是 $U_n = U_n^* = \alpha n$，于是有：

$$n = \frac{U_n^*}{\alpha} \tag{5-38}$$

式（5-38）就是无静差调速系统的静特性方程，如图 5-25 中 AB 段所示。此时，转速无静差，静特性是为水平线。但应该注意到，系统达到稳态时，由于输入偏差量为 0，PI 调节器中的电容不再充、放电，实际上处于断路状态；因而系统实际上是依靠运算放大器的开环放大倍数进行工作的。而运算放大器的开环放大倍数不可能达到无穷大，因而实际系统即使采用 PI 调节器也不可能做到真正的无静差。对于数字控制系统而言，由于存在量化误差问题，也同样做不到真正的无静差。因此采用 PI 调节器的转速闭环直流调速系统实际上的静特性并非水平线，而是略有倾斜，如图 5-25 中虚线所示。

至于无静差调速系统中的转速反馈系数 α，可直接由式(5-38) 导出：

$$\alpha = \frac{U_{nmax}^*}{n_{max}} \qquad (5-39)$$

式中，n_{max} 为电动机调压时的最高转速，r/min；U_{nmax}^* 为相应的最高给定电压，V。

(2) $I_d > I_{dcr}$ 当 $I_d > I_{dcr}$ 时，电流截止负反馈起作用。同样地，由于采用了 PI 调节器，当系统达到稳态时，PI 调节器输入偏差量为 0，即 $U_n^* - U_n - U_i = 0$。考虑到式(5-37)，有

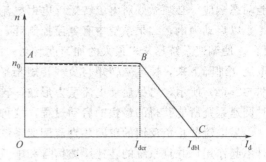

图 5-25 带电流截止负反馈的无静差转速单闭环直流调速系统静特性

$$n = \frac{U_n^* + U_{com}}{\alpha} - \frac{\beta}{\alpha}I_d \qquad (5-40)$$

式(5-40) 即为电流截止负反馈起作用时，系统的静特性方程，如图 5-25 中 BC 段所示。可见此时的静特性很陡，稳态速降非常大。

考虑到图 5-24 中稳压管的击穿电压就是 $U_{com} = \beta I_{dcr}$，而堵转时有 $n = 0$，$I_d = I_{dbl}$，将这些条件代入式(5-40)，有：

$$\beta = \frac{U_n^*}{I_{dbl} - I_{dcr}} \qquad (5-41)$$

5.3 转速电流双闭环直流调速系统的构成及稳态分析

自动控制系统的基本性能要求包含以下三个方面：稳定性、准确性和快速性。采用 PI 调节的转速单闭环直流调速系统（下简称单闭环直流调速系统）可以实现稳态无静差，即满足了自动控制系统对准确性的要求。前面曾经提到，PI 调节器还是提高系统稳定性的校正装置；也就是说单闭环直流调速系统也可以满足自动控制系统对稳定性的要求。那么对于第三个方面，也就是快速性的要求，单闭环直流调速系统是否能够满足呢？前面并未论及。

而在生产实际中，很多应用场合，比如龙门刨床、可逆轧钢机等，需要经常正反转、频繁启制动。对于这些场合，缩短启、制动过程的时间是提高生产率的重要因素，快速性成为了重要的性能指标。本节首先从提高调速系统快速性的基本原理出发，对单闭环调速系统能否满足快速性要求进行分析，并在此基础上论述转速电流双闭环直流调速系统的必要性。进而，给出转速电流双闭环直流调速系统的基本构成，最后对其稳态工作进行分析。

5.3.1 转速电流双闭环调速系统的构成

从运动学来说，缩短启、制动时间，提高快速性，就是要求尽量提高系统的加速度。而对于调速系统而言，直接影响其加速度的，是电动机的电磁转矩和负载转矩，具体体现就是其动力学方程：

$$T_e - T_L = \frac{GD^2}{375} \times \frac{dn}{dt}$$

考虑到负载转矩是不易观测的扰动量，由动力学方程可知，调节系统加速度最为有效的办法就是调节电磁转矩，对于直流调压调速系统来说就是调节电枢电流。因此要获得转速的高性

能动态响应，必须做好对电磁转矩（电枢电流）的控制。转矩控制是运动控制的根本问题。

以启动为例，如果系统中有电流控制环，则在过渡过程中可以始终保持电流为最大允许值 I_{dm}，使调速系统尽量以最大的加速度启动；而在电动机启动到稳态转速后，电流控制环又让电流立即降下来，使电磁转矩与负载转矩相平衡，从而转入稳态运行。这种理想的启动过程如图 5-26(a) 所示，可见启动电流呈方形波，转速按线性增长。这是在最大电流（转矩）受限制时调速系统所能获得的最快的启动过程，这种控制策略可称为"时间最优控制"。

带电流截止负反馈的单闭环直流调速系统中，电流负反馈仅用于过电流保护，在正常工作时不起作用，并且系统的转速反馈信号和电流反馈信号加到同一个调节器的输入端，因此该结构存在以下问题：

① 动态特性差。以启动过程为例，在电动机转速为 0 时，电动机获得最大的端电压，此时由式(5-40) 可得电动机的最大电流为：

$$I_{dm} = \frac{U_n^* + U_{com}}{\beta}$$

一旦转速上升，E 增大，$U_{d0} - E$ 减小，使得电流随之下降，因此实际的启动过程如图 5-26(b) 所示。显然，这个启动过程比理想的启动过程慢得多，其原因在于系统需要最大的电磁转矩时，反而将电枢电流降了下来，电动机的电磁转矩也随之减小，因而加速过程必然拖长。

② 系统校正难。带电流截止负反馈的单闭环直流调速系统中，转速反馈信号和电流反馈信号同时作用于一个调节器。如果要使电流环起到调节转矩的作用，则要求调节器在完成速度调节作用的同时也完成电流调节的作用。而从电力传动基本原理可知，系统的电磁时间常数和机电时间常数不在一个数量级上，单个调节器难以获得如此大的带宽同时满足转速调节和电流调节的需要。

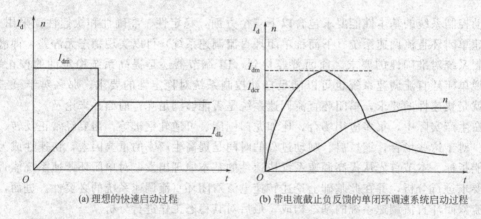

(a) 理想的快速启动过程　　　　(b) 带电流截止负反馈的单闭环调速系统启动过程

图 5-26　直流调速系统启动过程的电流和转速波形

从以上分析可以看出，转速环和电流环必须分别构成闭环，具有各自独立的调节器。但问题是，应该在启动过程中只有电流负反馈，没有转速负反馈；达到稳态转速后，又希望只有转速负反馈，不再让电流负反馈发挥作用。为此，人们提出了如图 5-27 所示的转速、电流双闭环直流调速系统。为了实现转速和电流两种负反馈分别起作用，系统中设置了两个调节器，分别调节转速和电流，即分别引入转速负反馈和电流负反馈，二者之间实行嵌套（或称串级）连接。把转速调节器的输出当作电流调节器输入，再用电流调节器的输出去控制电力电子变换器 UPE。从闭环结构上看，电流环在里面，称作内环；转速环在外边，称作外环。这就形成了转速、电流双闭环调速系统。

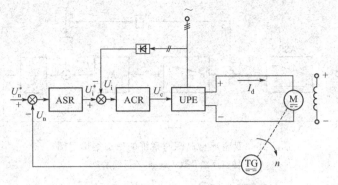

图 5-27　转速、电流双闭环直流调速系统

ASR—转速调节器；ACR—电流调节器；

TG—电流互感器；UPE—电力电子变换器；

U_n^*—转速给定电压；U_n—转速反馈电压；

U_i^*—电流给定电压；U_i—电流反馈电压

为了获得良好的静、动态性能，转速和电流两个调节器一般都采用 PI 调节器，这样构成的双闭环直流调速系统的电路原理图如图 5-28 所示。图中标出了两个调节器输入输出电压的实际极性，它们是按照电力电子变换器的控制电压 U_c 为正电压的情况标出的，并考虑到了运算放大器的倒相作用。图中还表示了两个调节器的输出都是带限幅作用的，转速调节器 ASR 的输出限幅电压 U_{im}^* 决定了电流给定电压的最大值，电流调节器 ACR 的输出限幅电压 U_{cm} 限制了电力电子变换器的最大输出电压 U_{dm}。

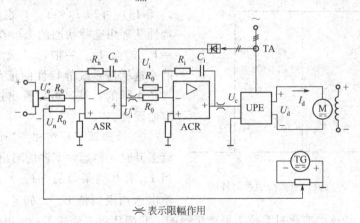

※ 表示限幅作用

图 5-28　双闭环直流调速系统电路原理图

5.3.2　转速电流双闭环调速系统的稳态分析

为了对双闭环调速系统进行稳态分析，必须先绘出它的稳态结构框图，如图 5-29 所示。它可以很方便地根据原理图（见图 5-28）画出来，只要注意用带限幅值的输出特性表示 PI 调节器就可以了。

(1) 转速、电流双闭环调速系统的静特性　分析静特性的关键是掌握 PI 调节器的稳态特性，一般存在两种状况：饱和——输出达到限幅值，不饱和——输出未达到限幅值。当调节器饱和时，输出为恒值，输入量的变化不再影响输出，除非有反向的输入信号使调节器退出饱和；换句话说，饱和的调节器暂时隔断了输入和输出间的联系，相当于使该调节环开环。当调节器不饱和时，PI 的作用使输入偏差电压 ΔU 在稳态时总为零。

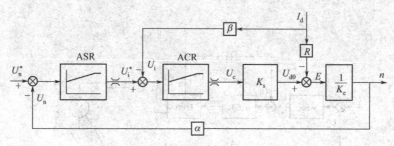

图 5-29 双闭环直流调速系统的稳态结构框图

α—转速反馈系数；β—电流反馈系数

实际上，在正常运行时，电流调节器是不会达到饱和状态的。因此，对于静特性来说，只有转速调节器饱和与不饱和两种情况。

① 转速调节器不饱和 这时，两个调节器都不饱和，稳态时，它们的输入偏差电压都是零，因此

$$U_n^* = U_n = \alpha n \tag{5-42}$$

$$U_i^* = U_i = \beta I_d \tag{5-43}$$

由 (5-42) 可得

$$n = \frac{U_n^*}{\alpha} \tag{5-44}$$

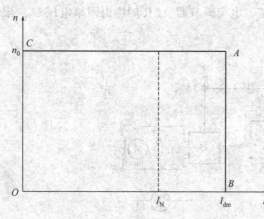

图 5-30 双闭环直流调速系统的静特性

从而得到图 5-30 所示静特性的 CA 段。与此同时，由于 ASR 不饱和，$U_i^* < U_{im}^*$，从式 (5-43) 可知 $I_d < I_{dm}$。也就是说，CA 段特性从理想空载状态的 $I_d = 0$ 一直延续到 $I_d = I_{dm}$，而 I_{dm} 一般都是大于额定电流 I_N 的。这就是系统静特性的正常运行段，它是一条水平的特性。可以看出这段特性具有绝对的硬度。

② 转速调节器饱和 当电动机的负载电流上升时，转速调节器的输出 U_i^* 也将上升，当 I_d 上升到某数值（I_{dm}）时，ASR 饱和，输出达到限幅值 U_{im}^*，转速外环失去调节作用，呈开环状态，转速的变化对系统不再产生影响，双闭环系统变成了一个电流无静差的单电流闭环调节系统。稳态时

$$I_d = \frac{U_{im}^*}{\beta} \tag{5-45}$$

其中，最大电流 I_{dm} 是由设计者选定的，取决于电动机的容许过载能力和拖动系统允许的最大加速度。式 (5-45) 所描述的静特性对应于图 5-30 中的 AB 段，它是一条很陡的下垂特性。这样的下垂特性只适合于 $n < n_0$ 的情况，因为如果 $n > n_0$，则 $U_n > U_n^*$，ASR 将退出饱和状态。

双闭环调速系统的静特性在负载电流小于 I_{dm} 时表现为转速无静差，这时，转速负反馈起主要调节作用。当负载电流达到 I_{dm} 时，对应于转速调节器的饱和输出 U_{im}^*，这时，电流调节器起主要调节作用，系统表现为电流无静差，得到过电流的自动保护。这就是采用了两个 PI 调节器分别形成内、外两个闭环的效果。这样的静特性显然比带电流截止负反馈的单闭环系统

静特性好（见图 5-25）。

（2）转速、电流双闭环系统稳态参数的计算 综合以上分析结果，可以看出，双闭环调速系统在稳态工作中，当两个调节器都不饱和时，各变量之间有以下关系：

$$U_n^* = U_n = \alpha n = \alpha n_0 \tag{5-46}$$

$$U_i^* = U_i = \beta I_d = \beta I_{dL} \tag{5-47}$$

$$U_c = \frac{U_{d0}}{K_s} = \frac{C_e n + I_d R}{K_s} = \frac{C_e U_n^* / \alpha + I_{dL} R}{K_s} \tag{5-48}$$

上述关系表明，在稳态工作点上，转速 n 是由给定电压 U_n^* 决定的，ASR 的输出量 U_i^* 是由负载电流 I_{dL} 决定的，而控制电压 U_c 的大小同时取决于 n 和 I_d，或者说是，同时取决于 U_n^* 和 I_{dL}。这些关系反映了 PI 调节器不同于 P 调节器的特点。P 调节器的输出量总是正比于其输入量；而对于 PI 调节器，其输出量在动态过程中决定于输入量的积分，到达稳态时，输入为零，输出的稳态值与输入无关，而是由它后面环节的需要决定的。后面需要 PI 调节器提供多么大的输出量，它就能提供多少，直到饱和为止。

鉴于这一特点，双闭环调速系统的稳态参数计算与单闭环有静差系统完全不同，而是和无静差系统的稳态计算相似，即根据各调节器的给定与反馈值计算有关的反馈系数：

转速反馈系数

$$\alpha = \frac{U_{nm}^*}{n_{max}} \tag{5-49}$$

电流反馈系数

$$\beta = \frac{U_{im}^*}{I_{dm}} \tag{5-50}$$

两个给定电压的最大值 U_{nm}^* 和 U_{im}^* 由设计者选定。

5.4 转速电流双闭环直流调速系统的动态特性分析

在单闭环直流调速系统动态数学模型的基础上，考虑双闭环控制的结构（见图 5-29），即可绘出双闭环直流调速系统的动态结构框图，如图 5-31 所示，图中 $W_{ASR}(s)$ 和 $W_{ACR}(s)$ 分别表示转速调节器和电流调节器的传递函数。为了引出电流反馈，在电动机的动态结构框图中必须把电枢电流 I_d 显露出来。

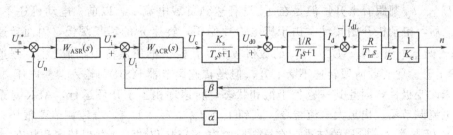

图 5-31 双闭环直流调速系统的动态结构图

对转速电流双闭环直流调速系统的动态分析主要从启动特性和抗扰动特性两方面进行。

5.4.1 启动过程

（1）启动过程分析 前面已指出，设置双闭环控制的一个重要目的就是要获得接近于

图 5-26(a) 所示的理想启动过程，因此在分析双闭环直流调速系统的动态性能时，有必要首先探讨它的启动过程。双闭环直流调速系统突加给定电压 U_n^* 由静止状态启动时，转速和电流的动态过程如图 5-32 所示。由于在启动过程中转速调节器 ASR 经历了不饱和、饱和、退饱和三种情况，整个动态过程就分为了图中标明的 Ⅰ、Ⅱ、Ⅲ 三个阶段。

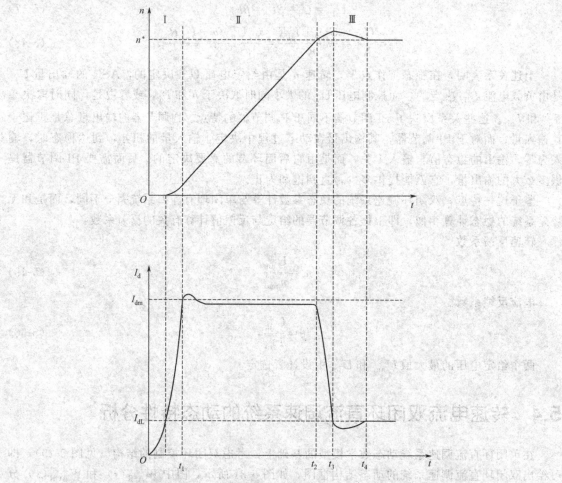

图 5-32　双闭环直流调速系统启动过程的转速和电流波形

①　第Ⅰ阶段：电流上升阶段（$0\sim t_1$）　突加给定电压 U_n^* 后，经过两个调节器的跟随作用，U_c、U_{d0}、I_d 都跟着上升，但是在 I_d 没有达到负载电流 I_{dL} 以前，电动机还不能转动。当 $I_d > I_{dL}$ 后，电动机开始转动。由于机电惯性作用，转速 n 的增长缓慢，因而转速调节器 ASR 的输入偏差电压 $\Delta U_n = U_n^* - U_n$ 的数值较大，其输出电压保持限幅值 U_{im}^*，强迫电枢电流 I_d 迅速上升。尽管此阶段转速不断上升，但是转速调节器 ASR 的输入偏差电压 ΔU_n 只是减小而并未改变极性，因此其一直处于饱和状态，转速环相当于开环运行，ASR 对系统的作用只是对电流调节器发出最大电流指令。直到 $I_d \approx I_{dm}$，$U_i \approx U_{im}^*$，电流调节器很快就压制了 I_d 的增长，标志着这一阶段的结束。在这一阶段中，ASR 很快进入并保持饱和状态，而 ACR 一般不饱和。

②　第Ⅱ阶段：恒流升速阶段（$t_1 \sim t_2$）　这是启动过程中的主要阶段。在这个阶段中，ASR 始终是饱和的，转速相当于开环，系统成为在恒值电流给定 U_{im}^* 下的电流调节系统，基本上保持电流 I_d 恒定，因而系统的加速度恒定，转速呈线性增加。与此同时，电动机的反电动势 E 也按线性增加。对电流调节系统来说，E 是一个线性渐增的扰动量。为了克服这个扰

动，U_{d0} 和 U_c 也必须基本上按线性增长，才能保持 I_d 恒定。当 ACR 采用 PI 调节器时，要使其输出量按线性增长，其输入偏差电压 $\Delta U_i = U_{im}^* - U_i$ 必须维持一定的恒值，也就是说，I_d 应略低于 I_{dm}。值得注意的是，该阶段电流调节器的输出基本保持恒定，但输入偏差量却始终存在，而 PI 调节器稳态工作时输入偏差量应该是 0，这是否意味着 PI 调节器在该阶段未达到稳态呢？答案是否定的。本书在分析 PI 调节器（或积分调节器）消除系统稳态误差原理的时候［详见 5.2.2 小节，式(5-32)、式(5-33)］，有个前提条件，就是输入量为阶跃信号。而从图 5-32 中可以看出，在恒流升速阶段，电流环的扰动输入量 $E(s)$ 为斜坡信号，而电流环一般设计为典型 I 型系统，因此并不能消除稳态误差（具体内容详见第 6 章）。为了保证电流环的这种调节作用，在启动过程中 ACR 不应饱和，电力电子装置 UPE 的最大输出电压也需留出足够的余量，这些都是设计时必须注意的。

③ 第Ⅲ阶段：转速调整阶段（$t_2 \sim t_4$） 这个阶段从电动机转速上升到给定值时开始。在 t_2 时刻，虽然 ASR 的输入偏差量减小为 0，但其输出由于积分的记忆作用还维持在限幅值 U_{im}^*，因此电动机仍在最大电流下加速，转速必然超调。转速超调之后，ASR 输出偏差量极性翻转，开始退出饱和，其输出 U_i^* 迅速下降，电枢电流 I_d 也随之下降。但只要 I_d 仍大于负载电流 I_{dL}，转速就继续上升。直到 $I_d = I_{dL}$ 时，转矩 $T_e = T_L$，则 $dn/dt = 0$，转速 n 才能到达峰值（$t = t_3$ 时）。此后电动机开始在负载的阻力下减速，与此相应，在 $t_3 \sim t_4$ 阶段内 $I_d < I_{dL}$，直到稳定。如果调节器参数整定得不够好，也会有一段振荡过程。在最后的转速调节阶段内，ASR 和 ACR 都不饱和，ASR 起主导的转速调节作用，而 ACR 则力图使 I_d 尽快地跟随其给定值 U_i^*，或者说，电流内环是一个电流随动子系统。

(2) 启动过程的特点 综上所述，双闭环直流调速系统的启动过程有以下三个特点：

① 饱和非线性控制 随着 ASR 的饱和与不饱和，整个系统处于完全不同的两种状态。当 ASR 饱和时，转速外环相当于开环，此时系统可视为恒值电流调节的单闭环系统；当 ASR 不饱和时，转速外环闭环，系统是无静差调速系统，电流内环则表现为电流随动系统。在不同情况下表现为不同结构的线性系统，就是饱和非线性控制的特征。分析和设计这类系统时应采用分段线性化处理。而且必须要注意到，对于这类系统，初始状态对其动态响应有重要的影响；即使系统的动态数学模型完全相同，初始条件不同，其动态响应结果也是不同的。比如，上述启动过程中，第Ⅰ阶段的初期与第Ⅲ阶段对应的数学模型就是完全相同的，但由于初始条件不同，其最终动态响应结果不同。

② 转速超调 由于采用了饱和非线性控制，第Ⅰ阶段后期和整个第Ⅱ阶段 ASR 都处于饱和状态。而作为 PI 调节器，若要退出饱和达到稳态工作点，必须使其输入偏差量改变极性，因此转速必然超调。好在转速略有超调一般是容许的。对于完全不允许超调的情况，应采用其他控制方法来抑制超调。

③ 准时间最优控制 在设备允许条件下实现最短时间的控制称作"时间最优控制"，对于电力拖动系统，在电动机允许过载能力限制下的恒流启动，就是时间最优控制。但是，上述启动过程只是实现了时间最优控制的基本思想，与图 5-26(a) 所示的理想启动过程相比还有一些差距。这是由于主电路电感的作用，在启动过程Ⅰ、Ⅲ两个阶段中电流不能突变。不过这两段时间只占全部启动时间中很小的一部分，无伤大局，因此双闭环调速系统的启动过程可以称为"准时间最优控制"。采用饱和非线性控制的方法实现准时间最优控制是一种很有实用价值的控制策略，在各种多环控制系统中得到了普遍应用。

最后，应该指出，对于不可逆的电力电子变换器，双闭环控制只能保证良好的启动性能，却不能产生回馈制动，在制动时，当电流下降到零以后，只好自由停车。必须加快制动时，只能采用电阻能耗制动或电磁抱闸。必须回馈制动时，可采用可逆的电力电子变换器，详见第 7 章。

5.4.2 抗扰性能的定性分析

抗扰性能是反馈控制系统最突出的特征之一。而对于调速系统来说,抗扰性能尤其重要。以龙门刨床为例,为了保证加工精度和表面光洁度,不允许有较大的速率变化;而由于毛坯表面粗糙不平,加工时负载常有波动。这就要求调速系统对负载扰动有很强的抵抗能力。除负载扰动之外,电网电压扰动是另一种常见的扰动作用,在 V-M 系统中电网电压的扰动作用尤为明显。下面分别就这两类典型扰动,分析双闭环调速系统的抗扰性能。

(1) 抗负载扰动 由图 5-31 可以看出,负载扰动作用在电流环之外。当负载扰动发生时,会引起反电动势 E 的波动,而反电动势扰动在电流环内。电流调节器要抵抗反电动势扰动,但其结果对系统抵抗负载扰动的作用却未必是正面的。

假设负载电流 I_{dL} 突然上升,调速系统为了抵抗这种扰动,最终会使电枢电流 I_d 也上升,从而达到新的运动平衡状态。但如果转速环对负载扰动反应较慢,则在 ASR 输出 U_i^* 尚未来得及变化时,负载电流 I_{dL} 的突然上升会引起反电动势 E 的降低,而电流环会对此反电动势扰动进行抵抗,其结果是维持电枢电流 I_d 不变($I_d = U_i^* / \beta$);这与系统最终要达到电枢电流 I_d 上升的结果完全相反。

也就是说,电流环对负载扰动没有直接的作用,反而有一定不利的影响。因此负载扰动只能靠转速调节器 ASR 起抵抗作用。在设计 ASR 时,应要求有较好的抗扰性能指标。

(2) 抗电网电压扰动 为了在闭环调速系统的动态结构框图上表示出电网电压扰动 ΔU_d 和负载扰动 I_{dL},把图 5-8 重画成图 5-33(a)。图中的 ΔU_d 和 I_{dL} 都作用在被转速负反馈环包围的前向通道上,仅就静特性而言,系统对它们的抗扰能力是一样的。但从动态性能上看,由于抗扰作用点不同,存在着能否及时调节的差别。与负载扰动相比,电网电压扰动的作用点离被调量远,其变化先要影响到电枢电流,再经过机电惯性才能反应到转速上来,调节作用受到延滞,因此单闭环调速系统抑制电压扰动的性能要差一些。

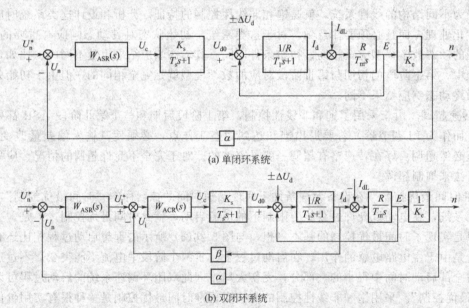

(a) 单闭环系统

(b) 双闭环系统

图 5-33 直流调速系统的动态抗扰作用

在图 5-33(b) 所示的双闭环系统中,由于增设了电流内环,电压波动可以通过电流反馈得到比较及时的调节,不必等它影响到转速以后才反馈回来,因而使抗扰性能得到了改善。因此，在双闭环系统中，由电网电压波动引起的转速变化会比单闭环系统小得多。

5.4.3 转速调节器和电流调节器的作用

综上所述，转速调节器和电流调节器在双闭环直流调速系统中的作用可分别归纳如下。

（1）转速调节器的作用

① 作为系统的主导调节器，使电动机转速 n 跟随给定电压 U_n^* 变化，达到无静差调速的目的。

② 对负载扰动起抵抗作用。

③ 其输出限幅值决定了电动机的最大允许电流。

（2）电流调节器的作用

① 作为内环调节器，在转速调节过程中，使电枢电流紧紧跟随外环调节器的输出变化。

② 对电网电压的波动起及时抗扰的作用。

③ 在转速动态过程中，保证获得电动机允许的最大电流，加快动态过程，实现"准时间最优控制"。

④ 当电动机过载甚至堵转时，限制电枢电流的最大值，起快速的自动保护作用。一旦故障消失，系统立即自动恢复正常。

习　题

1. 某直流调速系统，电动机铭牌数据为 $P_N = 10\text{kW}$，$U_N = 220\text{V}$，$I_N = 55\text{A}$，$n_N = 1500\text{r/min}$，$R_a = 0.5\Omega$，系统运动部分的飞轮惯量 $GD^2 = 10\text{N} \cdot \text{m}^2$；变流装置采用三相桥式可控整流电路，整流装置内阻 $R_{\text{rec}} = 1\Omega$，平波电抗器电感 $L = 17\text{mH}$，$K_s = 45$。要求系统满足调速范围 $D = 20$，静差率 $\varepsilon \leqslant 5\%$。

（1）计算调速指标允许的稳态速降 Δn_{cl} 和开环系统的稳态速降 Δn_{op}；

（2）采用转速负反馈构成单闭环调速系统，调节器采用比例调节器，试画出系统的静态结构图并写出系统的静特性方程；

（3）若系统在额定条件下时的转速给定 $U_n^* = 15\text{V}$，求转速反馈系数 α；

（4）计算满足调速要求时比例调节器的放大系数 K_p；

（5）以上设计的转速反馈调速系统能否稳定运行？

2. 某直流调速系统的调速范围 $D = 20$，额定转速 $n_N = 1450\text{r/min}$，开环稳态速降 $\Delta n_{\text{op}} = 150\text{r/min}$。若要求闭环系统的静差率由 10% 降到 5%，系统的开环放大倍数将如何变化？

3. 转速负反馈单闭环调速系统，若要改变电动机转速，应调节什么参数？改变电力电子变换器的放大倍数行不行？改变转速反馈系数行不行？

4. 转速负反馈单闭环调速系统中，当电网电压、负载转矩、电枢电阻、励磁电流、测速发电机励磁等发生变化时，都会引起转速的变化，问系统对上述各量有无调节作用？为什么？

5. 对于调速指标要求不高的系统，为了降低系统安装和维护成本，有时可以用电压负反馈代替转速负反馈，实现调速的目的，其结构如图 5-34 所示。

图中用电动机电压替代转速作为反馈量，在考虑到电枢电阻 R_a 通常非常小，在转速较高时，这样做是可以的。图中比例放大器 A 的放大系数为 K_p，电力电子装置 UPE 的放大倍数为 K_s，内阻为 R_{pe}。

（1）根据图 5-34，画出电压负反馈调速系统的稳态结构框图，并推导其闭环系统静特性方程。

（2）当电网电压、负载转矩、电枢电阻、励磁电流、电压反馈系数等发生变化时，系统是否有调节作用？为什么？

（3）若调节器改用 PI 调节器，稳态运行时的速度是否有静差？为什么？

6. 对于转速有静差单闭环调速系统，试分析电网电压增高后重新进入稳态时，调节器的输出电压、电力电子变换器输出电压、电动机转速较变化之前有何种变化？对于无静差调速系统，发生上述情况时，与有静差调速系统相比，有何不同？

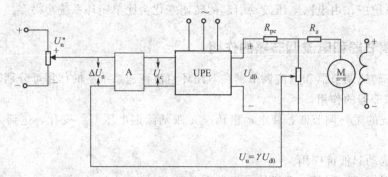

图 5-34　电压负反馈直流调速系统

7. 带电流截止负反馈的转速负反馈调速系统，如果截止比较电压 U_{com} 或电流采样电阻 R_s 发生变化，对系统性能有何影响？

8. 试从频域和时域两个方面，分析积分控制的调速系统为什么是无静差的？在转速单闭环无静差调速系统中，若积分调节器的输入偏差量为零，调节器的输出电压是多少？

9. 转速电流双闭环调速系统，在恒流启动过程中，电枢电流能否严格等于最大值 I_{dm}？为什么？

10. 由于机械原因，造成转轴堵死，试分析双闭环直流调速系统的工作状态。

11. 双闭环直流调速系统中，若要改变输出转速，应该调节哪个量？改变电流反馈系数 β 会影响输出转速吗？为什么？

12. 双闭环直流调速系统调试时，遇到下列情况会出现什么现象？

(1) 电流反馈极性接反；

(2) 转速极性接反。

13. 使用 PI 调节器的转速、电流双闭环直流调速系统稳态运行时，两个调节器的输入偏差电压和输出电压各是多少？由哪些因素决定？

14. 转速电流双闭环直流调速系统比带电流截止负反馈的单闭环直流调速系统优越的原因是什么？

15. 转速电流双闭环调速系统的静特性为什么是一段水平线？而带电流截止负反馈的单闭环直流调速系统静特性却是挖土机特性（或下垂特性）？

16. 根据转速调节器 ASR、电流调节器 ACR 的作用，回答下面问题（设 ASR、ACR 均采用 PI 调节器）：

(1) 双闭环系统在稳定运行中，如果转速反馈信号线断开，系统仍能正常工作吗？

(2) 双闭环系统在额定负载下稳定运行时，若电动机突然失磁，最终电动机会飞车吗？

17. 在转速电流双闭环调速系统中，两个调节器 ASR、ACR 均采用 PI 调节器。已知电动机参数：$P_N = 3.2kW$，$U_N = 220V$，$I_N = 15A$，$n_N = 1000r/min$，电枢回路总电阻 $R = 1.2\Omega$，设 $U_{nm}^* = U_{im}^* = U_{cm} = 10V$，电枢回路最大电流 $I_{dm} = 30A$，电力电子变换器的放大系数 $K_s = 35$。试求：

(1) 电流反馈系数 β 和转速反馈系数 α。

(2) 当电动机在最高转速发生堵转时的 U_{d0} 和 U_c 值。

第6章
调节器的工程设计法及其在直流调速系统中的应用

上一章已经讲过，在对闭环系统进行设计时，常常会遇到动态稳定性与稳态性能指标发生矛盾的情况，因此需要进行动态校正设计。控制系统动态校正设计的方法有很多，比如基于经典控制理论的根轨迹法和开环对数频率特性法（即伯德图法），基于现代控制理论的状态反馈法等。但上述这些方法，理论性较强，实用性较差。以开环对数频率特性法为例，为了同时解决动、静态各方面相互矛盾的性能指标，往往要求设计者具有扎实的理论基础、丰富的实践经验和熟练的设计技巧。这对于初学者来说不易掌握，也不便于工程应用。为此，人们建立了一种简单实用的工程设计法。本章将详细讲述调节器的工程设计法原理，并对其在直流调速系统中的应用进行介绍。在此之前，首先介绍控制系统动态校正的基本要求和动态性能指标。

6.1 控制系统动态校正的基本要求和动态性能指标

6.1.1 控制系统动态校正的基本要求

按照经典控制理论，系统动态校正的方法从结构上可分为串联校正、并联校正、反馈校正和前馈校正；从频域特性上，又可分为超前校正、滞后校正、滞后-超前校正。

在电力传动自动控制系统中，常采用串联校正的方法。对于带电力电子变换器的直流闭环调速系统，由于其传递函数的阶次较低，一般采用 PID 调节器的串联校正方案就能完成动态校正的任务。

PID 调节器中有比例积分调节器（PI 调节器）、比例微分调节器（PD 调节器）和比例积分微分调节器（PID 调节器）三种主要形式。PI 调节器属于滞后校正，能够消除系统的稳态误差，但由于积分的延缓作用，致其快速性相对较差。PD 调节器属于超前校正，能够提高系统稳定裕度，并有足够的快速性；但稳态精度较差，而且微分环节易引入高频干扰，使用不慎可导致系统振荡。PID 调节器属于滞后-超前校正，同时具有 PI 调节器和 PD 调节器的优点，能够在各种性能要求中取得较好的折中，但具体实现和调试要复杂一些。一般的调速系统的要求以动态稳定性和稳态精度为主，对快速性的要求可以差一些，所以主要采用 PI 调节器；在随动系统中，快速性是主要要求，需用 PD 或 PID 调节器。

在设计校正装置时，常采用伯德图法。这是因为伯德图的绘制方法简便，可以确切地提供稳定性和稳定裕度的信息，而且还能大致衡量闭环系统稳态和动态的性能。在实际系统中，动态稳定不仅必须保证，而且还要有一定的裕度，以防参数变化和一些未计入因素的影响。在伯德图上，用来衡量最小相位系统稳定裕度的指标是：相位裕度 γ 和以分贝表示的增益裕度

GM。一般要求

$$\gamma = 30° \sim 60°, GM > 6\text{dB}$$

开环截止频率 ω_c 则反映系统响应的快速性。在最小相系统中，伯德图中的幅频特性和相频特性有明确的一一对应关系，因此其性能指标完全可以由幅频特性的形状得到反映。因此在设计系统时，重要的是首先确定系统的预期幅频特性的大致形状。通常是分频段设计，将伯德图分成低、中、高三个频段，频段的分割界限是大致的，不同文献上的分割方法也不尽相同，这并不影响对系统性能的定性分析。图 6-1 绘出了自动控制系统的典型伯德图，从其中三个频段的特征可判断系统的性能，这些特征包括以下四个方面：

① 中频段以 -20dB/dec 的频率穿越 0dB 线，而且这一斜率能覆盖足够的频带宽度，则系统的稳定性好。

② 截止频率 ω_c 越高，则系统的快速性越好。

③ 低频段的斜率陡、增益高，说明系统的稳态精度高。

④ 高频段衰减越快，即高频特性负分贝值越低，说明系统抗高频噪声干扰的能力越强。

以上四个方面常常是互相矛盾的。对稳态精度要求很高时，常需要放大系数大，却可能使系统不稳定；加上校正装置后，系统稳定了，又可能牺牲快速性；提高截止频率可以加快系统的响应，又容易引入高频干扰；如此等等。设计时往往需用多种手段，反复试凑。在稳、准、快和干扰这四个矛盾的方面之间取得折中，才会获得比较满意的结果。

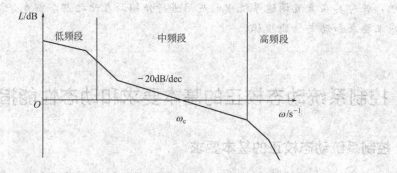

图 6-1　自动控制系统的典型伯德图

具体设计时，首先应进行总体设计，选择基本部件，按稳态性能指标计算参数，形成基本的闭环控制系统，或称原始系统。然后，建立原始系统的动态数学模型，画出其伯德图，检查它的稳定性和其他动态性能。如果原始系统不稳定或动态性能不好，就必须配置合适的动态校正装置，使校正后的系统全面满足性能指标的要求。

这样的做法显然概念清楚，但是在半对数坐标纸上用手工绘制终究比较麻烦，可以采用计算机辅助设计来完成伯德图的全部计算和作图工作。即使如此，往往还须反复试凑，才能获得满意的结果，对于初学者更是如此。在工程实际上，往往采用工程设计法，相关内容将在本章后续内容中详细讲述。

6.1.2　控制系统的动态性能指标

前面已经提到了一些在动态校正设计中具有重要意义的性能指标，比如相角裕度 γ 和截止频率 ω_c。这两个指标是根据系统开环频率特性提出的。根据系统闭环幅频特性，还可以提出闭环幅频特性峰值 M_r 和闭环特性通频带 ω_b 两个性能指标。相角裕度 γ 和闭环幅频特性峰值 M_r 反映系统的相对稳定性，开环截止频率 ω_c 和闭环特性通频带 ω_b 反映系统的快速性。

以上四个动态性能指标是从频域角度提的，在动态校正设计中有重要作用，但并不能直观地反映生产要求。为此，还需要按照生产工艺对控制系统动态性能的要求，经折算和量化后，提炼出时域上的动态性能指标。

在时域上，自动控制系统的动态性能指标包括对给定输入信号的跟随性能指标和对扰动输入信号的抗扰性能指标。

(1) 跟随性能指标　在给定信号或参考输入信号 $R(t)$ 的作用下，系统输出量 $C(t)$ 的变化情况可用跟随性能指标来描述。当给定信号变化方式不同时，输出响应也不一样。通常以输出量的初始值为零的情况下给定信号阶跃变化时的过渡过程作为典型的跟随过程，这时的输出量动态响应称作阶跃响应，如图 6-2 所示。

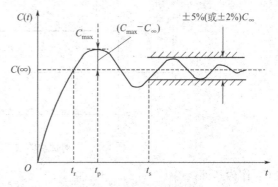

图 6-2　典型的阶跃响应过程和跟随性能指标

常用的阶跃响应跟随性能指标有上升时间、超调量和调节时间。

① 上升时间 t_r　阶跃响应过程中，从零起第一次上升到 C_∞（即输出量 C 的稳态值）所经过的时间称作上升时间，它表示动态响应的快速性。

② 超调量 σ 和峰值时间 t_p　动态过程中，输出量超过输出稳态值的最大偏差与稳态值之比，称为超调量，通常用百分数表示：

$$\sigma = \frac{C_{\max} - C_\infty}{C_\infty} \times 100\% \tag{6-1}$$

系统从零起上升到 $C_{\max}$（即输出量峰值）所经过的时间称为峰值时间。

超调量反映系统的相对稳定性。超调量越小，相对稳定性越好。

③ 调节时间 t_s　调节时间又称过渡过程时间，它衡量输出量整个调节过程的快慢。理论上，线性系统的输出过渡过程要到 $t = \infty$ 才稳定，但实际上由于存在各种非线性因素，过渡过程到一定时间就终止了。为了在线性系统阶跃响应曲线上表示调节时间，认定稳态值上下 $\pm 5\%$（或取 $\pm 2\%$）的范围为允许误差带，将输出量达到并不再超出该误差带所需的时间定义为调节时间。调节时间既反映系统的快速性，也包含它的稳定性。

(2) 抗扰性能指标　控制系统稳定运行中，如果受到外部扰动（如负载变化、电网电压波动），就会引起输出量的变化。输出量变化多少？经过多长时间能恢复稳定运行？这些问题反映了系统抵抗扰动的能力。一般以系统稳定运行中突加一定数值的阶跃扰动量 F 以后，输出量由降低到稳定在一定值的过渡过程作为系统典型的抗扰过程，如图 6-3 所示。

常用的抗扰性能指标为动态降落和恢复时间。

① 动态降落 $\Delta C_{\max}$　系统稳定运行时，突加一定数值的阶跃扰动量，所引起的输出量最大降落值 $\Delta C_{\max}$ 称作动态降落。一般用 $\Delta C_{\max}$ 占输出量原稳态值 $C_{\infty 1}$ 的百分数 $\Delta C_{\max}/C_{\infty 1} \times 100\%$ 来表示（或用占某基准值 C_b 的百分数 $\Delta C_{\max}/C_b \times 100\%$ 来表示）。输出量在动态降落后逐渐恢复，达到新的稳态值 $C_{\infty 2}$，是系统在扰动作用下的稳态误差，即静差。动态降落一般都大于稳态误差。调速系统突加额定负载扰动时转速的动态降落称作动态速降 $\Delta n_{\max}$。

② 恢复时间 t_v　从阶跃扰动作用开始，到输出量基本上恢复稳态，距新稳态值 $C_{\infty 2}$ 之差进入某基准值 C_b 的 $\pm 5\%$（或 $\pm 2\%$）范围之内所需的时间，定义为恢复时间 t_v。其中 C_b 称作抗扰指标中输出量的基准值，视具体情况选定。如果允许的动态降落较大，就可以将新稳态值 $C_{\infty 2}$ 作为基准。如果允许的动态降落较小，例如小于 $\pm 5\%$（这是常有的情况），则按进入 $\pm 5\% C_{\infty 2}$ 范围来定义的恢复时间只能为零，就没有意义了，所以必须选择一个比稳态值更小

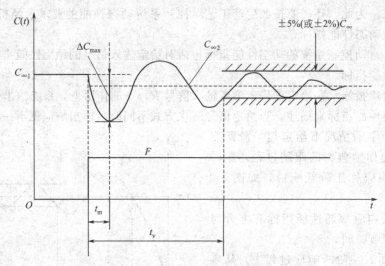

图 6-3　突加扰动的动态过程和抗扰性能指标

的 C_b 作为基准。

实际控制系统对于各种动态指标的要求各有不同，由生产机械的工艺要求确定。对于需要经常正反转运行的可逆轧钢机和龙门刨床，对速度的动态跟随性能和抗扰性能都有较高的要求；而一般生产中用的不可逆调速系统则主要要求有一定的转速抗扰性能，对其跟随性能则要求不高。工业机器人和数控机床用的伺服系统需要很强的跟随性能，而大型天线的伺服系统则对跟随性能和抗扰性能都有比较高的要求。多机架连轧机的调速系统则要求抗扰性能很高。一般来说，调速系统的动态指标以抗扰性能为主，而伺服系统的动态指标则以跟随性能为主。

6.2　调节器的工程设计法

前面已经提到，采用经典的开环对数频率特性法进行系统动态校正设计时，必须先求出该闭环的原始系统开环对数频率特性，再根据性能指标确定校正后系统的预期特性，经过反复试凑，才能确定调节器的特性，从而选定其结构并计算参数。反复试凑过程也就是系统的稳、准、快和抗干扰诸方面的矛盾的正确解决过程，需要有熟练技巧才行。

而现代的电力传动控制系统中，除电动机外，都是由惯性很小的电力电子器件、集成电路等组成的。经过合理简化处理，整个系统一般都可以近似为低阶系统。于是就有可能将多种多样的控制系统简化或近似成少数典型的低阶结构。如果事先对这些典型系统做比较深入的研究，把它们的开环对数频率特性当作预期的特性，弄清楚它们的参数与系统性能指标的关系，写成简单的公式或制成简明的图表，则在设计时，只要把实际系统校正或简化成典型系统，就可以利用现成的公式和图表来进行参数计算，设计过程就要简便得多。这就是工程设计法。

6.2.1　工程设计法的基本流程

工程设计法的主要好处是便于认清系统本质，抓住设计分析与设计的主要矛盾，同时大大简化设计的过程。工程设计法可按以下四步进行调节器的设计工作：

① 被控对象的近似处理　工程实际中的被控对象是多种多样的。很多被控对象的数学模型包含非线性环节，阶数也比较高，不能直接按典型系统进行设计。因此首先要对实际被控对象进行线性化和降阶等近似处理，其目的是突出影响系统性能的主要环节。

② 调节器结构的确定　根据经近似处理后的被控对象的特点，确定调节器的结构，以同时满足系统动态稳定性和稳态精度的要求。

③ 调节器参数的设计　根据已知的典型系统参数与系统动态性能指标的关系，计算调节器参数。

④ 近似条件的校验　在完成调节器设计之后，要对第一步中的各个近似条件进行校验。如果有近似条件不满足，应返回第一步重新进行设计。

通过以上流程中的第二步和第三步，工程设计法把稳、准、快和抗干扰之间相互交叉的矛盾问题分成两步来解决，第二步首先解决主要矛盾，即动态稳定性和稳态精度，然后在第三步中再进一步满足其他动态性能指标。

6.2.2　典型系统及其性能指标与参数的关系

一般来说，许多控制系统的开环传递函数都可以用下式来表示：

$$W(s) = \frac{K \prod_{j=1}^{m} (\tau_j s + 1)}{s^r \prod_{i=1}^{n} (T_i s + 1)} \tag{6-2}$$

式中，分子和分母都可能含有复数零点和复数极点；分母中的 s^r 项表示系统在复平面原点处有 r 重极点，或者说系统含有 r 个积分环节，称为 r 型系统。由控制理论可知，型次越高，系统的稳态精度越高，但稳定性也越差。0 型系统即使在阶跃输入时也存在稳态误差，而Ⅲ型及Ⅲ型以上系统的稳定性很难保证。因此，为了保证稳定性和较好的稳态精度，实际的控制系统基本上就是Ⅰ型和Ⅱ型系统。

由式(6-2)可知，随着零点及非零极点的数目的不同，同型次系统的稳定性和复杂性也各不相同。为此，在Ⅰ型系统和Ⅱ型系统中各选出一种简单实用的结构作为典型系统，作为工程设计法的基础。

(1) 典型Ⅰ型系统

① 基本结构与参数设计　典型Ⅰ型系统的开环传递函数选择为

$$W(s) = \frac{K}{s(Ts + 1)} \tag{6-3}$$

式中，T 为系统的惯性时间常数；K 为系统的开环增益。

可见，典型Ⅰ型系统是包含了一个惯性环节的二阶系统，其闭环系统结构图如图 6-4(a)所示。选择该系统作为典型系统，首先是因为其结构简单，只要 $K > 0$，系统一定稳定；其次是其对数幅频特性［如图 6-4(b) 所示］的中频段以 $-20\mathrm{dB/dec}$ 的斜率穿越零分贝线，只要参数的选择能保证足够的中频带宽度，系统就有足够的稳定裕度。

当然，要达到上述要求，参数上应有图 6-4 所示的配合关系，即：

$$\omega_c < \frac{1}{T}(\text{或 } \omega_c T < 1), \qquad \arctan\omega_c T < 45°$$

则相角稳定裕度为

$$\gamma = 180° - 90° - \arctan\omega_c T = 90° - \arctan\omega_c T > 45° \tag{6-4}$$

在典型Ⅰ型系统的两个参数开环增益 K 和时间常数 T 中，时间常数 T 往往是系统本身的固有参数，能够由调节器改变的只有开环增益 K。换句话说，K 是唯一待定参数，需要找出性能指标与 K 值的关系。

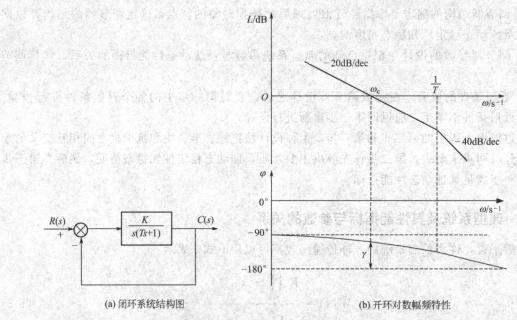

(a) 闭环系统结构图　　　　　　　(b) 开环对数幅频特性

图 6-4　典型 I 型系统

由图 6-4 中的对数幅频特性可知

$$20\lg K = 20(\lg\omega_c - \lg 1) = 20\lg\omega_c$$

所以

$$K = \omega_c \tag{6-5}$$

由式(6-5)可知，K 值越大，截止频率 ω_c 也越大，系统响应越快；但由式(6-4)可知，ω_c 越大，相角稳定裕度 γ 越小。这就体现出了快速性与稳定性之间的矛盾。因此在具体选择参数 K 时，须在二者之间取折中。

② 典型 I 型系统的稳态误差　图 6-4(a) 所示的典型 I 型系统的系统误差为：

$$E(s) = \frac{1}{1+W(s)}R(s) = \frac{1}{1+\dfrac{K}{s(Ts+1)}}R(s) = \frac{s(Ts+1)}{Ts^2+s+K}R(s) \tag{6-6}$$

若系统输入为阶跃输入，即 $R(s) = \dfrac{R_0}{s}$，则系统稳态误差为：

$$E = \lim_{s \to 0} sE(s) = \lim_{s \to 0} s\frac{R_0}{s} \times \frac{s(Ts+1)}{Ts^2+s+K} = 0 \tag{6-7}$$

若系统输入为斜坡输入，即 $R(s) = \dfrac{v_0}{s^2}$，则系统稳态误差为：

$$E = \lim_{s \to 0} sE(s) = \lim_{s \to 0} s\frac{v_0}{s^2} \times \frac{s(Ts+1)}{Ts^2+s+K} = \frac{v_0}{K} \tag{6-8}$$

若系统输入为抛物线输入，即 $R(s) = \dfrac{a_0}{s^3}$，则系统稳态误差为：

$$E = \lim_{s \to 0} sE(s) = \lim_{s \to 0} s\frac{a_0}{s^3} \times \frac{s(Ts+1)}{Ts^2+s+K} = \infty \tag{6-9}$$

可见，在阶跃输入下，I 型系统稳态无误差；但在斜坡输入下，则有恒值稳态误差，且与 K 值成反比。由于在加速度输入下，稳态误差为 ∞，所以 I 型系统不能用于具有加速度输入的随动系统。

③ 典型Ⅰ型系统的参数与动态跟随性能指标的关系 由图 6-4(a) 可求出典型Ⅰ型系统的闭环传递函数为

$$W_{cl}(s)=\frac{W(s)}{1+W(s)}=\frac{\dfrac{K}{s(Ts+1)}}{1+\dfrac{K}{s(Ts+1)}}=\frac{\dfrac{K}{T}}{s^2+\dfrac{1}{T}s+\dfrac{K}{T}} \tag{6-10}$$

可见典型Ⅰ型系统是二阶系统。而二阶系统的标准传递函数为：

$$W_{cl}(s)=\frac{C(s)}{R(s)}=\frac{\omega_n^2}{s^2+2\xi\omega_n s+\omega_n^2} \tag{6-11}$$

式中，ω_n 为无阻尼时的自然振荡角频率（或称固有角频率）；ξ 为阻尼比（或称衰减系数）。

比较式(6-10) 和式(6-11)，可得参数换算关系如下：

$$\begin{cases} \omega_n=\sqrt{\dfrac{K}{T}} \\[2mm] \xi=\dfrac{1}{2}\sqrt{\dfrac{1}{KT}} \\[2mm] \xi\omega_n=\dfrac{1}{2T} \end{cases} \tag{6-12}$$

由自动控制理论知识可以知道，当 $\xi<1$ 时，系统的动态响应是欠阻尼的振荡特性；当 $\xi>1$ 时，是过阻尼的单调特性；当 $\xi=1$ 时，是临界阻尼状态。由于过阻尼的动态响应较慢，所以一般常把系统设计成欠阻尼状态。同时为满足稳定性的要求，即 $-20\mathrm{dB/dec}$ 过零分贝线，需 $\omega_c T=KT<1$，由式(6-12) 可知应有 $\xi>0.5$。因此在典型Ⅰ型系统中，一般取 $0.5<\xi<1$。

欠阻尼的二阶振荡系统，在零初始条件和阶跃输入下的各动态性能指标的解析表达式为：

上升时间

$$t_r=\frac{2\xi T}{\sqrt{1-\xi^2}}(\pi-\arccos\xi) \tag{6-13}$$

峰值时间

$$t_p=\frac{\pi}{\omega_n\sqrt{1-\xi^2}} \tag{6-14}$$

超调量

$$\sigma=\mathrm{e}^{-(\xi\pi/\sqrt{1-\xi^2})}\times100\% \tag{6-15}$$

调节时间

$$\begin{cases} t_s\approx\dfrac{3}{\xi\omega_n}=6T（允许误差范围 5\%） \\[3mm] t_s\approx\dfrac{4}{\xi\omega_n}=8T（允许误差范围 2\%） \end{cases} \tag{6-16}$$

截止频率

$$\omega_c=\frac{(\sqrt{4\xi^2+1}-2\xi^2)^{\frac{1}{2}}}{2\xi T} \tag{6-17}$$

相角稳定裕度

$$\gamma=\arctan\frac{2\xi}{(\sqrt{4\xi^4+1}-2\xi^2)^{\frac{1}{2}}} \tag{6-18}$$

根据式(6-13) ~式(6-18)，可求出 $0.5<\xi<1$ 时典型 I 型系统动态跟随性能指标和频域指标与其参数 KT 的关系，列于表 6-1 中。

表 6-1　典型 I 型系统动态跟随性能指标和频域指标与其参数 KT 的关系

参数 KT	0.25	0.39	0.50	0.69	1.0
阻尼比 ξ	1.0	0.8	0.707	0.6	0.5
超调量 σ	0%	1.5%	4.3%	9.5%	16.3%
上升时间 t_r	∞	$6.6T$	$4.7T$	$3.3T$	$2.4T$
峰值时间 t_p	∞	$8.3T$	$6.2T$	$4.7T$	$3.6T$
相角稳定裕度 γ	76.3°	69.9°	65.5°	59.2°	51.8°
截止频率 ω_c	$0.243/T$	$0.367/T$	$0.455/T$	$0.596/T$	$0.786/T$

通过表 6-1 可以看出，典型 I 型系统各动态性能指标与 KT 的关系呈单调性。以超调量为例，KT 越小，超调量越小，对于要求超调量小或无超调的应用场合，可选择 $KT=0.25\sim0.39$ 范围内，此时 ξ 在 $0.8\sim1$ 范围内。再以截止频率而论，KT 越大，截止频率越高，快速性也越好，对于动态响应要求快的应用场合，可选择 $KT=0.69\sim1.0$，此时 ξ 在 $0.5\sim0.6$ 范围内。

相对而言，当 $\xi=0.707$，$KT=0.5$ 时，各性能指标取得了比较好的折中；这就是工程界流行的西门子"最佳整定方法"中的"模最佳系统"，或称"二阶最佳系统"。

在工程设计中，可以根据系统的动态指标要求，利用表 6-1 进行参数初选。在此基础上，要掌握参数变化时系统性能的变化趋势，在调试实验时根据实际工况做出必要的调整。

当然，还有一种可能，就是无论怎样选取 K 值，都只能顾此失彼，不能取得满意的折中，这说明典型 I 型系统不能适用，需要采取别的控制类型。

④ 典型 I 型系统的参数与动态抗扰性能指标的关系　对系统抗扰性能的分析要比对其跟随性能的分析复杂得多，这是因为控制系统的抗扰性能不仅仅决定于系统本身的结构，还与扰动工作点以及扰动作用形式有关。某种定量的抗扰性能指标只适用于一种特定系统的结构、扰动作用点和扰动函数。对于典型 I 型系统而言，由于系统结构已经确定，因而在分析其抗扰性能指标时，扰动工作点位置就成为了重要的关注点。至于扰动函数，为了简化起见，通常设为阶跃扰动。

下面根据调速系统的需要，选择图 6-5 所示的一种结构，对其进行动态抗扰性能进行定量分析。掌握了这种结构的分析方法后，遇到其他结构时也可以仿此处理。图 6-5(a) 中，被控对象为一双惯性环节，扰动工作点前后各有一个，两个时间常数 $T_2>T_1$。若要将该系统校正为典型 I 型系统，可设计为 PI 调节器，其传递函数为：

$$W_{pi}(s)=K_{pi}\frac{\tau_1 s+1}{\tau_1 s} \tag{6-19}$$

具体的参数配合方法是，用 PI 调节器中的比例微分环节 $\tau_1 s+1$ 与扰动工作点之后的时间常数较大惯性环节的分母 $T_2 s+1$ 相抵消，即 $\tau_1=T_2$。在讨论抗扰性能时，可令输入变量 $R(s)=0$，则图 6-5(a) 可以改画成图 6-5(b)，图中 $K_1=K_{pi}K_d/\tau_1$。

令

$$W_1(s)=\frac{K_1(T_2 s+1)}{s(T_1 s+1)} \tag{6-20}$$

$$W_2(s)=\frac{K_2}{T_2 s+1} \tag{6-21}$$

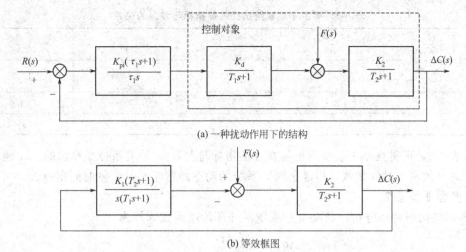

(a) 一种扰动作用下的结构

(b) 等效框图

图 6-5　典型 I 型系统在一种扰动作用下的动态结构框图

则系统的开环总传递函数为典型 I 型系统：

$$W(s)=W_1(s)W_2(s)=\frac{K}{s(Ts+1)} \tag{6-22}$$

式中，$K=K_1K_2$，$T=T_1$。

在阶跃扰动下，$F(s)=\dfrac{F}{s}$，由图 6-5(b) 得

$$\Delta C(s)=\frac{F}{s}\times\frac{W_2(s)}{1+W_1(s)W_2(s)}=\frac{\dfrac{FK_2}{T_2s+1}}{s+\dfrac{K_1K_2}{Ts+1}}=\frac{FK_2(Ts+1)}{(T_2s+1)(Ts^2+s+K)} \tag{6-23}$$

如果调节器参数已经按跟随性能指标选定为 $KT=0.5$，也就是说，$K=\dfrac{1}{2T}$，则有

$$\Delta C(s)=\frac{2FK_2T(Ts+1)}{(T_2s+1)(2T^2s^2+2Ts+1)} \tag{6-24}$$

对式(6-24) 取反拉普拉斯变换，可得阶跃扰动后输出变化量的动态过程函数：

$$\Delta C(t)=\frac{2FK_2m}{2m^2-2m+1}\left[(1-m)\mathrm{e}^{-t/T_2}-(1-m)\mathrm{e}^{-t/2T}\cos\frac{t}{2T}+m\mathrm{e}^{-t/2T}\sin\frac{t}{2T}\right] \tag{6-25}$$

式中，$m=\dfrac{T_1}{T_2}<1$，为控制对象中小时间常数与大时间常数的比值。

取不同 m 值，可计算出相应的 $\Delta C(t)$ 动态过程曲线，从而得到动态抗扰性能指标——动态降落 $\Delta C_{\max}$ 及其对应的时间 t_m 和恢复时间 t_v。

在计算抗扰性能指标时，为了方便起见，输出量的最大动态降落 $\Delta C_{\max}$ 用基准值 C_b 的百分数表示，所对应的时间 t_m 用时间常数 T 的倍数表示，允许误差带为 $\pm5\%C_b$ 时的恢复时间 t_v 也用 T 的倍数表示。为了使 $\Delta C_{\max}/C_b$ 和 t_v/T 的数值都落在合理范围内，将基准值 C_b 取为

$$C_b=\frac{1}{2}FK_2 \tag{6-26}$$

计算结果列于表 6-2 中，其中的性能指标与参数的关系是针对图 6-5 所示的特定结构和 $KT=0.5$ 这一特定参数选择的。

表 6-2 典型 I 型系统抗扰性能指标与参数的关系

$m=\dfrac{T_1}{T_2}=\dfrac{T}{T_2}$	$\dfrac{1}{5}$	$\dfrac{1}{10}$	$\dfrac{1}{20}$	$\dfrac{1}{30}$
$\dfrac{\Delta C_{max}}{C_b}\times100\%$	55.5%	33.2%	18.5%	12.9%
t_m/T	2.8	3.4	3.8	4.0
t_v/T	14.7	21.7	28.7	30.4

观察表 6-2，可见典型 I 型系统的抗扰性能指标与参数 m 的关系也是单调的。m 越小，也就是被控对象的两个时间常数差得越远时，系统的动态降落越小，恢复时间则越长。

(2) 典型 II 型系统

① 基本结构与特性分析 典型 II 型系统的开环传递函数选择为

$$W(s)=\frac{K(\tau s+1)}{s^2(Ts+1)} \tag{6-27}$$

式中，K 为系统开环放大系数；τ 为比例微分时间常数；T 为惯性时间常数。

典型 II 型系统是包含一个负实数极点和负实数零点的三阶系统，结构简单而且稳定。与典型 I 型系统类似，惯性时间常数 T 是被控对象的固有参数，其他两个参数 K 和 τ 为待定参数。

典型 II 型系统的闭环系统结构图和开环对数频率特性如图 6-6 所示。由于在传递函数中有二重积分，因此系统在低频段的斜率为 -40dB/dec。为了使中频段以 -20dB/dec 的斜率穿越 0dB 线，以保证系统的稳定性，必须有以下参数配合关系：

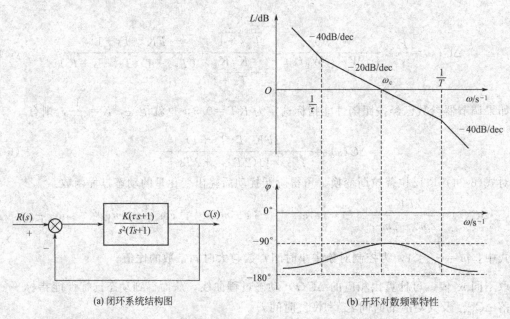

(a) 闭环系统结构图   (b) 开环对数频率特性

图 6-6 典型 II 型系统闭环结构图和开环对数频率特性

$$\frac{1}{\tau}<\omega_c<\frac{1}{T}\ \text{或}\ \tau>T \tag{6-28}$$

而相角稳定裕度为

$$\gamma=180°-180°+\arctan\omega_c\tau-\arctan\omega_c T=\arctan\omega_c\tau-\arctan\omega_c T$$

由上式可知，τ 比 T 大得越多，则稳定裕度越大。

由于有两个待定系数 K 和 τ，这就增加了选择参数工作的复杂性。为此，引入一个新的变量 h，令

$$h = \frac{\tau}{T} = \frac{\omega_2}{\omega_1} \tag{6-29}$$

由图 6-6 可见，h 是斜率为 -20dB/dec 的中频段宽度（对数坐标），称作"中频宽"，由于中频段的状况对控制系统的动态品质起着决定性的作用，因此 h 值是一个很关键的参数。

为了不失一般性，设 $\omega = 1$ 点处在 -40dB/dec 特性段，由图 6-6 可以看出

$$20\lg K = 40\lg\omega_1 + 20\lg\frac{\omega_c}{\omega_1} = 20\lg\omega_1\omega_c$$

因此

$$K = \omega_1\omega_c \tag{6-30}$$

从图中还可以看出，由于 T 值一定，改变 τ 就等于改变 h，在确定 τ 以后，再改变 K 相当于使开环对数幅频特性上下平移，从而改变截止频率 ω_c。因此在设计调节器时，选择两个参数 h 和 ω_c，就相当于选择参数 τ 和 K。

在工程设计中，如果两个参数都任意选择，工作量显然很大。如果能够在两个参数之间找到某种对动态性能有利的关系，根据这个关系，选择其中一个参数就可以推算出另一个，使双参数设计问题演变为单参数设计问题，这对于简化设计过程是相当重要的。

对于典型 II 系统，工程设计中有两种准则选择参数 h 和 ω_c，即最小闭环幅频特性峰值 $M_{r\min}$ 准则和最大相角裕度 $\gamma_{\max}$ 准则。依据这两个准则，都可以找出参数 h 和 ω_c 较好的配合关系。本书采用最小闭环幅频特性峰值 $M_{r\min}$ 准则来选择典型 II 型系统的参数。

基于该准则，当 h 为确定值时，只存在一个确定的 ω_c 可以使闭环幅频特性峰值达到最小值 $M_{r\min}$，此时 ω_c 和 ω_1、ω_2 之间的关系是

$$\frac{\omega_2}{\omega_c} = \frac{2h}{h+1} \tag{6-31}$$

$$\frac{\omega_c}{\omega_1} = \frac{h+1}{2} \tag{6-32}$$

以上两式称作 $M_{r\min}$ 准则的"最佳频比"，因而有

$$\omega_1 + \omega_2 = \frac{2\omega_c}{h+1} + \frac{2h\omega_c}{h+1} = 2\omega_c$$

因此

$$\omega_c = \frac{1}{2}(\omega_1 + \omega_2) = \frac{1}{2}\left(\frac{1}{\tau} + \frac{1}{T}\right) \tag{6-33}$$

可见，按此准则，系统的开环截止频率 ω_c 为两个转折频率 ω_1 和 ω_2 的代数平均值。而对应的最小闭环幅频特性峰值是

$$M_{r\min} = \frac{h+1}{h-1} \tag{6-34}$$

表 6-3 列出了不同中频宽 h 值时由以上公式计算出的 $M_{r\min}$ 值和对应的最佳频比。

表 6-3　不同 h 值时的 $M_{r\min}$ 值和对应的最佳频比

h	3	4	5	6	7	8	9	10
$M_{r\min}$	2	1.67	1.5	1.4	1.33	1.29	1.25	1.22
ω_2/ω_c	1.5	1.6	1.67	1.71	1.75	1.78	1.80	1.82
ω_c/ω_1	2.0	2.5	3.0	3.5	4.0	4.5	5.0	5.5

由表 6-3 可以看出，中频宽 h 越大，$M_{r\min}$ 越小，系统超调量就越小，但截止频率也同时

减小，使系统的快速性变差。经验表明，M_{rmin} 在 $1.2\sim1.5$ 之间时，系统的动态性能较好，有时会达到 $1.8\sim2.0$，所以 h 值可在 $3\sim10$ 之间选择。h 更大时，降低 M_{rmin} 的效果就不显著了。

h 和 ω_c 确定之后，根据式(6-29) 和式(6-30)，即可确定 τ 和 K 的取值：

$$\tau = hT \tag{6-35}$$

$$K = \omega_1 \omega_c = \omega_1^2 \frac{h+1}{2} = \left(\frac{1}{hT}\right)^2 \times \frac{h+1}{2} = \frac{h+1}{2h^2 T^2} \tag{6-36}$$

② 典型Ⅱ型系统的稳态误差　按照与前面典型Ⅰ型系统稳态误差计算相同的方法，也可以计算出典型Ⅱ型系统在不同输入信号作用下的稳态误差，如表 6-4 所示。

表 6-4　Ⅱ型系统在不同输入信号作用下的稳态误差

输入信号	阶跃输入 $R(t)=R_0$	斜坡输入 $R(t)=v_0 t$	加速度输入 $R(t)=\dfrac{a_0 t^2}{2}$
稳态误差	0	0	a_0/K

由表 6-4 可见，典型Ⅱ型系统具有二阶无静差特性：在阶跃输入和斜坡输入作用下，稳态误差为 0，在加速度输入下稳态误差与开环放大系数成反比。

③ 典型Ⅱ型系统的参数与动态跟随性能指标的关系　典型Ⅱ型系统是三阶系统。与二阶系统不同，一般三阶系统的动态性能指标与参数之间并无明确的解析关系。但在按某一准则选择参数这一特定条件下，仍能推导出上述关系。

当典型Ⅱ型系统按照 M_{rmin} 准则确定参数后，其开环传递函数可改写为：

$$W(s) = \frac{K(\tau s+1)}{s^2(Ts+1)} = \left(\frac{h+1}{2h^2 T^2}\right) \times \frac{hTs+1}{s^2(Ts+1)}$$

进而求得系统的闭环传递函数为

$$W_{el}(s) = \frac{W(s)}{1+W(s)} = \frac{hTs+1}{\dfrac{2h^2}{h+1}T^3 s^3 + \dfrac{2h^2}{h+1}T^2 s^2 + hTs + 1}$$

当输入信号为单位阶跃函数，即 $R(s) = \dfrac{1}{s}$ 时，可得闭环系统的输出响应为：

$$C(s) = \frac{hTs+1}{s\left(\dfrac{2h^2}{h+1}T^3 s^3 + \dfrac{2h^2}{h+1}T^2 s^2 + hTs + 1\right)} \tag{6-37}$$

以 T 为时间基准，对于具体的 h 值，可求出对应的单位阶跃响应函数，从而计算出超调量 σ，上升时间 t_r/T，调节时间 t_s/T 和振荡次数 k，采用数字仿真计算的结果如表 6-5 所示。

表 6-5　典型Ⅱ型系统阶跃输入跟随性能指标（按 M_{rmin} 准则确定参数关系）

h	3	4	5	6	7	8	9	10
σ	52.6%	43.6%	37.6%	33.2%	29.8%	27.2%	25.0%	23.3%
t_r/T	2.40	2.65	2.85	3.0	3.1	3.2	3.3	3.35
t_s/T	12.15	11.65	9.55	10.45	11.30	12.25	13.25	14.20
k	3	2	2	1	1	1	1	1

由表 6-5 可以看出，系统超调量 σ 和上升时间 t_r 与中频宽 h 的关系是单调的，且表现为相互矛盾的情况。中频宽 h 越大，超调量越小，而上升时间却越慢，这体现了系统稳定性与快

速性之间的冲突。由于过渡过程的衰减振荡过程，调节时间 t_s 与中频宽 h 的关系不是单调的，$h=5$ 时的调节时间最短。把各项指标综合起来看，$h=5$ 时动态跟随性能比较适中。对比表 6-1 与表 6-5，可以发现典型 II 型系统的超调量都比典型 I 型系统大，而快速性要好。

④ 典型 II 型系统的参数与动态抗扰性能指标的关系　前面已经讲过，系统的动态抗扰性能因系统结构、扰动作用点以及扰动作用函数形式的变化而有很大差异。这里选择调速系统中常遇到的一种扰动作用点，分析典型 II 型系统参数与动态抗扰性能的关系，如图 6-7 所示。图 6-7 中，为了将系统校正为典型 II 型系统，同样采用了 PI 调节器。

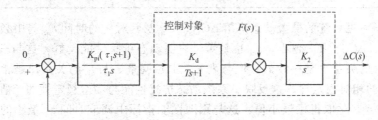

(a) 一种扰动作用下的结构

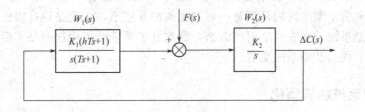

(b) 等效框图

图 6-7　典型 II 型系统在一种扰动作用下的动态结构框图

令 $K_1 = K_{pi} K_d / \tau_1$，$K = K_1 K_2$，$\tau_1 = hT$，则图 6-7(a) 可以画成图 6-7(b)。于是

$$W_1(s) = \frac{K_1(hTs+1)}{s(Ts+1)} \tag{6-38}$$

$$W_2(s) = \frac{K_2}{s} \tag{6-39}$$

系统的开环总传递函数为典型 II 型系统：

$$W(s) = W_1(s)W_2(s) = \frac{K(hTs+1)}{s^2(Ts+1)} \tag{6-40}$$

在阶跃扰动下，$F(s) = \dfrac{F}{s}$，由图 6-7(b) 得

$$\Delta C(s) = \frac{F}{s} \times \frac{W_2(s)}{1+W_1(s)W_2(s)} = \frac{\dfrac{FK_2}{s}}{s + \dfrac{K(hTs+1)}{s(Ts+1)}} = \frac{FK_2(Ts+1)}{s^2(Ts+1) + K(hTs+1)}$$

考虑到式(6-36)，有：

$$\Delta C(s) = \frac{\dfrac{2h^2}{h+1}FK_2T^2(Ts+1)}{\dfrac{2h^2}{h+1}T^3s^3 + \dfrac{2h^2}{h+1}T^2s^2 + hTs + 1} \tag{6-41}$$

由式(6-41) 可以计算出对应于不同 h 值的动态抗扰过程曲线 $\Delta C(t)$，从而求出各项动态抗扰性能指标（列于表 6-6）。在计算中，为了使各项指标都落在合理的范围内，取输出量基

准值为

$$C_b = 2FK_2T \tag{6-42}$$

表 6-6 典型 II 型系统抗扰性能指标与参数的关系

h	3	4	5	6	7	8	9	10
$\Delta C_{max}/C_b$	72.2%	77.5%	81.2%	84.0%	86.3%	88.1%	89.6%	90.8%
t_m/T	2.45	2.70	2.85	3.00	3.15	3.25	3.30	3.40
t_v/T	13.60	10.45	8.80	12.95	16.85	19.80	22.80	25.85

观察表 6-6，可见系统的最大动态降落 $\Delta C_{max}/C_b$ 及其对应的时间 t_m 与中频宽 h 之间呈单调关系，h 越小，$\Delta C_{max}/C_b$ 越小，t_m 也越短，表明动态抗扰性能越好，这与表 6-5 中所示的上升时间 t_r 与 h 的关系也是一致的；但与表 6-5 中超调量 σ 与 h 的关系却是相反的。考虑到超调量表征系统的相对稳定性，这反映了系统动态抗扰性能与动态稳定性的矛盾。系统的动态恢复时间 t_v 在 $h=5$ 时取得了最小值，这与跟随性能指标中调节时间 t_s 最小的条件相同。把典型 II 型系统跟随和抗扰的各项性能指标综合起来看，$h=5$ 应该是一个很好的选择。

对典型 I 型系统和典型 II 型系统进行对比分析，可以发现，除了在稳态性能上的差异之外，动态性能上典型 I 型系统的超调量一般都比典型 II 型小，也就是说在跟随性能上典型 I 型系统优于典型 II 型系统；而在恢复时间方面，典型 II 型系统的表现比典型 I 型系统更好，也就是说在抗扰性能上典型 II 型系统更好。

6.2.3 非典型系统的典型化

前面已经对两种典型系统参数与性能指标间的关系做了详细讨论。在 6.2.1 小节中给出的工程设计法的四个步骤中，第三步内容，即调节器参数设计，可根据 6.2.2 节相关公式和图表进行计算。而第四步中需校验的近似条件是第一步确定的，因此要按工程设计法设计调节器，还需要按前后顺序，完成前两步内容的工作。而前两步的内容，归结为一句话，就是"非典型系统的典型化"。

(1) 被控对象的近似处理 实际系统被控对象的数学模型往往比较复杂，阶数比较高，还可能含有非最小相位环节和非线性环节，不能简单地校正为典型系统；因此需要进行降阶、简化等近似处理，为系统的典型化做准备。

① 高频段小惯性环节的近似处理 在电力传动控制系统中，机电时间常数和电磁时间常数比较大，而其他时间常数如电力电子变换器的滞后时间常数、转速和电流滤波时间常数等都比较小。这些小时间环节所对应的频率都处于频率特性的高频段，形成一组小惯性群。对这些小惯性群做近似处理不会显著地影响系统的动态性能。对小惯性群的处理方法是合并，就是用一个小惯性环节代替小惯性群，其时间常数为所有小惯性时间常数之和。

例如，系统的开环传递函数为：

$$W(s) = \frac{K(\tau s + 1)}{s^2(T_1 s + 1)(T_2 s + 1)} \tag{6-43}$$

式中，T_1，T_2 为小时间常数。

将式(6-43) 中的小惯性群合并，则系统开环传递函数变为：

$$W'(s) = \frac{K(\tau s + 1)}{s^2(T s + 1)}$$

式中，T 为合并后的时间常数，$T = T_1 + T_2$。

进行这样合并的前提是合并前后的频率特性近似相等，也就是：

$$\frac{1}{(j\omega T_1+1)(j\omega T_2+1)}=\frac{1}{(1-T_1T_2\omega^2)+j\omega(T_1+T_2)}\approx\frac{1}{1+j\omega(T_1+T_2)} \tag{6-44}$$

由式(6-44)可得近似条件为:

$$T_1T_2\omega^2\ll 1$$

在工程计算中,一般允许有10%以内的误差,因此上面的近似条件可以写成

$$T_1T_2\omega^2\leqslant\frac{1}{10}$$

考虑到开环截止频率 ω_c 和闭环特性通频带 ω_b 一般比较接近,可以用 ω_c 代替 ω_b,再取 $\sqrt{10}=3$,因此两小惯性环节合并的近似条件可以写成:

$$\omega_c\leqslant\frac{1}{3\sqrt{T_1T_2}} \tag{6-45}$$

近似处理前后,系统的开环对数幅频特性如图 6-8 所示。可见,这样的近似处理对系统的动态性能影响不大。

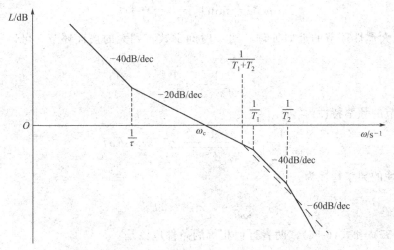

图 6-8 高频段小惯性群近似处理对频率特性的影响

若系统中有三个小惯性环节,也可对其进行如下近似处理

$$\frac{1}{(T_2s+1)(T_3s+1)(T_4s+1)}\approx\frac{1}{(T_2+T_3+T_4)s+1}$$

近似条件为:

$$\omega_c\leqslant\frac{1}{3}\sqrt{\frac{1}{T_2T_3+T_3T_4+T_4T_2}} \tag{6-46}$$

② 高阶系统的降阶近似处理 系统的阶数越高,稳定性问题就越复杂,也就更难控制。因此,在工程实际中,常需要对高阶系统进行降阶处理。上述小惯性群的近似处理其实就是一种降阶近似处理,将多阶小惯性环节降为一阶小惯性环节。

对于二阶振荡环节:

$$W(s)=\frac{K}{T^2s^2+2\xi Ts+1} \tag{6-47}$$

也可进行降阶处理为一阶惯性环节:

$$W'(s)=\frac{K}{2\xi Ts+1} \tag{6-48}$$

近似处理的前提仍然是处理前后频率特性近似相等,也就是

$$\frac{1}{(1-\omega^2 T^2)+j(2\xi T\omega)} \approx \frac{1}{1+j(2\xi T\omega)} \tag{6-49}$$

由 (6-49) 可得近似条件为：

$$\omega_c \leqslant \frac{1}{3T} \tag{6-50}$$

对于更一般的高阶系统，如三阶系统：

$$W(s)=\frac{K}{as^3+bs^2+cs+1} \tag{6-51}$$

式中，a，b，c 都是正系数，且 $bc > a$，即系统是稳定的。

忽略高次项，可得近似一阶系统的传递函数为

$$W(s) \approx \frac{K}{cs+1} \tag{6-52}$$

近似条件为

$$\omega_c \leqslant \frac{1}{3}\min\left(\sqrt{\frac{1}{b}},\sqrt{\frac{c}{a}}\right) \tag{6-53}$$

③ 低频段大惯性环节的近似处理　对于时间常数特别大的惯性环节，可以将其近似为积分环节，即：

$$\frac{1}{Ts+1} \approx \frac{1}{Ts} \tag{6-54}$$

大惯性环节的频率特性为

$$\frac{1}{j\omega T+1}=\frac{1}{\sqrt{\omega^2 T^2+1}}\angle-\arctan\omega T \tag{6-55}$$

而积分特性的频率特性为：

$$\frac{1}{j\omega T}=\frac{1}{\omega T}\angle-90° \tag{6-56}$$

对比式(6-55) 和式(6-56)，两者近似相等的条件应该是：

$$\frac{1}{\sqrt{\omega^2 T^2+1}} \approx \frac{1}{\omega T} \Rightarrow \omega T \gg 1 \tag{6-57}$$

$$\arctan\omega T \approx 90° \tag{6-58}$$

由于 $\tan 90° \rightarrow \infty$，因而粗略计算取 $\arctan\omega T=89.9°$，可得 $\omega T \approx 573$，完全满足式(6-57)，但这个条件过于严苛。

如果按前面的工程设计惯例，令 $\omega^2 T^2 \geqslant 10$，取等号时，有 $\arctan\omega T=72.45°$。这样的取法按照式(6-58) 来说，误差看起来比较大。实际上，将这个惯性环节近似成积分环节后，相角滞后从 $72.45°$ 变成 $90°$，滞后得更多，稳定裕度更小。这就是说，实际系统的稳定裕度要大于近似系统，按近似系统设计好调节器后，实际系统的稳定性应该更强，因此这样的近似方法是可行的。

和前面一样，用 ω_c 代替 ω_b，并取整数，可得近似条件为：

$$\omega_c \geqslant \frac{3}{T} \tag{6-59}$$

应该注意的是，上述这种近似是相互的。在工程实际中，为了按典型系统选择校正装置，可以将大惯性环节近似为积分环节。而在其他场合中，比如为了消除"积分漂移"现象，也可以用大惯性环节代替积分环节，其近似条件仍然是式(6-59)。

(2) 调节器结构的确定　在确定调节器结构之前，应首先了解系统的控制要求，以决定将

系统校正为哪种典型系统。前面已经对两种典型系统进行了比较，除了在稳态性能方面的差异之外，典型 I 型系统的跟随性能较好，典型 II 型的抗扰性能更优。因此，如果系统对跟随性能指标要求高，可按照典型 I 型系统进行设计；如果对抗扰性能指标要求高，可按照典型 II 型系统进行设计。

确定了要采用哪一种典型系统之后，选择调节器的方法就是把控制对象与调节器的传递函数相乘，利用"零极点对消原理"，将系统配成典型系统。如果不能直接匹配，则需要利用前面讲到的近似处理方法，对被控对象进行近似处理，然后再与调节器的传递函数配成典型系统的形式。下面举例说明。

① 双惯性环节　双惯性环节是一种很常见的非典型环节（直流电动机的数学模型就是一种双惯性环节，详见 5.1.4 小节），其传递函数为：

$$W_{\mathrm{obj}}(s)=\frac{K_2}{(T_1 s+1)(T_2 s+1)} \tag{6-60}$$

其中 $T_1 > T_2$，K_2 为放大系数。若要校正成典型 I 型系统，对照典型 I 型系统的标准形式，可见式(6-60) 多了一个惯性环节，缺少积分环节；因此可选择 PI 调节器，配上典型 I 型系统必需的积分环节，并用其比例微分环节对消掉控制对象中的大惯性环节，使校正后的系统响应快一些。PI 调节器的传递函数为：

$$W_{\mathrm{pi}}(s)=\frac{K_{\mathrm{pi}}(\tau_1 s+1)}{\tau_1 s} \tag{6-61}$$

取 $\tau_1 = T_1$，并令 $K = K_{\mathrm{pi}} K_2 / \tau_1$，则校正后系统的开环传递函数为：

$$W(s)=W_{\mathrm{obj}}(s) W_{\mathrm{pi}}(s)=\frac{K_{\mathrm{pi}} K_2(\tau_1 s+1)}{\tau_1 s(T_1 s+1)(T_2 s+1)}=\frac{K}{s(T_2 s+1)} \tag{6-62}$$

系统校正成为了典型 I 型系统。

系统校正的结构图如图 6-9 所示。

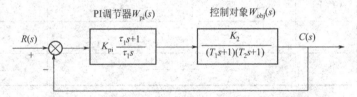

图 6-9　用 PI 调节器把双惯性型控制对象校正成典型 I 型系统

② 积分-双惯性环节　设被控对象为积分-双惯性环节，其传递函数为：

$$W_{\mathrm{obj}}(s)=\frac{K_2}{s(T_1 s+1)(T_2 s+1)} \tag{6-63}$$

若 T_1 和 T_2 大小相仿，要求设计为典型 II 型系统。对比典型 II 系统的标准形式，式(6-63) 中缺少一个积分环节和一个比例微分环节，多出了一个惯性环节；因此可选用 PID 调节器：

$$W_{\mathrm{pid}}(s)=\frac{(\tau_1 s+1)(\tau_2 s+1)}{\tau s} \tag{6-64}$$

并令 $\tau_1 = T_1$，用 $\tau_1 s+1$ 抵消掉被控对象中的大惯性环节，则系统被校正为典型 II 系统：

$$W(s)=W_{\mathrm{pid}}(s) W_{\mathrm{obj}}(s)=\frac{K(\tau_2 s+1)}{s^2(T_2 s+1)} \tag{6-65}$$

式中，$K = K_2 / \tau$。

系统校正的结构图如图 6-10 所示。

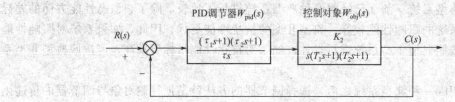

图 6-10　用 PID 调节器把积分-双惯性型对象校正成典型 Ⅱ 型系统

如果 T_1 和 T_2 非常小，仍然要求将式(6-63)设计为典型 Ⅱ 型系统，则还有另一种参数配合方案。首先进行近似处理，将两个小惯性环节合并为一个惯性环节，则原对象的传递函数变为：

$$W_{obj}(s) \approx \frac{K_2}{s(Ts+1)} \tag{6-66}$$

式中，$T = T_1 + T_2$。

此时用 PI 调节器，就可以将系统校正为典型 Ⅱ 型系统，校正后系统的开环传递函数为：

$$W(s) \approx \frac{K_{pi}(\tau_1 s+1)}{\tau_1 s} \times \frac{K_2}{s(Ts+1)} = \frac{K(\tau_1 s+1)}{s^2(Ts+1)} \tag{6-67}$$

式中，$K = K_{pi}K_2/\tau_1$。

由于在校正过程进行了近似处理，需要在调节器参数确定之后，进行参数校验。

上面的例子说明，对于相同的系统结构，采用不同的参数匹配方法，可以设计出不同的调节器形式。当然这与原系统固有参数的性质密切相关。

表 6-7 和 6-8 列出了几种校正为典型 Ⅰ 型系统和典型 Ⅱ 型系统的被控对象及其调节器结构，并给出了参数配合关系。

表 6-7　校正成典型 Ⅰ 型系统的调节器选择和参数配合

控制对象	$\dfrac{K_2}{Ts+1}$	$\dfrac{K_2}{s(Ts+1)}$	$\dfrac{K_2}{(T_1 s+1)(T_2 s+1)}$ $T_1 > T_2$	$\dfrac{K_2}{(T_1 s+1)(T_2 s+1)(T_3 s+1)}$ $T_1 \gg T_2, T_3$	$\dfrac{K_2}{(T_1 s+1)(T_2 s+1)(T_3 s+1)}$ $T_1、T_2 > T_3$
参数配合			$\tau_1 = T_1$	$\tau_1 = T_1$, $\tau_2 = T_2 + T_3$	$\tau_1 = T_1, \tau_2 = T_2$
调节器	$\dfrac{K_i}{s}$	K_p	$\dfrac{K_{pi}(\tau_1 s+1)}{\tau_1 s}$		$\dfrac{(\tau_1 s+1)(\tau_2 s+1)}{\tau s}$

表 6-8　校正成典型 Ⅱ 型系统的调节器选择和参数配合

控制对象	$\dfrac{K_2}{s(Ts+1)}$	$\dfrac{K_2}{(T_1 s+1)(T_2 s+1)}$ $T_1 \gg T_2$	$\dfrac{K_2}{s(T_1 s+1)(T_2 s+1)}$ T_1, T_2 都很小	$\dfrac{K_2}{(T_1 s+1)(T_2 s+1)(T_3 s+1)}$ $T_1 \gg T_2, T_3$	$\dfrac{K_2}{s(T_1 s+1)(T_2 s+1)}$ T_1, T_2 相近
参数配合	$\tau_1 = hT$	$\tau_1 = hT_2$ 认为： $\dfrac{1}{T_1 s+1} \approx \dfrac{1}{T_1 s}$	$\tau_1 = h(T_2 + T_3)$ 认为： $\dfrac{1}{T_1 s+1} \approx \dfrac{1}{T_1 s}$	$\tau_1 = h(T_1 + T_2)$	$\tau_1 = hT_1$(或 hT_2) $\tau_2 = T_2$(或 T_1)
调节器			$\dfrac{K_{pi}(\tau_1 s+1)}{\tau_1 s}$		$\dfrac{(\tau_1 s+1)(s+1)}{\tau s}$

6.3　工程设计法在转速电流双闭环直流调速系统中的应用

前面已经介绍了调节器的工程设计法，本节应用该方法设计转速电流双闭环直流调速系统中的两个调节器。转速电流双闭环调速系统是一种嵌套式的多环系统，设计这种多环系统的基本方法是由内环开始，逐渐向外环扩展，一环一环地设计。具体到双闭环系统中，应首先设计电流调节器，将电流环校正为满足系统性能要求的典型系统；再将电流环作为一个整体当作转速环中的一个环节，对其进行必要的近似处理，与其他环节合在一起作为转速环的被控对象，设计转速调节器。

在工程实际中，在信号检测环节之后都需要加入低通滤波环节，以滤除各种有害的高频脉动成分，如电流检测信号中的高频交流分量、转速检测信号中的换向纹波以及各种干扰量。低通滤波环节的传递函数可简化为一阶惯性环节，其时间常数按具体要求确定。滤波环节在抑制干扰的同时，也延迟了反馈信号的作用。为了平衡这种延迟，可以在给定信号通道也加入时间常数相同的惯性环节，让给定信号和反馈信号经过同样的延迟，达到在时间上的恰当配合，实现设计上的方便。这种对给定信号的处理方法，称为给定滤波。加入滤波环节的转速电流双闭环调速系统如图 6-11 所示。

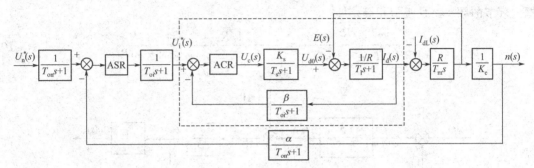

图 6-11　双闭环调速系统的动态结构框图
T_{oi}—电流反馈滤波时间常数；T_{on}—转速反馈滤波时间常数

低通滤波环节在频域特性上分为巴特沃斯、贝塞尔、切比雪夫和椭圆型等多种类型，在模拟实现时又可分为有源滤波和无源滤波。双闭环调速系统中的转速和电流都是直流量，频谱成分简单，因而在模拟实现时通常采用无源滤波就可以了。为了方便起见，通常采用如图 6-12 所示的 T 型滤波器，并与后面的 PI 调节器结合在一起进行参数设计。本节中电流环和转速环的滤波环节和调节器都可按照图 6-12 进行设计。

假设 PI 调节器的传递函数如式(6-61)所示，对比图 6-12，则有

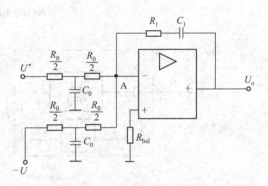

图 6-12　带低通滤波环节的 PI 调节器结构

$$\begin{cases} K_{pi} = \dfrac{R_1}{R_0} \\ \tau_1 = R_1 C_1 \\ T_o = \dfrac{1}{4} R_0 C_0 \end{cases} \tag{6-68}$$

式中，T_o 为滤波时间常数。

6.3.1　电流环设计

(1) 电流环动态结构的简化　电流环的动态结构图如图 6-11 中虚线框内所示，其中存在

反电动势扰动，代表了转速对电流环的影响，这给电流环设计带来了麻烦。考虑到实际系统中，电磁时间常数 T_1 一般远小于机电时间常数 T_m，转速的变化往往比电流变化慢得多。对电流环来说，反电动势是一个变化较慢的扰动，在电流的瞬变过程中，可以认为反电动势基本不变，即 $\Delta E \approx 0$。

下面推导忽略反电动势扰动的近似条件。直流电动机的动态结构图如图 6-13(a) 所示。将反电动势的引出点前移，得到如图 6-13(b) 中的结构。而忽略反电动势扰动时直流电动机的动态结构图如图 6-13(c) 所示。

图 6-13(b) 中虚线框内环节的传递函数为：

$$W(s) = \frac{T_m s/R}{T_m T_1 s^2 + T_m s + 1} \tag{6-69}$$

若要让图 6-13(a) 和图 6-13(b) 化简为图 6-13(c)，必须使图 6-13(b) 和图 6-13(c) 中虚线框内环节的频率特性近似相等，即：

$$\frac{j\omega T_m/R}{(1 - T_m T_1 \omega^2) + j\omega T_m} = \frac{1/R}{1 + j\left(\omega T_1 - \dfrac{1}{\omega T_m}\right)} \approx \frac{1/R}{1 + j\omega T_1} \tag{6-70}$$

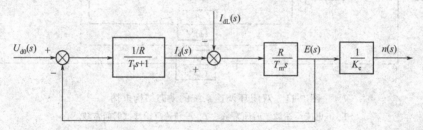

(a) 直流电动机的动态结构

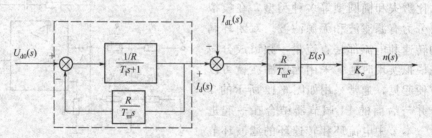

(b) 反电动势引出点前移后电动机的动态结构图

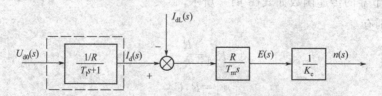

(c) 忽略反电动势扰动时直流电动机的动态结构图

图 6-13　直流电动机反电动势作用的等效变换及化简

可见近似条件为：

$$\omega T_1 \gg \frac{1}{\omega T_m}$$

按工程惯例，可得：

$$\omega_{ci} \geqslant 3\sqrt{\frac{1}{T_m T_1}} \tag{6-71}$$

这样，按动态性能设计电流环时，可以暂不考虑反电动势变化的动态影响，也就是说，可以暂且把反电动势的作用去掉，解除了交叉反馈。

忽略反电动势扰动后，电流环的近似结构图如图 6-14(a) 所示。根据控制系统方框图的等效化简规则，可把反馈滤波和给定滤波环节转移到环内，电流环就化简为了单位负反馈系统，如图 6-14(b) 所示；需注意化简后给定信号应变为 U_i^*/β。

考虑到电流滤波时间常数 T_{oi} 和电力电子变换器滞后时间常数 T_s 一般都远小于电磁时间常数 T_1，可按高频小惯性群近似处理的办法合并为一个惯性环节，如图 6-14(c) 所示。

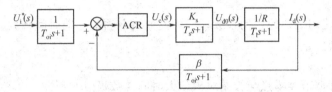

(a) 忽略反电动势的影响

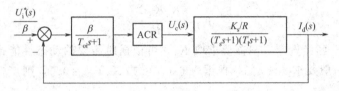

(b) 等效成单位负反馈系统

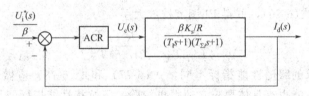

(c) 小惯性环节近似处理

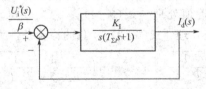

(d) 校正后系统结构图

图 6-14 电流环动态结构框图及其化简

合并后惯性环节的时间常数为：

$$T_{\Sigma i} = T_s + T_{oi} \tag{6-72}$$

根据式(6-45)，可得近似的条件为：

$$\omega_{ci} \leqslant \frac{1}{3}\sqrt{\frac{1}{T_s T_{oi}}} \tag{6-73}$$

(2) 电流调节器结构选择及参数计算 按照工程设计法的设计流程，在电流环的被控对象经近似简化处理后，就需要按系统性能指标要求，决定电流环应该校正为哪种典型系统。在稳态要求方面，电流环应该做到无静差，从而获得理想的堵转特性。在动态要求方面，电流环紧紧跟随电流给定，实现动态快速调节；特别是考虑到最大电流的限制，希望超调量尽量小以保证在动态过程中电流不超过允许值。综合这两方面要求，结合图 6-14(c) 的结构，电流环按典型 I 型系统设计就可以了。但电流环除了上述作用之外，还有对电网电压扰动的及时抵抗作用，从提高系统抗扰性能的角度出发，则应把电流环设计为典型 II 型系统。考虑到电流环作为内环，是转速外环主导下的电流随动子系统，对跟随性能的要求要更高些，而对电网电压波动的及时抗扰作用相对只是次要的因素，因此通常还是选用典型 I 型系统。

图 6-14(c) 所示的电流环为双惯性环节。双惯性环节校正为典型 I 型系统的具体实现方法在 6.2.3 小节已经讲过，这里不再重复，直接给出设计方案。

调节器结构选择 PI 调节器，其传递函数为

$$W_{ACR}(s) = \frac{K_i(\tau_i s + 1)}{\tau_i s} \tag{6-74}$$

式中，K_i 为电流调节器的比例系数；τ_i 为电流调节器的超前时间常数。

具体的参数配合为：

$$\tau_i = T_1 \tag{6-75}$$

这样做是为了让调节器零点与控制对象的大时间常数极点对消。

校正后系统的结构图如图 6-14(c) 所示，其中

$$K_I = \frac{K_i K_s \beta}{\tau_i R} \tag{6-76}$$

PI 调节器中，τ_i 已经选定，只需要求取 K_i，可根据所需要的动态性能指标选取。在不特别注明的情况下，一般要求 $\sigma_i \leqslant 5\%$，根据表 6-1，可选 $K_I T_{\Sigma i} = 0.5$，则

$$K_I = \omega_{ci} = \frac{1}{2T_{\Sigma i}} \tag{6-77}$$

再由式(6-75) 和式(6-76)，取得 PI 调节器放大系数为：

$$K_i = \frac{T_1 R}{2K_s \beta T_{\Sigma i}} = \frac{R}{2K_s \beta}\left(\frac{T_1}{T_{\Sigma i}}\right) \tag{6-78}$$

如果实际系统要求的跟随性能指标不同，式(6-77) 和式(6-78) 应做相应的改变。此外，如果对电流环的抗扰性能也有具体要求，还得再校验一下抗扰性能指标能否满足。

必须注意，电流环设计好后需要对所有涉及的近似条件进行校验。电流环涉及的近似处理包括电力电子变换器纯滞后的近似处理 [式(3-18)]、忽略反电动势扰动的近似处理 [式(6-71)] 和电流环小惯性群的近似处理 [式(6-73)]。总的检验条件为归纳为：

$$3\sqrt{\frac{1}{T_m T_1}} \leqslant \omega_{ci} \leqslant \min\left(\frac{1}{3T_s}, \frac{1}{3}\sqrt{\frac{1}{T_s T_{oi}}}\right) \tag{6-79}$$

6.3.2 转速环设计

(1) 电流环的近似处理 在进行转速外环设计的时候，需要把已经设计完成的电流环作为一个环节，与其他环节一起作为被控对象，进行动态校正。为此，首先通过图 6-14(d) 求出电流环的等效闭环传递函数 $W_{cli}(s)$ 为：

$$W_{cli}(s) = \frac{I_d(s)}{U_i^*(s)/\beta} = \frac{\dfrac{K_I}{s(T_{\Sigma i}s + 1)}}{1 + \dfrac{K_I}{s(T_{\Sigma i}s + 1)}} = \frac{1}{\dfrac{T_{\Sigma i}}{K_I}s^2 + \dfrac{1}{K_I}s + 1} \tag{6-80}$$

电流环的等效传递函数为二阶振荡环节，在动态校正中难以直接处理，因此将其进行降阶，近似为一阶惯性环节：

$$W_{\text{cli}}(s) \approx \frac{1}{\dfrac{1}{K_{\text{I}}}s+1} \tag{6-81}$$

近似条件可由式(6-50) 求出为

$$\omega_{\text{cn}} \leqslant \frac{1}{3}\sqrt{\frac{K_{\text{I}}}{T_{\Sigma i}}} \tag{6-82}$$

式中，ω_{cn} 为转速环开环频率特性的截止频率。

如果按 $K_{\text{I}}T_{\Sigma i} = 0.5$ 选择参数，则上述近似条件可进一步简化为：

$$\omega_{\text{cn}} \leqslant \frac{1}{3\sqrt{2}\,T_{\Sigma i}} \approx \frac{1}{5T_{\Sigma i}} \tag{6-83}$$

由式(6-80) 和式(6-81) 可得电流环在转速环内的等效传递函数：

$$\frac{I_{\text{d}}(s)}{U_{\text{i}}^{*}(s)} = \frac{W_{\text{cli}}(s)}{\beta} \approx \frac{1/\beta}{\dfrac{1}{K_{\text{I}}}s+1} \tag{6-84}$$

由此可见，电流环在校正为典型 I 型系统后，经闭环控制，从原来的双惯性环节，近似等效为只有较小时间常数 $1/K_{\text{I}}$ 的一阶惯性环节；电流的跟踪速度得以加快，这是内环控制的一个重要功能。

（2）转速调节器结构选择及参数计算 用式(6-84) 的等效环节代替图 6-11 中的电流环后，转速环的动态结构框图如图 6-15(a) 所示。与电流环的处理方法一样，把反馈滤波和给定滤波环节转移到环内，同时将给定信号改成 U_{n}^{*}/α，就把转速环等效为了一个单位负反馈系统。再把时间常数分别为 $1/K_{\text{I}}$ 和 T_{on} 的两个小惯性环节近似合并为一个惯性环节，如图 6-15(b) 所示，其时间常数为

$$T_{\Sigma n} = \frac{1}{K_{\text{I}}} + T_{\text{on}} \tag{6-85}$$

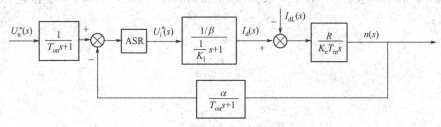

(a) 用等效环节代替电流环

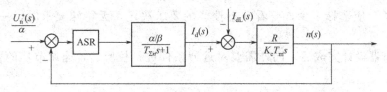

(b) 等效成单位负反馈系统和小惯性的近似处理

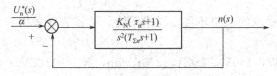

(c) 校正后成为典型II型系统

图 6-15　转速环的动态结构框图及其化简

近似条件为：

$$\omega_{cn} \leqslant \frac{1}{3} \sqrt{\frac{K_I}{T_{on}}} \tag{6-86}$$

图 6-15（b）所示转速环的被控对象中有一个积分环节，即属于 I 型系统，可以满足阶跃输入时的无静差要求。但这个积分环节在负载扰动作用点之后，而由自动控制理论可知，积分环节可以消除在其后作用的扰动引起的稳态误差，因此转速环中的这个积分环节不能起到消除由负载扰动引起的转速静差的作用。为了实现无静差调速，必须在负载扰动作用点前面再加入一个积分环节，这样转速环的开环传递函数中就包含两个积分环节，所以应该设计成典型 II 型系统，而典型 II 系统良好的抗扰性能恰恰是一般直流调速系统所需要的。虽然典型 II 型系统的阶跃响应超调量较大，但那是按照线性系统理论计算出的数据，实际系统中转速调节器的饱和非线性性质会使超调量大大降低，从而达到系统性能指标要求。因此，转速调节器也应选为 PI 调节器，其传递函数为：

$$W_{ASR}(s) = \frac{K_n(\tau_n s + 1)}{\tau_n s} \tag{6-87}$$

式中，K_n 为转速调节器的比例系数；τ_n 为转速调节器的超前时间常数。

这样，调速系统的开环传递函数为

$$W_n(s) = \frac{K_n(\tau_n s + 1)}{\tau_n s} \times \frac{\alpha R/\beta}{K_e T_m s(T_{\Sigma n} s + 1)} = \frac{K_n \alpha R(\tau_n s + 1)}{\tau_n \beta K_e T_m s^2 (T_{\Sigma n} s + 1)} = \frac{K_N(\tau_n s + 1)}{s^2 (T_{\Sigma n} s + 1)} \tag{6-88}$$

其中 K_N 为转速环开环放大系数：

$$K_N = \frac{K_n \alpha R}{\tau_n \beta K_e T_m} \tag{6-89}$$

校正后调速系统动态结构框图如图 6-15（c）所示，其中未考虑负载扰动。

转速调节器的参数包括 K_n 和 τ_n。按照式（6-35）和式（6-36）给出的典型 II 型系统的参数关系，可得：

$$\tau_n = h T_{\Sigma n} \tag{6-90}$$

$$K_N = \frac{h+1}{2h^2 T_{\Sigma n}^2} \tag{6-91}$$

于是

$$K_n = \frac{(h+1)\beta K_e T_m}{2h\alpha R T_{\Sigma n}} \tag{6-92}$$

至于中频宽 h 应选择多少，要看动态性能的要求决定，无特殊要求时，一般选择 $h=5$ 为好。

在转速调节器设计完成后，同样需要对近似条件进行校验。转速调节器的校验条件可归纳为：

$$\omega_{cn} \leqslant \min\left(\frac{1}{3}\sqrt{\frac{K_I}{T_{\Sigma i}}}, \frac{1}{3}\sqrt{\frac{K_I}{T_{on}}}\right) \tag{6-93}$$

【例 6-1】 某晶闸管供电的双闭环直流调速系统，整流装置采用三相桥式电路，基本数据如下。

直流电动机：500kW，750V，760A，375r/min，$K_e = 1.82$V·min/r，允许过载倍数 $\lambda = 1.5$；

晶闸管装置放大系数 $K_s = 75$；

电枢回路总电阻 $R=0.14\Omega$；电枢回路总电感 $L=4.3\text{mH}$；

电动机轴上的总飞轮惯量 $GD^2=9490\text{N}\cdot\text{m}$；

电流反馈系数 $\beta=0.01\text{V/A}$，转速反馈系数 $\alpha=0.03\text{V}\cdot\text{min/r}$；

滤波时间常数 $T_{oi}=0.002\text{s}$，$T_{on}=0.02\text{s}$。

设计要求：转速无静差；电流超调量 $\sigma_i\leq5\%$，空载启动到额定转速时的转速超调量 $\sigma_n\leq10\%$。

解：（1）电流环设计

① 确定时间常数　由表 3-1 可知，三相桥式相控整流电路的失控时间 $T_s=0.0017\text{s}$，已知电流滤波时间常数 $T_{oi}=0.002\text{s}$，可得电流环小时间常数之和 $T_{\Sigma i}=T_s+T_{oi}=0.0037\text{s}$。

电磁时间常数 $T_l=\dfrac{L}{R}=\dfrac{0.0043}{0.14}\text{s}=0.031\text{s}$

机电时间常数 $T_m=\dfrac{GD^2R}{375K_eC_m}=\dfrac{9490\times0.14}{375\times9.55\times1.82^2}\text{s}=0.112\text{s}$

② 电流调节器结构确定　根据系统对电流超调量的要求（$\sigma_i\leq5\%$），系统应校正为典型 I 型系统。电流环的被控对象为双惯性环节，调节器结构应选为 PI 调节器，传递函数为

$$W_{ACR}(s)=\frac{K_i(\tau_i s+1)}{\tau_i s}$$

而 $T_l/T_{\Sigma i}=0.031/0.0037=8.38<10$，对照表 6-2 可知，系统的动态抗扰性能指标适中，可以接受。

③ 参数计算　由式(6-84)～式(6-87) 可得：

$$\tau_i=T_l=0.031\text{s}$$

$$K_I=\frac{0.5}{T_{\Sigma i}}=\frac{0.5}{0.0037\text{s}}=135.1\text{s}^{-1}$$

$$K_i=\frac{K_I\tau_i R}{K_s\beta}=\frac{135.1\times0.031\times0.14}{75\times0.01}=0.782$$

④ 近似条件校验　电流环截止频率：$\omega_{ci}=K_I=135.1\text{s}^{-1}$

a. 晶闸管整流装置传递函数的近似条件：

$$\frac{1}{3T_s}=\frac{1}{3\times0.0017\text{s}}=196.1\text{s}^{-1}$$

b. 忽略反电动势变化对电流环动态影响的条件：

$$3\sqrt{\frac{1}{T_m T_l}}=3\times\sqrt{\frac{1}{0.112\text{s}\times0.031\text{s}}}=50.91\text{s}^{-1}$$

c. 电流环小时间常数近似处理条件：

$$\frac{1}{3}\sqrt{\frac{1}{T_s T_{oi}}}=\frac{1}{3}\times\sqrt{\frac{1}{0.0017\text{s}\times0.002\text{s}}}=180.8\text{s}^{-1}$$

考察式(6-79)，有

$$50.91\text{s}^{-1}<\omega_{ci}=135.1\text{s}^{-1}<\min(196.1\text{s}^{-1},\ 180.8\text{s}^{-1})=180.8\text{s}^{-1}$$

可见近似条件得到了满足。

据表 6-1，按上述参数设计后，电流环的动态跟随性能指标为 $\sigma_i=4.3\%\leq5\%$，满足系统要求。

（2）转速环设计

① 确定时间常数　电流环已设计为典型 I 型系统，且 $K_I T_{\Sigma i}=0.5$，于是电流环等效时间常数为

$$\frac{1}{K_I}=2T_{\Sigma i}=2\times 0.0037\text{s}=0.0074\text{s}$$

已知转速滤波时间常数 $T_{on}=0.02\text{s}$，因此可得转速环时间常数为

$$T_{\Sigma n}=\frac{1}{K_I}+T_{on}=0.0074\text{s}+0.02\text{s}=0.0274\text{s}$$

② 转速调节器结构确定　按转速无静差的稳态性能要求，转速调节器须含有积分环节，考虑到转速环被控对象为积分-惯性环节，将系统校正为典型 II 型系统，这也可同时满足系统动态抗扰性能要求。调节器结构确定为 PI 调节器，传递函数为

$$W_{ASR}(s)=\frac{K_n(\tau_n s+1)}{\tau_n s}$$

③ 参数计算　按跟随和抗扰性能都较好的原则，取 $h=5$，由式（6-90）～式（6-92）有

$$\tau_n=hT_{\Sigma n}=5\times 0.0274\text{s}=0.137\text{s}$$

$$K_N=\frac{h+1}{2h^2 T_{\Sigma n}^2}=\frac{6}{2\times 5^2\times 0.0274^2}\text{s}^{-2}=159.84\text{s}^{-2}$$

$$K_n=\frac{(h+1)\beta K_e T_m}{2h\alpha R T_{\Sigma n}}=\frac{6\times 0.01\times 1.82\times 0.112}{2\times 5\times 0.03\times 0.14\times 0.0274}=10.63$$

④ 近似条件校验　由式（6-30）得转速环截止频率：$\omega_{cn}=K_N/\omega_1=K_N\tau_n=159.84\times 0.137\text{s}^{-1}=21.9\text{s}^{-1}$。

a. 电流环传递函数简化的近似条件：

$$\frac{1}{3}\sqrt{\frac{K_I}{T_{\Sigma i}}}=\frac{1}{3}\times\sqrt{\frac{135.1}{0.0037}}\text{s}^{-1}=63.67\text{s}^{-1}$$

b. 转速环小时间常数近似处理条件

$$\frac{1}{3}\sqrt{\frac{K_I}{T_{on}}}=\frac{1}{3}\sqrt{\frac{135.1}{0.02}}\text{s}^{-1}=27.38\text{s}^{-1}$$

考察式（6-93），有

$$\omega_{cn}=21.9\text{s}^{-1}<\min(63.67\text{s}^{-1},\ 27.38\text{s}^{-1})=27.38\text{s}^{-1}$$

可见近似条件得到了满足。

⑤ 检验转速环性能指标　由表 6-5 可见，$h=5$ 时，转速超调量 $\sigma_{cn}=37.6\%$，设计要求未能满足。但要注意的是，表 6-5 是按照线性条件计算的结果，而考虑到双闭环调速系统突加转速给定时转速调节器的饱和非线性特性，不再符合线性系统的情况，应按转速调节器退饱和的情况重新计算超调量。

6.3.3　饱和非线性条件下转速超调量的计算

如果调节器没有饱和限幅的约束，调速系统可以在很大范围内线性工作。考虑到转速环是按典型 II 型系统设计的，而表 6-5 所示的线性条件下典型 II 型系统的超调量数据都比较大，难以达到系统动态性能指标要求。但在实际系统中，ASR 是有限幅环节的，在突加转速给定后不久 ASR 就进入饱和状态，其输出值为恒定值 U_{im}^*，使电动机在恒流条件下启动，启动电流 $I_d\approx I_{dm}=U_{im}^*/\beta$，转速 n 线性增长，如图 6-16 所示。这样的启动过程要比调节器在线性范围内工作时要慢得多，但却保证了启动时电枢电流不超过允许值，同时避免了转速上升过程中的

大幅度振荡；这种牺牲部分快速性以保证系统稳定性和可靠性的做法是值得的。

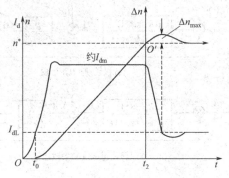

图 6-16　饱和非线性条件下双闭环调速系统的启动过程

ASR 饱和之后，若要退出饱和，必须使其输入偏差量的极性发生反转，也就是说启动过程必然存在超调。ASR 刚刚从饱和状态开始退出时，电枢电流仍然大于负载电流，因而转速会在正加速度下继续增长，直到电枢电流与负载电流平衡时，转速达到最大值；而动态跟随性能指标中的超调量就应该按照这一最大值进行计算。但这时的超调量已经不是线性条件下的超调量，而是经历了饱和非线性区域之后的超调量，可称为"退饱和超调量"。

由于整个启动过程中 ASR 经历了不饱和、饱和和退饱和三个子阶段，这其中包含饱和非线性环节，因此不能再按统一的线性系统进行分析，而是要采用分段线性化的分析方法，这也是针对此类问题经常采用的方法。为了简化起见，忽略电流上升过程的短暂时间，可把整个启动过程分为两个阶段：ASR 饱和阶段（$t_0 \sim t_2$）和 ASR 退饱和阶段（t_2 以后）。

(1) ASR 饱和阶段　此阶段 ASR 处于饱和状态，转速环相当于开环，电动机基本上在最大电枢电流 I_{dm} 的作用下以恒定加速度启动，加速度为

$$\frac{\mathrm{d}n}{\mathrm{d}t} \approx (I_{dm} - I_{dL})\frac{R}{K_e T_m} \tag{6-94}$$

加速过程到 t_2 时刻结束，此时转速达到给定值。对式（6-94）求积分，可得电动机从静止启动到给定转速的时间为

$$t_2 \approx \frac{K_e T_m n^*}{(I_{dm} - I_{dL})R} \tag{6-95}$$

这一阶段结束时，$I_d = I_{dm}$，$n = n^*$。

(2) ASR 退饱和阶段　ASR 退出饱和以后，调速系统恢复到线性范围内继续运行，系统的结构框图如图 6-15(b) 所示。此时描述系统的微分方程和前面分析线性系统跟随性能时相同，但初始条件不同了。分析线性系统跟随性能时，初始条件为零初始条件，即 $n(0) = 0$，$I_d(0) = 0$。而在分析退饱和阶段时，其初始状态就是饱和阶段的终了状态，只是时间坐标的零点要从 $t = 0$ 移到 $t = t_2$。此时 $n(0) = n^*$，$I_d(0) = I_{dm}$，这就是退饱和阶段的初始条件。

对于线性微分方程来说，初始条件不同意味着解的不同，即使方程形式和参数完全一致。因此，退饱和阶段调速系统的过渡过程与线性系统零初始条件下的过渡过程不同，退饱和超调量也并不等于典型 II 型系统跟随性能指标中的超调量。

计算退饱和超调量，可以按新的初始条件重新求解微分方程，但这样做比较复杂。如果将退饱和后的过程与同一系统在负载扰动下的动态过程进行对比分析，就会发现二者之间的相似之处，从而找到计算退饱和超调量的简便方法。

图 6-15(b) 所示的转速环动态结构图中的 ASR 如果选为 PI 调节器，则可画为图 6-17(a)。在计算退饱和超调量时，只需要关注给定转速 n^* 与实际转速的偏差，也即 ASR 的输入偏差 $\Delta n = n^* - n$，因而可把图 6-16 中坐标原点从 O 移到 O'，则动量结构图变为图 6-17(b)，初始条件变为：$\Delta n(0) = 0$，$I_d(0) = I_{dm}$。由于图 6-17(b) 中给定信号为 0，可以略去，因而可对图 6-17(b) 进行简化处理，得图 6-17(c)。图 6-17(c) 中把 Δn 的负反馈作用反映到主通道第一个环节的输出量上来，为了保持与图 6-17(b) 中各量相同的加减关系，I_d 和 I_{dL} 的极性都做出了相应的改变。

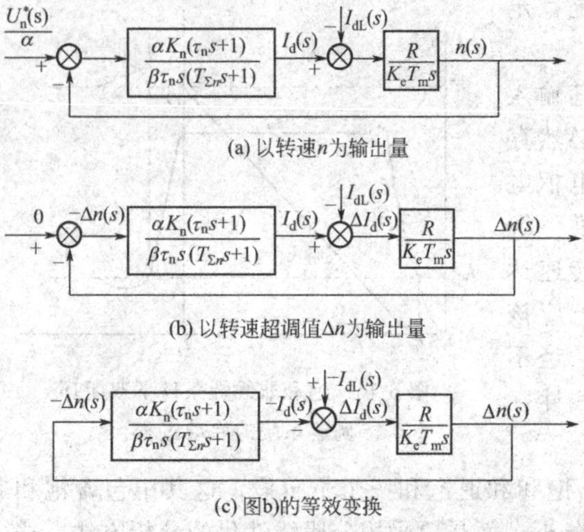

(a) 以转速n为输出量

(b) 以转速超调值Δn为输出量

(c) 图b)的等效变换

图 6-17 考虑退饱和超调时，转速环
动态结构图的演变

比较图 6-17(c) 和讨论典型 Ⅱ 型系统抗扰过程所用的图 6-7(b) 可以发现，两者完全相同。假定图 6-7 所示为调速系统，以转速 n^* 拖动相当于 I_{dm} 的负载稳定运行，在 O' 点负载电流突然由 I_{dm} 降到 I_{dL}，转速必然经历一个快速上升而又回落的动态过程。这个过程的初始条件与退饱和过程的初始条件完全相同，因此，这样的突卸负载速升过程与退饱和转速超调过程就完全等效了。于是，在计算退饱和超调量时，就完全可以利用表 6-6 给出的典型 Ⅱ 型系统抗扰性能指标，只需注意正确计算 Δn 的基准值即可。

典型 Ⅱ 型系统性能指标中 ΔC 计算的基准值为

$$C_b = 2FK_2T$$

对比图 6-17(c) 和图 6-7(b)，可知 $K_2 = R/K_eT_m$，$T = T_{\Sigma n}$，$F = I_{dm} - I_{dL}$，因此 Δn 的基准值为

$$\Delta n_b = \frac{2RT_{\Sigma n}(I_{dm} - I_{dL})}{K_eT_m} \tag{6-96}$$

令 λ 表示电动机允许的过载倍数，即 $I_{dm} = \lambda I_{dN}$，z 表示负载系数，$I_{dL} = zI_{dN}$，Δn_N 为调速系统开环机械特性的额定稳态速降，$\Delta n_N = I_{dN}R/K_e$。代入式(6-96)，可得

$$\Delta n_b = 2(\lambda - z)\Delta n_N \frac{T_{\Sigma n}}{T_m} \tag{6-97}$$

作为转速的超调量 σ_n，其基准值应该是 n^*，因此退饱和超调量可以由表 6-6 列出的 $\Delta C_{max}/C_b$ 数据经基准值换算后求得，即

$$\sigma_n = \frac{\Delta C_{max}}{C_b} \times \frac{\Delta n_b}{n^*} = 2\frac{\Delta C_{max}}{C_b}(\lambda - z)\frac{\Delta n_N}{n^*} \times \frac{T_{\Sigma n}}{T_m} \tag{6-98}$$

【例 6-2】 试按退饱和超调量的计算方法计算例题 6-1 中调速系统空载启动到额定转速时的转速超调量，并校验它是否满足设计要求。若满足设计要求，请分别计算：

① 空载启动到 $40\% n_N$ 时的转速超调量。

② 由额定负载启动到额定转速时的转速超调量。

解：首先计算空载启动到额定转速时的转速超调量，则 $z = 0$，其他参数在例 6-1 中已经给出或计算得到：$\lambda = 1.5$，$R = 0.14\Omega$，$I_{dN} = 760A$，$n^* = 375r/min$，$K_e = 1.82V \cdot min/r$，$T_{\Sigma n} = 0.0274s$，$T_m = 0.112s$，查表 6-6 得 $\Delta C_{max}/C_b = 81.2\% = 81.2\%$，代入式(6-98)，可得

$$\sigma_n = 2 \times 81.2\% \times 1.5 \times \frac{\frac{760 \times 0.14}{1.82}}{375} \times \frac{0.0274}{0.112} = 9.29\% < 10\%$$

能满足设计要求。

再计算空载启动到 $40\% n_N$ 时的转速超调量，其他条件不变，$n^* = 0.4n_N$，于是有

$$\sigma_n = 2 \times 81.2\% \times 1.5 \times \frac{\frac{760 \times 0.14}{1.82}}{0.4 \times 375} \times \frac{0.0274}{0.112} = 23.23\%$$

最后计算由额定负载启动到额定转速时的转速超调量，此时负载系数 $z = 1$，可得

$$\sigma_n = 2 \times 81.2\% \times 0.5 \times \dfrac{\dfrac{760 \times 0.14}{1.82}}{375} \times \dfrac{0.0274}{0.112} = 3.1\%$$

从例 6-1、例 6-2 的计算结果来看，有三个问题是值得注意的：

① 转速超调量受稳态转速影响。对于线性系统而言，动态跟随性能指标中超调量与系统稳态值无关。而通过例 6-2 的计算结果可以看出，双闭环调速系统的转速超调量与稳态转速有关，这是由于其饱和非线性特性导致的。由退饱和超调量的计算公式(6-98)可见，转速超调量与稳态转速成反比，稳态转速越小，转速超调量越大。考虑到在系统调节器设计完成后，式(6-98)中除了稳态转速给定和负载系数会发生变化以外，其他参数在理想情况下均为恒值；因此转速超调量除了与稳态转速有关外，与负载大小也有关系。从式(6-98)和例 6-2 可知，空载启动时的转速超调量最大。

② 反电动势扰动对转速环和转速调节器有影响。在设计电流调节器时，校验了忽略反电动势扰动的近似条件，也就是说反电动势扰动对电流环的影响是可以忽略的。但在设计转速环时，对忽略反电动势扰动的近似条件进行校验。事实上，转速环的截止频率最终确定为 $21.9\text{s}^{-1} < 50.91\text{s}^{-1}$，是不满足忽略反电动势的条件的。好在反电动势的影响只会使转速超调量更低，不考虑并无大问题。

③ 按工程设计法设计的多环系统，外环的响应比内环慢。例 6-1 中电流环和转速环各转折频率和截止频率按照从大到小的顺序依次为：

$$\frac{1}{T_{\Sigma i}} = \frac{1}{0.0037\text{s}} = 270.3\text{s}^{-1}, \omega_{ci} = 135.1\text{s}^{-1}, \frac{1}{T_{\Sigma n}} = \frac{1}{0.0274\text{s}} = 36.5\text{s}^{-1}$$

$$\omega_{cn} = 21.9\text{s}^{-1}, \frac{1}{\tau_n} = \frac{1}{0.137\text{s}} = 7.3\text{s}^{-1}$$

按照这些计算结果，可画出电流环和转速环的开环对数频率特性如图 6-18 所示。从计算过程中可以看出，这样的排列次序是必然的。这样设计的双闭环系统，外环一定比内环慢。这样做虽然牺牲了一些快速性，但每个环都必然是稳定的，这对系统的组成和调试是有利的。

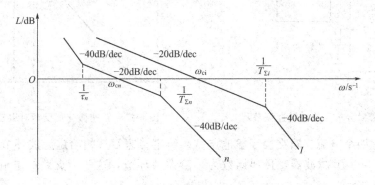

图 6-18　双闭环调速系统内环和外环的开环对数幅频特性

I—电流内环；n—转速外环

6.4　转速微分负反馈控制

转速电流双闭环调速系统具有良好的稳态和动态性能，结构简单，工作可靠，运行经验丰富，是经实践证明的应用最广的直流调速系统。但由于其饱和非线性的特性，双闭环调速系统中转速必然存在超调。另外，在设计转速调节器时，只是按照稳态无静差的要求选择典型 II 型系统进行动态校正，而没有对动态抗扰性能进行专门设计，因此抗扰性能的提高受到限制。因此对于某些特殊的应用场合，比如不允许转速超调或者对动态抗扰性能要求很高时，采用 PI 调节器的双闭环调速系统就难以满足要求了。

对于这个问题，一个简单有效的解决方法是在转速调节器上增加微分负反馈环节，从而抑制甚至消除转速超调，还可大大降低负载扰动带来的动态速降。

6.4.1 带转速微分负反馈的双闭环调速系统的基本结构和工作原理

带转速微分负反馈的双闭环调速系统中的转速调节器如图 6-19 所示。与常规的转速调节器不同的是，在转速反馈支路上并联了一个由电容 C_{dn} 和电阻 R_{dn} 构成的带滤波的转速微分环节，从而在转速负反馈的基础上又叠加了一个转速微分负反馈信号。其中，电容 C_{dn} 称为微分电容，其主要作用是对转速信号取微分，电阻 R_{dn} 称为滤波电阻，其主要作用是滤除微分运算引起的高频噪声。

在转速动态调节过程中，给定信号不再只是与转速负反馈信号作差，而是与转速反馈和转速微分负反馈两个信号之和作差，因而将比常规双闭环调速系统更早一些达到平衡，提前进入退饱和阶段。图 6-20 所示的曲线 1 为常规双闭环调速系统的启动过程，转速调节器在 t_2 时刻也就是曲线 1 的 O' 点开始退饱和。加入微分负反馈后，不必等到转速达到稳态值 n^*，在 t_t 时刻转速调节器的输入偏差量就会改变极性，提前开始退饱和，如图 6-20 中的曲线 2 所示，可见退饱和时刻提前到了 T 点。由于 T 点对应的转速低于稳态转速，因而在进入线性闭环系统工作之后，就可以在超调很小甚至无超调的情况下达到稳态。

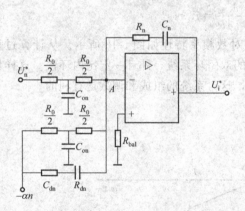

图 6-19 带微分负反馈的转速调节器

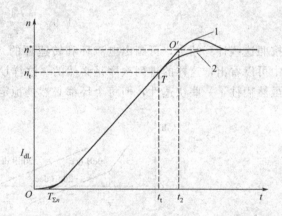

图 6-20 转速微分负反馈对启动过程的影响

图 6-19 中有四个电流支路交会于虚地点 A。给定转速 U_n^* 的给定滤波环节和实际转速 αn 的低通滤波环节为 T 型滤波器，传递函数为一阶惯性环节，这两个支路的电流用拉普拉斯变换式可分别表示为

$$i_{n^*}(s) = \frac{U_n^*(s)}{R_0(T_{on}s+1)} \tag{6-99}$$

$$i_n(s) = \frac{\alpha n(s)}{R_0(T_{on}s+1)} \tag{6-100}$$

微分负反馈支路的电流用拉普拉斯变换式可表示为

$$i_{dn}(s) = \frac{\alpha n(s)}{R_{dn} + \frac{1}{C_{dn}s}} = \frac{\alpha C_{dn}sn(s)}{R_{dn}C_{dn}s+1} \tag{6-101}$$

而 A 点到输出 U_i^* 支路的电流为

$$i_{i^*}(s) = \frac{U_i^*(s)}{R_n + \dfrac{1}{C_n s}} \tag{6-102}$$

因此，A 点的电流平衡方程式为以上四个支路电流的代数和，即

$$\frac{U_n^*(s)}{R_0(T_{on}s+1)} - \frac{\alpha n(s)}{R_0(T_{on}s+1)} - \frac{\alpha C_{dn}sn(s)}{R_{dn}C_{dn}s+1} = \frac{U_i^*(s)}{R_n + \dfrac{1}{C_n s}} \tag{6-103}$$

整理后，可得

$$\frac{U_n^*(s)}{(T_{on}s+1)} - \frac{\alpha n(s)}{(T_{on}s+1)} - \frac{\alpha \tau_{dn}sn(s)}{T_{dn}s+1} = \frac{U_i^*(s)}{K_n \dfrac{\tau_n s+1}{\tau_n s}} \tag{6-104}$$

式中，τ_{dn} 为转速微分时间常数，$\tau_{dn}=R_0 C_{dn}$；T_{dn} 为转速微分滤波时间常数，$T_{dn}=R_{dn}C_{dn}$；K_n 为转速调节器的比例系数，$K_n = R_n/R_0$；τ_n 为转速调节器的超前时间常数，$\tau_n = R_n C_n$。

由式(6-104)，可以画出带微分负反馈的转速环动态结构图，如图 6-21(a) 所示。为分析

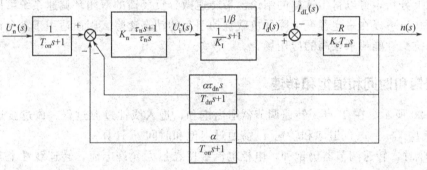

(a) 原始结构框图

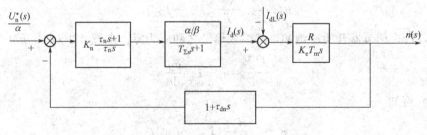

(b) 简化后的结构框图

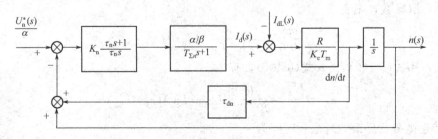

(c) 突出加速度反馈的结构框图

图 6-21 带转速微分负反馈的转速环动态结构框图

方便起见，令 $T_{dn} = T_{on}$，再进行等效变换将滤波环节转移到环内，并按小惯性群近似处理方法进一步简化，得到如图 6-21(b) 所示的简化结构图，其中 $T_{\Sigma n} = T_{on} + 1/K_I$。

由图 6-21(b)，可得带转速微分负反馈的转速环的开环传递函数为

$$W_n(s) = \frac{K_n(\tau_n s + 1)}{\tau_n s}(\tau_{dn}s + 1)\frac{\alpha R/\beta}{K_e T_m s(T_{\Sigma n}s + 1)} \qquad (6-105)$$

与常规的只有 PI 调节器的转速环开环传递函数，即式(6-88) 相比，式(6-105) 多出了一个比例微分环节 $\tau_{dn}s + 1$，而微分环节在动态校正中可以提高系统的稳定裕度。系统稳定裕度的提高意味着超调量的降低，这在图 6-20 中有所反映。从结构形式上看，常规的转速环只有串联校正，而带微分负反馈的转速环除了串联校正之外，还增加了反馈校正。从频域上看，常规的转速环采用 PI 调节器，属于滞后校正；引入转速微分负反馈后，从式(6-105) 中可以看出，系统校正变为滞后-超前校正，其动态性能当然比单纯的滞后校正要好。

对图 6-21(b) 再进一步变换，可得到如图 6-21(c) 所示的动态结构图。从图 6-21(c) 中可以看出，转速微分负反馈实际上是在常规的转速反馈基础上，增加了加速度反馈。但加速度反馈被引入到了转速调节器，并未构成一个独立的加速度闭环。由于负载电流 I_{dL} 包含在加速度反馈环内，因而该环可以抑制负载转矩等的扰动。而在转速调节器饱和时，如果 $dn/dt > 0$（如启动阶段），可使调节器提前退出饱和。

基于以上分析，可以得出这样的结论：带转速微分负反馈的双闭环调速系统可以有效地抑制转速超调，还可以在一定程度上降低负载扰动引起的动态速降，因而适用于不允许转速超调或者对动态抗扰性能要求较高的应用场合。

6.4.2 退饱和时间和退饱和转速

如图 6-20 所示，在 T 点，转速调节器退出饱和，进入线性过渡过程。该过渡过程的初始条件为 $I_d = I_{dn}$，$n = n_t$。退饱和转速 n_t 需通过退饱和时间 t_t 计算。

当 $t < t_t$ 时，转速调节器仍饱和，电枢电流维持在最大允许电流，转速线性上升。若忽略小时间常数 $T_{\Sigma n}$ 以及启动延时和电流上升阶段时间的影响，转速上升过程可近似为

$$n(t) = \frac{R}{K_e T_m}(I_{dm} - I_{dL})t \qquad (6-106)$$

当 $t = t_t$ 时，转速调节器开始退饱和，其输入信号之和应为零。由图 6-21(b) 可知

$$\frac{U_n^*}{\alpha} = n_t + \tau_{dn}\frac{dn}{dt} \qquad (6-107)$$

由式(6-106) 可知

$$n_t = \frac{R}{K_e T_m}(I_{dm} - I_{dL})t_t \qquad (6-108)$$

对式(6-106) 取导数，则有

$$\frac{dn}{dt}\bigg|_{t=t_t} = \frac{R}{K_e T_m}(I_{dm} - I_{dL}) \qquad (6-109)$$

将式(6-108) 和式(6-109) 代入式(6-107)，有

$$n^* = \frac{U_n^*}{\alpha} = \frac{R}{K_e T_m}(I_{dm} - I_{dL})(t_t + \tau_{dn}) \qquad (6-110)$$

因此，带转速微分负反馈的退饱和时间为

$$t_t = \frac{K_e T_m n^*}{R(I_{dm} - I_{dL})} - \tau_{dn} \qquad (6-111)$$

将式(6-111) 代入式(6-108)，可得退饱和转速为

$$n_t = n^* - \frac{R}{K_e T_m}(I_{dm} - I_{dL})\tau_{dn} \tag{6-112}$$

式(6-111) 和式(6-112) 表明，与未加转速微分负反馈的情况相比，带转速微分负反馈的双闭环调速系统的转速调节器退出饱和时间的提前量恰好是转速微分时间常数 τ_{dn}，而退饱和转速的提前量是 $\frac{R}{K_e T_m}(I_{dm} - I_{dL})\tau_{dn}$。

6.4.3 带转速微分负反馈的双闭环调速系统的动态抗扰性能

在负载扰动作用下，带微分负反馈的双闭环调速系统的动态结构图如图 6-22 所示。

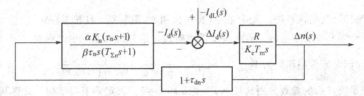

图 6-22 在负载扰动下，带转速微分负反馈的双闭环调速系统动态结构图

令 $K_1 = \frac{\alpha K_n}{\beta \tau_n}$，$K_2 = \frac{R}{K_e T_m}$，假设负载扰动为阶跃扰动 $\frac{\Delta I_{dL}}{s}$，则扰动引起的转速降为

$$\Delta n(s) = \frac{\dfrac{K_2}{s}}{1 + \dfrac{K_1 K_2(\tau_n s + 1)(\tau_{dn} s + 1)}{s^2(T_{\Sigma n} s + 1)}} \times \frac{\Delta I_{dL}}{s}$$

$$= \frac{K_2(T_{\Sigma n} s + 1)}{T_{\Sigma n} s^3 + (1 + K_1 K_2 \tau_n \tau_{dn})s^2 + K_1 K_2(\tau_n + \tau_{dn})s + K_1 K_2}\Delta I_{dL} \tag{6-113}$$

定义：$\delta = \dfrac{\tau_{dn}}{T_{\Sigma n}}$，$\Delta n_b = 2K_2 T_{\Sigma n}\Delta I_{dL}$，并考虑到 $\tau_n = hT_{\Sigma n}$，$K_1 K_2 = K_N = \dfrac{h+1}{2h^2 T_{\Sigma n}^2}$，有

$$\frac{\Delta n(s)}{\Delta n_b} = \frac{0.5 T_{\Sigma n}(T_{\Sigma n} s + 1)}{T_{\Sigma n}^3 s^3 + \left(1 + \dfrac{h+1}{2h}\delta\right)T_{\Sigma n}^2 s^2 + \dfrac{h+1}{2h^2}(h+\delta)T_{\Sigma n} s + \dfrac{h+1}{2h^2}} \tag{6-114}$$

取 $h = 5$，则有

$$\frac{\Delta n(s)}{\Delta n_b} = \frac{0.5 T_{\Sigma n}(T_{\Sigma n} s + 1)}{T_{\Sigma n}^3 s^3 + (1 + 0.6\delta)T_{\Sigma n}^2 s^2 + 0.6(1 + 0.2\delta)T_{\Sigma n} s + 0.12} \tag{6-115}$$

对于不同的 δ 值，解式(6-115)，可得带转速微分负反馈双闭环调速系统的抗扰性能指标，如表 6-9 所示。

表 6-9 带转速微分负反馈双闭环调速系统抗扰性能指标

$\delta = \dfrac{\tau_{dn}}{T_{\Sigma n}}$	0	0.5	1	2.0	3.0	4.0	5.0
$\Delta n_{max}/\Delta n_b$	81.2%	67.7%	58.3%	46.3%	39.1%	34.3%	30.7%
$t_m/T_{\Sigma n}$	2.85	2.95	3.00	3.45	4.00	4.45	4.90
$t_v/T_{\Sigma n}$	8.80	11.20	12.80	15.25	17.30	19.10	20.70

由表 6-9 可见，动态速降随着 σ 的增加逐渐下降，但恢复时间却拖长了。

习 题

1. 一般的调速系统动态校正以什么为主？常用什么调节器？动态性能指标以什么为主？

2. 工程设计法中如何确定调节器的结构和参数？

3. 简述典型Ⅰ型系统和典型Ⅱ型系统在静态和动态性能方面的区别。

4. 某控制对象已校正为典型Ⅰ系统，其惯性时间常数 $T=0.1\text{s}$。输入为阶跃信号时，系统超调量 $\sigma < 10\%$。

(1) 求满足超调量要求时，系统开环增益 K 的最大值并画出系统开环幅频对数特性图。

(2) 求出系统的截止频率和相角稳定裕度。

5. 在电流环和转速环设计中，应该先设计哪个环？两个环分别校正成什么类型的系统？为什么？

6. 采用工程设计法设计多环控制系统，为什么外环的响应比内环慢？这样做牺牲了什么？又有什么好处？

7. 转速电流双闭环直流调速系统，ASR 和 ACR 均采用 PI 调节器，且按工程设计法，电流环设计为典型Ⅰ型系统，转速环设计为典型Ⅱ型系统。若电流反馈线断线，请分析可能发生的现象。

8. 有一系统其控制对象传递函数为 $W_{\text{obj}}(s)=\dfrac{18}{(0.2s+1)(0.005s+1)(0.008s+1)}$，要求分别校正为典型Ⅰ型系统和典型Ⅱ型系统，系统参数分别选择 $KT=0.5$ 和 $h=5$，决定调节器结构并计算其参数。

9. 某三相桥式晶闸管相控整流装置供电的双闭环直流调速系统，直流电动机的额定数据为 $U_N=220\text{V}$，$I_N=136\text{A}$，$n_N=1460\text{r/min}$。电枢回路总电阻 $R=0.5\Omega$，电动势系数 $C_e=0.132\text{V}\cdot\text{min/r}$，整流与触发环节放大系数 $K_s=40$。电磁时间常数 $T_l=0.03\text{s}$，机电时间常数 $T_m=0.18\text{s}$，电流反馈滤波时间常数 $T_{oi}=0.03\text{s}$，转速反馈滤波时间常数 $T_{on}=0.18\text{s}$。额定转速时的给定电压 $U_{nm}^*=10\text{V}$，ASR 输出限幅值 $U_{im}^*=10\text{V}$。允许电流过载倍数 $\lambda=1.5$。调节器输入电阻 $R_0=20\text{k}\Omega$。

设计指标为：稳态无静差，电流超调量 $\sigma_i \leqslant 5\%$，空载启动到额定转速时的转速超调量 $\sigma_n \leqslant 10\%$。

(1) 设计电流调节器 ACR，计算其参数 R_i、C_i、C_{oi}。

(2) 设计转速调节器 ASR，计算其参数 R_n、C_n、C_{on}。

(3) 计算电动机带 40% 额定负载启动到最低转速时的转速超调量。

(4) 该系统在空载稳定运行时突加额定负载时引起的最大动态速降和恢复时间。

10. 某转速、电流双闭环控制的直流调速系统，直流电动机铭牌参数为 $P_N=250\text{W}$，$U_N=54\text{V}$，$I_N=3.24\text{A}$，$n_N=1000\text{r/min}$；电动势系数 $C_e=0.12\text{V}\cdot\text{min/r}$，电枢回路总电阻 $R=1.5\Omega$。采用 H 桥双极性 PWM 斩波器供电，开关器件采用电力场效应管，开关频率定为 $f=2.5\text{kHz}$，PWM 环节的放大倍数 $K_s=5$。电磁时间常数 $T_l=0.015\text{s}$，机电时间常数 $T_m=0.2\text{s}$，电流反馈滤波时间常数 $T_{oi}=0.0004\text{s}$，转速反馈滤波时间常数 $T_{on}=0.005\text{s}$。调节器输入输出电压 $U_{nm}^*=U_{im}^*=U_{cm}=10\text{V}$。允许电流过载倍数 $\lambda=1.5$。调节器输入电阻 $R_0=40\text{k}\Omega$。

(1) 设计该系统的电流调节器和转速调节器。设计指标为：转速无静差，电流超调量 $\sigma_i \leqslant 5\%$，空载启动到额定转速时的转速超调量 $\sigma_n \leqslant 10\%$。

(2) 分析带恒转矩负载 $[I_{dl}(n)=I_N]$ 和直流发电机负载 $[I_{dl}(n)=0.00324n]$ 时的启动过程，比较其不同之处。

11. 带转速微分负反馈的双闭环直流调速系统在稳态时为什么能够抑制超调？与未加微分负反馈的情况相比，转速调节器退饱和的时间提前了多少？退饱和转速的提前量是多少？

12. 在第 9 题所设计的转速电流双闭环直流调速系统的基础上，设计转速微分负反馈环节，消除空载启动到额定转速时的转速超调量。

第7章
可逆晶闸管-电动机直流调速系统

在生产实际中，许多生产机械不仅要求调速系统能够完成调速任务，而且还要求系统能够可逆运转，例如可逆式初轧机的可逆轧制、龙门刨床工作台的往返运动、矿井卷扬机和电梯的提升和下降、电气机车的前进和后退等；有些生产机械虽不要求可逆运行，但要求能进行快速制动，如连轧机主传动机器开卷机、卷取机等。要实现上述控制要求，就需要电动机除电磁转矩外还应能够提供制动转矩，也就是需要电动机具有四象限运行的能力。具有四象限运行能力的调速系统称为可逆调速系统。

要想改变电动机的旋转方向，可以改变电枢电压的极性，也可以改变励磁磁通的方向。现代直流调速系统的供电电源和励磁电源均采用电力电子装置。为了实现电动机的可逆运行，就要求这些电力电子装置本身具有能量可双向流动的能力。

中、小功率的可逆直流调速系统，多采用 H 桥可逆 PWM 斩波器，其四象限运行的基本原理已在第 3 章详细介绍，这里不再重复。在实现闭环控制时，只需按第 5 章和第 6 章所讲的方法，对系统进行动态校正并设计调节器就可以了。目前 H 桥可逆直流调速系统通常采用数字控制的方法，当系统对动态性能要求较高时还可以采用各种非线性和智能控制算法。

对于容量比较大的可逆直流调速系统，目前广泛采用的就是两组晶闸管整流装置构成的可逆线路，这也是本章重点讨论的内容。

7.1 可逆晶闸管-电动机（V-M）直流调速系统组成及工作模式分析

7.1.1 可逆晶闸管-电动机直流调速系统的组成

采用两组晶闸管可控整流装置反并联构成的可逆 V-M 直流调速系统的结构图如图 7-1 所示。考虑到晶闸管的单向导电性，可以看出正组晶闸管变流器 VF，为电动机提供如图 7-1 中实线所示的正向电流，可使电动机工作在一、四象限；反组晶闸管变流器 VR，为电动机提供如图 7-1 中虚线所示的反向电流，可使电动机工作在二、三象限。两组变流器分别由两套触发装置控制，灵活地控制电动机的启、制动和升、降速。应该注意的是，两组变流器不能同时工作于整流状态，否则将造成电源短路，因此对控制电路的要求非常严格。

交流侧供电电源的连接方式有两种。一种是单电源型形式，变压器只有一个单次级绕组，如图 7-2(a) 所示。另一种是双电源或变压器双次级绕组形式，如图 7-2(b) 所示。采用双次级绕组形式，可通过改变次级两绕组的连接方式和匝数比，增加电源侧的电流脉波数，从而达到提高功率因数的目的。如图 7-2 所示的变压器结构，次级两绕组分别采用 Y 形和 △ 形连接，

匝数比取 $1:1:\sqrt{3}$，若晶闸管变流器采用三相桥式结构，可构成 12 脉波整流电路，基波因数可达 98.86%。此外，在构成自然环流可逆系统时，所需电抗器的数目比单次级绕组形式少一半。双次级绕组形式的缺点是变压器结构复杂、成本较高，一般适用于大功率应用场合。单次级绕组形式的变压器结构简单，接线方便，在要求频繁快速启、制动的中小功率场合应用更为广泛。

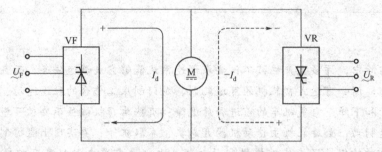

图 7-1 两组晶闸管可控整流装置反并联可逆线路

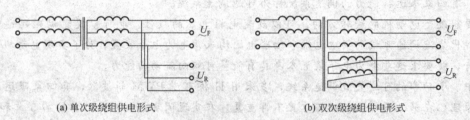

(a) 单次级绕组供电形式　　　　　　　　(b) 双次级绕组供电形式

图 7-2 可逆 V-M 系统交流电源供电形式

7.1.2 可逆晶闸管-电动机直流调速系统的工作模式分析

假设在任何时间内只有一组变流器投入工作，则可以根据电动机的运行状态来确定由哪组变流器工作及其工作模式。图 7-3 给出了电动机四象限运行时两组变流器的工作情况。

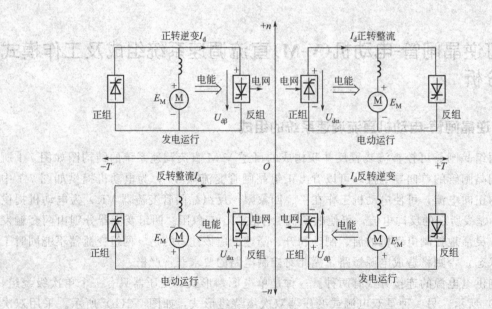

图 7-3 可逆 V-M 系统的工作状态

当电动机需要正向电动运行时，其电枢电压和电流均须为正值，这就需要正组变流器 VF

工作，且工作于整流模式，其控制角 $\alpha_f < 90°$，系统工作于第一象限。当电动机需要正向制动运行时，其电枢电压为正值，电流则为负值，即在第二象限工作，这就需要反组变流器 VR 工作，且工作于逆变模式，其逆变角 $\beta_r < 90°$。同理可得，第三象限为电动机反向电动运行，反组逆变器 VR 工作于整流模式，其控制角 $\alpha_r < 90°$；第四象限为电动机反向制动运行，正组逆变器 VF 工作于逆变模式，其控制角 $\beta_f < 90°$。

通过上述的分析可以看出，哪组变流器工作是由其输出电流方向决定的，与输出电压极性无关。变流器的工作模式则由输出电压和电流方向是否一致决定：电压电流方向一致，变流器工作于整流模式；电压电流方向相反，则变流器工作于逆变模式。

下面分析电动机运行状态改变时的过渡过程。假设电动机已稳定工作于第一象限，处于正转电动状态。如果需要反转，应先使电动机迅速制动，这就必须改变电枢电流的方向。而正组变流器只能提供正向电流，为此需要利用控制电路切换到反组变流器工作，并使其工作于逆变模式。此时电动机进入第二象限运行，电磁转矩为负，变为制动转矩，此时电动机机械轴上的机械能转化为电能，通过反组变流器回馈到电网。为保持电动机有足够的制动转矩，随着转速的下降，应使反组变流器的逆变器 β_r 从小到大直至 $\beta_r = 90°$，电枢电压为 0，电动机停转。在此之后继续增大 β_r，则 $\alpha_r = 180° - \beta_r < 90°$；反组变流器进入整流模式，其输出电压和电流同向，电动机进入第三象限工作，实现了从正转电动到反转电动的状态转换。

由两组晶闸管变流器反并联构成的直流调速电源，不仅可供有正反转工作需求的可逆系统使用，还可应用于需要快速启、制动的不可逆调速系统。此时，由正组提供电动运行所需的整流供电，反组只提供逆变制动。这时，两组晶闸管装置的容量大小可以不同，反组只在短时间内给电动机提供制动电流，并不提供稳态运行电流，实际采用的容量可以小一些。

7.2 可逆 V-M 直流调速系统的环流分析及有环流控制方式

前面在分析可逆 V-M 系统工作模式时假设在任意时刻只有一组变流器投入工作，是为了分析方便；这种假设回避了一个重要问题，即环流问题。事实上，如果两组变流器同时工作，便会产生不流过负载而直接在两组变流器之间流通的短路电流，称作环流，如图 7-4 中的 I_c。环流不流经负载，只会加重晶闸管和变压器的负担、消耗功率，太大时还会导致晶闸管损坏，因此一般来说需要对其抑制或消除。但环流也不完全没有利用的价值，当环流的大小维持在可控范围内时，可利用其作为流过晶闸管的基本电流，保证变流器始终工作在电流连续状态，避免电流断续引起的理想空载转速提高、机械特性变软等非线性因素对系统动、静态性能的不良影响；这种利用环流进行控制的方式称为有环流控制方式。

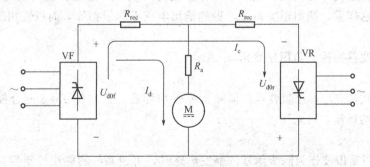

图 7-4　反并联可逆 V-M 系统中的环流

I_d—负载电流；I_c—环流；R_{rec}—整流装置内阻；R_a—电枢电阻；
U_{d0f}—正组变流器输出平均电压；U_{d0r}—反组变流器输出平均电压

7.2.1 环流的抑制原理

为了有效地抑制环流，首先需要根据环流产生的原因和性质，对环流进行分类。一般可把环流分为两类。

① 静态环流。两组可逆线路在一定控制角下稳定工作时出现的环流，其中又有两类：

a. 直流平均环流：由两组变流器输出的直流平均电压差所产生的环流称作直流平均环流。

b. 瞬时脉动环流：两组晶闸管输出的直流平均电压差虽为零，但因电压波形不同，存在瞬时的电压差，仍会产生脉动的环流，称作瞬时脉动环流。

② 动态环流。仅在可逆 V-M 系统处于过渡过程中出现的环流。

下面进一步讨论静态环流的抑制问题。如图 7-4 所示，若两组变流器同时工作于整流状态，则其输出平均电压顺向串联，由于整流装置的内阻很小，必将产生很大的直流平均环流。因此在考虑环流抑制问题时，首先考虑的是直流平均环流的抑制。在直流平均环流得到有效抑制乃至消除以后，再考虑对瞬时脉动环流的抑制。

(1) 直流平均环流的抑制原理　根据基尔霍夫定律，很容易得出图 7-4 所示可逆 V-M 系统的直流平均环流的表达式为

$$I_c = \frac{U_{d0f} + U_{d0r}}{2R_{rec}} \tag{7-1}$$

其中

$$U_{d0f} = U_{d0} \cos\alpha_f \tag{7-2}$$

$$U_{d0r} = U_{d0} \cos\alpha_r \tag{7-3}$$

$$U_{d0} = \frac{m}{\pi} U_m \sin\left(\frac{\pi}{m}\right) \tag{7-4}$$

式中，U_m 为电源相电压峰值；m 为整流电路脉波数。

由式(7-1) 可知，消除直流平均环流的条件为：

$$U_{d0f} = -U_{d0r} \tag{7-5}$$

由式(7-2) 和式(7-3)，可得满足式(7-5) 的条件为：

$$\alpha_f + \alpha_r = 180° \tag{7-6}$$

式(7-6) 表明，若要消除直流平均环流，两组逆变器的控制角应满足互补关系，即两组逆变器不能同时工作于同一种模式，正组变流器整流的时候，反组逆变器只能工作于逆变模式；反之亦然。只有这样做，两组逆变器才能做到输出电压平均值相等，而极性相反，从而消除直流平均环流。

如果反组逆变器的控制角用逆变角 β_r 表示，则

$$\alpha_f = \beta_r \tag{7-7}$$

由此可见，按照式(7-7) 来控制就可以消除直流平均环流，这称作 $\alpha = \beta$ 配合控制。为了更可靠地消除直流平均环流，可采用

$$\alpha_f \geqslant \beta_r \tag{7-8}$$

图 7-5 为采用锯齿波作为同步信号的触发电路时，可逆系统的移相控制特性。当控制电压 $U_c = 0$ 时，α_f 和 α_r 都调整在 90°。电动机需要正转时，增大 U_c，$\alpha_f < 90°$，$\alpha_r > 90°$，正组整流而反组逆变，在控制过程中始终保持 $\alpha_f = \alpha_r$。反转时，则有 $\alpha_r = \beta_f$。

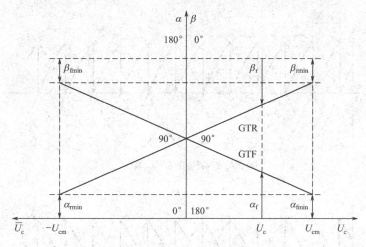

图 7-5 $\alpha = \beta$ 配合控制时，可逆 V-M 系统的移相特性

GTF—正组移相特性；GTR—反组移相特性

为了防止晶闸管装置在逆变状态工作中逆变角 β 太小而导致环流失败，出现"逆变颠覆"现象，必须在控制电路中进行限幅，形成最小逆变角 $\beta_{\min}$ 保护。与此同时，对 α 角也实施 $\alpha_{\min}$ 保护以免出现 $\alpha < \beta$ 而产生直流平均环流。通常取 $\alpha_{\min} = \beta_{\min} = 30°$，其值视晶闸管器件的阻断时间而定。

（2）瞬时脉动环流的抑制原理　采用 $\alpha = \beta$ 配合控制，可以有效地抑制乃至消除直流平均环流，但系统中仍然存在环流，即瞬时脉动环流。这是因为采用 $\alpha = \beta$ 配合控制，只是使两组变流器的平均输出电压相等，而两组变流器的瞬时电压却不可能一直相等（事实上绝大多数时间不相等），当出现瞬时电压 $u_{d0f} > -u_{d0r}$ 的情况时，仍能产生瞬时的脉动环流。

下面以三相桥式变流器反并联的情况为例，分析瞬时脉动环流产生的原理，如图 7-6 所示。图 7-6（a）是正组变流器输出电压 u_{d0f} 波形，其中 $\alpha_f = 60°$，以正半波两相电压的交点为自然换相点，控制角以自然换相点向右计；图 7-6（b）是反组变流器输出电压 u_{d0r} 波形，其中 $\beta_r = 60°$，以负半波两相电压的交点为自然换相点，逆变角以自然换相点向左计。由图 7-6（a）和图 7-6（b）可见，两组变流器的输出电压平均值相等，因此不存在直流平均环流。虽然两组变流器的直流平均电压相等，但瞬时值却不相同，图 7-6（c）所示就是两组变流器的瞬时输出电压之差 Δu_{d0}。在这个瞬时电压差的作用下，出现了两组变流器之间的瞬时脉动环流 i_{cp}。由于变流器的内阻 R_{rec} 很小，环流回路的阻抗主要是电感，所以 i_{cp} 不能突变，并且落后于 Δu_{d0}；又由于晶闸管的单向导电性，i_{cp} 只能在一个方向脉动，所以瞬时脉动环流也有直流分量 I_{cp}，但 I_{cp} 与平均电压差所产生的直流平均环流在性质上是根本不同的。

为了抑制瞬时脉动环流，需要在变流器输出回路中串入电抗器，称为环流电抗器或均衡电抗器。环流电抗的大小可以按照把瞬时环流的直流分量 I_{cp} 抑制在负载额定电流的 5%～10% 来设计。环流电抗器的个数应该考虑电路的对称性和环流通道的数目。以上述三相桥式变流器反并联可逆线路为例，需要设置四个环流电抗器，如图 7-7 所示。这样设置的原因，首先是考虑环流通道的数目，三相桥式变流器反并联可逆线路中有两条并联的环流通道，每条通道上都需要设置环流电抗器。其次考虑到对称性，环流电抗器不能只设置在某一组变流器中，否则会出现问题。例如只在正组变流器中设置环流电抗器 L_{c1} 和 L_{c3}，当系统工作于第一象限，即正组整流、反组逆变时，正组电流达到额定值，则环流电抗器 L_{c1} 和 L_{c3} 因达到饱和电流而失效；因此反组变流器也必须设置环流电抗器 L_{c2} 和 L_{c4}，这样在上述工作状态下，虽然环流电抗器 L_{c1} 和 L_{c3} 失效，但环流电抗器 L_{c2} 和 L_{c4} 仍然可以正常工作，达到抑制环流的目的。

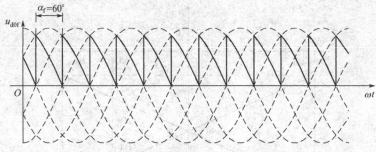

(a) 正组变流器输出电压u_{d0f}波形

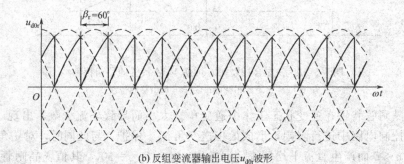

(b) 反组变流器输出电压u_{d0r}波形

(c) 两组变流器的瞬时输出电压之差Δu_{d0}、瞬时脉动环流i_{cp}及其直流分量I_{cp}

图7-6 $\alpha = \beta$ 配合控制的三相桥式反并联可逆线路的瞬时脉动环流

7.2.2 $\alpha = \beta$ 配合控制的有环流可逆直流调速系统

从以上的分析可知，$\alpha = \beta$ 配合控制的可逆直流调速系统实际上是有环流的，因此可称为有环流控制系统，或者自然环流控制系统。前面对自然环流控制系统抑制和消除环流的基本原理进行了分析，下面介绍闭环控制的自然环流控制系统及其动态过程分析。

（1）闭环控制的自然环流可逆调速系统 转速电流双闭环控制的自然环流可逆直流调速系统的原理框图如图7-7所示。图中主电路采用两组三相桥式变流器反并联的可逆线路。

自然环流可逆直流调速系统与不可逆的直流调速系统相比，有以下几点不同：

① 转速给定电压U_n^*为正、负双极性信号，以满足正、反转需要。

② 转速调节器ASR和电流调节器ACR都设置了双向输出限幅，以限制最大启制动电流和最小控制角$\alpha_{\min}$与最小逆变角$\beta_{\min}$。

③ 转速反馈电压U_n、电流反馈电压U_i都应该是正、负双极性的信号，以反映电动机的

转向和电枢电流的极性。对于转速检测环节，采用直流测速发电机，或者光电编码器，可以很容易地给出转向信号；采用交流测速发电机时，需要增加鉴相环节。对于电流检测环节，可采用如图 7-7 所示的电流霍尔传感器，也可采用分流计，总之需要能够反映电流极性的检测装置。

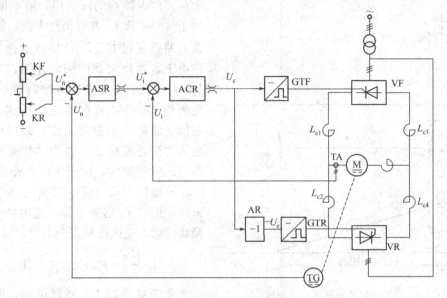

图 7-7　转速电流双闭环控制的自然环流可逆直流调速系统

④ 两组变流器共用电流调节器 ACR，其输出直接为正组变流器触发装置提供移相控制信号 U_c；经反号器 AR 取反后，为反组变流器触发装置提供移相控制信号 $-U_c$。这样，就可以保证两组触发装置的控制电压大小相等符号相反。

根据 $\alpha = \beta$ 配合控制的基本原理，两组变流器处于相反的工作模式，一组整流运行时，另一组逆变运行，这实际上是对控制角的工作模式来说的，实际情况并非如此。以第一象限为例，正组整流时反组除环流之外并未流过负载电流，也没有能量回馈到电网，因此确切地说，反组只是工作在"待逆变模式"，表示该组晶闸管装置是在逆变角控制下等待工作。只有系统需要制动，且满足有源逆变条件，转入第二象限工作时，反组才会真正进入逆变工作模式，将电能回馈到电网；此时正组则处于"待整流模式"。因此，自然环流控制的可逆直流调速系统在任何时候，实际上只有一组变流器在工作，另一组则处于等待工作的状态；这与后面的无环流控制方式并无不同。自然环流控制的特点在于等待工作的那组变流器中有环流存在，电流始终保持连续；一旦需要切换工作状态，负载电流可以迅速地从正向到反向（或从反向到正向）平滑过渡，正转制动和反转启动的过程完全衔接起来，没有间断或死区。这是自然环流可逆调速系统的优点，适用于要求快速正、反转的系统。其缺点是需要添置环流电抗器，而且晶闸管等器件都要负担负载电流加上环流。

(2) 自然环流可逆调速系统的动态过程分析　转速电流双闭环控制的自然环流可逆直流调速系统的启动过程与不可逆调速系统相比没有特殊之处，下面着重讲述其制动过程。由于仍采用双闭环控制，因此制动过程仍然是在允许最大电流限制下转速基本上按线性变化的"准时间最优控制"过程，如图 7-8 所示。

整个制动过程可以分为三个主要阶段：本组逆变阶段、他组反接制动阶段和他组回馈制动阶段。

① 本组逆变阶段　以正向制动为例，假设系统原来工作于正向电动状态，正组变流器工

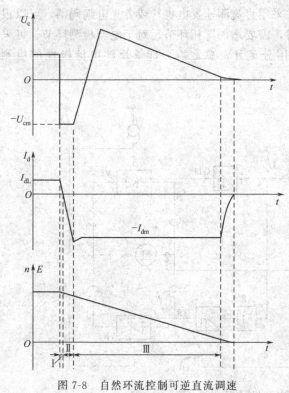

图 7-8　自然环流控制可逆直流调速
系统正向制动过渡过程波形

作于整流模式,负载电流 $I_d > 0$,系统工作在第一象限。发出停车指令后,转速给定电压 U_n^* 突变为零,ASR 输入偏差由零变负,使 ASR 迅速饱和,输出为限幅值,由于运算放大器的倒向作用,输出值为 U_{im}^*。由于负载电流 I_d 方向仍然为正,使得 ACR 输入偏差超过 U_{im}^*,ACR 也迅速饱和,同样由于运算放大器的倒向作用,其输出值为 $-U_{cm}$。正组变流器的控制角 α_f 迅速由整流模式(<90°)变为逆变模式(>90°),正组变流器开始逆变工作,而反组变流器也从"待逆变模式"转为"待整流模式"。在 VF-M 回路中,由于 VF 变成逆变状态,U_{d0f} 的极性变负,而电机反电动势 E 极性未变,迫使 I_d 迅速下降,主电路电感迅速释放储能,企图维持正向电流,这时

$$L\frac{dI_d}{dt} - E > |U_{d0f}| = |U_{d0r}|$$

大部分能量通过 VF 回馈电网,所以称作"本组逆变阶段"。由于电流的迅速下降,这个阶段所占时间很短,转速来不及产生明显的变化,其波形图见图 7-8 中的阶段Ⅰ。

② 他组反接制动阶段　当负载电流 I_d 下降到零以后,系统转入第二象限工作。由于 ASR 和 ACR 仍然处于饱和状态,ACR 输出仍维持为 $-U_{cm}$,反组变流器由"待整流模式"进入整流工作模式,正组变流器则进入"待逆变模式"。这时,U_{d0f} 和 U_{d0r} 的大小都和本组逆变阶段一样,但由于本组逆变停止,电流变化延缓,$L\frac{dI_d}{dt}$ 的数值略减,使

$$L\frac{dI_d}{dt} - E < |U_{d0f}| = |U_{d0r}|$$

由于反组整流电压 U_{d0r} 和反电动势 E 的极性相同,反向电流增长得很快,电机处于反接制动状态,转速明显地降低,见图 7-8 中的阶段Ⅱ,可称作"他组反接制动状态"。

③ 他组回馈制动阶段　当负载电流达到反向峰值电流 $-I_{dm}$,并略有超调之后,ACR 退出饱和,其数值减小得很快,又由负变正,然后再增大,使 VR 转入逆变模式,而 VF 变成"待整流模式"。此后,在 ACR 的调节作用下,力图维持接近最大的反向电流 $-I_{dm}$,因而

$$L\frac{dI_d}{dt} \approx 0, \quad E > |U_{d0f}| = |U_{d0r}|$$

电机在恒减速条件下回馈制动,把动能转换成电能,其中大部分通过 VR 逆变回馈电网,过渡过程波形为图 7-8 中的第Ⅲ阶段,称作"他组回馈制动阶段"或"他组逆变阶段"。

最后,转速下降至较低值,无法再维持 $-I_{dm}$,于是,电流和转速都减小,电机随即停止。如果需要在制动后紧接着反转,$I_d = -I_{dm}$ 的过程就会延续下去,直到反向转速稳定时为止。

7.3　可逆 V-M 直流调速系统的无环流控制方式

有环流可逆系统虽然具有反向快、过渡平滑等优点，但设置几个环流电抗器终究是累赘。因此，当工艺过程对系统正反转的平滑过渡特性要求不是很高时，特别是对于大容量的系统，常采用既没有直流平均环流又没有瞬时脉动环流的无环流控制可逆系统。无环流控制系统中应用最为广泛的是逻辑控制无环流系统。

7.3.1　逻辑控制无环流可逆调速系统的基本结构

图 7-9 所示为逻辑控制无环流可逆调速系统的一种典型结构框图。与自然环流可逆调速系统一样，主电路仍采用两组晶闸管变流器反并联的结构，只是没有了环流电抗器，因此环流已经完全没有了；平波电抗器仍然保留，是为了平抑电流波动并维持电流连续以保证电动机良好的运行特性。由于做到了真正的无环流，两组变流器不再同时工作，因此可以为两组变流器分别设计电流调节器，如图 7-9 所示。

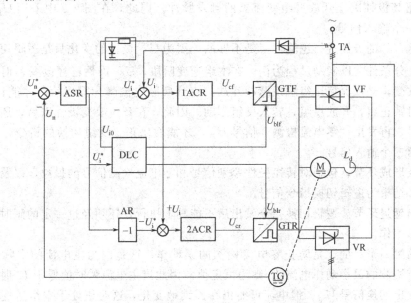

图 7-9　逻辑控制无环流可逆调速系统典型结构框图

图 7-9 中 1ACR 为正组变流器的电流调节器，其输出控制正组变流器的触发装置；2ACR 为反组变流器的电流调节器，其输出控制反组变流器的触发装置；1ACR 的给定信号经反号器 AR 作为 2ACR 的给定信号。电流检测环节也不用反映极性，因此可采用如图 7-9 所示的成本比霍尔传感器低很多的交流互感器和整流器实现。逻辑控制无环流可逆调速系统的关键环节，是无环流逻辑控制环节 DLC，系统按照 DLC 的指令实现正、反组的自动切换。DLC 有两个输出信号，其中 U_{blf} 用来控制正组触发脉冲的开放和封锁，U_{blr} 用来控制反组触发脉冲的开放和封锁。为了确保主电路无环流，U_{blf} 和 U_{blr} 必须保证严格互补，决不允许两组变流器同时开放触发脉冲。但触发脉冲的零位仍整定在 $\alpha_{f0}=\alpha_{r0}=90°$，移相方法仍采用 $\alpha=\beta$ 配合控制，与自然环流系统一样；因此逻辑控制无环流可逆调速系统制动和反向时的动态过渡过程与自然环流系统并无大的差异，在后面的讨论中可以直接引用 7.2 小节中相关分析和结论。

7.3.2 无环流逻辑控制环节

前面已经讲过，无环流逻辑控制环节是逻辑控制无环流可逆调速系统的关键环节，其任务是在切换指令发出时，封锁当前工作的这组晶闸管变流器的触发脉冲，并开放等待工作的另一组晶闸管变流器的触发脉冲。为确保无环流，两组变流器在任何情况下都不允许同时施加触发脉冲，一组变流器工作时，另一组变流器的触发脉冲必须被严格封锁。要满足上述要求，无环流逻辑控制环节又可以分为三个小环节：切换指令形成环节、输出延迟环节和逻辑互锁环节。

(1) 切换指令形成环节 在 7.1 小节，对两组变流器工作模式的判断方法做过总结，其要点就是：判断哪组变流器工作的依据是电流方向，与电压极性无关。也就是说两组变流器进行切换时，最重要的特征是电流方向的改变，对于电动机而言，电流方向的改变就意味着转矩方向的改变。当电动机需要正转制动或反转电动时，需要产生负的电磁转矩，也就是需要由反组变流器提供电流；当电动机需要反转制动或正转电动时，需要产生正的电磁转矩，也就是需要由正组变流器提供电流。在转速电流双闭环调速系统中，电流环作为内环始终要跟随转速调节器 ASR 的输出 U_i^* 的变化而变化，因此可把 U_i^* 作为转矩极性鉴别信号，根据其极性决定开放哪组变流器的触发脉冲。因此，在图 7-9 中采用 U_i^* 作为逻辑控制环节的一个输入信号。

但仅依靠 U_i^* 的极性进行逻辑切换是不够的，因为 U_i^* 极性的变化只是逻辑切换的必要条件，还不是充分条件。以制动过程为例，在本组逆变阶段，U_i^* 极性已经改变，但由于实际电流方向尚未改变，必须保持正组触发脉冲开放，直到实际电流降为零以后，才能让 DLC 发出切换指令，封锁正组，开放反组，转入反组制动。因此，在 U_i^* 改变极性以后，还需要等到电流真正到零时，再发出"零电流检测"信号 U_{i0}，才能发出正、反组切换的指令，这就是逻辑控制环节的第二个输入信号。

切换指令形成环节，包括对转矩极性鉴别信号和零电流检测信号的提取，以及对二者的逻辑运算，运算结果为逻辑切换指令信号。

(2) 输出延迟环节 逻辑切换指令发出后不能马上执行，还须经过一定的延时时间，以确保系统的可靠工作。

这样做的第一个目的，是防止零电流检测的误动作。这是因为主电流的实际波形是脉动的，而零电流检测的最小动作电流 I_0 则为恒定值，因此当主电流瞬时值低于 I_0 时，零电流检测环节就会发出切换信号 U_{i0}。但电流可能仍在连续地变化，这时正处于本组逆变阶段，突然封锁触发脉冲将产生逆变颠覆。为防止出现这种故障，应在检测到电流过零后等待一段时间，若仍不见主电流再超过 I_0，说明电流确已终止，再封锁本组脉冲就没有问题了。这段从发出切换指令到真正封锁掉原来工作的那组晶闸管之间应该留出来的等待时间，叫作封锁延时。封锁延时 t_{dbl} 大约需要半个到一个脉波的时间，对于三相桥式电路为 2～3ms。

除了要防止零电流检测的误动作，还要注意的是晶闸管的关断特性。晶闸管是半控型器件，在相控变流器中依靠电网电压施加反压才能关断。晶闸管的关断过程包括反向阻断能力恢复过程和正向阻断能力恢复过程，其中正向阻断能力恢复过程非常缓慢。如果在晶闸管真正恢复阻断能力以前就开放他组触发脉冲，仍有可能造成两组晶闸管同时导通，产生环流。为了防止这种事故，必须再设置一段开放延时时间 t_{dt}，一般应大于一个波头的时间，对于三相桥式电路常取 5～7ms。

(3) 逻辑互锁环节 最后，在逻辑控制环节的两个输出信号 U_{blf} 和 U_{blr} 之间必须有互相联锁的保护，决不允许出现两组脉冲同时开放的状态。

图 7-10 所示为逻辑控制切换程序的流程图。

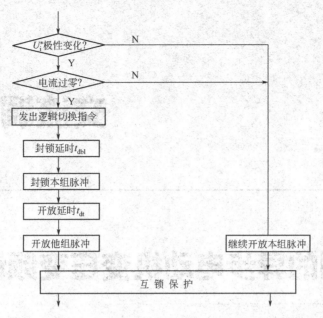

图 7-10　逻辑控制切换程序流程图

习　题

1. 可逆 V-M 系统的基本结构是什么？
2. 可逆 V-M 系统电动机和两组变流器在四个象限的工作状态分别是怎样的？
3. 什么是环流？环流是如何分类的？
4. 什么是 $\alpha = \beta$ 配合控制？该控制方式下，环流是如何得到抑制的？为什么需要设置环流电抗器？
5. 分析 $\alpha = \beta$ 配合控制下可逆 V-M 系统反向制动和启动的过程。
6. 分析逻辑无环流直流可逆调速系统的工作原理。

第3篇

交流调速系统

第8章
标量控制的异步电动机变压变频调速系统

第2章已经对异步电动机的调速方法进行了基本介绍。变压变频调速方式属于转差功率不变型调速方法，效率较高，节能效果良好，是目前应用最为广泛的异步电动机调速方法。在对调速性能指标要求一般的应用场合中，往往采用标量控制。所谓标量控制，就是依据异步电动机的稳态数学模型，仅仅对变量的幅值进行控制，而忽略电动机中的耦合效应。虽然标量控制的性能差一些，但实现起来比较容易，因而在一般工业领域应用广泛。在标量控制中，原理最简单、应用也最为广泛的是电压-频率协调控制。对于稳态性能要求较高的场合，则可以采用转差频率控制。

8.1 异步电动机电压-频率协调控制的基本原理

在进行电动机调速时，通常要考虑的一个重要因素是：希望保持电动机中每极磁通量为额定值不变。如果磁通太弱，没有充分利用电动机的铁芯，是一种浪费；如果过分增大磁通，又会使铁芯饱和，从而导致过大的励磁电流，严重时会因绕组过热而损坏电动机。对于直流电动机，励磁系统是独立的，只要对电枢反应的补偿合适，保持 Φ_m 不变是很容易做到的。在交流异步电动机中，磁通是定子磁动势和转子磁动势合成产生的，保持磁通恒定则需另寻办法。

根据电机学的知识，三相异步电动机定子每相电动势的有效值为：

$$E_g = 4.44 f_1 N_s k_{Ns} \Phi_m \tag{8-1}$$

式中，E_g 为气隙磁通在定子每相中感应电动势的有效值，V；f_1 为定子频率，Hz；N_s 为定子每相绕组串联匝数；k_{Ns} 为基波绕组系数；Φ_m 为每极气隙磁通量，Wb。

考虑到 $N_s k_{Ns}$ 在电动机制造好以后会保持不变，由式(8-1)可知，只要控制好 E_g 和 f_1，便可达到控制磁通 Φ_m 的目的，对此，需要考虑基频（即额定频率）以下和基频以上两种情况。

8.1.1 基频以下调速

由式（8-1）可知，要保持 Φ_m 不变，当频率 f_1 从额定值 f_{1N} 向下调节时，须同时降低 E_g，使

$$\frac{E_g}{f_1} = 常值 \tag{8-2}$$

即气隙感应电动势和定子频率之比为恒定值。

然而，绕组中的感应电动势是难以直接控制的，当电动势值较高时，可以忽略定子绕组的漏磁阻抗压降，而认为定子相电压 $U_s \approx E_g$，则有

$$\frac{U_s}{f_1} = 常值 \tag{8-3}$$

这就是恒压频比控制的基本方式。

8.1.2 基频以上调速

在基频以上调速时，频率可以从 f_{1N} 往上增高，但电压 U_s 却不能超过额定电压 U_{sN}，最多只能保持 $U_s = U_{sN}$，由式（8-1）可知，这将迫使磁通 Φ_m 与频率成反比地降低，相当于直流电动机弱磁升速的情况。

把基频以下和基频以上两种情况结合起来，可称为异步电动机电压-频率协调控制，其特性如图 8-1 所示。如果电动机在不同转速下都达到额定电流，即都能在温升允许条件下长期运行，则转矩基本上随磁通变化。按照电气传动原理，在基频以下，磁通恒定时转矩也恒定，属于"恒转矩调速"性质；而在基频以上，转矩升高时转矩降低，基本上属于"恒功率调速"。

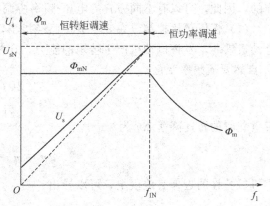

图 8-1 异步电动机电压-频率协调控制特性

8.2 异步电动机电压-频率协调控制时的机械特性

采用电压-频率协调控制，不需要使用电动机内部参数，也不需要加装速度传感器以构成速度负反馈，实现简单容易，因而在调速范围不是很宽、速度响应不必太快的一般工业场合应用非常广泛。下面对其机械特性进行分析。

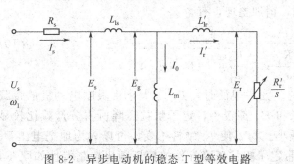

图 8-2 异步电动机的稳态 T 型等效电路

第 2 章图 2-1 已给出异步电动机的稳态 T 型等效电路，现将它再画在图 8-2 中，并标明不同磁通时所对应的感应电动势，其意义如下：

E_g——气隙（或互感）磁通 Φ_m 在定子每相绕组中的感应电动势；

E_s——定子全磁通 Φ_{sm} 在定子每相绕组中产生的感应电动势；

E_r——转子全磁通 Φ_{rm} 在转子绕组中产生的感应电动势（折合到定子侧）。

与式(8-1) 所示的气隙磁链与感应电动势的关系类似，有：

$$E_s = 4.44 f_1 N_s k_{Ns} \Phi_{sm} \tag{8-4}$$

$$E_r = 4.44 f_1 N_s k_{Ns} \Phi_{rm} \tag{8-5}$$

可见，在电压-频率协调控制中，这些在等效电路不同意义的感应电动势对应着不同的磁链。

8.2.1 基频以下电压-频率协调控制时的机械特性

异步电动机的稳态机械特性在第 2 章中已经给出，重新整理为：

$$T_e = 3 n_p \left(\frac{U_s}{\omega_1} \right)^2 \times \frac{s \omega_1 R_r'}{(s R_s + R_r')^2 + s^2 \omega_1^2 (L_{1s} + L_{1r}')^2} \tag{8-6}$$

式中，R_s、R_r' 为定子每相电阻和折合到定子侧的转子每相电阻，L_{1s}、L_{1r}' 为定子每相漏感和折合到定子侧的转子每相漏感，U_s、ω_1 为定子相电压和供电角频率。

由式(8-6) 的机械特性方程式可以看出，对于某一负载转矩 T_L 下得到某一转差率（或某一转速），电压 U_s 和频率 ω_1 可以有多种配合，在 U_s 和 ω_1 的不同配合下，机械特性也是不一样的，因此，可以有不同方式的电压-频率协调控制。

(1) 恒压频比控制 在 8.1 节中已经指出，为了近似地保持气隙磁通不变，以便充分利用电动机铁芯，发挥电动机产生转矩的能力，在基频以下须采用恒压频比控制。这时，同步转速 n_s 自然要随频率变化。

$$n_s = \frac{60 f_1}{n_p} = \frac{60 \omega_1}{2 \pi n_p} \tag{8-7}$$

带负载时的转速降落 Δn 为

$$\Delta n = s n_s = \frac{60}{2 \pi n_p} s \omega_1 \tag{8-8}$$

在机械特性的近似直线段上，可以导出

$$s \omega_1 \approx \frac{R_r' T_e}{3 n_p \left(\dfrac{U_s}{\omega_1} \right)^2} \tag{8-9}$$

由此可见，当 U_s/ω_1 为恒值时，对于同一转矩 T_e 来说，$s \omega_1$ 是基本不变的，因而 Δn 也是基本不变的。这就是说，在恒压频比的条件下改变定子频率时，机械特性基本上是平行下移的，如图 8-3 所示。它们和他励直流电动机变压调速时特性的变化情况相似。所不同的是，当转矩增大到最大值以后，转速再降低，特性就折了回来，且频率越低时最大转矩值越小。

最大转矩已在第 2 章给出 ［即式(2-4)］，稍加整理，有

$$T_{emax} = \frac{3 n_p}{2} \times \left(\frac{U_s}{\omega_1} \right)^2 \times \frac{1}{\dfrac{R_s}{\omega_1} + \sqrt{\left(\dfrac{R_s}{\omega_1} \right)^2 + (L_{1s} + L_{1r}')^2}} \tag{8-10}$$

可见，由于 T_{emax} 是随着 ω_1 的降低而减小的。频率很低时，T_{emax} 太小将限制电动机的带载能力。造成 T_{emax} 下降的原因是低频时，U_s 和 E_g 都较小，定子阻抗压降所占分量就比较显著，不能再忽略，从而使等效励磁电流 I_0 减小。为了使 I_0 维持不变，可以人为地把电压 U_s 抬高一些，以便近似地补偿定子阻抗压降。带定子阻抗压降补偿的恒压频比控制特性如图 8-4 中的曲线 b，无补偿的控制特性则为曲线 a。曲线 b 的解析表达为：

$$U_s = U_{s0} + k f_1 \tag{8-11}$$

式中，k 通常为常数，亦可根据实际工况进行更复杂的拟合。

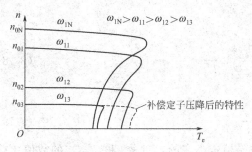

图 8-3　恒压频比控制时变频调速的机械特性

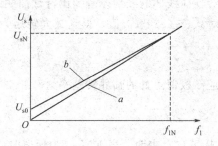

图 8-4　恒压频比控制特性

（2）恒 E_s/ω_1 控制　如果在基频以下的电压-频率协调控制中，在 $U_s/\omega_1 =$ 恒值的恒压频比控制的基础上，恰当地提高电压 U_s 的数值，使它正好克服定子电阻压降，就能维持 E_s/ω_1 为恒值，由式（8-4）可知，无论频率高低，每极定子磁通保持恒定。

忽略励磁电流 I_0 时，由图 8-2 等效电路可以得到

$$I_r' = \frac{E_s}{\sqrt{\left(\dfrac{R_r'}{s}\right)^2 + \omega_1^2 (L_{ls} + L_{lr}')^2}} \tag{8-12}$$

将它代入电磁转矩基本关系式，得

$$T_e = \frac{3n_p}{\omega_1} \times \frac{E_s^2}{\left(\dfrac{R_r'}{s}\right)^2 + \omega_1^2 (L_{ls} + L_{lr}')^2} \times \frac{R_r'}{s} = 3n_p \left(\frac{E_s}{\omega_1}\right)^2 \times \frac{s\omega_1 R_r'}{R_r'^2 + s^2 \omega_1^2 (L_{ls} + L_{lr}')^2} \tag{8-13}$$

这就是恒 E_s/ω_1 的机械特性方程式，如图 8-5 的特性曲线 2。图 8-5 中的曲线 1 对应的是恒 U_s/ω_1 控制的特性曲线。可见恒 E_s/ω_1 特性的线性段范围更宽。

求取式（8-13）的极值，可得到最大转矩

$$T_{emax} = \frac{3n_p}{2} \times \left(\frac{E_s}{\omega_1}\right)^2 \times \frac{1}{L_{ls} + L_{lr}'} \tag{8-14}$$

而对应于极值点处的临界转差率为

$$s_m = \frac{R_r'}{\omega_1 (L_{ls} + L_{lr}')} \tag{8-15}$$

值得注意的是，在式（8-14）中，当 E_s/ω_1 为恒值时，T_{emax} 恒定不变。再与式（8-10）相比，恒 E_s/ω_1 控制的最大转矩大于恒 U_s/ω_1 控制时的最大转矩，可见恒 E_s/ω_1 控制的稳态性能优于恒 U_s/ω_1 控制。

（3）恒 E_g/ω_1 控制　如果在电压-频率协调控制中，再进一步提高电压 U_s 的数值，使它在克服定子电阻压降的基础上，再克服定子电抗压降，就能够维持 E_g/ω_1 为恒值，由式（8-1）可知，无论频率高低，气隙磁通保持恒定。

忽略励磁电流 I_0 时，由图 8-2 等效电路可以得到

$$I_r' = \frac{E_g}{\sqrt{\left(\dfrac{R_r'}{s}\right)^2 + \omega_1^2 L_{lr}'^2}} \tag{8-16}$$

将它代入电磁转矩基本关系式，得

$$T_e = \frac{3n_p}{\omega_1} \times \frac{E_g^2}{\left(\dfrac{R_r'}{s}\right)^2 + \omega_1^2 L_{lr}'^2} \times \frac{R_r'}{s} = 3n_p \left(\frac{E_g}{\omega_1}\right)^2 \times \frac{s\omega_1 R_r'}{R_r'^2 + s^2 \omega_1^2 L_{lr}'^2} \tag{8-17}$$

这就是恒 E_g/ω_1 时的机械特性方程式，如图 8-5 的特性曲线 3。可以看出，恒 E_g/ω_1 控制的特性曲线 3 的线性段范围比特性曲线 1 和 2 都要宽。

对式 (8-17) 取极值，得到最大转矩为

$$T_{emax} = \frac{3n_p}{2} \times \left(\frac{E_g}{\omega_1}\right)^2 \times \frac{1}{L'_{lr}} \tag{8-18}$$

而对应于极值点处的临界转差率为

$$s_m = \frac{R'_r}{\omega_1 L'_{lr}} \tag{8-19}$$

式 (8-18) 表明，当 E_g/ω_1 为恒值时，T_{emax} 也是恒定不变的，且 s_m 和 T_{emax} 的数值比前两种控制方式都大，机械特性更硬。

(4) 恒 E_r/ω_1 控制 如果把电压-频率协调控制中的电压 U_s 进一步再提高一些，把转子漏抗上的压降也抵消掉，得到恒 E_r/ω_1 控制，此时转子磁通将保持恒定。由图 8-2 可写出

$$I'_r = \frac{E_r}{R'_r/s} \tag{8-20}$$

代入电磁转矩基本关系式，得

$$T_e = \frac{3n_p}{\omega_1} \times \frac{E_r^2}{\left(\dfrac{R'_r}{s}\right)^2} \times \frac{R'_r}{s} = 3n_p \left(\frac{E_r}{\omega_1}\right)^2 \times \frac{s\omega_1}{R'_r} \tag{8-21}$$

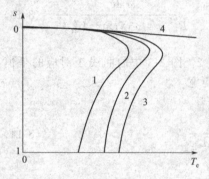

图 8-5 异步电动机在不同电压-频率
协调控制方式时的机械特性
1—恒 U_s/ω_1 控制；
2—恒 E_s/ω_1 控制；3—恒 E_g/ω_1 控制；
4—恒 E_r/ω_1 控制

这时的机械特性 $T_e = f(s)$ 完全是一条直线，就是图 8-5 中的特性曲线 4。显然，恒 E_r/ω_1 控制的稳态性能最好，可以获得和直流电动机一样的线性机械特性。这正是高性能交流变频调速所要求的性能。

综上所述，恒 U_s/ω_1 控制实现最为简便，它的变频机械特性基本上是平行移动的，硬度较好，能够满足一般的调速要求，但低速时带载能力较差，须对定子压降实现补偿。

恒 E_s/ω_1 控制、恒 E_g/ω_1 控制均需在恒 U_s/ω_1 控制的基础上对定子电压进行补偿，控制要复杂一些。恒 E_s/ω_1 控制与恒 E_g/ω_1 控制虽然改善了低速性能，但机械特性还是非线性的，产生转矩的能力仍受到最大转矩的限制。恒 E_r/ω_1 控制可以获得和直流电动机一样的线性机械特性，按照转子全磁通幅值恒定进行控制，性能最佳。

当然，后三种控制方式对电动机参数的依赖性很大，实现较为复杂。

如果能在稳态和动态都保持转子全磁通幅值恒定，就成为矢量控制了，这部分内容将在第 9 章详细阐述。

8.2.2 基频以上电压-频率协调控制时的机械特性

在基频 f_{1N} 以上变频调速时，由于电压 $U_s = U_{sN}$ 不变，机械特性方程为

$$T_e = 3n_p U_{sN}^2 \frac{sR'_r}{\omega_1 \left[(sR_s + R'_r)^2 + s^2\omega_1^2(L_{ls} + L'_{lr})^2\right]} \tag{8-22}$$

而最大转矩表达式为

$$T_{\mathrm{emax}}=\frac{3n_{\mathrm{p}}}{2}U_{\mathrm{sN}}^2\frac{1}{\omega_1[R_{\mathrm{s}}+\sqrt{R_{\mathrm{s}}^2+\omega_1^2(L_{\mathrm{ls}}+L_{\mathrm{lr}}')^2}]} \tag{8-23}$$

可见，当角频率 ω_1 提高时，同步转速随之提高，最大转矩 T_{emax} 减小，机械特性上移，其形状基本相似，如图 8-6 所示。

由于频率提高而电压不变，气隙磁动势势必减弱，导致转矩的减小，但转速升高了，可以认为输出功率基本不变。所以，基频以上变频调速属于弱磁恒功率调速。

最后应该指出，以上所分析的机械特性都是在正弦波电压供电下的情况。如果电压源含有谐波，将使机械特性受到扭曲，并增加电动机中的损耗。因此，在设计变频装置时，应尽量减少输出电压中的谐波。

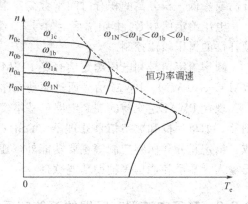

图 8-6 基频以上恒压变频调速的机械特性

8.3 异步电动机转速开环恒压频比控制的系统实现及调速性能分析

上一节对异步电动机电压-频率协调控制的原理及其机械特性进行了分析，本节在此基础上介绍其系统实现方法，然后对调速性能进行定性分析。考虑到实用性，本节只分析恒 U_{s}/ω_1 控制的调速性能。

8.3.1 基于电压型变频器的系统实现

在一般工业领域中，常采用电压型变频器作为调速电源，其结构如图 8-7 所示。图中主电路由不可控整流电路（图中以三相为例，实际上功率较小时也可采用单相结构）、三相电压型 PWM 逆变电路以及中间滤波电容组成；如果需要抑制泵升电压，可以增加泵升电压抑制电路（详见第 3 章）。

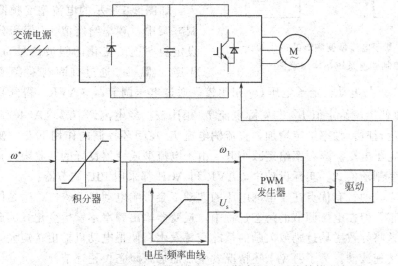

图 8-7 基于电压型变频器的恒压频比控制调速系统结构示意图

由于系统本身没有自动限制启动电流的功能，因此在频率给定信号 ω^* 之后加入积分器，将阶跃信号转换为按设定斜率逐渐变化的斜坡信号 ω_1，从而使电动机的电压和转速都平缓地升高或降低。积分器的积分时间常数需要根据负载需要进行选择。

电压给定信号 U_s 由频率给定信号 ω_1 经电压-频率曲线确定，电压-频率曲线一般选择带低频补偿的恒压频比控制。

频率给定信号和电压给定信号经 PWM 发生器转化为 PWM 信号，调制方法一般采用 SPWM 或 SVPWM。PWM 信号通过驱动电路实现隔离放大功能，供给 IGBT 逆变器。

现代 PWM 逆变器的控制电路已基本实现全数字化。控制芯片可采用电机驱动专用的微控制器，如单片机和数字信号处理器（DSP）等。控制软件是系统控制的核心，除了 PWM 生成、给定积分和压频控制等主要功能外，还包括信号采集、故障综合及分析、键盘及给定电位器输入、显示和通信等辅助功能软件。

8.3.2 基于电流型变频器的系统实现

在功率比较大的应用场合，可采用电流型变频器作为调速电源，其结构如图 8-8 所示。图中主电路由晶闸管相控整流电路、三相电流型 PWM 逆变器以及中间滤波电感组成。对于电压型逆变器，如果没有特殊要求（比如四象限运行，或输入功率因数），一般无需对整流侧进行闭环控制。而对于电流型变频器而言，如果整流侧无闭环控制，则可能导致系统的不稳定，因此必须引入闭环控制以限制直流母线电流。对于逆变侧而言，由于直接输出量为电流 PWM 波，不能直接实现恒压频比控制，因而也需要构造逆变侧电压闭环控制。当然，由于是标量控制，因而只需构成有效值闭环即可，而无须构成瞬时值闭环。在具体实现时，常将逆变侧闭环与整流侧闭环进行级联嵌套式连接，构成如图 8-8 所示的双闭环控制系统。

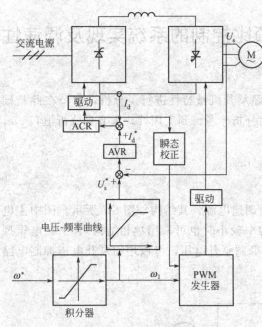

图 8-8 基于电流型变频器的恒压频比
控制调速系统结构示意图

如图 8-8 所示的电流型变频器恒压频比控制方案中，频率给定值 ω^* 经积分器转化为按设定斜率逐渐变化的斜坡信号 ω_1，直接作用于逆变器。ω_1 通过查询电压-频率曲线产生电压指令信号 U_s^*，与电动机定子电压 U_s 相比较，通过电压调节器（AVR）得到直流侧电流给定值 I_d^*。直流侧电流给定值 I_d^* 与实际电流 I_d 相比较，经电流调节器（ACR），作用于整流器。需要加速运行时，频率给定增加，直流侧电流 I_d 在闭环控制的作用下发生变化以产生电动机所需要的定子电压。当频率给定减小时，由于电流型逆变器良好的四象限运行特性，电动机平滑进入再生制动模式。实际设计中，AVR 和 ACR 都采用 PID 调节器。

这种控制方式的特有优点在于电网电压的波动不会影响电动机的磁链，这是因为电流环能有效地进行校正。但在电压调节的瞬态过程中，逆变器输出频率不发生变化，因此没有实现恒压频比控制。这将导致磁场过励或欠励的情况交替发生，使得电动机输出转矩大幅度波动，从而造成电动机转速波动。为了避免上述情况发生，需加入瞬态校正环节。

8.3.3　调速性能分析

由于恒压频比控制是一种转速开环控制，因此很难满足控制理论意义上的动态性能指标。但对于大多数工况来说，只要能够保证实现平稳的加、减速就可以；而这是恒压频比控制的调速系统可以做到的。图 8-9 所示就是恒压频比控制的加/减速特性。

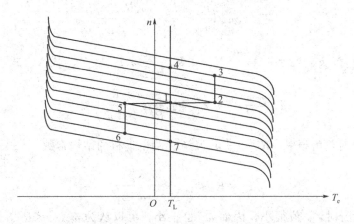

图 8-9　恒压频比控制方式下电动机的加/减速特性

为了简单起见，假设负载为恒转矩负载，且初始运行在点 1 处。需要加速时，给频率给定值一个小阶跃的增量，同步转速马上响应，而转子转速不能突变，则转差率增加，电动机从点 1 运行到点 2。由于积分器的作用，ω_1 较为缓慢地上升，而电动机定子电压 U_s 按照电压-频率曲线也平缓地发生改变；考虑到恒压频比控制的恒转矩特性，电动机从工作点 2 沿直线运行到工作点 3。根据恒压频比控制的基本原理，此时电动机输出的电磁转矩为恒定值，由电动机运动方程式易知在恒转矩负载条件下电动机为匀加速运行。当电动机运行到工作点 3，定子频率达到给定值不再增加时，电动机沿点 3 的机械特性曲线运行到工作点 4，重新达到运动平衡。同样方法也可完成减速过程，如图中工作点 1→5→6→7 所示。如图 8-9 所示的加/减速特性对于很多负载已经够用了。

就稳态特性而言，由于恒压频比控制是转速开环控制，转速给定对应于同步转速。在稳态运行时，转子转速必然小于同步转速，因而恒压频比控制调速系统肯定是有静差的，其静差率就是转差率。

虽然恒压频比控制的调速系统是有静差系统，但其在节能方面的效果还是很可观的，特别是对于交流传动系统中常见的风机和水泵负载。风机和水泵负载需要实现对流量的控制。传统上，风机和水泵是不调速的。在进行流量控制时，通常是通过对阀门的开合程度进行调节，这种方法的效率很低。当采用恒压频比控制的变频器通过速度调节实现流量控制时，效率得到大幅度提高。在 60% 负载时，效率可提高 35%。由于电动机在大多数情况下轻载运行，因此在较长一段时间内的节能效果将非常好。

8.4　转差频率控制的异步电动机变压变频调速系统

转速开环的恒压频比控制调速系统可以满足平滑调速的要求，但静、动态性能不够理想，采用转速闭环控制可以提高系统的静、动态性能，实现稳态无静差。转差频率控制的变压变频调速采用基于异步电动机稳态模型的转速闭环控制系统，仍然属于标量控制。

8.4.1 转差频率控制的基本原理

在本书直流调速系统部分已经指出，转矩控制是运动控制的根本问题。这个结论对于所有运动控制系统来说都是适用的。按照 8.2 节中的恒 E_g/ω_1 控制方式，当频率变化时都保持气隙磁通 Φ_m 不变，且最大转矩 T_{emax} 不变，能得到很好的稳态性能。此时的机械特性方程式重写如下：

$$T_e = 3n_p \left(\frac{E_g}{\omega_1}\right)^2 \frac{s\omega_1 R'_r}{R'^2_r + s^2\omega_1^2 L'^2_{lr}}$$

将 $E_g = 4.44 f_1 N_s k_{Ns} \Phi_m = 4.44 \frac{\omega_1}{2\pi} N_s k_{Ns} \Phi_m = \frac{1}{\sqrt{2}}\omega_1 N_s k_{Ns} \Phi_m$ 代入上式，得

$$T_e = \frac{3}{2} n_p N_s^2 k_{Ns}^2 \Phi_m^2 \frac{s\omega_1 R'_r}{R'^2_r + s^2\omega_1^2 L'^2_{lr}} \tag{8-24}$$

令 $\omega_s = s\omega_1$ 为转差角频率，$K_m = \frac{3}{2} n_p N_s^2 k_{Ns}^2$ 为电动机的结构常数，代入式(8-24)，则有

$$T_e = K_m \Phi_m^2 \frac{\omega_s R'_r}{R'^2_r + \omega_s^2 L'^2_{lr}} \tag{8-25}$$

当电动机在稳态运行时，s 值很小，因而 ω_s 也很小，可以认为 $\omega_s L'_{lr} \ll R'_r$，则转矩可以近似表示为

$$T_e \approx K_m \Phi_m^2 \frac{\omega_s}{R'_r} \tag{8-26}$$

式(8-26)表明，在 s 值很小的稳态运行范围内，只要能够保持气隙磁通 Φ_m 不变，异步电动机的转矩就近似与转差角频率 ω_s 成正比。也就是说，在保持气隙磁通 Φ_m 不变的前提下，可以通过控制转差角频率 ω_s 来控制转矩，这就是转差频率控制的基本思想。

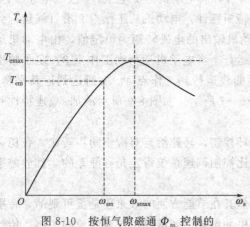

图 8-10　按恒气隙磁通 Φ_m 控制的
转矩特性 $T_e = f(\omega_s)$

上面分析所得的转差频率控制概念是从式(8-26)这个转矩近似公式得到的。当 ω_s 较大时，就必须采用转矩表达式(8-25)，图 8-10 为其机械特性 $T_e = f(\omega_s)$。可以看出，在 ω_s 较小的稳定运行段，转矩 T_e 基本上与 ω_s 成正比。当 T_e 达到最大值 T_{emax} 时，ω_s 达到临界值 ω_{smax} 值。当 ω_s 继续增大时，转矩反而减小。此段特性对于恒转矩负载为不稳定工作区。

对式(8-25)取极值，可得最大转矩为

$$T_{emax} = \frac{K_m \Phi_m^2}{2L'_{lr}} \tag{8-27}$$

对应的临界转差角频率为

$$\omega_{smax} = \frac{R'_r}{L'_{lr}} = \frac{R_r}{L_{lr}} \tag{8-28}$$

要保证系统稳定运行，必须使 $\omega_s < \omega_{smax}$。因此，在转差频率控制系统中，必须对 ω_s 加以限制，使系统允许的最大转差频率小于临界转差频率

$$\omega_{sm} < \omega_{smax} = \frac{R_r}{L_{lr}} \tag{8-29}$$

这样就可以基本保持 T_e 与 ω_s 的正比关系，也就是说，可以用转差频率控制转矩。这是转差频率控制的基本规律之一。

上述规律是在保持 $\varPhi_m$ 恒定的前提下才成立的，因此设法保持 $\varPhi_m$ 恒定是转差频率控制系统要解决的重要问题。解决这个问题，有两种思路，下面分别进行分析。

8.4.2 基于恒 E_g/ω_1 控制的转差频率控制系统

8.2 节已经讲过，恒 E_g/ω_1 控制时气隙磁通 $\varPhi_m$ 就能保持恒定。由图 8-2 的异步电动机等效电路可得：

$$\dot{U}_s = \dot{I}_s(R_s + j\omega_1 L_{1s}) + \dot{E}_g = \dot{I}_s(R_s + j\omega_1 L_{1s}) + \left(\frac{\dot{E}_g}{\omega_1}\right)\omega_1 \tag{8-30}$$

由此可见，要实现恒 E_g/ω_1 控制，必须在 U_s/ω_1 恒值的基础上再提高电压 U_s 以补偿定子阻抗压降。

理论上说，定子电压补偿应该是幅值和相位的补偿，但这无疑使控制系统复杂，若忽略电流相量相位变化的影响，仅采用幅值控制，则电压-频率特性为

$$U_s = f(\omega_1, I_s) = \sqrt{R_s^2 + (\omega_1 L_{1s})^2}\, I_s + E_g = Z_{1s}(\omega_1) I_s + \left(\frac{E_{gN}}{\omega_{1N}}\right)\omega_1 = Z_{1s}(\omega_1) I_s + C_g \omega_1$$

$$\tag{8-31}$$

式中，$C_g = \dfrac{E_{gN}}{\omega_{1N}}$ 为常数；ω_{1N} 为额定角频率；E_{gN} 为额定气隙磁通 $\varPhi_{mN}$ 在额定角频率下定子每相绕组中的感应电动势。

采用定子电压补偿恒 E_g/ω_1 控制的电压-频率特性 $U_s = f(\omega_1, I_s)$，如图 8-11 所示。高频时，定子漏抗压降占主要部分，可忽略定子电阻，式(8-31) 可简化为

$$U_s = f(\omega_1, I_s) \approx L_{1s}\omega_1 I_s + C_g \omega_1 \tag{8-32}$$

电压-频率特性近似呈线性。低频时，R_s 的作用不可忽略，曲线呈现非线性性质。图 8-11 中实线表示 $U_s = f(\omega_1, I_s)$ 特性，虚线表示 $C_g\omega_1$ 特性。按照实际的 ω_1 和 I_s，从 $U_s = f(\omega_1, I_s)$ 特性上选择相应的 U_s，就能保持气隙磁通 $\varPhi_m$ 不变。

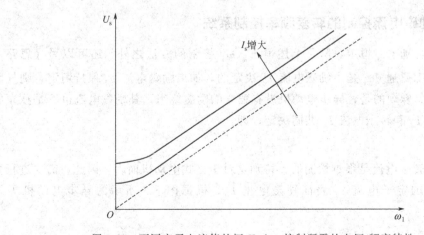

图 8-11 不同定子电流值的恒 E_g/ω_1 控制所需的电压-频率特性

根据上述原理构造的转速闭环转差频率控制的变压变频调速系统结构图如图 8-12 所示，主电路结构采用电压型变频器。系统共有两个转速反馈控制。转速外环为负反馈，ASR 为转速调节器，一般选用 PI 调节器，转速调节器 ASR 的输出为转差频率给定值 ω_s^* 相当于电磁转

矩的给定值。速度调节器设有输出限幅 ω_{sm}^*，以保持 $\omega_s < \omega_{smax}$，即转速调节器输出的最大值，小于临界转差频率，以保证转矩与转差频率 ω_s 的近似正比关系，使电动机运行于 $T_e = f(\omega_s)$ 曲线的近似直线段。电动机可以在逆变器允许电流下的最大转矩下进行加减速运转，不需要设定加减速时间，就可以在最短的时间内实现加减速。

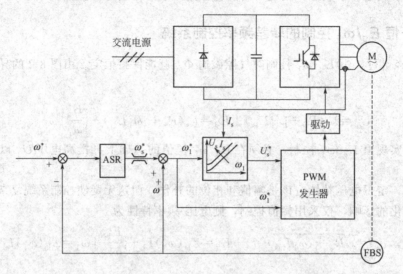

图 8-12　基于恒 E_g/ω_1 控制的转速闭环转差频率的变压变频调速系统原理结构图

转速内环为正反馈，将 ω_s^* 与实际转速 ω 相加，得到定子频率给定信号 ω_1^*，即

$$\omega_s^* + \omega = \omega_1^* \tag{8-33}$$

定子频率决定了逆变器的输出频率，实际转速由速度传感器 FBS 测得。根据式(8-31)或式(8-32)，由给定定子频率 ω_1^* 和定子电流信号 I_s 求得定子电压给定信号 $U_s^* = f(\omega_1^*, I_s)$，用 U_s^* 和 ω_1^* 控制 PWM 逆变器，即得异步电动机调速所需的定子电压和频率。这样通过转差频率 ω_s 将定子频率 ω_1 与电动机的实际转速 ω 联系起来，这样就形成了转速环内的电压频率协调控制。由于正反馈是不稳定结构，必须设置转速负反馈外环，才能使系统稳定运行。

8.4.3　基于恒励磁电流控制的转差频率控制系统

若要保持气隙磁通 Φ_m 恒定，除了上述恒 E_g/ω_1 控制的方法之外，还可以另寻思路。在异步电动机中，气隙磁通 Φ_m 是由励磁电流 I_0 决定的，如果励磁电流 I_0 保持恒定，则气隙磁通 Φ_m 也是恒定的。麻烦的是，异步电动机没有独立的励磁绕组，其励磁电流也不是独立的变量，而由定子电流 I_s 和转子电流 I_r' 共同决定，即：

$$\dot{I}_s = \dot{I}_r' + \dot{I}_0 \tag{8-34}$$

异步电动机的转子电流是很难检测的，特别是对于笼式电动机而言。因此，需要进行变量代换，用容易检测的定子电流 I_s 表征励磁电流 I_0。根据图 8-2 所示的异步电动机等效电路，有：

$$\dot{E}_g = j\omega_1 L_m I_0 \tag{8-35}$$

$$\dot{I}_r' = \frac{\dot{E}_g}{R_r'/s + j\omega_1 L_r'} \tag{8-36}$$

将式(8-35)和式(8-36)代入式(8-34)，只取幅值，有：

$$I_s = I_0 \sqrt{\frac{R_r'^2 + [\omega_s(L_m + L_r')]^2}{R_r'^2 + (\omega_s L_r')^2}} = f(\omega_s) \tag{8-37}$$

当励磁电流 I_0 恒定（即气隙磁通 Φ_m 恒定）时，$I_s = f(\omega_s)$ 的关系曲线如图 8-13 所示。可见，$\omega_s = 0$ 时，$I_s = I_0$，也就是说理想情况下空载时定子电流等于励磁电流。定子电流 I_s 随着 ω_s 的增大而增大；当 $\omega_s \to \infty$ 时，$I_s \to I_0(L_m + L_r')/L_r'$，即图 8-13 中虚线所示的渐进线。$I_s = f(\omega_s)$ 的曲线关于纵轴成轴对称，意味着在电动模式（$\omega_s > 0$）和再生制动模式（$\omega_s < 0$）两种模式下，I_s 与 $|\omega_s|$ 的关系相同，与正负号无关。

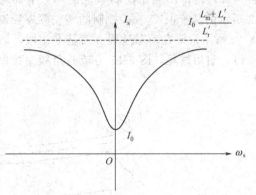

图 8-13 I_0 恒定时 $I_s = f(\omega_s)$ 的关系曲线

以上分析表明，按照式（8-37）的方式来控制定子电流，就可以实现维持气隙磁通 Φ_m 恒定的目标，这就是基于恒励磁电流控制的转差频率控制的基本原理。该方法可以采用电压型变频器实现，只不过需要对电动机的定子电流进行闭环控制，对于 PWM 逆变器而言这并不难做到，这里不多介绍，读者可自行分析。

基于恒励磁电流控制的转差频率控制系统也可以由电流型变频器实现，其结构原理图如图 8-14 所示。转速控制的结构与图 8-12 基本相同，仍然是通过控制转差率实现对转矩的控制。所不同的是维持气隙磁通 Φ_m 恒定的方法不同。图 8-14 中利用事先设计好的一个函数发生器，使直流母线电流的给定 I_d^* 按照式（8-37）的关系跟随转差频率 ω_s 变化；通过整流侧的闭环控制，使直流母线电流 $I_d = I_d^*$。逆变侧只根据控制要求只改变定子电流的频率 ω_1^*，而不做幅值上的调制，这样定子电流的幅值就与直流母线电流相同了。通过这样的控制，就可以实现气隙磁通 Φ_m 的恒定，最终完成通过转差频率控制实现转速闭环调节的目的。与图 8-12 相比，图 8-14 实现了电动机定子电流幅值与频率相互独立的控制，且有电流闭环，可起到限制电动机定子电流的目的。

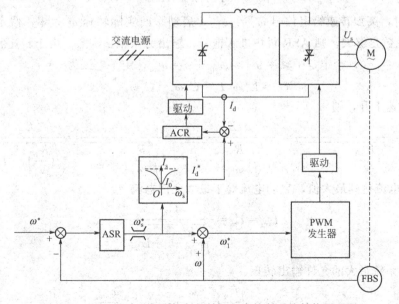

图 8-14 基于恒励磁电流控制的转差频率控制系统结构原理图

8.4.4　转差频率控制系统的性能分析

转差频率控制系统中包含转速反馈，因而可实现转速的无静差控制，在稳态性能方面显然比转速开环的恒压频比控制系统优越。下面对其动态性能进行分析。为了简洁起见，只对图 8-12 所示的基于恒 E_g/ω_1 控制的转差频率控制系统进行分析。图 8-14 所示的转差频率系统与图 8-12 所示系统在动态过程方面基本相似，请读者自行分析。

(1) 启动过程　图 8-15 为转差角频率控制的四象限运行特性，首先来分析电动机的启动过程。

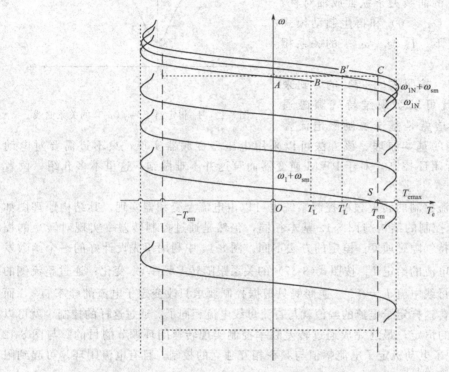

图 8-15　转差频率控制系统的四象限运行特性

在 $t=0$ 时，突加转速给定信号 $\omega^*=\omega_{1N}$，启动瞬间实际转速 ω 为零，假定转速调节器 ASR 的比例系数足够大，则 ASR 很快进入饱和，输出为限幅值 ω_{sm}^*，由于转速和电流尚未建立，即 $\omega=0$、$I_s=0$，给定定子频率 $\omega_1^*=\omega_{sm}^*+\omega=\omega_{sm}^*$，定子电压为

$$U_s \approx L_{ls}\omega_1 I_s + C_g\omega_1 = C_g\omega_{sm}^* \tag{8-38}$$

电流和转矩快速上升，则

$$I_r' = \frac{E_g}{\sqrt{\left(\dfrac{R_r'}{s}\right)^2 + \omega_1^2 L_{lr}'^2}} = \frac{E_g}{\omega_1\sqrt{\left(\dfrac{R_r'}{s\omega_1}\right)^2 + L_{lr}'^2}} = \frac{E_g/\omega_1}{\sqrt{\left(\dfrac{R_r'}{\omega_s}\right)^2 + L_{lr}'^2}} = \frac{C_g}{\sqrt{\left(\dfrac{R_r'}{\omega_s}\right)^2 + L_{lr}'^2}} \tag{8-39}$$

当 $t=t_1$ 时，电流达到最大值，启动电流等于最大允许电流

$$I_{sm} = I_{rq}' = \frac{C_g}{\sqrt{\left(\dfrac{R_r'}{\omega_{sm}}\right)^2 + L_{lr}'^2}} \tag{8-40}$$

启动转矩等于系统最大的允许输出转矩

$$T_{em} \approx 3n_p\left(\frac{E_g}{\omega_1}\right)^2 \times \frac{\omega_{sm}}{R_r'} = 3n_p C_g^2 \frac{\omega_{sm}}{R_r'} \tag{8-41}$$

系统从图 8-15 中的 S 点启动。随着电流的建立和转速 ω 的上升,定子电压 U_s 和频率 ω_1 上升,但由于转速未达到给定值,ASR 就始终饱和,ASR 始终保持限幅转差频率 ω_{sm}^* 不变,启动电流 I_{sm} 和启动转矩 T_{em} 不变,电动机在允许的最大输出转矩下加速运行。系统的工作点沿 T_{em} 直线上升,即沿着机械特性 T_{em} 线加速,直到接近给定转速。

当 $t=t_2$ 时,转速达到给定值 $\omega^*=\omega_{1N}$(即图 8-15 的 C 点),ASR 开始退出饱和,转速略有超调后,到达稳定运行点(图 8-15 中 A 点或 B 点),此时电动机转速 $\omega=\omega^*$,定子电压频率 $\omega_1=\omega+\omega_s$,转差频率 ω_s 与负载有关。

如负载为理想空载,则 $\omega_s=0$,$I_s=I_0$,定子电压频率为 $\omega_1=\omega=\omega_{1N}$,系统在图 8-15 中的 A 点稳定运行。如果电动机拖动恒转矩负载 T_L,稳定后转差角频率 $\omega_s\neq0$,电动机工作在电流 $I_s=I_{sL}$,定子电压频率为 $\omega_1=\omega+\omega_s=\omega_{1N}+\omega_s$,此时稳定工作点为 B 点,使电动机转速无静差。

式(8-40)表明,ω_{sm} 与 I_{sm} 有唯一确定的对应关系,因此,转差频率控制变压变频调速系统通过最大转差频率间接限制了最大的允许电流。

与直流调速系统相似,启动过程可分为转矩上升、恒转矩升速与转速调节三个阶段:在恒转矩升速阶段内,转速调节器不参与调节,相当于转速开环,在正反馈内环的作用下,保持加速度恒定;转速超调后,ASR 退出饱和,进入转速调节阶段,最后达到稳态。

制动时与此相似,只是 ASR 限幅输出为 $-\omega_{sm}^*$,$\omega_1^*=-\omega_{sm}^*+\omega$,$T_e=-T_{em}$,工作点沿 $-T_{em}$ 线下降。

(2) 加载过程　假定系统已进入稳定运行,转速等于给定值,电磁转矩等于负载转矩,即 $\omega=\omega^*$、$T_e=T_L$,定子电压频率为 $\omega_1=\omega+\omega_s$,如图 8-15 中 B 点。当负载转矩由 T_L 增大为 T_L',在负载转矩的作用下转速 ω 下降,在正反馈内环的作用下 ω_1 下降,但在外环的作用下,给定转差频率 ω_s^* 上升,定子电压频率 ω_1 上升,电磁转矩 T_e 增大,转速 ω 回升,到达稳定时,转速仍等于给定值 ω^*,电磁转矩 T_e 等于负载转矩 T_L'。B' 为负载转矩 T_L' 时的稳定运行点,由式(8-26)可知,当 $T_L'>T_L$ 时,$\omega_s'>\omega_s$,定子电压频率 $\omega_1'=\omega+\omega_s'>\omega_1=\omega+\omega_s$。

与直流调速系统相似,在转速负反馈外环的控制作用下,转速稳态无静差,但对于交流电动机而言,定子电压频率和转差频率均大于轻载时的相应值,图 8-15$A\rightarrow C$ 为转速闭环转差频率控制的变压变频调速系统静态特性。

(3) 转速反向过程　当转速给定信号 ω^* 反向时,ω_s^*、ω、ω_1^* 都反向,可以很方便地实现了可逆运行。过渡过程与直流可逆调速系统相似,这里不多赘述。

8.4.5　最大转差频率的计算

从理论上说,只要使系统最大的允许转差频率小于临界转差频率,即 $\omega_{sm}<\omega_{smax}=\dfrac{R_r}{L_{lr}}$ 就可以保持 T_e 与 ω_s 的正比例关系,通过转差频率来控制电磁转矩,使系统稳定运行。

然而,由式(8-40)、式(8-41)可知,最大转差频率 ω_{sm} 与启动电流 I_{sq} 和启动转矩 T_{eq} 有关。

若系统的额定电流为 I_{sN},额定转矩为 T_{eN},允许的过电流倍数为 $\lambda_I=\dfrac{I_{sq}}{I_{sN}}$,要求的启动转矩倍数为 $\lambda_T=\dfrac{T_{eq}}{T_{eN}}$,使系统具有一定的重载启动和过载能力,且启动电流小于允许电流,则最大转差频率 ω_{sm} 应满足

$$\frac{R_r'\lambda_T T_{eN}}{3n_p C_g^2} < \omega_{sm} < \frac{R_r'\lambda_I I_{sN}}{\sqrt{C_g^2 - (\lambda_I L_{lr}' I_{sN})^2}} \tag{8-42}$$

具体计算时，可根据启动转矩倍数确定最大转差频率，然后，由最大转差频率求得过电流倍数，并由此确定变频器主回路的容量。

8.4.6 转差频率控制的特点

首先谈优点。转差频率 ω_s^* 与实测转速信号 ω 相加后得到定子频率输入信号 ω_1^*，在调速过程中，实际频率 ω_1 随着实际转速 ω 同步地变化，加、减速平滑而且容易稳定。同时，在动态过程中转速调节器 ASR 饱和，系统能在对应于 $\pm\omega_{sm}$ 的限幅转矩 $\pm T_{em}$ 作用下进行加速或减速，并限制了最大电流，保证了系统在允许条件下的快速性。

转速闭环转差频率控制的交流变压变频调速系统具有较好的静、动态性能，是一个比较好的控制策略。然而，它的性能还不能完全达到直流双闭环系统的水平，其原因如下：

① 转差频率控制系统是基于异步电动机稳态模型的，所谓的"保持气隙磁通 Φ_m 恒定"的结论也只在稳态情况下才能成立，在动态过程中难以保持气隙磁通 Φ_m 恒定，这将影响到系统的动态性能。

② 转差频率控制只是按式(8-31) 和式(8-37) 对定子电流的幅值进行了控制，并没有控制其相位，而在动态过程中定子电流的相位也是影响转矩变化的重要因素。

③ 在定子频率输入信号，取 $\omega_1 = \omega_s + \omega$，使 ω_1 得以和转速 ω 同步升降，这本是转差频率控制的优点。然而，如果转速检测信号 ω 不准确或存在干扰，也会直接给频率控制信号造成误差，显然会影响调速系统运行的精确性。

要进一步提高异步电动机的调速性能，需要从异步电动机的动态模型出发，研究其控制规律，高动态性能的异步电动机调速系统将在第 9 章中做详细的讨论。

习 题

1. 在异步电动机变压变频调速系统中，为什么频率变化的同时，电压也要随之发生变化？否则会出现什么问题？

2. 异步电动机变频调速时，常用的控制方式有哪几种？它们的基本思想是什么？画出异步电动机变压变频调速的控制特性（整个频率范围，包含基频以上和基频以下）。

3. 异步电动机在基频以下变频调速时，为什么要保持 E_g/f_1 为常数，其机械特性有何特点？它属于什么调速方式？

4. 基频以下变频调速时有哪几种电压频率协调控制方式？各有什么特点？适用范围是多少？并画出机械特性曲线。

5. 采用 U_s/f_1 控制，为什么在低频时需要对定子电压进行补偿？

6. 异步电动机在基频以上变频调速时，电动机的磁通 Φ_m 如何变化？其机械特性有何特点？它属于什么调速方式？

7. 某三相异步电动机极对数为 4，额定电压 380V，频率 50Hz，在以下几种条件下运行时，转速各为多少？

(1) 电源 380V，50Hz，空载运行；

(2) 电源 380V，50Hz，带负载运行，转差率为 5%；

(3) 电源 200V，25Hz，空载运行；

(4) 电源 200V，25Hz，带负载运行，转差率为 5%。

8. 笼型异步电动机参数如下：额定线电压 380V，额定转矩 14.6N·m，额定功率 2.2kW，额定频率 50Hz，额定转速 1420r/min，额定功率因数 0.85；$r_1 = 0.877\Omega$，$r_2 = 1.47\Omega$，$L_{ls} = 4.34mH$，$L_{lr}' = 4.34mH$，

$L_m=160.8\text{mH}$，$n_p=2$，$J=0.015\text{kg} \cdot \text{m}^2$。用 Matlab 软件进行如下仿真试验：

（1）电动机在额定条件下的启动过程仿真，记录输出转矩、定子电流和转速波形。

（2）设计合适的 U/F 曲线，实现电动机的控制仿真。

9．转差频率控制思想是什么？转差频率的规律是什么？在系统中如何保证？画出按恒 E_g/ω_1 控制的 $T_e=f(\omega_s)$ 的特性。画出不同定子电流时恒 Φ_m 控制的电压频率特性。

10．在转差频率控制系统中，启动瞬间转速调节器的输出、定子频率和电磁转矩的大小。试画出启动过程的机械特性曲线。基于稳态模型的转差频率控制系统有何优缺点？

11．在转差频率控制的变频调速系统中，当转速检测误差较大时，会发生什么情况？

第9章
高动态性能的异步电动机变压变频调速系统

标量控制的异步电动机变压变频调速系统虽然能够满足一般平滑调速的要求，但对于轧钢机、数控机床、机器人、载客电梯等需要高动态性能的对象，就不能满足要求了。鉴于异步电动机非线性、强耦合、多变量的特点，要获得高动态的调速性能，必须依据其动态数学模型，分析异步电动机的转矩和磁链控制规律，研究高动态性能的调速系统解决方案。为此，本章首先介绍异步电动机的三相动态数学模型。为了使异步电动机可以像他励直流电动机那样进行控制，必须进行坐标变换，对其进行简化。通过坐标变换，得到异步电动机在静止两相正交坐标系和旋转两相正交坐标系上的动态数学模型。在此基础上，分别介绍矢量控制和直接转矩控制两种高动态性能的异步电动机调速技术。

9.1 异步电动机的三相动态数学模型及其性质

在研究异步电动机数学模型时，作如下的假设：

① 忽略空间谐波和齿槽的影响，设三相绕组对称，在空间互差 120°电角度，所产生的磁动势沿气隙圆周按正弦规律分布；

② 忽略磁路饱和，各绕组的自感和互感都是恒定的；

③ 忽略铁芯损耗；

④ 不考虑频率和温度变化对绕组电阻的影响。

无论电动机转子是绕线型还是笼型的，都可以等效成三相绕线转子，并折算到定子侧，折算后的定子和转子绕组匝数相等。异步电动机三相绕组可以是 Y 连接，也可以是△连接，以下均以 Y 连接进行讨论。若三相绕组为△连接，可以先等效成 Y 连接，然后按 Y 连接进行分析和设计。

三相异步电动机的物理模型如图 9-1 所示，定子三相绕组轴线 A、B、C 在空间是固定的，以 A 轴为参考坐标轴；转子绕组轴线 a、b、c 以角速度 ω 随转子旋转，转子 a 轴和定子 A 轴间的电角度 θ 为空间角位移变量。规定各绕组电压、电流、磁链的正方向符合电动机惯例和右手螺旋定则。

9.1.1 异步电动机三相动态数学模型

异步电动机的动态模型由磁链方程、电压方程、转矩方程和运动方程组成，其中磁链方程和转矩方程为代数方程，电压方程和运动方程为微分方程。

（1）**磁链方程** 异步电动机每个绕组的磁链是它本身的自感磁链和其他绕组对它的互感磁链之和，因此，六个绕组的磁链可表达为

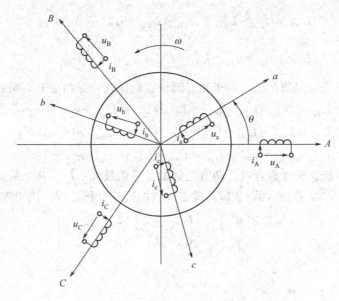

图 9-1 三相异步电动机的物理模型

$$
\begin{bmatrix}
\psi_A \\
\psi_B \\
\psi_C \\
\psi_a \\
\psi_b \\
\psi_c
\end{bmatrix}
=
\begin{bmatrix}
L_{AA} & L_{AB} & L_{AC} & L_{Aa} & L_{Ab} & L_{Ac} \\
L_{BA} & L_{BB} & L_{BC} & L_{Ba} & L_{Bb} & L_{Bc} \\
L_{CA} & L_{CB} & L_{CC} & L_{Ca} & L_{Cb} & L_{Cc} \\
L_{aA} & L_{aB} & L_{aC} & L_{aa} & L_{ab} & L_{ac} \\
L_{bA} & L_{bB} & L_{bC} & L_{ba} & L_{bb} & L_{bc} \\
L_{cA} & L_{cB} & L_{cC} & L_{ca} & L_{cb} & L_{cc}
\end{bmatrix}
\begin{bmatrix}
i_A \\
i_B \\
i_C \\
i_a \\
i_b \\
i_c
\end{bmatrix}
\tag{9-1}
$$

或写成

$$\boldsymbol{\psi} = \boldsymbol{L}\boldsymbol{i}$$

式中，i_A，i_B，i_C，i_a，i_b，i_c 为定子和转子相电流的瞬时值；ψ_A，ψ_B，ψ_C，ψ_a，ψ_b，ψ_c 为各相绕组的全磁链；$\boldsymbol{L}$ 为 6×6 电感矩阵，其中对角线元素 L_{AA}，L_{BB}，L_{CC}，L_{aa}，L_{bb}，L_{cc} 是各有关绕组的自感，其余各项则是绕组间的互感。

实际上，与电动机绕组交链的磁通主要只有两类：穿过气隙的相间互感磁通，以及只与一相绕组交链而不穿过气隙的漏磁通，前者是主要的。定子各相漏磁通所对应的电感称作定子漏电感 L_{ls}，转子各相漏磁通所对应的电感称作转子漏电感 L_{lr}，由于绕组的对称性，各相漏感值均相等。与定子一相绕组交链的最大互感磁通对应于定子互感 L_{ms}，与转子一相绕组交链的最大互感磁通对应于转子互感 L_{mr}，由于折算后定、转子绕组匝数相等，故 $L_{ms} = L_{mr}$。上述各量都已折算到定子侧，为了简单起见，表示折算的上角标"'"均省略。

对于每一相绕组来说，它所交链的磁通是互感磁通与漏磁通之和，因此，定子各相自感为

$$L_{AA} = L_{BB} = L_{CC} = L_{ms} + L_{ls} \tag{9-2}$$

转子各相自感为

$$L_{aa} = L_{bb} = L_{cc} = L_{mr} + L_{lr} = L_{ms} + L_{lr} \tag{9-3}$$

绕组之间的互感又分两类：①定子三相彼此之间和转子三相彼此之间位置都是固定的，故互感为常值；②定子任一相与转子任一相间的位置是变化的，互感是角位移 θ 的函数。

先讨论第一类，由于三相绕组的轴线在空间的相位差是 $\pm 120°$，在假定气隙磁通为正弦分布的条件下，互感值为 $L_{ms}\cos 120° = L_{ms}\cos(-120°) = -\dfrac{1}{2}L_{ms}$，于是

$$\begin{cases} L_{AB}=L_{BC}=L_{CA}=L_{BA}=L_{CB}=L_{AC}=-\dfrac{1}{2}L_{ms} \\ L_{ab}=L_{bc}=L_{ca}=L_{ba}=L_{cb}=L_{ac}=-\dfrac{1}{2}L_{ms} \end{cases} \tag{9-4}$$

第二类定、转子绕组间的互感，由于相互间位置的变化（见图 9-1），分别表示为

$$\begin{cases} L_{Aa}=L_{aA}=L_{Bb}=L_{bB}=L_{Cc}=L_{cC}=L_{ms}\cos\theta \\ L_{Ab}=L_{bA}=L_{Bc}=L_{cB}=L_{Ca}=L_{aC}=L_{ms}\cos(\theta+120^\circ) \\ L_{Ac}=L_{cA}=L_{Ba}=L_{aB}=L_{Cb}=L_{bC}=L_{ms}\cos(\theta-120^\circ) \end{cases} \tag{9-5}$$

当定、转子两相绕组轴线重合时，两者之间的互感值最大，L_{ms} 就是最大互感。

将式(9-4)、式(9-5) 都代入式(9-1)，即得完整的磁链方程，用分块矩阵表示为

$$\begin{bmatrix} \boldsymbol{\psi}_s \\ \boldsymbol{\psi}_r \end{bmatrix} = \begin{bmatrix} \boldsymbol{L}_{ss} & \boldsymbol{L}_{sr} \\ \boldsymbol{L}_{rs} & \boldsymbol{L}_{rr} \end{bmatrix} \begin{bmatrix} \boldsymbol{i}_s \\ \boldsymbol{i}_r \end{bmatrix} \tag{9-6}$$

式中
$$\boldsymbol{\psi}_s = \begin{bmatrix} \psi_A & \psi_B & \psi_C \end{bmatrix}^T$$
$$\boldsymbol{\psi}_r = \begin{bmatrix} \psi_a & \psi_b & \psi_c \end{bmatrix}^T$$
$$\boldsymbol{i}_s = \begin{bmatrix} i_A & i_B & i_C \end{bmatrix}^T$$
$$\boldsymbol{i}_r = \begin{bmatrix} i_a & i_b & i_c \end{bmatrix}^T$$

$$\boldsymbol{L}_{ss} = \begin{bmatrix} L_{ms}+L_{ls} & -\dfrac{1}{2}L_{ms} & -\dfrac{1}{2}L_{ms} \\ -\dfrac{1}{2}L_{ms} & L_{ms}+L_{ls} & -\dfrac{1}{2}L_{ms} \\ -\dfrac{1}{2}L_{ms} & -\dfrac{1}{2}L_{ms} & L_{ms}+L_{ls} \end{bmatrix} \tag{9-7}$$

$$\boldsymbol{L}_{rr} = \begin{bmatrix} L_{ms}+L_{lr} & -\dfrac{1}{2}L_{ms} & -\dfrac{1}{2}L_{ms} \\ -\dfrac{1}{2}L_{ms} & L_{ms}+L_{lr} & -\dfrac{1}{2}L_{ms} \\ -\dfrac{1}{2}L_{ms} & -\dfrac{1}{2}L_{ms} & L_{ms}+L_{lr} \end{bmatrix} \tag{9-8}$$

$$\boldsymbol{L}_{rs} = \boldsymbol{L}_{sr}^T = L_{ms} \begin{bmatrix} \cos\theta & \cos(\theta-120^\circ) & \cos(\theta+120^\circ) \\ \cos(\theta+120^\circ) & \cos\theta & \cos(\theta-120^\circ) \\ \cos(\theta-120^\circ) & \cos(\theta+120^\circ) & \cos\theta \end{bmatrix} \tag{9-9}$$

$\boldsymbol{L}_{rs}$ 和 $\boldsymbol{L}_{sr}$ 两个分块矩阵互为转置，且与转子位置 θ 有关，它们的元素是时变参数，这是系统非线性的一个根源。

（2）电压方程 三相定子绕组的电压平衡方程为

$$u_A = i_A R_s + \frac{\mathrm{d}\psi_A}{\mathrm{d}t}$$

$$u_B = i_B R_s + \frac{\mathrm{d}\psi_B}{\mathrm{d}t} \tag{9-10}$$

$$u_C = i_C R_s + \frac{\mathrm{d}\psi_C}{\mathrm{d}t}$$

与此相应，三相转子绕组折算到定子侧后的电压方程为

$$u_a = i_a R_r + \frac{d\psi_a}{dt}$$

$$u_b = i_b R_r + \frac{d\psi_b}{dt} \qquad (9\text{-}11)$$

$$u_c = i_c R_r + \frac{d\psi_c}{dt}$$

式中，u_A，u_B，u_C，u_a，u_b，u_c 为定子和转子相电压的瞬时值；R_s，R_r 为定子和转子绕组电阻。

将电压方程写成矩阵形式

$$\begin{bmatrix} u_A \\ u_B \\ u_C \\ u_a \\ u_b \\ u_c \end{bmatrix} = \begin{bmatrix} R_s & 0 & 0 & 0 & 0 & 0 \\ 0 & R_s & 0 & 0 & 0 & 0 \\ 0 & 0 & R_s & 0 & 0 & 0 \\ 0 & 0 & 0 & R_r & 0 & 0 \\ 0 & 0 & 0 & 0 & R_r & 0 \\ 0 & 0 & 0 & 0 & 0 & R_r \end{bmatrix} \begin{bmatrix} i_A \\ i_B \\ i_C \\ i_a \\ i_b \\ i_c \end{bmatrix} + \frac{d}{dt} \begin{bmatrix} \psi_A \\ \psi_B \\ \psi_C \\ \psi_a \\ \psi_b \\ \psi_c \end{bmatrix} \qquad (9\text{-}12)$$

或写成

$$\boldsymbol{u} = \boldsymbol{R}\boldsymbol{i} + \frac{d\boldsymbol{\psi}}{dt} \qquad (9\text{-}13)$$

如果把磁链方程代入电压方程，得展开后的电压方程

$$\boldsymbol{u} = \boldsymbol{R}\boldsymbol{i} + \frac{d}{dt}(\boldsymbol{L}\boldsymbol{i}) = \boldsymbol{R}\boldsymbol{i} + \boldsymbol{L}\frac{d\boldsymbol{i}}{dt} + \frac{d\boldsymbol{L}}{dt}\boldsymbol{i} = \boldsymbol{R}\boldsymbol{i} + \boldsymbol{L}\frac{d\boldsymbol{i}}{dt} + \frac{d\boldsymbol{L}}{d\theta}\omega\boldsymbol{i} \qquad (9\text{-}14)$$

式中，$\boldsymbol{L}\dfrac{d\boldsymbol{i}}{dt}$ 为由于电流变化引起的脉变电动势（或称变压器电动势）；$\dfrac{d\boldsymbol{L}}{d\theta}\omega\boldsymbol{i}$ 为由于定、转子相对位置变化产生的与转速 ω 成正比的旋转电动势。

（3）转矩方程　根据机电能量转换原理，在多绕组电动机中，在线性电感的条件下，磁场的储能 W_m 和磁共能 W_m' 为

$$W_m = W_m' = \frac{1}{2}\boldsymbol{i}^T\boldsymbol{\psi} = \frac{1}{2}\boldsymbol{i}^T\boldsymbol{L}\boldsymbol{i} \qquad (9\text{-}15)$$

而电磁转矩等于机械角位移变化时磁共能的变化率（电流约束为常值），且转子机械角位移 $\theta_m = \theta/n_p$，于是有

$$T_e = \frac{\partial W_m'}{\partial \theta_m} = n_p \frac{\partial W_m'}{\partial \theta} \qquad (9\text{-}16)$$

将式（9-15）代入（9-16），并考虑到电感的分块矩阵关系式，得

$$T_e = \frac{1}{2}n_p\boldsymbol{i}^T\frac{\partial\boldsymbol{L}}{\partial\theta}\boldsymbol{i} = \frac{1}{2}n_p\boldsymbol{i}^T \begin{bmatrix} 0 & \dfrac{\partial\boldsymbol{L}_{sr}}{\partial\theta} \\ \dfrac{\partial\boldsymbol{L}_{rs}}{\partial\theta} & 0 \end{bmatrix}\boldsymbol{i} \qquad (9\text{-}17)$$

考虑到 $\boldsymbol{i}^T = \begin{bmatrix} i_A & i_B & i_C & i_a & i_b & i_c \end{bmatrix}$，并将式（9-9）代入式（9-17）并展开，可得

$$T_e = -n_p L_{ms}[(i_A i_a + i_B i_b + i_C i_c)\sin\theta + (i_A i_b + i_B i_c + i_C i_a)\sin(\theta + 120°)$$
$$+ (i_A i_c + i_B i_a + i_C i_b)\sin(\theta - 120°)] \qquad (9\text{-}18)$$

（4）运动方程　运动控制系统的运动方程式为

$$T_e - T_L = \frac{J}{n_p} \times \frac{d\omega}{dt} \qquad (9\text{-}19)$$

式中，J 为传动系统的转动惯量；T_L 为包含摩擦阻转矩在内的负载转矩。

转角方程为

$$\frac{\mathrm{d}\theta}{\mathrm{d}t} = \omega \tag{9-20}$$

上述的异步电动机动态模型是在线性磁路、磁动势在空间按正弦分布的假设条件下得出来的，对定、转子电压和电流未做任何假定，因此，该动态模型完全可以用来分析含有电压、电流谐波的三相异步电动机调速系统的动态过程。

9.1.2 异步电动机数学模型的性质

从机电能量转换的基本原理来看，电磁耦合是一个必要条件。无论是直流电动机，还是交流电动机，感应电动势都与转速与磁通的乘积成正比，电磁转矩都与电流和磁通的乘积成正比。但由于结构和工作原理的不同，对比第 4 章所讲的他励直流电动机动态模型与本节前面所讲的交流异步电动机动态模型，可见二者的差别还是很大的。

他励直流电动机的励磁绕组和电枢绕组互相独立，励磁电流和电枢电流单独可控。若忽略电枢绕组对主磁场电枢反应的去磁作用，或者通过补偿绕组补偿电枢反应的去磁作用，则励磁绕组和电枢绕组各自产生的磁动势在空间相差 90°，无交叉耦合。他励直流电动机的气隙磁通由励磁绕组单独产生，不考虑弱磁调速时，可以在电枢合上电源以前建立磁通，并保持励磁电流恒定，可认为磁通不参与系统的动态过程。因此，可以通过控制电枢电流来控制电磁转矩。直流电动机的动态数学模型只有一个输入变量——电枢电压，和一个输出变量——转速，可以用单变量（单输入单输出）的线性系统来描述。直流电动机的动态数学模型含有机电时间常数 T_m 和电枢回路电磁时间常数 T_1，如果把电力电子变流装置的滞后作用也考虑进去，则还有其滞后时间常数 T_s。因此直流电动机在工程上允许的一些假定条件下，可以描述成单变量的三阶线性系统，完全可以应用线性控制理论和工程设计方法进行分析与设计。

交流电动机的数学模型则不同，不能简单地采用同样的方法来分析与设计交流调速系统。具体而言，交流异步电动机的数学模型具有以下重要的特征。

(1) 多变量、强耦合的模型结构　与直流电动机不同，交流电动机是个多输入多输出的多变量系统。从输入看，其多输入包含两个方面的含义。首先是交流电压本身包含电压（幅值）和频率两个参数，从这一点看，交流电动机需要两个独立的输入变量。其次，在多相系统中，输入电压还有相数的要求。以上面所提的三相异步电动机为例，需要三相输入电压，从这点上看三相交流电动机需要三个输入变量。如果综合以上两个因素来看，三相异步电动机的输入变量情况是很复杂的。从输出看，除转速外，磁通也是一个输出变量。尤其是三相异步电动机作为感应电动机，磁通的建立和转速的变化是同时进行的，为了获得良好的动态性能，还需要对磁通施加控制。

从前面分析的异步电动机三相动态模型可见，耦合在电压方程、磁链方程与转矩方程中都有所体现，既存在定子与转子间的耦合，也存在三相绕组间的交叉耦合。

因此，异步电动机是一个多变量（多输入多输出）系统，而电压（电流）、频率、磁通、转速之间又互相都有影响，所以是强耦合的多变量系统。

(2) 模型的非线性　从异步电动机三相动态模型中可以发现，旋转电动势和电磁转矩中都包含变量之间的乘积，这就是非线性的因素。此外，由于定转子间的相对运动，使得其夹角不断变化，使得电感矩阵为非线性时变参数矩阵。因此，异步电动机的数学模型有很强的非线性。

(3) 模型的高阶性　三相异步电动机定子三相绕组在空间互差 $2\pi/3$，转子也可等效为空

间互差 $2\pi/3$ 的三相绕组，各绕组间存在交叉耦合，每个绕组都有各自的电磁惯性，再考虑运动系统的机电惯性，转速与转角的积分关系等，动态模型是一个高阶系统。

（4）异步电动机三相数学模型的非独立性　对于三相平衡无中线系统，三相瞬时电流的代数和恒等于零。对于三相异步电动机来说，三相定子电流的代数和以及三相转子电流的代数和均为零。将上述条件代入式（9-1）所示的磁链方程，经整理，可得三相定子磁链的代数和以及三相转子磁链的代数和也均为零。同样地，将以上条件再代入式（9-13）所示的电压方程，整理后，可得三相定子电压的代数和以及三相转子电压的代数和也均为零。

因此，异步电动机三相数学模型中存在一定的约束条件，即定子侧的电压、电流、磁链需满足以下条件：

$$u_A + u_B + u_C = 0$$
$$i_A + i_B + i_C = 0 \tag{9-21}$$
$$\psi_A + \psi_B + \psi_C = 0$$

转子侧的电压、电流、磁链需满足以下条件：

$$u_a + u_b + u_c = 0$$
$$i_a + i_b + i_c = 0 \tag{9-22}$$
$$\psi_a + \psi_b + \psi_c = 0$$

以上分析表明，对无中线连接的三相异步电动机而言，三相变量中只有两个是互相独立的，因此三相数学模型并非异步电动机最简洁的数学描述，完全可以而且也有必要用两相模型代替。

9.2　坐标变换

异步电动机在三相静止坐标系中的动态模型非常复杂，分析和求解这组非线性方程十分困难。考虑到异步电动机三相数学模型中各组变量之间并非互相独立，而是存在着线性相关的关系，因而可以将其简化为由两个独立变量表示的两相系统。在平面坐标系中，两相坐标中最常见的就是正交直角坐标系和极坐标系。完成将三相数学模型转化为两相数学模型的过程，就是坐标变换。

坐标变换是双向可逆的。因为坐标变换的目的就是将复杂的实际系统进行简化处理，而在处理完毕之后，就必须转回实际系统，否则就不能够物理实现。为了保证坐标变换前后系统的等效性，必须首先确定一些基本原则。对于不同的系统而言，这些基本原则也有所不同。甚至于对于同一系统而言，也可以采用不同的基本原则。对于同一系统，采用不同基本原则进行坐标变换得到的数学模型不会完全相同，但只要能保证坐标变换前后系统的等效性，就不影响使用。对于三相异步电动机的坐标变换而言，通常应在变换时满足以下三个原则：

① 确定电流变换矩阵时，应遵守变换前后所产生的旋转磁场等效原则，即在不同坐标系下绕组产生的合成磁动势相等。

② 确定电压变换矩阵时，应遵守变化前后总功率不变的原则。

③ 为了使矩阵运算简单、方便，要求电流变换矩阵为正交矩阵。

9.2.1　三相坐标系到两相坐标系的变换（3/2）

交流电动机原理指出，在交流电动机三相对称的静止绕组 A、B、C 中，通以三相平衡的正弦电流 i_A、i_B、i_C 时，所产生的合成磁动势是旋转磁动势 F，它在空间呈正弦分布，以同步转速 ω_1（即电流的角频率）顺着 A—B—C 的相序旋转，如图 9-2(a) 所示。

然而，旋转磁动势并不一定非要三相不可，除单相以外，两相、三相、四相等任意对称的多相绕组，通以平衡的多相电流，都能产生旋转磁动势，其中以两相最为简单。图 9-2(b) 中绘出了两相静止绕组 α 和 β，它们在空间互差 90°，通以时间上互差 90°的两相平衡交流电流，也产生旋转磁动势 F。当图 9-2(a) 和 9-2(b) 的两个旋转磁动势大小和转速都相等时，即认为图 9-2(b) 的两相绕组与图 9-2(a) 的三相绕组等效。

三相静止绕组 A、B、C 和两相静止绕组 α、β 之间的变换，称作三相静止坐标系到两相静止坐标系间的变换，简称 3/2 变换，也称 Clarke 变换。将两个坐标系原点重合，并使 A 轴与 α 轴重合，如 9-2(c) 所示。设三相绕组每相有效匝数为 N_3，两相绕组每相有效匝数为 N_2，各相磁动势为有效匝数与电流的乘积，其空间矢量均位于相关的坐标轴上。由于交流磁动势的大小是随时间变化的，磁动势矢量的长度是变化的，图中绘出的是某一瞬间的情况。

按照磁动势相等的等效原则，三相合成磁动势与两相合成磁动势相等，故两套绕组的磁动势在 α、β 轴上的投影都应相等，因此

$$N_2 i_\alpha = N_3 i_A - N_3 i_B \cos\frac{\pi}{3} - N_3 i_C \cos\frac{\pi}{3} = N_3\left(i_A - \frac{1}{2}i_B - \frac{1}{2}i_C\right)$$

$$N_2 i_\beta = N_3 i_B \sin\frac{\pi}{3} - N_3 i_C \sin\frac{\pi}{3} = \frac{\sqrt{3}}{2}N_3(i_B - i_C)$$

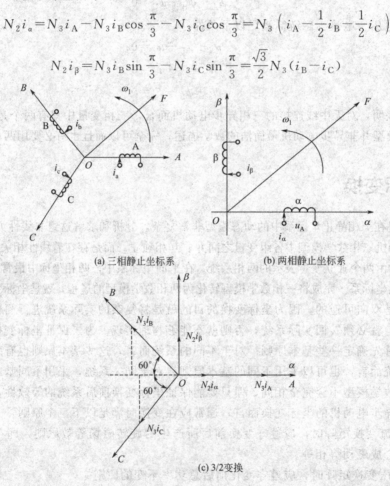

(a) 三相静止坐标系　　　　　　(b) 两相静止坐标系

(c) 3/2变换

图 9-2　三相静止坐标系和两相静止坐标系的物理模型

写成矩阵形式，得

$$\begin{bmatrix} i_\alpha \\ i_\beta \end{bmatrix} = \frac{N_3}{N_2}\begin{bmatrix} 1 & -\dfrac{1}{2} & -\dfrac{1}{2} \\ 0 & \dfrac{\sqrt{3}}{2} & -\dfrac{\sqrt{3}}{2} \end{bmatrix}\begin{bmatrix} i_A \\ i_B \\ i_C \end{bmatrix} \tag{9-23}$$

为方便起见，令电压变换矩阵与电流变换矩阵相同，则

$$\begin{bmatrix} u_\alpha \\ u_\beta \end{bmatrix} = \frac{N_3}{N_2} \begin{bmatrix} 1 & -\dfrac{1}{2} & -\dfrac{1}{2} \\ 0 & \dfrac{\sqrt{3}}{2} & -\dfrac{\sqrt{3}}{2} \end{bmatrix} \begin{bmatrix} u_A \\ u_B \\ u_C \end{bmatrix} \tag{9-24}$$

在选取电压变换矩阵时，应满足变换前后总功率不变的原则，即

$$p = u_A i_A + u_B i_B + u_C i_C = u_\alpha i_\alpha + u_\beta i_\beta \tag{9-25}$$

将式(9-23)和式(9-24)代入式(9-25)，可求得

$$\frac{N_3}{N_2} = \sqrt{\frac{2}{3}} \tag{9-26}$$

代入式(9-23)，得

$$\begin{bmatrix} i_\alpha \\ i_\beta \end{bmatrix} = \sqrt{\frac{2}{3}} \begin{bmatrix} 1 & -\dfrac{1}{2} & -\dfrac{1}{2} \\ 0 & \dfrac{\sqrt{3}}{2} & -\dfrac{\sqrt{3}}{2} \end{bmatrix} \begin{bmatrix} i_A \\ i_B \\ i_C \end{bmatrix} \tag{9-27}$$

令 $\boldsymbol{C}_{3/2}$ 表示三相静止坐标系变换到两相静止正交坐标系的变换矩阵，则

$$\boldsymbol{C}_{3/2} = \sqrt{\frac{2}{3}} \begin{bmatrix} 1 & -\dfrac{1}{2} & -\dfrac{1}{2} \\ 0 & \dfrac{\sqrt{3}}{2} & -\dfrac{\sqrt{3}}{2} \end{bmatrix} \tag{9-28}$$

利用式(9-21)的约束条件，将式(9-27)扩展为

$$\begin{bmatrix} i_\alpha \\ i_\beta \\ 0 \end{bmatrix} = \sqrt{\frac{2}{3}} \begin{bmatrix} 1 & -\dfrac{1}{2} & -\dfrac{1}{2} \\ 0 & \dfrac{\sqrt{3}}{2} & -\dfrac{\sqrt{3}}{2} \\ K & K & K \end{bmatrix} \begin{bmatrix} i_A \\ i_B \\ i_C \end{bmatrix} \tag{9-29}$$

为了满足上述第三个基本原则，即电流变换矩阵应为正交矩阵，可得 $K = \dfrac{1}{\sqrt{2}}$。由式(9-29)可求得逆变换为

$$\begin{bmatrix} i_A \\ i_B \\ i_C \end{bmatrix} = \sqrt{\frac{2}{3}} \begin{bmatrix} 1 & 0 & \dfrac{1}{\sqrt{2}} \\ -\dfrac{1}{2} & \dfrac{\sqrt{3}}{2} & \dfrac{1}{\sqrt{2}} \\ -\dfrac{1}{2} & -\dfrac{\sqrt{3}}{2} & \dfrac{1}{\sqrt{2}} \end{bmatrix} \begin{bmatrix} i_\alpha \\ i_\beta \\ 0 \end{bmatrix} \tag{9-30}$$

除去第三列，即得两相静止正交坐标系变化到三相静止坐标系（简称 2/3 变换）的变换矩阵

$$\boldsymbol{C}_{2/3} = \sqrt{\frac{2}{3}} \begin{bmatrix} 1 & 0 \\ -\dfrac{1}{2} & \dfrac{\sqrt{3}}{2} \\ -\dfrac{1}{2} & -\dfrac{\sqrt{3}}{2} \end{bmatrix} \tag{9-31}$$

考虑到式(9-21)，代入式(9-31)并整理后得

$$\begin{bmatrix} i_\alpha \\ i_\beta \end{bmatrix} = \begin{bmatrix} \sqrt{\dfrac{3}{2}} & 0 \\ \dfrac{1}{\sqrt{2}} & \sqrt{2} \end{bmatrix} \begin{bmatrix} i_A \\ i_B \end{bmatrix} \tag{9-32}$$

相应的逆变换

$$\begin{bmatrix} i_A \\ i_B \end{bmatrix} = \begin{bmatrix} \sqrt{\dfrac{2}{3}} & 0 \\ -\dfrac{1}{\sqrt{6}} & \dfrac{1}{\sqrt{2}} \end{bmatrix} \begin{bmatrix} i_\alpha \\ i_\beta \end{bmatrix} \tag{9-33}$$

以上只推导了电流变换矩阵和电压变换矩阵，在前述条件下，可以证明，三相-两相变换的磁链变换矩阵与电流变换矩阵和电压变换矩阵相同。

9.2.2 两相静止坐标系到两相旋转坐标系的变换 (2s/2r)

旋转磁动势除了用两相静止绕组 α 和 β 产生［重画于图 9-3(a)］以外，还可以用以下方式产生：两个匝数也为 N_2 且相互垂直的绕组 d 和 q 中分别通以直流电流 i_d 和 i_q，并且使包含这两个绕组在内的整个铁芯以同步转速旋转，则磁动势 F 自然也随之旋转起来，成为旋转磁动势，如图 9-3(b) 所示。如果这个旋转磁动势的大小和转速与图 9-3(a) 中的旋转磁动势相等，那么这套旋转的直流绕组也就和前面两套固定的交流绕组都等效了。当观察者也站到铁芯上和绕组一起旋转时，在他看来，d 和 q 是两个通入直流而相互垂直的静止绕组。

而对于他励直流电动机来说，若忽略电枢绕组对主磁场电枢反应的去磁作用，或者通过补偿绕组补偿电枢反应的去磁作用，则励磁绕组和电枢绕组各自产生的磁动势在空间相差 90°，无交叉耦合，如图 9-3(c) 所示。比较图 9-3(b) 和图 9-3(c)，可以发现二者没有本质上的区别。

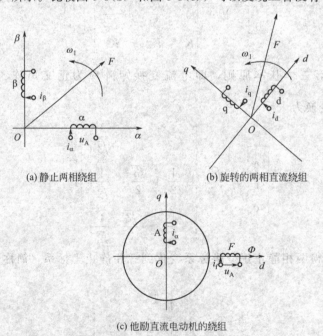

(a) 静止两相绕组　　　　(b) 旋转的两相直流绕组

(c) 他励直流电动机的绕组

图 9-3　直流电动机绕组模型和等效的交流电动机绕组

由此可见，以产生同样的旋转磁动势为准则，图 9-3(a) 的两相交流绕组、图 9-3(b) 的

两相直流绕组彼此等效。或者说，在两相静止坐标系下的 i_α、i_β 以及在旋转正交坐标系下的直流 i_d、i_q 产生的磁动势相等。有意思的是，就图 9-3（b）的 d、q 两个绕组而言，当观察者站在地面看上去，它们是与两相交流绕组等效的旋转直流绕组；如果跳到旋转着的铁芯上看，它们就的的确确是一个直流电动机的物理模型了。也就是说通过坐标系的变换，可以找到与交流绕组等效的直流电动机模型。

从两相静止坐标系 $\alpha\beta$ 到两相旋转坐标系 dq 的变换，称作两相静止-两相旋转变换，简称 2s/2r 变换，其中 s 表示静止，r 表示旋转，变换的原则同样是产生的磁动势相等。将 $\alpha\beta$ 坐标系和 dq 坐标系画在一起，如图 9-4 所示。两相交流电流 i_α、i_β 和两个直流电流 i_d、i_q 产生同样的以同步角转速 ω_1 旋转的合成磁动势 F。由于各绕组匝数都相等，可以消去磁动势中的匝数，直接用电流空间矢量代替磁动势矢量，如磁动势矢量 F_s 可用电流空间矢量 i_s 来代替。

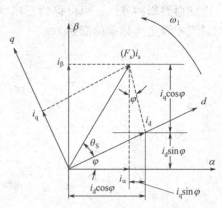

图 9-4　静止两相正交坐标系和旋转正交坐标系中的磁动势矢量

由图 9-4 可见，i_α、i_β 和 i_d、i_q 之间存在下列关系：

$$i_d = i_\alpha\cos\varphi + i_\beta\sin\varphi$$

$$i_q = -i_\alpha\sin\varphi + i_\beta\cos\varphi$$

写成矩阵形式，得

$$\begin{bmatrix} i_d \\ i_q \end{bmatrix} = \begin{bmatrix} \cos\varphi & \sin\varphi \\ -\sin\varphi & \cos\varphi \end{bmatrix} \begin{bmatrix} i_\alpha \\ i_\beta \end{bmatrix} = \boldsymbol{C}_{2s/2r} \begin{bmatrix} i_\alpha \\ i_\beta \end{bmatrix} \tag{9-34}$$

因此，两相静止坐标系到两相旋转坐标系的变换矩阵为

$$\boldsymbol{C}_{2s/2r} = \begin{bmatrix} \cos\varphi & \sin\varphi \\ -\sin\varphi & \cos\varphi \end{bmatrix} \tag{9-35}$$

对式（9-34）取逆运算，可得

$$\begin{bmatrix} i_\alpha \\ i_\beta \end{bmatrix} = \begin{bmatrix} \cos\varphi & -\sin\varphi \\ \sin\varphi & \cos\varphi \end{bmatrix} \begin{bmatrix} i_d \\ i_q \end{bmatrix} \tag{9-36}$$

则两相旋转坐标系到两相静止坐标系的变换矩阵为

$$\boldsymbol{C}_{2r/2s} = \begin{bmatrix} \cos\varphi & -\sin\varphi \\ \sin\varphi & \cos\varphi \end{bmatrix} \tag{9-37}$$

电压和磁链的旋转变换矩阵与电流旋转变换矩阵相同。

9.2.3　三相静止坐标系到两相旋转坐标系的变换 (3s/2r)

从三相静止坐标系到两相旋转坐标系的变换，简称 3s/2r 变换，也称 Park 变换。显然，将式（9-27）代入式（9-34），即可实现 3s/2r 变换，即

$$\begin{bmatrix} i_d \\ i_q \end{bmatrix} = \sqrt{\frac{2}{3}} \begin{bmatrix} \cos\varphi & \cos(\varphi - 120°) & \cos(\varphi + 120°) \\ \sin\varphi & \sin(\varphi - 120°) & \sin(\varphi + 120°) \end{bmatrix} \begin{bmatrix} i_A \\ i_B \\ i_C \end{bmatrix} \tag{9-38}$$

因此，三相静止坐标系到两相旋转坐标系的变换矩阵为

$$C_{3s/2r}=\sqrt{\frac{2}{3}}\begin{bmatrix}\cos\varphi & \cos(\varphi-120°) & \cos(\varphi+120°)\\ \sin\varphi & \sin(\varphi-120°) & \sin(\varphi+120°)\end{bmatrix} \tag{9-39}$$

用前面类似的方法，可以得到三相静止坐标系到两相旋转坐标系的逆变换，即两相旋转坐标系到三相静止坐标系的变换为

$$\begin{bmatrix}i_A\\ i_B\\ i_C\end{bmatrix}=\sqrt{\frac{2}{3}}\begin{bmatrix}\cos\varphi & \sin\varphi\\ \cos(\varphi-120°) & \sin(\varphi-120°)\\ \cos(\varphi+120°) & \sin(\varphi+120°)\end{bmatrix}\begin{bmatrix}i_d\\ i_q\end{bmatrix} \tag{9-40}$$

其变换矩阵为

$$C_{2r/3s}=\sqrt{\frac{2}{3}}\begin{bmatrix}\cos\varphi & \sin\varphi\\ \cos(\varphi-120°) & \sin(\varphi-120°)\\ \cos(\varphi+120°) & \sin(\varphi+120°)\end{bmatrix}$$

9.2.4 直角坐标-极坐标变换（K/P 变换）

以上的数学描述均按直角坐标表示。有时候，采用极坐标表示可能会得到更简洁的结果。在极坐标中，两个独立的变量分别为幅值和角度。

在图 9-4 中，令矢量 i_s 和 d 轴的夹角为 θ_s，已知 i_d、i_q 求 i_s、θ_s，就是直角坐标/极坐标变换，简称 K/P 变换。显然，其变换式应为

$$i_s=\sqrt{i_d^2+i_q^2} \tag{9-41}$$

$$\theta_s=\arctan\frac{i_d}{i_q} \tag{9-42}$$

当 θ_s 在 $0°\sim90°$ 之间变化时，$\tan\theta_s$ 的变化范围是 $0\sim\infty$，这个变化幅度太大，在数字变换器中很容易溢出，因此常改用下列方式来表示 θ_s 值：

$$\tan\frac{\theta_s}{2}=\frac{\sin\dfrac{\theta_s}{2}}{\cos\dfrac{\theta_s}{2}}=\frac{\sin\dfrac{\theta_s}{2}\left(2\cos\dfrac{\theta_s}{2}\right)}{\cos\dfrac{\theta_s}{2}\left(2\cos\dfrac{\theta_s}{2}\right)}=\frac{\sin\theta_s}{1+\cos\theta_s}=\frac{i_q}{i_s+i_d}$$

则

$$\theta_s=2\arctan\frac{i_q}{i_s+i_d} \tag{9-43}$$

式（9-43）可用来代替式（9-42），作为 θ_s 的变换式。

9.3 三相异步电动机在两相坐标系上的数学模型

异步电动机三相动态数学模型建立在三相静止的 ABC 坐标系和三相旋转的 abc 坐标系上，相当复杂。通过坐标变换，可以将其变换到两相坐标系上，使其得到简化，以便于分析和计算。

9.3.1 异步电动机在两相静止坐标系上的数学模型

图 9-1 中三相异步电动机物理模型中，定子 ABC 三相绕组是静止的，只要将三相定子数学模型进行 3/2 变换，就可以获得 $\alpha\beta$ 坐标系中的定子数学模型。而转子 abc 三相绕组以角速度 ω 逆时针旋转，进行 3/2 变换以后，再通过两相旋转-两相静止变换，才能得到 $\alpha\beta$ 坐标系中

的转子数学模型。具体的变换运算比较复杂，此处从略而直接给出结果。

（1）磁链方程

$$
\begin{bmatrix} \psi_{s\alpha} \\ \psi_{s\beta} \\ \psi_{r\alpha} \\ \psi_{r\beta} \end{bmatrix} =
\begin{bmatrix} L_s & 0 & L_m & 0 \\ 0 & L_s & 0 & L_m \\ L_m & 0 & L_r & 0 \\ 0 & L_m & 0 & L_r \end{bmatrix}
\begin{bmatrix} i_{s\alpha} \\ i_{s\beta} \\ i_{r\alpha} \\ i_{r\beta} \end{bmatrix}
\tag{9-44}
$$

式中，L_m 为定子与转子同轴等效绕组间的互感，$L_m = \frac{3}{2}L_{ms}$；L_s 为定子等效两相绕组的自感，$L_s = \frac{3}{2}L_{ms} + L_{ls} = L_m + L_{ls}$；$L_r$ 为转子等效两相绕组的自感，$L_r = \frac{3}{2}L_{ms} + L_{lr} = L_m + L_{lr}$。

用两相绕组等效地取代了原来的三相绕组时，两相互感 L_m 为原三相绕组中任意两相间最大互感（当轴线重合时）L_{ms} 的 3/2 倍。

比较三相异步电动机的 $\alpha\beta$ 坐标系磁链方程式(9-44)和 ABC 坐标系磁链方程式(9-1)，可以看出，采用坐标变换简化数学模型时，通过 3/2 变换将互差 120° 的三相绕组等效成正交的两相绕组，互感磁链只在同轴绕组间存在，从而消除了三相绕组之间的耦合关系，6×6 的电感矩阵便简化成 4×4 矩阵。3/2 变换减少了状态变量的维数，简化了定子和转子的自感矩阵。

（2）电压方程

$$
\begin{bmatrix} u_{s\alpha} \\ u_{s\beta} \\ u_{r\alpha} \\ u_{r\beta} \end{bmatrix} =
\begin{bmatrix} R_s & 0 & 0 & 0 \\ 0 & R_s & 0 & 0 \\ 0 & 0 & R_r & 0 \\ 0 & 0 & 0 & R_r \end{bmatrix}
\begin{bmatrix} i_{s\alpha} \\ i_{s\beta} \\ i_{r\alpha} \\ i_{r\beta} \end{bmatrix} +
\frac{d}{dt}
\begin{bmatrix} \psi_{s\alpha} \\ \psi_{s\beta} \\ \psi_{r\alpha} \\ \psi_{r\beta} \end{bmatrix} +
\begin{bmatrix} 0 \\ 0 \\ \omega\psi_{r\beta} \\ -\omega\psi_{r\alpha} \end{bmatrix}
\tag{9-45}
$$

令 $\boldsymbol{u} = \begin{bmatrix} u_{s\alpha} & u_{s\beta} & u_{r\alpha} & u_{r\beta} \end{bmatrix}^T$，$\boldsymbol{i} = \begin{bmatrix} i_{s\alpha} & i_{s\beta} & i_{r\alpha} & i_{r\beta} \end{bmatrix}^T$，$\boldsymbol{\psi} = \begin{bmatrix} \psi_{s\alpha} & \psi_{s\beta} & \psi_{r\alpha} & \psi_{r\beta} \end{bmatrix}^T$

$$
\boldsymbol{R} = \begin{bmatrix} R_s & 0 & 0 & 0 \\ 0 & R_s & 0 & 0 \\ 0 & 0 & R_r & 0 \\ 0 & 0 & 0 & R_r \end{bmatrix}
\qquad
\boldsymbol{L} = \begin{bmatrix} L_s & 0 & L_m & 0 \\ 0 & L_s & 0 & L_m \\ L_m & 0 & L_r & 0 \\ 0 & L_m & 0 & L_r \end{bmatrix}
$$

旋转电动势矢量
$$
\boldsymbol{e}_r = \begin{bmatrix} 0 & 0 & 0 & 0 \\ 0 & 0 & 0 & 0 \\ 0 & 0 & 0 & \omega \\ 0 & 0 & -\omega & 0 \end{bmatrix}
\begin{bmatrix} \psi_{s\alpha} \\ \psi_{s\beta} \\ \psi_{r\alpha} \\ \psi_{r\beta} \end{bmatrix} =
\begin{bmatrix} 0 \\ 0 \\ \omega\psi_{r\beta} \\ -\omega\psi_{r\alpha} \end{bmatrix}
$$

则式(9-45) 的向量表达形式为

$$
\boldsymbol{u} = \boldsymbol{Ri} + \boldsymbol{L}\frac{d\boldsymbol{i}}{dt} + \frac{d\boldsymbol{L}}{dt}\boldsymbol{i} + \boldsymbol{e}_r = \boldsymbol{Ri} + \boldsymbol{L}\frac{d\boldsymbol{i}}{dt} + \boldsymbol{e}_r
\tag{9-46}
$$

$\alpha\beta$ 坐标系中的电压向量方程式(9-46) 和三相坐标系中的电压向量方程式(9-14) 从形式上看是大致相同的。但展开后，其实际内容却简单得多。

（3）转矩方程　将转矩方程式(9-18)中的三相电流变换到两相静止坐标系上，化简后得到 $\alpha\beta$ 坐标系中的转矩方程

$$
T_e = n_p L_m (i_{s\beta} i_{r\alpha} - i_{s\alpha} i_{r\beta})
\tag{9-47}
$$

式(9-44)、式(9-45) 和式(9-47)，再加上运动方程式(9-19)，构成了 $\alpha\beta$ 坐标系中的异步电动机动态数学模型。这种在两相静止坐标系中的数学模型又称为 Kron 的异步电动机方程或双轴原型电动机（Two Axis Primitive Machine）基本方程式。

在 $\alpha\beta$ 坐标系中数学模型是三相数学模型经过 3/2 变换和旋转变换后得到的，旋转变换改

变了定、转子绕组之间的耦合关系，将相对运动的定、转子绕组用相对静止的等效绕组来代替，从而消除了定、转子绕组间夹角对磁链和转矩的影响。旋转变化的优点在于将非线性时变参数的磁链方程转化为线性定常的方程，但却加剧了电压方程中的非线性耦合程度。用变换后 $\alpha\beta$ 坐标模型进行分析和设计要简单得多，但系统非线性、强耦合的性质并未改变。

9.3.2 异步电动机在两相旋转坐标系上的数学模型

两相坐标系可以是静止的，也可以是旋转的，其中以任意转速旋转是最一般的情况。所谓以任意速度进行旋转变换，就是对定子坐标系和转子坐标系同时进行旋转变换，把它们变换到同一旋转正交坐标系上。两相旋转坐标系的电压方程中的非线性耦合程度比两相静止坐标系会更加严重，因为不仅对转子绕组进行了旋转变换，对定子绕组也进行了旋转变换。因此，从表面上看，旋转坐标系上异步电动机的数学模型还不如静止坐标系上的简单。但这是采用任意速度进行旋转的结果。如果按照某一特定速度进行旋转，则可以达到解耦的作用，使异步电动机可以按照直流电动机那样进行控制。这里，介绍按照同步转速进行旋转变换的情况，即同步旋转坐标系上异步电动机的数学模型。

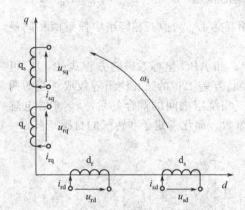

图 9-5 异步电动机在两相同步旋转
坐标系的物理模型

在两相同步旋转坐标系（以下称为 dq 坐标系）中的模型，其旋转速度等于定子频率的同步角转速 ω_1，即 dq 坐标系相对定子的旋转角转速为 ω_1，异步电动机在两相旋转坐标系的物理模型如图 9-5 所示。由于 dq 坐标系和电动机中旋转磁场的旋转速度是相同的，当 ABC 坐标系中的电压和电流是在电源频率下的正弦函数时，变换到 dq 坐标系中的电压和电流是直流。

通过 Park 变换可以将三相模型变换成 dq 模型。此处略去推导过程，直接给出变换后的方程。转子的角速度为 ω，dq 轴相对转子的角转速 $\omega_1 - \omega = \omega_s$ 即为转差。

(1) 磁链方程

$$\begin{bmatrix} \psi_{sd} \\ \psi_{sq} \\ \psi_{rd} \\ \psi_{rq} \end{bmatrix} = \begin{bmatrix} L_s & 0 & L_m & 0 \\ 0 & L_s & 0 & L_m \\ L_m & 0 & L_r & 0 \\ 0 & L_m & 0 & L_r \end{bmatrix} \begin{bmatrix} i_{sd} \\ i_{sq} \\ i_{rd} \\ i_{rq} \end{bmatrix} \tag{9-48}$$

(2) 电压方程

$$\begin{bmatrix} u_{sd} \\ u_{sq} \\ u_{rd} \\ u_{rq} \end{bmatrix} = \begin{bmatrix} R_s & 0 & 0 & 0 \\ 0 & R_s & 0 & 0 \\ 0 & 0 & R_r & 0 \\ 0 & 0 & 0 & R_r \end{bmatrix} \begin{bmatrix} i_{sd} \\ i_{sq} \\ i_{rd} \\ i_{rq} \end{bmatrix} + \frac{\mathrm{d}}{\mathrm{d}t} \begin{bmatrix} \psi_{sd} \\ \psi_{sq} \\ \psi_{rd} \\ \psi_{rq} \end{bmatrix} + \begin{bmatrix} -\omega_1 \psi_{sq} \\ \omega_1 \psi_{sd} \\ -(\omega_1 - \omega)\psi_{rq} \\ (\omega_1 - \omega)\psi_{rd} \end{bmatrix} \tag{9-49}$$

旋转电动势矢量 $e_r = \begin{bmatrix} 0 & -\omega_1 & 0 & 0 \\ \omega_1 & 0 & 0 & 0 \\ 0 & 0 & 0 & -\omega_s \\ 0 & 0 & \omega_s & 0 \end{bmatrix} \begin{bmatrix} \psi_{sd} \\ \psi_{sq} \\ \psi_{rd} \\ \psi_{rq} \end{bmatrix} = \begin{bmatrix} -\omega_1 \psi_{sq} \\ \omega_1 \psi_{sd} \\ -(\omega_1 - \omega)\psi_{rq} \\ (\omega_1 - \omega)\psi_{rd} \end{bmatrix}$

写成矢量形式

$$u = Ri + L\frac{\mathrm{d}i}{\mathrm{d}t} + e_\mathrm{r} \tag{9-50}$$

(3) 转矩方程 将转矩方程式(9-18)中的三相电流变换到两相旋转坐标系上，化简后得到 dq 坐标系中的转矩方程

$$T_\mathrm{e} = n_\mathrm{p} L_\mathrm{m} (i_\mathrm{sq} i_\mathrm{rd} - i_\mathrm{sd} i_\mathrm{rq}) \tag{9-51}$$

式(9-48)、式(9-49)、式(9-51) 和式(9-19) 构成了异步电动机在两相同步旋转坐标系的数学模型。由电压方程可知，该数学模型非线性、强耦合的性质仍未改变。

将式(9-49) 的 dq 坐标系中的电压方程绘成动态等效电路，如图 9-6 所示。图 9-6(a) 是 d 轴电路，图 9-6b 是 q 轴电路，它们之间靠 4 个旋转电动势互相耦合。图 9-6 中所有表示电压或电动势的箭头都是按电压降方向画的。

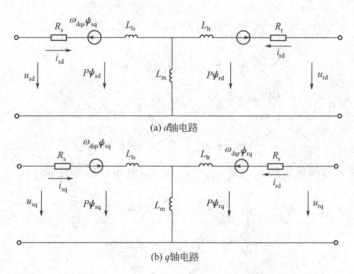

图 9-6 异步电动机在两相同步旋转坐标系中的动态等效电路

9.3.3 异步电动机在两相坐标系上的状态方程

以上用矩阵方程的形式，给出了异步电动机在两相坐标系上的数学模型。在某些情况下，比如后面讲到的磁链估算模型等，状态方程形式的数学模型使用起来会更加方便。为此，下面介绍异步电动机在两相坐标系上的状态方程。

由式(9-45) 和式(9-49) 可知，异步电动机在两相坐标系上的电压方程是四阶的，再加上一阶的运动方程，其状态方程应该是五阶的，因此需要选取五个状态变量。而可选的变量共有九个，即转速 ω、定子电流 i_sd 和 i_sq、转子电流 i_rd 和 i_rq、定子磁链 ψ_sd 和 ψ_sq 以及转子磁链 ψ_rd 和 ψ_rq。转速作为输出变量必须选取，定子电流可以直接检测，应当选为状态变量，而转子电流是不可测的，不宜用作状态变量。考虑到磁链对电动机的运行很重要，可以在定子磁链和转系磁链中任选一组。

采用转速 ω、定子电流 i_sd 和 i_sq、转子磁链 ψ_rd 和 ψ_rq 构成的状态方程，称为 ω-ψ_r-i_s 状态方程，后面讲到的矢量控制方法就选用这组状态方程。采用转速 ω、定子电流 i_sd 和 i_sq、定子磁链 ψ_sd 和 ψ_sq 构成的状态方程，称为 ω-ψ_s-i_s 状态方程，后面讲到的直接转矩控制方法就选用这组状态方程。

(1) ω-ψ_r-i_s 状态方程

① dq 坐标系中的状态方程 选取状态变量

$$\boldsymbol{X} = \begin{bmatrix} \omega & \psi_{rd} & \psi_{rq} & i_{sd} & i_{sq} \end{bmatrix}^T \tag{9-52}$$

输入变量

$$\boldsymbol{U} = \begin{bmatrix} u_{sd} & u_{sq} & \omega_1 & T_L \end{bmatrix}^T \tag{9-53}$$

输出变量

$$\boldsymbol{Y} = \begin{bmatrix} \omega & \psi_r \end{bmatrix}^T \tag{9-54}$$

dq 坐标系中的磁链方程如式(9-48)所示，表达如下：

$$\begin{cases} \psi_{sd} = L_s i_{sd} + L_m i_{rd} \\ \psi_{sq} = L_s i_{sq} + L_m i_{rq} \\ \psi_{rd} = L_m i_{sd} + L_r i_{rd} \\ \psi_{rq} = L_m i_{sq} + L_r i_{rq} \end{cases} \tag{9-55}$$

将式(9-49)电压方程改写成

$$\begin{cases} \dfrac{d\psi_{sd}}{dt} = -R_s i_{sd} + \omega_1 \psi_{sq} + u_{sd} \\[2mm] \dfrac{d\psi_{sq}}{dt} = R_s i_{sq} - \omega_1 \psi_{sd} + u_{sq} \\[2mm] \dfrac{d\psi_{rd}}{dt} = -R_r i_{rd} + (\omega_1 - \omega)\psi_{rq} + u_{rd} \\[2mm] \dfrac{d\psi_{rq}}{dt} = -R_r i_{rq} - (\omega_1 - \omega)\psi_{rd} + u_{rq} \end{cases} \tag{9-56}$$

考虑到笼型转子内部是短路的，则 $u_{rd} = u_{rq} = 0$，电压方程可写成

$$\begin{cases} \dfrac{d\psi_{sd}}{dt} = -R_s i_{sd} + \omega_1 \psi_{sq} + u_{sd} \\[2mm] \dfrac{d\psi_{sq}}{dt} = -R_s i_{sq} - \omega_1 \psi_{sd} + u_{sq} \\[2mm] \dfrac{d\psi_{rd}}{dt} = -R_r i_{rd} + (\omega_1 - \omega)\psi_{rq} \\[2mm] \dfrac{d\psi_{rq}}{dt} = -R_r i_{rq} - (\omega_1 - \omega)\psi_{rd} \end{cases} \tag{9-57}$$

由式(9-55)中第三、四两式可解出

$$\begin{cases} i_{rd} = \dfrac{1}{L_r}(\psi_{rd} - L_m i_{sd}) \\[2mm] i_{rq} = \dfrac{1}{L_r}(\psi_{rq} - L_m i_{sq}) \end{cases} \tag{9-58}$$

代入转矩方程式(9-51)，得

$$T_e = \frac{n_p L_m}{L_r}(i_{sq}\psi_{rd} - L_m i_{sd} i_{sq} - i_{sd}\psi_{rq} + L_m i_{sd} i_{sq}) = \frac{n_p L_m}{L_r}(i_{sq}\psi_{rd} - i_{sd}\psi_{rq}) \tag{9-59}$$

将式(9-58)代入式(9-55)前两行，得

$$\begin{cases} \psi_{sd} = \sigma L_s i_{sd} + \dfrac{L_m}{L_r}\psi_{rd} \\[2mm] \psi_{sq} = \sigma L_s i_{sq} + \dfrac{L_m}{L_r}\psi_{rq} \end{cases} \tag{9-60}$$

式中，σ 为电动机漏磁系数，$\sigma = 1 - \dfrac{L_m^2}{L_s L_r}$。

将式(9-58) 和式(9-60) 代入微分方程式(9-57)，消去 i_{rd}、i_{rq}、ψ_{sd}、ψ_{sq}，再将转矩方程 (9-51) 代入运动方程式(9-19)，经整理后即得状态方程

$$\begin{cases} \dfrac{d\omega}{dt} = \dfrac{n_p^2 L_m}{J L_r}(i_{sq}\psi_{rd} - i_{sd}\psi_{rq}) - \dfrac{n_p}{J}T_L \\[2mm] \dfrac{d\psi_{rd}}{dt} = -\dfrac{1}{T_r}\psi_{rd} + (\omega_1 - \omega)\psi_{rq} + \dfrac{L_m}{T_r}i_{sd} \\[2mm] \dfrac{d\psi_{rq}}{dt} = -\dfrac{1}{T_r}\psi_{rq} - (\omega_1 - \omega)\psi_{rd} + \dfrac{L_m}{T_r}i_{sq} \\[2mm] \dfrac{di_{sd}}{dt} = \dfrac{L_m}{\sigma L_s L_r T_r}\psi_{rd} + \dfrac{L_m}{\sigma L_s L_r}\omega\psi_{rq} - \dfrac{R_s L_r^2 + R_r L_m^2}{\sigma L_s L_r^2}i_{sd} + \omega_1 i_{sq} + \dfrac{u_{sd}}{\sigma L_s} \\[2mm] \dfrac{di_{sq}}{dt} = \dfrac{L_m}{\sigma L_s L_r T_r}\psi_{rq} - \dfrac{L_m}{\sigma L_s L_r}\omega\psi_{rd} - \dfrac{R_s L_r^2 + R_r L_m^2}{\sigma L_s L_r^2}i_{sq} - \omega_1 i_{sd} + \dfrac{u_{sq}}{\sigma L_s} \end{cases} \tag{9-61}$$

式中，T_r 为转子电磁时间常数，$T_r = \dfrac{L_r}{R_r}$。

输出方程

$$\boldsymbol{Y} = \begin{bmatrix} \omega & \sqrt{\psi_{rd}^2 + \psi_{rq}^2} \end{bmatrix}^T \tag{9-62}$$

② $\alpha\beta$ 坐标系中的状态方程　若令 $\omega_1 = 0$，dq 坐标系转化成 $\alpha\beta$ 坐标系，可得 $\alpha\beta$ 坐标系中的状态方程

$$\begin{cases} \dfrac{d\omega}{dt} = \dfrac{n_p^2 L_m}{J L_r}(i_{s\beta}\psi_{r\alpha} - i_{s\alpha}\psi_{r\beta}) - \dfrac{n_p}{J}T_L \\[2mm] \dfrac{d\psi_{r\alpha}}{dt} = -\dfrac{1}{T_r}\psi_{r\alpha} - \omega\psi_{r\beta} + \dfrac{L_m}{T_r}i_{s\alpha} \\[2mm] \dfrac{d\psi_{r\beta}}{dt} = -\dfrac{1}{T_r}\psi_{r\beta} + \omega\psi_{r\alpha} + \dfrac{L_m}{T_r}i_{s\beta} \\[2mm] \dfrac{di_{s\alpha}}{dt} = \dfrac{L_m}{\sigma L_s L_r T_r}\psi_{r\alpha} + \dfrac{L_m}{\sigma L_s L_r}\omega\psi_{r\beta} - \dfrac{R_s L_r^2 + R_r L_m^2}{\sigma L_s L_r^2}i_{s\alpha} + \dfrac{u_{s\alpha}}{\sigma L_s} \\[2mm] \dfrac{di_{s\beta}}{dt} = \dfrac{L_m}{\sigma L_s L_r T_r}\psi_{r\beta} - \dfrac{L_m}{\sigma L_s L_r}\omega\psi_{r\alpha} - \dfrac{R_s L_r^2 + R_r L_m^2}{\sigma L_s L_r^2}i_{s\beta} + \dfrac{u_{s\beta}}{\sigma L_s} \end{cases} \tag{9-63}$$

输出方程

$$\boldsymbol{Y} = \begin{bmatrix} \omega & \sqrt{\psi_{r\alpha}^2 + \psi_{r\beta}^2} \end{bmatrix}^T \tag{9-64}$$

其中，选取的状态变量为

$$\boldsymbol{X} = \begin{bmatrix} \omega & \psi_{r\alpha} & \psi_{r\beta} & i_{s\epsilon} & i_{s\beta} \end{bmatrix}^T \tag{9-65}$$

输入变量

$$\boldsymbol{U} = \begin{bmatrix} u_{s\alpha} & u_{s\beta} & T_L \end{bmatrix}^T \tag{9-66}$$

电磁转矩方程

$$T_e = \dfrac{n_p L_m}{L_r}(i_{s\beta}\psi_{r\alpha} - i_{s\alpha}\psi_{r\beta}) \tag{9-67}$$

(2) ω-ψ_s-i_s 状态方程

① dq 坐标系中的状态方程　选取状态变量

$$\boldsymbol{X} = \begin{bmatrix} \omega & \psi_{sd} & \psi_{sq} & i_{sd} & i_{sq} \end{bmatrix}^T \tag{9-68}$$

输入变量

$$U = \begin{bmatrix} u_{sd} & u_{sq} & \omega_1 & T_L \end{bmatrix}^T \quad (9\text{-}69)$$

输出变量

$$Y = \begin{bmatrix} \omega & \psi_s \end{bmatrix}^T \quad (9\text{-}70)$$

由式(9-55)中第一、二两式可解出

$$\left. \begin{aligned} i_{rd} &= \frac{1}{L_m}(\psi_{sd} - L_s i_{sd}) \\ i_{rq} &= \frac{1}{L_m}(\psi_{sq} - L_s i_{sq}) \end{aligned} \right\} \quad (9\text{-}71)$$

代入转矩方程式(9-51)，得

$$T_e = n_p(i_{sq}\psi_{sd} - L_s i_{sd} i_{sq} - i_{sd}\psi_{sq} + L_s i_{sd} i_{sq}) = n_p(i_{sq}\psi_{sd} - i_{sd}\psi_{sq}) \quad (9\text{-}72)$$

将式(9-71)代入式(9-55)后两行，得

$$\begin{cases} \psi_{rd} = -\sigma\dfrac{L_r L_s}{L_m}i_{sd} + \dfrac{L_r}{L_m}\psi_{sd} \\ \psi_{rq} = -\sigma\dfrac{L_r L_s}{L_m}i_{sq} + \dfrac{L_r}{L_m}\psi_{sq} \end{cases} \quad (9\text{-}73)$$

将式(9-71)和式(9-73)代入微分方程式(9-57)，消去 i_{rd}、i_{rq}、ψ_{rd}、ψ_{rq}，再将转矩方程(9-51)代入运动方程式(9-19)，经整理后得状态方程

$$\begin{cases} \dfrac{d\omega}{dt} = \dfrac{n_p^2}{J}(i_{sq}\psi_{sd} - i_{sd}\psi_{sq}) - \dfrac{n_p}{J}T_L \\[2mm] \dfrac{d\psi_{sd}}{dt} = -R_s i_{sd} + \omega_1\psi_{sq} + u_{sd} \\[2mm] \dfrac{d\psi_{sq}}{dt} = -R_s i_{sq} - \omega_1\psi_{sd} + u_{sq} \\[2mm] \dfrac{di_{sd}}{dt} = \dfrac{1}{\sigma L_s T_r}\psi_{sd} + \dfrac{1}{\sigma L_s}\omega\psi_{sq} - \dfrac{R_s L_r + R_r L_s}{\sigma L_s L_r}i_{sd} + (\omega_1 - \omega)i_{sq} + \dfrac{u_{sd}}{\sigma L_s} \\[2mm] \dfrac{di_{sq}}{dt} = \dfrac{1}{\sigma L_s T_r}\psi_{sq} - \dfrac{1}{\sigma L_s}\omega\psi_{sd} - \dfrac{R_s L_r + R_r L_s}{\sigma L_s L_r}i_{sq} - (\omega_1 - \omega)i_{sd} + \dfrac{u_{sq}}{\sigma L_s} \end{cases} \quad (9\text{-}74)$$

输出方程

$$Y = \begin{bmatrix} \omega & \sqrt{\psi_{sd}^2 + \psi_{sq}^2} \end{bmatrix}^T \quad (9\text{-}75)$$

② $\alpha\beta$ 坐标系中的状态方程　同样，若令 $\omega_1 = 0$，可得 $\alpha\beta$ 坐标系中的状态方程

$$\begin{cases} \dfrac{d\omega}{dt} = \dfrac{n_p^2}{J}(i_{s\beta}\psi_{s\alpha} - i_{s\alpha}\psi_{s\beta}) - \dfrac{n_p}{J}T_L \\[2mm] \dfrac{d\psi_{s\alpha}}{dt} = -R_s i_{s\alpha} + u_{s\alpha} \\[2mm] \dfrac{d\psi_{s\beta}}{dt} = -R_s i_{s\beta} + u_{s\beta} \\[2mm] \dfrac{di_{s\alpha}}{dt} = \dfrac{1}{\sigma L_s T_r}\psi_{s\alpha} + \dfrac{1}{\sigma L_s}\omega\psi_{s\beta} - \dfrac{R_s L_r + R_r L_s}{\sigma L_s L_r}i_{s\alpha} + -\omega i_{s\beta} + \dfrac{u_{s\alpha}}{\sigma L_s} \\[2mm] \dfrac{di_{s\beta}}{dt} = \dfrac{1}{\sigma L_s T_r}\psi_{s\beta} - \dfrac{1}{\sigma L_s}\omega\psi_{s\alpha} - \dfrac{R_s L_r + R_r L_s}{\sigma L_s L_r}i_{s\beta} + \omega i_{s\alpha} + \dfrac{u_{s\beta}}{\sigma L_s} \end{cases} \quad (9\text{-}76)$$

输出方程

$$Y = \begin{bmatrix} \omega & \sqrt{\psi_{s\alpha}^2 + \psi_{s\beta}^2} \end{bmatrix}^T \quad (9\text{-}77)$$

状态变量

$$\boldsymbol{X}=\begin{bmatrix}\omega & \psi_{s\alpha} & \psi_{s\beta} & i_{s\alpha} & i_{s\beta}\end{bmatrix}^{\mathrm{T}} \tag{9-78}$$

输入变量

$$\boldsymbol{U}=\begin{bmatrix}u_{s\alpha} & u_{s\beta} & T_{\mathrm{L}}\end{bmatrix}^{\mathrm{T}} \tag{9-79}$$

电磁转矩

$$T_{\mathrm{e}}=n_{\mathrm{p}}(i_{s\beta}\psi_{s\alpha}-i_{s\alpha}\psi_{s\beta}) \tag{9-80}$$

9.4　异步电动机磁链与转速的估计

从上一节可以看到，利用坐标变换，异步电动机的数学模型得到了降阶和简化。这个动态模型，是设计和研究高性能交流调速系统的基础。依据这个数学模型，目前已经有两种获得广泛应用的高性能交流调速方案，即按转子磁链定向的矢量控制系统和按定子磁链控制的直接转矩控制系统。在这两种高性能交流调速控制系统中，磁链控制都具有重要的作用。矢量控制系统中需要对转子磁链进行控制，直接转矩系统中需要对定子磁链进行控制。而磁链很难通过直接检测获得，只能通过容易检测的电压、电流等信号进行估计。

除了需要对磁链进行估计以外，在无速度传感器的异步电动机调速系统中还需要对转速进行估计。在常规的闭环调速系统中，需要采用测速发电机、光电编码器等速度传感器检测转速信号以构成转速反馈。这部分内容在本书第4章已经介绍过。但速度传感器不但会增加系统成本，还存在安装的问题。在电动机轴上安装速度传感器必须保证较好的同轴度，否则会影响检测的精度。而对于某些环境恶劣的应用场合比如高温、高湿、强放射性等，速度传感器根本无法工作。而根据电动机的数学模型，利用容易检测的电压和电流等信号，可以对转速进行估计。利用估计得到的转速实现转速闭环调节，就是无速度传感器的调速系统。

9.4.1　磁链的估计

磁链是矢量，在进行估计时不但要估计其幅值，有时还要估计其空间位置。磁链可以通过电动机数学模型推导出来，也可以通过状态观测器或状态估计理论观测出来。前者是开环方法，简单易行，但没有对量化误差进行校正的功能，因而精度不高。后者是闭环方法，理论上精度很高，但需要检测的电机参数过多、计算也复杂，造成成本较高且实用性差。在实际系统中，常采用基于电动机模型的估算方法。由于主要实测信号的不同，又可以分为电压模型和电流模型两种。

(1) 磁链估计的电压模型　根据电压方程中感应电动势等于磁链变化率的关系，取电动势的积分就可以得到磁链，这样的模型叫作电压模型。

由静止两相坐标系下的状态方程式(9-76)中的第二行和第三行，可得

$$\begin{cases}\dfrac{\mathrm{d}\psi_{s\alpha}}{\mathrm{d}t}=-R_{s}i_{s\alpha}+u_{s\alpha}\\[2mm]\dfrac{\mathrm{d}\psi_{s\beta}}{\mathrm{d}t}=-R_{s}i_{s\beta}+u_{s\beta}\end{cases} \tag{9-81}$$

对式(9-81)进行积分，即可得定子磁链的估算公式为：

$$\begin{cases}\psi_{s\alpha}=\displaystyle\int(-R_{s}i_{s\alpha}+u_{s\alpha})\mathrm{d}t\\[2mm]\psi_{s\beta}=\displaystyle\int(-R_{s}i_{s\beta}+u_{s\beta})\mathrm{d}t\end{cases} \tag{9-82}$$

而两相静止坐标系下的磁链方程为

$$
\begin{cases}
\psi_{s\alpha} = L_s i_{s\alpha} + L_m i_{r\alpha} \\
\psi_{s\beta} = L_s i_{s\beta} + L_m i_{r\beta} \\
\psi_{r\alpha} = L_m i_{s\alpha} + L_r i_{r\alpha} \\
\psi_{r\beta} = L_m i_{s\beta} + L_r i_{r\beta}
\end{cases}
\tag{9-83}
$$

将式（9-83）中第一行和第三行联立，消去 $i_{r\alpha}$，得

$$
\frac{\psi_{r\alpha}}{L_r} - \frac{\psi_{s\alpha}}{L_m} = \left(\frac{L_m}{L_r} - \frac{L_s}{L_m} \right) i_{s\alpha}
\tag{9-84}
$$

将式（9-83）中第二行和第四行联立，消去 $i_{r\beta}$，得

$$
\frac{\psi_{r\beta}}{L_r} - \frac{\psi_{s\beta}}{L_m} = \left(\frac{L_m}{L_r} - \frac{L_s}{L_m} \right) i_{s\beta}
\tag{9-85}
$$

整理式（9-84）和式（9-85），有

$$
\begin{cases}
\psi_{r\alpha} = \dfrac{L_r}{L_m} (\psi_{s\alpha} - \sigma L_s i_{s\alpha}) \\[2mm]
\psi_{r\beta} = \dfrac{L_r}{L_m} (\psi_{s\beta} - \sigma L_s i_{s\beta})
\end{cases}
\tag{9-86}
$$

将式（9-82）代入式（9-86），即得转子磁链估计的电压模型

$$
\begin{cases}
\psi_{r\alpha} = \dfrac{L_r}{L_m} \left[\int (u_{s\alpha} - R_s i_{s\alpha}) \mathrm{d}t - \sigma L_s i_{s\alpha} \right] \\[3mm]
\psi_{r\beta} = \dfrac{L_r}{L_m} \left[\int (u_{s\beta} - R_s i_{s\beta}) \mathrm{d}t - \sigma L_s i_{s\beta} \right]
\end{cases}
\tag{9-87}
$$

利用直角坐标-极坐标变换，就可以得到转子磁链矢量的幅值 ψ_r 和空间位置 φ，变换式为

$$
\begin{cases}
\psi_r = \sqrt{\psi_{r\alpha}^2 + \psi_{r\beta}^2} \\[2mm]
\sin\varphi = \dfrac{\psi_{r\beta}}{\psi_r} \\[2mm]
\cos\varphi = \dfrac{\psi_{r\alpha}}{\psi_r}
\end{cases}
\tag{9-88}
$$

有些系统还要构成转矩闭环，而转矩同样很难检测，也需要通过估计得到。在静止坐标系下，转矩可按下式进行估计：

$$
T_e = n_p (i_{s\beta} \psi_{s\alpha} - i_{s\alpha} \psi_{s\beta})
\tag{9-89}
$$

磁链估计的电压模型如图 9-7 所示，根据实测的电压和电流信号，计算定子磁链、转子磁链和转矩。

电压模型的优点是不需要转速信号，运算简单。电压模型的缺点是在低速时的精确度很低。这主要是因为：

① 低速时，定子电压很低，定子电阻压降占很大的比例，积分器会出现噪声。另外，由于包含纯积分项，积分的初始值和累计偏差会影响计算结果。

② 电动机参数的变化影响信号估计的精确度。尤其是定子电阻 R_s 对温度的变化极为敏感，其对计算的精度影响尤为显著。但一般对 R_s 的补偿比较容易实现。

而转速较高时，由于反电动势电压起主导作用，所以电压模型对参数的敏感性减弱。因此，电压模型适用于高速运行场合。

（2）磁链估计的电流模型 根据描述转子磁链与电流关系的磁链方程来计算磁链，所得出的模型称为电流模型。电流模型可以在不同的坐标系上获得，下面以两相静止坐标系为例。

由两相静止坐标系下的状态方程式(9-63)中的第二行和第三行，可得转子磁链为

$$\begin{cases} \dfrac{\mathrm{d}\psi_{r\alpha}}{\mathrm{d}t} = -\dfrac{1}{T_r}\psi_{r\alpha} - \omega\psi_{r\beta} + \dfrac{L_m}{T_r}i_{s\alpha} \\[3mm] \dfrac{\mathrm{d}\psi_{r\beta}}{\mathrm{d}t} = -\dfrac{1}{T_r}\psi_{r\beta} + \omega\psi_{r\alpha} + \dfrac{L_m}{T_r}i_{s\beta} \end{cases} \tag{9-90}$$

也可以写作

$$\begin{cases} \psi_{r\alpha} = \dfrac{1}{T_r s + 1}(L_m i_{s\alpha} - \omega T_r \psi_{r\beta}) \\[3mm] \psi_{r\beta} = \dfrac{1}{T_r s + 1}(L_m i_{s\beta} + \omega T_r \psi_{r\alpha}) \end{cases} \tag{9-91}$$

再利用式(9-89)所示的变换公式，就可以得到转子磁链的幅值和相角。两相静止坐标系下转子磁链估计的电流模型结构图如图 9-8 所示。

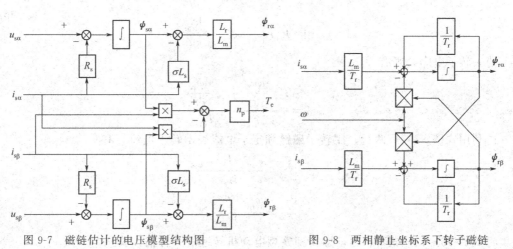

图 9-7　磁链估计的电压模型结构图　　　　图 9-8　两相静止坐标系下转子磁链
　　　　　　　　　　　　　　　　　　　　　　　　估计的电流模型结构图

定子磁链的电流模型则可根据转子磁链估计的结果，利用式(9-86)推导得到，其公式为

$$\begin{cases} \psi_{s\alpha} = \dfrac{L_m}{L_r}\psi_{r\alpha} + \sigma L_s i_{s\alpha} \\[3mm] \psi_{s\beta} = \dfrac{L_m}{L_r}\psi_{r\beta} + \sigma L_s i_{s\beta} \end{cases} \tag{9-92}$$

磁链估计的电流模型需要实测的电流和转速信号，无论转速高低都适用，甚至零速下都能正常进行运算，这是其优点。但在电流模型中，用到了参数 T_r。这个转子时间常数是一个很不稳定的系数，它随转子绕组温度而变化。尤其是当转子频率变化时，由于集肤效应的影响，转子电感和电阻朝着不同的方向变化，T_r 的变化比较大。这些影响会导致磁链估计的失真，最终导致系统性能的下降。在高速情况下，这种失真更为明显，电流模型的精度比电压模型低。

根据前面的讲述，可以发现电压模型更适用于中、高速范围，而电流模型则在低速时精度较高，因而可以将两种模型结合起来，以提高检测精度。

9.4.2　转速的估计

转速估计的方法有很多，总体而言可分为三种：

① 利用电动机模型直接进行计算，属于开环算法；

② 通过构造动态观测器进行估计，如 Luenberger 观测器和扩展 Kalman 滤波器等，属于闭环算法；

③ 利用电动机结构上的特征提取转速信号，如齿谐波法等。

这里只介绍两种利用电动机动态模型直接估计转速的方法。

(1) 按转子电压方程进行估计的方法　静止坐标系下，由式(9-45) 可知异步电动机的转子电压方程为

$$\begin{cases} u_{r\alpha} = R_r i_{r\alpha} + \omega \psi_{r\beta} + \dfrac{\mathrm{d}\psi_{r\alpha}}{\mathrm{d}t} \\ u_{r\beta} = R_r i_{r\beta} - \omega \psi_{r\alpha} + \dfrac{\mathrm{d}\psi_{r\beta}}{\mathrm{d}t} \end{cases} \tag{9-93}$$

对于笼型电动机来说，其转子是短路的，因此式(9-93) 可简化为

$$\begin{cases} 0 = R_r i_{r\alpha} + \omega \psi_{r\beta} + \dfrac{\mathrm{d}\psi_{r\alpha}}{\mathrm{d}t} \\ 0 = R_r i_{r\beta} - \omega \psi_{r\alpha} + \dfrac{\mathrm{d}\psi_{r\beta}}{\mathrm{d}t} \end{cases} \tag{9-94}$$

消去转子电阻，则有

$$\omega = \frac{i_{r\alpha} \dfrac{\mathrm{d}\psi_{r\beta}}{\mathrm{d}t} - i_{r\beta} \dfrac{\mathrm{d}\psi_{r\alpha}}{\mathrm{d}t}}{\psi_{r\alpha} i_{r\alpha} + \psi_{r\beta} i_{r\beta}} \tag{9-95}$$

再利用式(9-83) 后两行，用转子磁链和定子电流表示转子电流，有

$$\begin{cases} i_{r\alpha} = \dfrac{\psi_{r\alpha} - L_m i_{s\alpha}}{L_r} \\ i_{r\beta} = \dfrac{\psi_{r\beta} - L_m i_{s\beta}}{L_r} \end{cases} \tag{9-96}$$

将式(9-96) 代入式(9-95)，即得到笼型电动机转速的一种估计算法

$$\omega = \frac{(\psi_{r\alpha} - L_m i_{s\alpha}) \dfrac{\mathrm{d}\psi_{r\beta}}{\mathrm{d}t} - (\psi_{r\beta} - L_m i_{s\beta}) \dfrac{\mathrm{d}\psi_{r\alpha}}{\mathrm{d}t}}{(\psi_{r\alpha} - L_m i_{s\alpha}) \psi_{r\alpha} + (\psi_{r\beta} - L_m i_{s\beta}) \psi_{r\beta}} \tag{9-97}$$

(2) 基于状态方程的直接综合法　根据静止坐标系下的 ω-ψ_r-i_s 状态方程，也可以直接计算转速。对式(9-63) 的第二行和第三行，即

$$\begin{cases} \dfrac{\mathrm{d}\psi_{r\alpha}}{\mathrm{d}t} = -\dfrac{1}{T_r} \psi_{r\alpha} - \omega \psi_{r\beta} + \dfrac{L_m}{T_r} i_{s\alpha} \\ \dfrac{\mathrm{d}\psi_{r\beta}}{\mathrm{d}t} = -\dfrac{1}{T_r} \psi_{r\beta} + \omega \psi_{r\alpha} + \dfrac{L_m}{T_r} i_{s\beta} \end{cases} \tag{9-98}$$

进行简化，即可得到转速的直接综合计算方法，即

$$\omega = \frac{\left(\psi_{r\alpha} \dfrac{\mathrm{d}\psi_{r\beta}}{\mathrm{d}t} - \psi_{r\beta} \dfrac{\mathrm{d}\psi_{r\alpha}}{\mathrm{d}t} \right) - \dfrac{L_m}{T_r}(\psi_{r\alpha} i_{s\beta} - \psi_{r\beta} i_{s\alpha})}{\psi_{r\alpha}^2 + \psi_{r\beta}^2} \tag{9-99}$$

上述两种方法具有通用性。结合转速控制方法，按照不同方式的磁场定向，还可得到多种直接计算转速的方法，如转差频率计算法等。

按照电动机动态数学模型直接进行转速估计的方法，原理简单，实现容易。但毕竟属于开环算法，估算精度完全依赖于电机参数，且没有误差校正环节，抗扰性能较差。

观测器法是精度较高、抗扰性能强的转速估计方法。观测器采用闭环控制方式，往往将磁

链观测、速度观测和转速闭环控制结合在一起，这里不多赘述。

9.5 按转子磁链定向的矢量控制系统

在 9.2 节中，已经知道通过坐标变换，异步电动机可以等效为他励直流电动机。而在 9.3 节中，可以发现即使是两相同步旋转坐标系下的异步电动机的数学模型，虽然较三相动态模型大大简化，但依然没有改变其非线性、强耦合的本质；也就是说在两相同步旋转坐标系下的异步电动机数学模型仍不能与他励直流电动机完全等效。这是因为在 9.3 节进行两相同步旋转坐标变换时，只是要求 dq 正交坐标系的旋转速度与定子频率同步，并未规定两坐标轴与电动机旋转磁场的相对位置。

如果将 d 轴按转子磁链的方向定向，就得到按转子磁链定向的旋转坐标系。下面的分析将证明，在这种按转子磁链定向的旋转坐标系下，异步电动机的数学模型完全与他励直流电动机等效；这样就可以模拟直流电动机的控制策略，从而使异步电动机获得与直流电动机相媲美的调速性能。由于是按转子磁链的方向进行定向的，因而这种控制被称为转子磁链定向或磁场定向控制（Field Orientation Control，简称 FOC 系统）。由于进行坐标变换的是电流矢量（代表磁动势矢量），所以这样的坐标变换也可称作矢量变换，相应的控制系统就叫作矢量控制系统（Vector Control，简称 VC 系统）。

9.5.1 按转子磁链定向的异步电动机数学模型

如前所述，将 d 轴按转子磁链的方向定向，改称为 m 轴；q 轴则相对于 d 轴按逆时针旋转 $90°$，即与转子磁链垂直，改称为 t 轴。mt 坐标系就是按转子磁链定向的两相同步旋转坐标系。

由于 m 轴与转子磁链矢量重合，有

$$\psi_{rm} = \psi_{rd} = \psi_r \quad \psi_{rt} = \psi_{rq} = 0 \tag{9-100}$$

为了保证 m 轴与转子磁链矢量始终重合，还必须使

$$\frac{d\psi_{rt}}{dt} = \frac{d\psi_{rq}}{dt} = 0 \tag{9-101}$$

将式（9-100）和式（9-101）代入 ω-ψ_r-i_s 状态方程式（9-61），有

$$\begin{cases} \dfrac{d\omega}{dt} = \dfrac{n_p^2 L_m}{J L_r} i_{st} \psi_r - \dfrac{n_p}{J} T_L \\[2mm] \dfrac{d\psi_r}{dt} = -\dfrac{1}{T_r} \psi_r + \dfrac{L_m}{T_r} i_{sm} \\[2mm] \dfrac{d\psi_{rq}}{dt} = -(\omega_1 - \omega)\psi_r + \dfrac{L_m}{T_r} i_{st} = 0 \\[2mm] \dfrac{di_{sm}}{dt} = \dfrac{L_m}{\sigma L_s L_r T_r} \psi_r - \dfrac{R_s L_r^2 + R_r L_m^2}{\sigma L_s L_r^2} i_{sm} + \omega_1 i_{st} + \dfrac{u_{sm}}{\sigma L_s} \\[2mm] \dfrac{di_{st}}{dt} = -\dfrac{L_m}{\sigma L_s L_r} \omega \psi_r - \dfrac{R_s L_r^2 + R_r L_m^2}{\sigma L_s L_r^2} i_{st} - \omega_1 i_{sm} + \dfrac{u_{st}}{\sigma L_s} \end{cases} \tag{9-102}$$

可见其中第三行已经转化为代数方程，整理后可得 mt 坐标系的转差角频率为

$$\omega_s = \omega_1 - \omega = \frac{L_m}{T_r \psi_r} i_{st} \tag{9-103}$$

由式(9-102) 第二行，可得到转子磁链为

$$\psi_r = \frac{L_m}{T_r p + 1} i_{sm} \tag{9-104}$$

由式(9-104) 可知，转子磁链 ψ_r 仅由定子电流励磁分量 i_{sm} 产生，与转矩分量 i_{st} 无关。从这个意义上看，定子电流的励磁分量和转矩分量是解耦的。

将式(9-100) 代入式(9-59) 所示的电磁转矩方程，可得

$$T_e = \frac{n_p L_m}{L_r} i_{st} \psi_r \tag{9-105}$$

式(9-103)、式(9-104) 和式(9-105) 构成了矢量控制的基本方程式，按照这组基本方程式可将异步电动机的数学模型画成图 9-9 所示的结构形式。

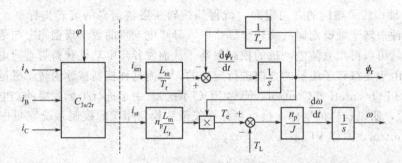

图 9-9　异步电动机矢量变换及等效直流电动机模型

可见，在三相坐标系下的定子交流电流 i_A、i_B、i_C，通过 3s/2r 变换，可以等效成同步旋转正交坐标系下的直流电流 i_{sm} 和 i_{st}。如上所述，以 i_{sm} 和 i_{st} 为输入的电动机模型就是等效直流电动机模型，见图 9-9 中虚线右侧所示。

从图 9-9 的输入输出端口看进去，输入为 A、B、C 三相电流，输出为转速 ω，是一台异步电动机。从内部看，经过 Park 变换（3s/2r 变换），异步电动机变成了一台由 i_{sm} 和 i_{st} 为输入、ω 为输出的直流电动机。m 绕组相当于直流电动机的励磁绕组，i_{sm} 相当于励磁电流，t 绕组相当于电枢绕组，i_{st} 相当于与转矩成正比的电枢电流。

虽然通过矢量变换，定子电流解耦成为 i_{sm} 和 i_{st} 两个分量，构成了 ω 和 ψ_r 两个子系统。但由式(9-105) 可知，电磁转矩 T_e 是定子电流转矩分量 i_{st} 与转子磁链 ψ_r 的点积。由于 T_e 同时受 i_{st} 与 ψ_r 的影响，因而两个系统仍然是耦合的。

9.5.2　矢量控制基本原理

异步电动机矢量控制系统的基本结构如图 9-10(a) 所示。为模仿直流调速系统进行控制，设置了磁链调节器 AψR 和转速调节器 ASR 分别控制 ψ_r 和 ω。为了使两个子系统完全解耦，在转速调节器之后增加除法环节。将控制器中 2r/3s 变换与电机模型中的 3s/2r 变换抵消，忽略变频器的滞后作用，并假设电流跟踪控制无静差，则图 9-10(a) 可简化为图 9-10(b)。图 9-10(b) 中控制器中的除法环节就与电机模型中的乘法环节相抵消，从而实现了电磁转矩与转子磁链的动态解耦。

这样，矢量控制系统就可以看作两个相互独立的线性子系统（如图 9-11 所示），可以采用反馈控制理论中的系统校正方法或第 6 章中讲述的工程设计法来设计两个调节器。

需要注意的是，图 9-10 和图 9-11 中，为了简化起见，直接用转子磁链构成了闭环。而前面已经讲过，磁链是不能直接检测得到的，必须用 9.4 节中的估计方法进行估计。

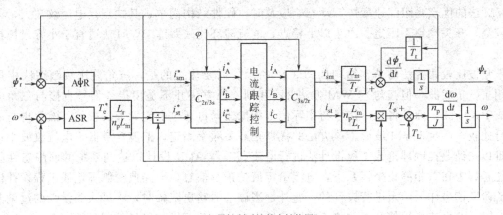

(a) 矢量控制系统基本结构图

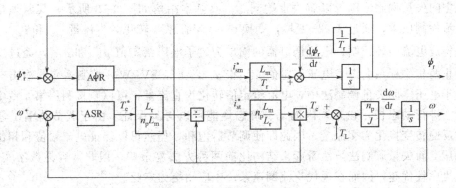

(b) 简化后的矢量控制系统结构图

图 9-10　矢量控制结构图及其简化

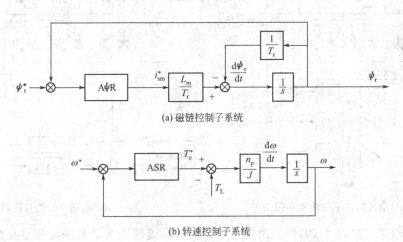

(a) 磁链控制子系统

(b) 转速控制子系统

图 9-11　矢量控制系统的两个等效线性子系统

9.5.3　电流跟踪控制的实现方法

上面已经对矢量控制的基本结构进行了介绍。可以发现，电流跟踪控制是矢量控制系统实现动态解耦的一个关键环节。

与变频器所采用的 PWM 技术相结合，电流跟踪控制的实现方法上可分为三种：滞环比较跟踪法，三角波比较跟踪法和电压空间矢量调制法。

电流滞环比较跟踪 PWM 法在第 3 章已经介绍过，其基本原理不再重复。电流滞环比较跟踪 PWM 法的优点是跟踪速度快，动态响应及时，硬件结构简单；其缺点是电流纹波大，谐波含量较高，开关频率不固定。由于以上特点，电流滞环比较跟踪 PWM 法适宜于小容量模拟控制系统。

三角波比较跟踪法的基本结构如图 9-12 所示。需要注意的是，三角波比较跟踪法中虽然也采用了三角载波，但其与 SPWM 方法并不相同。该方法并不是用指令信号直接与三角波比较生成 PWM 波，而是将指令信号与实际信号相比较，再通过电流调节器校正，然后再与三角波进行比较，产生 PWM 波形。该方法的优点是开关频率固定，谐波含量低，电流纹波小；缺点是难以按经典控制理论或工程设计法进行电流调节器 ACR 设计以达到系统的动静态性能要求。这是因为在三相静止坐标系下，电流给定值是正弦信号，而经典控制理论或工程设计法是按直流阶跃信号作为给定进行设计的。此外，当调节器输出限幅时，将进入非线性的过调制状态，此时基波电流的幅值和相位将不能跟踪给定电流，从而导致矢量控制无效。

电压空间矢量调制法则可以解决上述问题，其基本结构如图 9-13 所示。其原理是：将三相定子电流检测出来，通过 3s/2r 变换，变换到 mt 坐标系，转化为直流量 i_{st}^* 和 i_{sm}^*，采用 PI 调节器，构成电流闭环控制；电流调节器的输出为定子电压给定值 u_{st}^* 和 u_{sm}^*，经过反旋转变化得到静止两相坐标系的定子电压给定值 $u_{s\alpha}^*$ 和 $u_{s\beta}^*$，再经 SVPWM 控制逆变器输出三相定子电压。由于电压空间矢量调制法中，电流给定值转化为直流量，可以直接利用第 6 章中给出的工程设计法进行动态校正设计，因而动、静态性能可以得到保证。由于调节器输出量为直流量，通过反旋转变换化为交流量，因此即使调节器饱和，仍然可以保证电流幅值和相位的及时跟踪。电压空间矢量调制法虽然看起来结构比前两种方法复杂些，但非常容易数字实现，动、静态性能也比较优越，因而在现代交流调速系统中应用更为广泛。

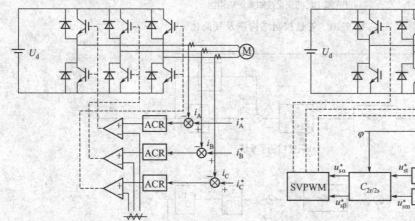
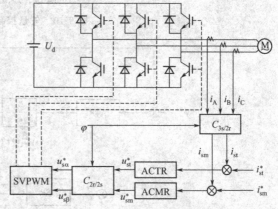

图 9-12 三角波比较跟踪法基本结构图   图 9-13 电压空间矢量调制法

需要注意的是，由式(9-102)后两行可知，定子电流转矩分量和励磁分量存在交叉耦合，定子电流与定子电压之间也存在耦合关系。而上述的几种电流跟踪控制方法，均未考虑这些耦合关系，这是因为在进行闭环设计时上述耦合关系都可按前向通道上的扰动进行处理；在多数应用场合这样做是可以满足要求的。如果系统控制对动态性能和抗扰性能要求比较高，则需要引入前馈解耦去除这些耦合因素的影响。

9.5.4 磁链闭环的直接矢量控制

图 9-10 实际上就是矢量控制系统的一种典型实现方式，其中转子磁链是直接检测得到的。工程实践中，转子磁链需要通过模型计算得到。

对图 9-10 进行改造，引入转子磁链估算环节，就构成了矢量控制的一种具有工程实用性的结构框图，如图 9-14 所示。在基速以下，转子磁链给定值为恒定值，此时电动机为恒转矩工作模式。在基速以上，则通过磁链规划曲线（ψ_r-ω 曲线）计算转子磁链给定值，进行弱磁调速，此时电动机为恒功率工作模式。

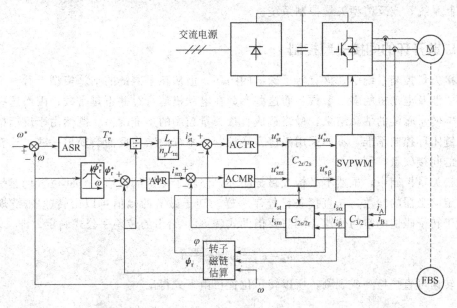

图 9-14　带除法环节的矢量控制系统结构图

除了上述带除法环节的矢量控制系统外，还有一种通过设置转矩闭环以提高解耦性能的矢量控制系统，其基本结构图如图 9-15 所示。转矩闭环及其调节器 ATR 设置在转速调节器 ASR 和定子电流转矩分量调节器 ACTR 之间。在图 9-9 所示的异步电动机等效直流电动机模型中，可以把转子磁链看作是定子电流转矩分量-转速子系统（i_{st}-ω 子系统）前向通道上的扰动，其扰动作用点在定子电流转矩分量 i_{st} 之后；也就是说转子磁链的扰动作用点在定子电流转矩分量闭环之外。如果没有转矩内环，转子磁链的扰动作用只能通过转速外环进行抑制，响

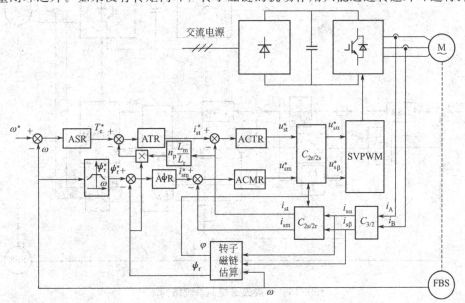

图 9-15　带转矩内环的矢量控制系统结构图

应速度相对较慢。增设转矩内环后，转子磁链的扰动作用点被包含在转矩环的前向通道上，因而可以更快地抑制磁链扰动，提高了系统的动态响应性能。电磁转矩实际测量非常困难，因此常通过式（9-105）计算得到。

以上所述的矢量控制系统都含有磁链闭环，因此称为磁链闭环的矢量控制系统，也称为直接矢量控制系统，或反馈型矢量控制系统。

9.5.5 磁链开环的间接矢量控制

在直接矢量控制系统中，含有转子磁链的闭环，但从转子磁链的估算模型上看，不论哪种方法，都要涉及电动机的多个参数。而这些参数在电动机运行时并不是常数，因而这些参数变化时会影响转子磁链的估算结果，最终造成直接矢量控制的不准确性。既然由于反馈精度的问题造成磁链闭环控制不准，不如采用磁链开环控制，系统的结构反而会简单一些，这就是所谓磁链开环的间接矢量控制。

在间接矢量控制中，虽然不必构成磁链闭环，但转子磁链的幅值和空间位置仍然是坐标变换和磁场定向必需的参数。与直接矢量控制一样，转子磁链的幅值可以由转速-磁链规划曲线确定。至于转子磁链的空间位置，则需要借助式（9-84）给出的转差率公式确定，即

$$\omega_s = \omega_1 - \omega = \frac{L_m}{T_r \psi_r} i_{st}$$

由于转速可直接检测或观测，所以转子位置可由下式得出：

$$\varphi = \int (\omega + \omega_s) dt \tag{9-106}$$

基于电压型变频器的间接矢量控制系统结构图如图 9-16 所示。间接矢量控制系统可以看作是对图 8-12 所示的标量控制的转差频率控制系统的改进，在继承其优点的同时，采用基于动态模型的矢量控制克服了标量控制的大部分缺点。因此，间接矢量控制系统，又称为转差型矢量控制系统。

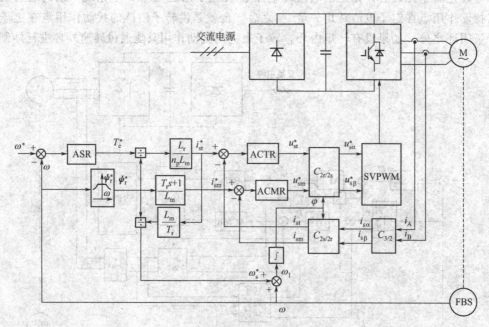

图 9-16　间接矢量控制系统结构图

间接矢量控制系统定子电流两个分量的给定值分别按照式（9-104）和式（9-105）确定。定

子电流励磁分量的给定值为：

$$i_{sm}^* = \frac{T_r s + 1}{L_m} \psi_r^* \qquad (9-107)$$

式（9-107）中比例微分环节（$T_r s + 1$）使 i_{sm} 在动态中获得强迫励磁效应，从而克服了实际磁通的滞后。

定子电流转矩分量的给定值为

$$i_{st}^* = \frac{L_r}{n_p L_m \psi_r^*} T_e \qquad (9-108)$$

由以上特点可以看出，磁链开环转差型矢量控制系统的磁场定向由磁链和电流转矩分量给定信号确定，靠矢量控制方程保证，不需要用磁链模型计算转子磁链，属于间接的磁场定向。

与直接矢量控制系统相比，由于不需要估计磁链，表面上看，间接矢量控制系统对电动机参数的敏感性较低。事实上，并非如此。定义转差增益 K_s 为转差频率给定值与定子电流转矩分量给定值之比：

$$K_s = \frac{\omega_s^*}{i_{st}^*} = \frac{L_m}{T_r \psi_r^*} \qquad (9-109)$$

可见 K_s 是电机参数的函数。在任何运行情况下，必须要求这些参数和电机的实际参数相匹配，才能获得理想的解耦控制效果，否则将影响磁场定向的准确性并最终导致系统性能恶化；这就是间接矢量控制系统的转差增益失调问题。实际上这个问题与直接矢量控制在低速时磁链估计存在的问题是相似的。

9.5.6 电流型变频器的矢量控制

以上介绍的矢量控制系统均采用电压型变频器实现，电流型变频器也同样可以采用矢量控制技术。图 9-17 给出了一种基于电流型变频器的直接矢量控制结构图。

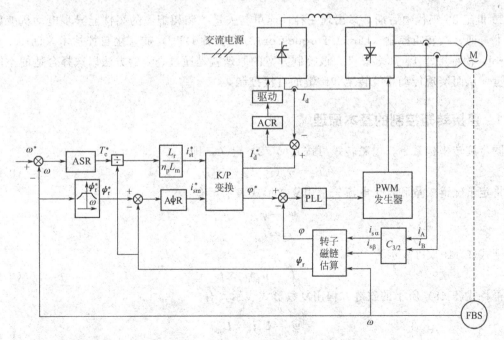

图 9-17 基于电流型变频器的直接矢量控制系统

在转速闭环和磁链闭环的部分，基于电流型变频器的直接矢量控制系统与图 9-14 所示基于电压型变频器的直接矢量控制系统完全相同。二者不同的是，基于电流型变频器的直接矢量控制系统在得到定子电流转矩分量和励磁分量给定值后，并不是直接构成电流闭环，而是通过极坐标变换（K/P 变换），转变为定子电流幅值给定信号和相位给定信号。定子电流幅值给定信号作为直流环节的给定电流，通过前级相控整流器构成对直流侧电流的闭环调节。后级逆变器的频率则通过锁相环（PLL）进行闭环控制，以使定子电流被定位在期望的转矩角位置上。这种控制方案，也称为转矩角控制法。

9.5.7　矢量控制系统的性能分析

通过在转子磁链上的定向和控制使转子磁链幅值恒定，矢量控制系统实现了定子电流转矩分量和磁链分量的解耦控制。电流闭环控制还起到了限流作用，可有效地限制启动、制动电流。无论是直接矢量控制，还是间接矢量控制，都具有动态性能好、调速范围宽的优点。采用较高精度的光电编码盘转速传感器时，调速范围一般可达到 100，已在实际系统中获得普遍的应用。

虽然如此，矢量控制还是存在一些问题，主要表现在：

① 需要进行矢量变换，系统结构复杂，运算量大。

② 系统控制的精度受转子参数，特别是转子电阻变化的影响，在低速时尤为明显。

为此，出现了很多解决方案，比如通过参数辨识和自适应控制实现电机参数在线校正等。

需要指出的是，除了上面提到的转子磁链定向矢量控制以外，通过定子磁链定向和气隙磁链定向，都可实现矢量控制。采用定子磁链定向时，由于控制器与转子电阻无关，使得系统对电机参数的敏感性大大下降。但采用定子磁链和气隙磁链定向时，定子电流两分量之间不能完全解耦，需要用前馈控制方法进行解耦控制，控制系统结构较为复杂。

9.6　按定子磁链控制的直接转矩控制系统

20 世纪 80 年代中后期，又出现一种性能可与矢量控制相媲美的高性能异步电动机变频控制技术，即直接转矩控制（Direct Torque Control，简称 DTC）或直接自控技术（Direct Self-Control，简称 DSC）。顾名思义，该控制方案的原理就是通过查表的方法以选择合适的空间电压矢量，从而实现传动系统转矩和磁链的直接控制。

9.6.1　直接转矩控制的基本原理

同步旋转坐标系下，电磁转矩可按式(9-72) 定义，即

$$T_e = n_p (i_{sq}\psi_{sd} - i_{sd}\psi_{sq}) \tag{9-110}$$

将定子磁链矢量和定子电流矢量用复数形式表示，有：

$$\boldsymbol{\psi}_s = \psi_{sd} - j\psi_{sq}$$

$$\boldsymbol{i}_s = i_{sd} - ji_{sq}$$

则式(9-110) 可表示为

$$\boldsymbol{T}_e = n_p \boldsymbol{\psi}_s \times \boldsymbol{i}_s \tag{9-111}$$

再将式(9-48) 所示的磁链方程用复数形式表示，有

$$\begin{cases} \boldsymbol{\psi}_s = L_s \boldsymbol{i}_s + L_m \boldsymbol{i}_r \\ \boldsymbol{\psi}_r = L_m \boldsymbol{i}_s + L_r \boldsymbol{i}_r \end{cases} \tag{9-112}$$

其中

$$\boldsymbol{\psi}_r = \psi_{rd} - j\psi_{rq}$$

$$\boldsymbol{i}_r = i_{rd} - ji_{rq}$$

消去 $\boldsymbol{i}_r$，得

$$\boldsymbol{\psi}_s = \frac{L_m}{L_r}\boldsymbol{\psi}_r + (L_s L_r - L_m^2)\boldsymbol{i}_s \tag{9-113}$$

将式（9-113）代入式（9-111），并化简得

$$T_e = n_p \frac{L_m}{\sigma L_r L_s}\boldsymbol{\psi}_s \times \boldsymbol{\psi}_r \tag{9-114}$$

则可得到电磁转矩幅值与定子磁链和转子磁链的关系为

$$T_e = n_p \frac{L_m}{\sigma L_s L_r}\psi_s \psi_r \sin\theta_{sr} \tag{9-115}$$

式中，θ_{sr} 是定子磁链、转子磁链的空间相位角，也称为磁链角。当电机带负载稳定运行时，负载越大，磁链角越大。

由于转子磁链的变化慢于定子磁链的变化，因此当定子磁链快速变化时，在很短暂的时间内，可以认为转子磁链相对不变。在此假设下，由式（9-115）可知，如果定子磁链幅值被控制为恒定，则电磁转矩的控制可以通过控制磁链角来实现。已经假设转子磁链保持不变，则转子磁链的空间角度也保持不变，因而控制磁链角就是控制定子磁链的空间角度。

可见按照式（9-115）进行转矩控制，就是首先将定子磁链幅值控制为恒定，再通过控制定子磁链角度来控制磁链角 θ_{sr}，这就是直接转矩控制的基本原理。

9.6.2 定子电压空间矢量的控制作用

既然控制定子磁链的幅值和角度，就可以直接控制转矩；那么具体怎么实现呢？这需要借助定子电压空间矢量来实现。关于三相两电平 PWM 逆变器电压空间矢量的定义及其与定子磁链的基本关系，在第 3 章有详细介绍，这里不多赘述，只引用相关结论。

对于三相两电平 PWM 逆变器而言，可以输出 8 个电压空间矢量，其中 6 个有效工作矢量，2 个零矢量。将期望的定子磁链圆形轨迹分为六个扇区（如图 9-18 所示）。需要注意的是扇区的划分与 SVPWM 不同。SVPWM 的扇区划分是电压空间矢量扇区划分，直接按电压矢量划分即可。图 9-18 给出的是定子磁链矢量的扇区划分，由于磁链与电压之间有 90°的相位差，因而是以每个非零电压空间矢量为中心线前后各占 30°电角度的空间作为一个扇区，每个扇区占有 60°电角度空间。如电压空间矢量 $\boldsymbol{V}_1$ 前后各占 30°电角度的空间为第 I 扇区。

下面以第 I 扇区为例说明不同的电压空间矢量对定子磁链和电磁转矩的影响。假设转速 $\omega > 0$，电动机逆时针正向旋转。当定子磁链位于第 I 扇区时，施加六个非零电压空间矢量，将产生不同的磁链增量，如图 9-18 所示。由于六个电压空间矢量的方向不同，有的电压空间矢量作用后会使磁链的幅值增加，另一些电压空间矢量作用后会使磁链幅值减少，磁链空间矢量的空间位置也都会产生相应的变化。例如，施加电压空间矢量 $\boldsymbol{V}_2$，可使定子磁链幅值 ψ_s 增加，同时朝正向旋转；施加电压空间矢量 $\boldsymbol{V}_3$，可使定子磁链幅值 ψ_s 减小，正向旋转。若施加电压空间矢量 $\boldsymbol{V}_6$，可使定子磁链幅值 ψ_s 的幅值增加，反向旋转；施加电压空间矢量 $\boldsymbol{V}_5$，可使定子磁链幅值 ψ_s 的幅值减小，反向旋转。可见，当定子磁链位于第 I 扇区时，$\boldsymbol{V}_2$ 和 $\boldsymbol{V}_6$ 可使定子磁链幅值 ψ_s 增加，$\boldsymbol{V}_3$ 和 $\boldsymbol{V}_5$ 可使定子磁链幅值 ψ_s 减小。

电压空间矢量对电磁转矩的影响如图 9-19 所示。当定子磁链位于第 I 扇区时，$t_1 \sim t_2$ 期间：$\boldsymbol{V}_2$ 或 $\boldsymbol{V}_3$ 作用，定子磁链矢量正向旋转，与电动机运行方向一致，定子磁链矢量的旋转速

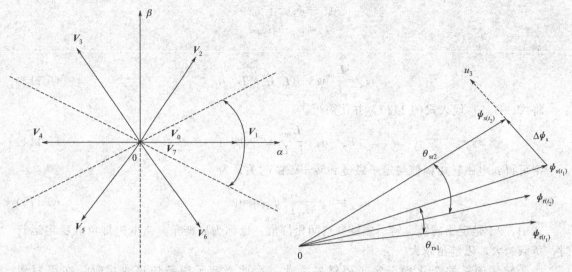

图 9-18 定子磁链圆轨迹的扇区图   图 9-19 电压空间矢量对电磁转矩的影响

度大于转子磁链矢量的旋转速度，磁链角 $\theta_{sr1} \rightarrow \theta_{sr2}$ 增大，电磁转矩 T_e 增加。而 V_5、V_6 作用时，定子磁链矢量反向旋转，与电动机运行方向相反，磁链角减小，使电磁转矩 T_e 减小。

以上分析了非零电压空间矢量的控制作用，下面分析零矢量的作用。逆变器输出零矢量时，电动机定子端短路，理论上磁链和转矩将保持不变。但这种分析是在忽略定子电阻的情况下得出的，而实际电路中定子电阻不能忽略。在零矢量作用时，定子电流流过定子电阻时必然会造成损耗，并产生一定的定子压降，这使得转矩和磁链都会减小。与非零矢量相比，零矢量对电磁转矩的控制作用比较缓慢。

上面分析了当定子磁链位于第 I 扇区时，不同的电压空间矢量作用时对定子磁链与电磁转矩的控制作用，同样的方法可以推广到其他扇区和其他运行状态。

9.6.3 基于定子磁链控制的直接转矩控制系统

(1) 直接转矩控制系统组成 按定子磁场控制的直接转矩控制系统原理框图如图 9-20 所示，分别控制异步电动机的转速和磁链，采用在转速环内设置转矩内环的方法，以抑制磁链变化对转速的影响。

图 9-20 中转速调节器 ASR 仍然采用 PI 调节器，而 AψR 和 ATR 分别为定子磁链调节器和转矩调节器，两者采用带有滞环的控制器，它们的输出分别为定子磁链幅值偏差信号 $\Delta\psi_s$ 的符号函数 $\text{sgn}(\Delta\psi_s)$ 和电磁转矩偏差信号 ΔT_e 的符号函数 $\text{sgn}(\Delta T_e)$。定子磁链给定值由转速-磁链规划曲线给出，在额定转速以下，ψ_s^* 保持恒定；在额定转速以上，ψ_s^* 随着 ω 的增加而减小。P/N 为电磁转矩极性鉴别器，当期望的电磁转矩为正时，P/N=1，当期望的电磁转矩为负时，P/N=0。

定子磁链可采用电压模型，按式 (9-82) 进行计算。这个计算公式中不含转子参数，因而提高了系统的鲁棒性。但电压模型只适用于中、高速运行工况。在低速时，只能采用电流模型，按式 (9-91)、式 (9-92) 进行计算，但这时上述提高鲁棒性的优点就不再存在了。

电磁转矩的计算公式为

$$T_e = n_p(i_{s\beta}\psi_{s\alpha} - i_{s\alpha}\psi_{s\beta}) \tag{9-116}$$

(2) 定子磁链滞环调节器和电磁转矩滞环调节器 定子磁链调节器是两电平滞环调节器，其输出符号函数 $\text{sgn}(\Delta\psi_s)$ 与定子磁链幅值偏差信号 $\Delta\psi_s$ 的函数关系如图 9-21 所示。具体表示为：

$$sgn(\Delta\psi_s)_{(k)} = \begin{cases} 1 & \Delta\psi_s = \psi_s^* - \psi_s \geqslant \Delta\psi_s^* \\ sgn(\Delta\psi_s)_{(k-1)} & -\Delta\psi_s^* < \Delta\psi_s = \psi_s^* - \psi_s < \Delta\psi_s^* \\ -1 & \Delta\psi_s = \psi_s^* - \psi_s \leqslant -\Delta\psi_s^* \end{cases} \tag{9-117}$$

式中，$\Delta\psi_s^*$ 为定子磁链滞环调节器的滞环宽度。

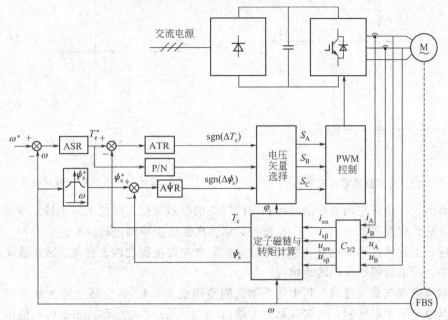

图 9-20　基于定子磁场控制的直接转矩控制系统原理框图

电磁转矩调节器是三电平滞环调节器，其输出符号函数 $sgn(\Delta T_e)$ 与定子磁链幅值偏差信号 ΔT_e 的函数关系如图 9-22 所示。具体表示为：

$$sgn(\Delta T_e)_{(k)} = \begin{cases} 1 & \Delta T_e = T_e^* - T_e \geqslant \Delta T_e^* \\ sgn(\Delta T_e)_{(k-1)} & \Delta T_e^* > \Delta T_e = T_e^* - T_e \geqslant 0 & sgn(\Delta T_e)_{(k-1)} = 1 \\ 0 & -\Delta T_e^* < \Delta T_e = T_e^* - T_e < 0 & sgn(\Delta T_e)_{(k-1)} \neq -1 \\ -1 & \Delta T_e = T_e^* - T_e \leqslant -\Delta T_e^* \\ sgn(\Delta T_e)_{(k-1)} & -\Delta T_e^* < \Delta T_e = T_e^* - T_e \leqslant 0 & sgn(\Delta T_e)_{(k-1)} = -1 \\ 0 & \Delta T_e^* > \Delta T_e = T_e^* - T_e > 0 & sgn(\Delta T_e)_{(k-1)} \neq 1 \end{cases} \tag{9-118}$$

式中，T_e^* 为电磁转矩滞环调节器的滞环宽度。

当期望的电磁转矩为正时，即 P/N=1 时，若电磁转矩偏差 $\Delta T_e \geqslant \Delta T_e^*$，电磁转矩达到电磁转矩给定值的下限，滞环调节器符号函数输出为 $sgn(\Delta T_e)=1$，应选择合理的电压空间矢量（如定子磁链在第Ⅰ象限时可选择 $\pmb{V}_2$ 或 $\pmb{V}_3$ 作用）使定子磁场正向旋转，定子磁链与转子磁链夹角增大，使实际转矩 T_e 加大；当转矩 T_e 升高到 T_e^* 时，电磁转矩偏差 $-\Delta T_e^* \leqslant \Delta T_e \leqslant 0$，其符号函数 $sgn(\Delta T_e)=0$，可采用零电压空间矢量，减缓实际转矩 T_e 的变化。而当电磁转矩偏差 $\Delta T_e \leqslant -\Delta T_e^*$，电磁转矩达到电磁转矩给定值的上限，其符号函数 $sgn(\Delta T_e)=-1$，应选择合理的电压空间矢量（如定子磁链在第Ⅰ象限时可选择 $\pmb{V}_5$ 或 $\pmb{V}_6$ 作用）使定子磁场反向旋转，定子磁链与转子磁链夹角减小，使实际转矩 T_e 减小；当转矩 T_e 降低到 T_e^* 时，电磁转矩偏差 $\Delta T_e^* > \Delta T_e > 0$，其符号函数 $sgn(\Delta T_e)=0$，采用零电压空间矢量。

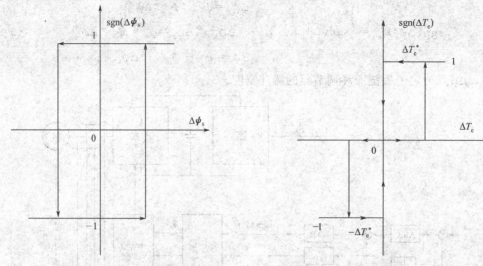

图 9-21　定子磁链滞环调节器　　　　图 9-22　电磁转矩滞环调节器

可以看出，零电压空间矢量能够缓和电磁转矩的剧烈变化，以此来减小转矩脉动。至于零电压空间矢量到底是选取 V_0 还是 V_7，按开关切换次数最少原则进行判断。

稳态时，上述情况不断重复，使转矩波动控制在允许范围之内。在加、减速或负载变化的动态过程中，可以获得快速的转矩响应。

（3）电压空间矢量选择表　将上述控制法则整理成表 9-1，即电压空间矢量选择表。当定子磁链矢量位于第 Ⅰ 扇区时，可按控制器的输出 P/N、$sgn(\Delta\psi_s)$ 和 $sgn(\Delta T_e)$ 值用查表法选取电压空间矢量，零矢量可按开关切换次数最少的原则选取。其他扇区磁链的电压空间矢量选择依次类推。

表 9-1　电压空间矢量的选择表

P/N=0	$sgn(\Delta\psi_s)$	$sgn(\Delta T_e)$	Ⅰ	Ⅱ	Ⅲ	Ⅳ	Ⅴ	Ⅵ
1	1	1	V_2	V_3	V_4	V_5	V_6	V_1
		0	V_7	V_0	V_7	V_0	V_7	V_0
		−1	V_6	V_1	V_2	V_3	V_4	V_5
	−1	1	V_3	V_4	V_5	V_6	V_1	V_2
		0	V_0	V_7	V_0	V_7	V_0	V_7
		−1	V_5	V_6	V_1	V_2	V_3	V_4
0	1	1	V_6	V_1	V_2	V_3	V_4	V_5
		0	V_7	V_0	V_7	V_0	V_7	V_0
		−1	V_2	V_3	V_4	V_5	V_6	V_1
	−1	1	V_5	V_6	V_1	V_2	V_3	V_4
		0	V_0	V_7	V_0	V_7	V_0	V_7
		−1	V_3	V_4	V_5	V_6	V_1	V_2

9.6.4　直接转矩控制系统的性能分析

直接转矩控制系统中，转矩和磁链的控制采用滞环控制器，并在 PWM 逆变器中直接用这两个控制信号得到输出电压的 PWM 波形，省去了旋转坐标变换和电流控制，简化了控制器的结构。选择定子磁链作为被控制量，计算磁链的模型比较简单，可以不受转子参数变化的影响，提高了控制系统的鲁棒性。由于采用了直接转矩控制，在加减速或负载变化的动态过程中，可以获得快速的转矩响应。但由于系统中没有电流环，也就没有自动限流能力，在实际系统中必须增加限流保护环节限制过大的冲击电流，以保护电力电子器件，因此实际的转矩响应速度有限。

直接转矩控制系统存在的问题是：

① 由于采用滞环控制器，实际转矩必然在上下限范围内脉动。

② 由于磁链计算采用了带积分环节的电压模型，积分处置、累计误差和定子电阻的变化都会影响磁链计算的准确度。

这两个问题在低速时更加显著，因而直接转矩系统的调速范围受到限制。对于第 2 个问题，前面已经提到，可以采用电流模型提高磁链计算的准确度，但失去了对转子参数的鲁棒性的优点。

至于转矩脉动抑制的问题，可以对磁链偏差和转矩偏差实行细化，使磁链轨迹接近于圆形，达到减小转矩脉动的目的；也可以改滞环控制为连续控制，如采用间接自控制系统等。

习　题

1. 异步电动机的动态数学模型的特点是什么？为什么要采用坐标变换对其进行简化？坐标变换的基本原则是什么？

2. 结合异步电动机三相原始动态模型，讨论异步电动机非线性、强耦合和多变量的性质，说明主要体现在哪些方面？

3. 坐标变换（3/2 变换和旋转变换）的优点何在？能否改变或减弱异步电动机非线性、强耦合和多变量的性质？

4. 转子磁链计算模型有电压模型和电流模型，分析两种模型的基本原理，比较各自的优缺点。

5. 在矢量控制系统中，如何确定 m 轴和 t 轴？说明三个矢量控制方程的物理意义。

6. 读懂三个矢量控制系统，包括带除法环节的解耦矢量控制系统、带转矩内环的转速磁链闭环矢量控制系统、磁链开环转差型矢量控制系统。磁场定向的精度受哪些参数的影响？

7. 讨论直接矢量控制系统与间接矢量控制系统的特点，比较各自的优缺点。

8. 在直接转矩控制系统中，由转矩环和磁链环直接产生电压空间矢量波形。根据磁链滞环与转矩滞环的输出，确定在不同扇区时选用何种电压空间矢量。请给出不同扇区不同情况下的电压空间矢量的选择表。

9. 分析定子电压空间矢量对定子磁链和转矩的控制作用，如何根据定子磁链偏差信号和转矩偏差信号的符号以及当前定子磁链的位置来选择电压空间矢量？

10. 异步电动机直接转矩控制系统转矩脉动的原因是什么？抑制转矩脉动有哪些方法？

11. 直接转矩控制系统与矢量控制系统在方法上有什么异同？

12. 直接转矩控制系统与矢量控制系统的优缺点。

第10章
绕线异步电动机转差功率回馈型调速系统

前两章所讲的异步电动机变压变频调速系统对笼型电机和绕线型电机都是适用的，但笼型电机的应用更为广泛。这是因为绕线型电机重量更大，成本更高，而且有更大的转子惯量和更高的转速限制，此外电刷和滑环还带来了维护和可靠性问题。但绕线型电机的一个特点是转差功率可以很容易地从电刷上获得，并通过电路控制来实现电机调速。

在绕线异步电动机的转子回路中串入电阻，就可以进行调速，这在第2章中已经介绍过。但这种调速方式中电阻只能进行机械调节，因而难以获得平滑的调速性能；同时转差功率被消耗在电阻上，导致效率低下。为了不将转差功率浪费在电阻上，可以将转子电压先整流为直流电压，再逆变为工频交流电回馈给电网。这种通过交-直-交变换器在次同步以下进行调速的系统被称为电气串级调速系统，或者静止 Scherbius 系统。

串级调速系统只能实现转差能量的单向流动，即转差功率只能从转子传送到电网，而电网则不能反过来向转子传递能量。这使得串级调速只能在次同步范围内进行调速，且不能实现发电运行，也就无法提供制动转矩，不能进行电气制动；这影响了其应用范围。如果用能量可以双向流动的交-直-交变频器连接在转子与电网之间，就可以实现异步电动机的发电运行。在次同步和超同步转速下，这种转差功率双向流动的传动系统既可以工作在电动机模式，也可以工作在发电机模式。这种系统被称为双馈传动系统。

串级调速系统和双馈传动系统都属于转差功率回馈型调速系统。对于有限范围的调速系统来说，转差功率仅仅是电机总功率的一小部分；串级调速系统和双馈传动系统中电力电子变流器只用来处理转差功率，因此容量较小，这非常具有吸引力。尤其是双馈传动系统，如果采用背靠背式的双向 PWM 变频器作为能量转换的接口，则可以有效地控制有功和无功能量流动，同时获得良好的谐波特性。

本章首先介绍串级调速系统，然后介绍双馈传动系统。

10.1　串级调速系统的基本原理

串级调速系统通过在绕线异步电动机的转子与交流电网之间嵌入交-直-交变换器，以实现转差能量回馈，这是容易理解的。但是在实现转差能量回馈的同时，是如何实现调速的呢？对于这一点，可以从转子附加电动势的角度进行分析。

10.1.1　绕线异步电动机转子附加电动势的作用

异步电动机电磁转矩的稳态表达式为

$$T_e = k_m \Phi_m I_r' \cos\varphi_r \tag{10-1}$$

式中，k_m 为转矩系数；Φ_m 为气隙磁通量；I_r' 为转子电流 I_r 折算到定子侧的对应值；φ_r 为转子回路功率因数角。

转矩系数是电动机固有参数；电源频率及定子相电压不变时，气隙磁通 Φ_m 保持不变；电动机正常运行时转差率 s 通常很小，则转子侧功率因数基本为1；电动机带恒定负载稳定运行时电磁转矩基本恒定。在上述基本条件下，由式(10-1)可知，转子电流 I_r 也基本是恒值。

而异步电动机运行时转子相电动势为

$$E_r = sE_{r0} \tag{10-2}$$

式中，E_{r0} 为绕线转子异步电动机转子开路相电动势，即转子开路额定相电压。

在串级调速系统时，异步电动机定子侧与交流电网直接连接，转子侧也要与交流电网或外接电动势相连，从电路拓扑结构上看，可认为是在转子绕组回路中附加一个交流电动势，如图10-1所示。

如果此交流附加电动势 E_{add} 相位与 E_{r0} 相反，则转子回路的相电流表达式为

$$I_r = \frac{sE_{r0} - E_{add}}{\sqrt{R_r^2 + (sX_{r0})^2}} \tag{10-3}$$

而前面已经指出，电动机带恒定负载稳定运行时转子电流 I_r 基本是恒值。考虑到 s 通常很小，由式(10-3)可知

$$sE_{r0} - E_{add} \approx 恒定值 \tag{10-4}$$

由于 E_{r0} 为常数，因此改变 E_{add} 就可以改变转差率，从而改变转速。由此可见，在绕线转子异步电动机的转子侧引入一个可控的附加电动势，就可调节电动机的转速。引入不同数值的附加电动势，可使电动机获得不同的稳定转速。

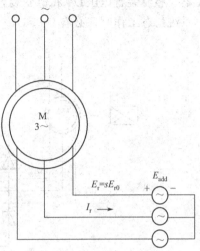

图10-1 绕线型异步电动机转子
附加电动势的原理图

10.1.2 电气串级调速系统的工作原理

在绕线式转子异步电动机转子侧引入一个可控的附加电动势并改变其幅值，就可以实现对电动机转速的调节。可控附加电动势的引入必然在转子侧形成功率的馈送，所以这种调速方式被称为转差功率回馈型调速。

如何给异步电动机提供附加交流电动势呢？可否用交流电网直接提供呢？答案是否定的。因为异步电动机转子电动势与电流的频率在不同转速下有不同的数值，其值与交流电网的频率往往不一致，所以不能把电动机的转子直接与交流电网相连。换句话说，异步电动机转子需要一个变频变压的附加电动势。

对于转子侧输出转差功率的情况来看，比较方便的办法是，将异步电动机的转子电压先整流成直流电压然后再引入一个附加的直流电动势，控制此直流附加电动势的幅值，就可以调节异步电动机的转速。为了实现平滑调速，这个附加直流电动势应该能够连续可调，同时还要考虑转差功率回馈的实现问题。

实际上，可以通过不同种类的可调直流电源来实现上述目标。按照所串直流电动势的情况可将串级调速系统分为电气串级调速系统和机械串级调速系统两大类。机械串级调速系统，又称为 Kramer 系统，其基本思想是将转差功率转化为机械功率传送到电气传动装置的轴上。具体实现上，可以采用常规的直流电动机，也可采用所谓"无换向器直流电动机"（实际采用的电动机为同步电动机，相关内容可参见第11章）。机械串级调速系统需要配置旋转机械，成本较高，体积庞大。相对而言，电气串级调速系统所需的成本则比较低，因此本书主要对电气串

级调速系统进行介绍。

与机械串级调速系统不同，电气串级调速的基本思路是将晶闸管有源逆变电路作为产生附加直流电动势的可控直流电源，将转差功率转化为电能回馈到交流电网，其基本原理图如图 10-2 所示。图中，M 为三相绕线转子异步电动机，定子接三相交流电源，转子接在整流器上，为可调速电动机。三相不可控整流装置 UR 将异步电动机转子相电动势 sE_{r0} 整流为直流电压 U_d。工作在有源逆变状态的三相可控整流装置 UI 将转差功率变换成交流功率回馈到交流电网，同时提供可调的直流电源作为调速所需的附加电动势。L 为平波电抗器，TI 为逆变变压器。整流装置电压 U_d 和逆变装置电压 U_i 的极性以及直流回路电流 I_d 的方向如图 10-2 所示。系统稳态工作时，必有 $U_d > U_i$。

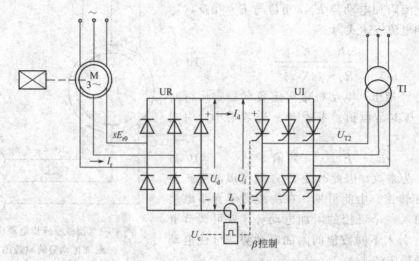

图 10-2　电气串级调速系统原理图

忽略定子和转子上的压降，整流装置电压 U_d 可表示为

$$U_d = 2.34 s E_{r0} \tag{10-5}$$

忽略变压器内阻以及换相重叠压降，逆变装置电压 U_i 可表示为

$$U_i = 2.34 U_{T2} \cos\beta \tag{10-6}$$

式中，β 为逆变装置 UI 的逆变角，U_{T2} 为逆变变压器二次侧相电压有效值。

由图 10-2 可知，直流回路的电压平衡方程为

$$U_d = U_i + I_d R_L \tag{10-7}$$

式中，R_L 为直流回路总电阻。

将式（10-5）、式（10-6）代入式（10-7），整理可得

$$s = \frac{U_{T2}}{E_{r0}} \cos\beta + \frac{R_L}{2.34 E_{r0}} I_d \tag{10-8}$$

而电动机转速 n 可表示为

$$n = n_s(1-s) = n_s \left(1 - \frac{U_{T2}}{E_{r0}} \cos\beta\right) - \frac{R_L n_s}{2.34 E_{r0}} I_d \tag{10-9}$$

$I_d = 0$ 时，可得空载转速为

$$n_0 = n_s \left(1 - \frac{U_{T2}}{E_{r0}} \cos\beta\right) \tag{10-10}$$

由式（10-9）可知，通过改变 β 角的大小就可以调节电动机的转速。当增大 β 角使 $\beta = \beta_2 > \beta_1$ 时，逆变电压 U_i 减小，而电动机转速不会立即改变，U_d 不变。根据式（10-7），直流回路电

流 I_d 将增大，电磁转矩增大，由运动方程式可知，电动机加速。随着电动机转速的升高，转子整流电压减小，I_d 回降，直至新的平衡状态。电动机以比原转速更高的转速稳态运行。当 $\beta=\beta_{max}=90°$ 时，逆变电压 $U_i=U_{imin}=0$，此时 $n=n_{max}\approx n_N$。同理，若需要降低速度，可通过减小 β 角实现。当 $\beta=\beta_{min}$（为防止逆变失败设置的最小逆变角，通常取为 $30°$），逆变电压 $U_i=U_{imax}=2.34U_s\cos\beta_{min}/N_2$，此时 $n=n_{min}$。

根据对串级调速系统工作原理的讨论可以得出以下结论：①串级调速系统能够靠调节逆变角 β 实现平滑无级调速；②系统能把绕线式异步电动机的转差功率回馈给交流电网，从而使扣除装置损耗后的转差功率得到有效利用，大大提高了调速系统的效率。

10.1.3　串级调速系统的启动和停车

由于串级调速系统是依靠逆变器提供附加电动势工作的，逆变器为有源逆变工作状态。为使系统正常工作，对系统的启动与停车控制必须有合理的措施予以保证。总的原则是在启动时必须使逆变器先电动机而接上电网，停车时则比电动机后脱离电网，以防止逆变器交流侧断电，使晶闸管无法关断，而造成逆变器的短路事故。

(1) 启动　串级调速系统的启动方式通常有直接启动和间接启动两种。

① 直接启动　所谓直接启动，就是利用串级调速装置直接启动电动机，不再另接启动设备进行启动。根据以上的原则，让逆变器先于电动机接到交流电网，然后使电动机的定子先于交流电网接通，此时转子呈开路状态，以防止因电动机启动时的合闸过电压通过转子回路损坏整流装置，然后再使电动机转子回路与转子整流器接通。

当转子回路接通时，令逆变器的逆变角 $\beta=\beta_{min}$，为转子提供最大的直流附加电动势。而此时由于电动机尚未启动，转差率 s 为最大，因而整流电压 U_d 也为最高值 U_{dmax}。由于是初始阶段，转子整流电压小于逆变电压，因此直流回路无电流，电动机尚不能启动。此后逐步增大 β，逆变电压 U_i 逐渐变小，当其小于整流电压 U_d 时，直流电流产生，电动机电磁转矩建立。当电动机电磁转矩高于负载转矩时，电动机开始启动，直至达到给定转速。

从以上的描述可以看出，直接启动适用于全范围调速的串级调速系统。直接启动中转差率变化比较大，在低速时将产生很大的转差功率，这就必须配备与其容量相匹配的变流装置和逆变变压器。

② 间接启动　实际上，很多应用场合的调速范围并不大，如大型风机、泵类和压缩机等设备的调速。对于这些负载来说，电动机是不需要从零到额定转速作全范围调速的。为了使串级调速装置不受过电压损坏，可采用间接启动方法，即将电动机转子先接入电阻或频敏变阻器启动，待转速升高到串级调速系统的设计最低转速时，再把串级调速装置投入运行。由于这类机械不经常启动，所用的启动电阻等都可按短时工作制选用，容量与体积都较小。而从串电阻启动换接到串级调速，可以利用对电动机转速的检测或利用时间控制原则自动控制。

间接启动的接线方式有串联方式和旁路方式等。常用的间接启动原理图如图 10-3 所示。

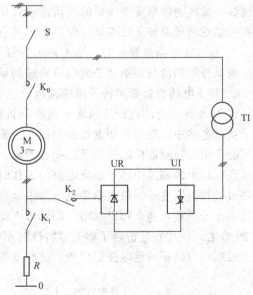

图 10-3　串级调速系统间接启动控制原理图

电机启动前，先合上电源总开关 S，使逆变器在最小逆变角下等待工作。然后接通接触器 K_1，将启动电阻与电动机转子相连；再接通 K_0，电动机定子侧连入电网。此时，电动机以转子串电阻方式启动、加速。当电动机转速达到设定的最低转速时，接通 K_2 同时断开 K_1，电动机开始进入串级调速模式。如果在电动机转速未达到设定的最低值之前就接入串级调速装置，由于逆变电压初始值为最高值，则可能造成其超过整流器件的额定电压而将器件反向击穿；这是不允许的。为此，必须保证转速检测或启动时间计算的准确性。

如果生产机械许可，也可以不用检测最低转速自动控制，而让电动机在串电阻方式下启动到最高速，切换到串级调速后，再按工艺要求调节到所需要的转速运行。这种启动方式使整流器与逆变器不致受到超过定额的电压，工作安全，但电动机要先升到最高转速，再通过降速达到工作转速，对于有些生产机械是不允许的。

(2) 停车 电动机实现电气制动的条件是必须有制动转矩。而串级调速系统中由于二极管和晶闸管的单向导电性，使得直流电流只能从整流侧流向逆变侧，导致无法产生制动转矩，因而串级调速系统不能实现电气制动，而只能减小 β 角逐渐减速，并依靠负载阻转矩的作用自由停车。

若利用图 10-3 所示的接线图实现停车，应先接通 K_1，然后断开 K_2，使电动机转子回路与串级调速装置脱离，再断开 K_0，以防止 K_0 断开时在电动机转子侧感生断闸高电压而损坏整流器与逆变器。

10.2 串级调速系统的机械特性及其双闭环控制原理

式(10-5) 实际上已经给出了串级调速系统的机械特性。但这个机械特性是理想的，因为其忽略了电动机和变压器的内阻和换相重叠压降。为了获得更准确的机械特性，必须充分考虑这些因素。

10.2.1 异步电动机串级调速时的转子整流电路

如果把电动机定子绕组看作是整流变压器的一次侧，则转子绕组相当于二次侧，这样转子整流器与常规的带整流变压器的整流器非常相似，因此可以引用电力电子技术中整流电路部分的相关结论来研究转子变流器。但二者还是有一些显著的差别，主要是：

① 整流变压器是静止的，输入输出的频率是相同的，而异步电动机是旋转的，转子绕组感应电动势的幅值与频率都是电动机转速的函数，随电动机转速的改变而变化。

② 异步电动机折算到转子侧的漏抗值也与转子频率或转差率有关。

③ 由于异步电动机折算到转子侧的漏抗值比一般整流变压器的要大，所以在串级调速的转子整流电路中出现的换相重叠现象比在一般整流变压器供电的整流电路中严重，在负载较大时可能会引起整流器件的强迫延迟换相现象，改变了不可控整流电路的工作状态。

在分析串级调速中转子整流电路的工作时必须注意上述因素，特别是换相重叠问题。换相重叠过程在整流变压器供电的整流电路中也存在，不过由于变压器的漏电抗较小，故换流重叠现象不十分严重，通常可以忽略。而异步电动机的漏电抗要大得多，在额定负载下，重叠角可达 30°左右，因此在分析转子整流器特性时不能忽略换相重叠。

根据电力电子整流电路的分析，换相重叠角可表示为

$$\gamma = \arccos\left[1 - \frac{2sX_{D0}I_d}{\sqrt{6}\,sE_{r0}}\right] = \arccos\left[1 - \frac{2X_{D0}I_d}{\sqrt{6}\,E_{r0}}\right] \tag{10-11}$$

式中，X_{D0} 是 $s=1$ 时折算到转子侧的异步电动机定子和转子每相漏电抗。

由式(10-11) 可以看出，换相重叠角 γ 随着转子直流整流电流 I_d 的增大而增大。

当 I_d 较小，且 γ 在 $0°\sim60°$ 之间时，除换相期间有 3 个整流器件同时工作外，其他时刻都只有两个器件导通，这是整流电路的正常工作情况，即整流电路中各整流器件都在对应相电压波形的自然换相点处换流，整流波形正常。

当负载电流 I_d 增大到使 $\gamma=60°$ 时，整流电路共阳极组两个器件换相刚结束，立即就发生共阴极组两个器件的换相。这样整流电路始终处于换相状态，在任何时刻都有 3 个器件同时导通，但这仍属于自然换相正常工作。

当负载电流 I_d 再进一步增大，增大到按式(10-11) 计算出来的 γ 角大于 $60°$ 时，器件在自然换相点处未能结束换流，从而迫使本该在自然换相点换流的器件推迟换流，出现了强迫延迟换相现象，所延迟的角度称作强迫延时换相角 α_p。此时整流电路的工作情况类似于触发延迟角为 α_p 的晶闸管相控整流电路。对于三相桥式晶闸管相控整流电路而言，6 个器件在 $360°$ 内轮流工作，因此每一对器件的换流过程最多只能是 $60°$；也就是说，当负载再增大时，只引起强迫延迟导通角 α_p 的继续增大，而 γ 角一直保持为 $60°$。

当 α_p 增大到 $30°$ 时，整流电路中就出现 4 个器件同时导通，形成共阳极组与共阴极组器件双换相的重叠现象。此时将保持 $\alpha_p=30°$，而 γ 角继续增大；这种情况下电路工作已经不正常了。

通过以上分析，可知转子整流器有三种工作状态：

① 第一工作状态，其特征是 $0°\leqslant\gamma\leqslant60°$，$\alpha_p=0°$。

该状态与常规三相桥式不控整流器的基本工作状态完全一致，转子整流器输出电流、电压的表达式为

$$I_d=\frac{\sqrt{6}E_{r0}}{2X_{D0}}(1-\cos\gamma) \tag{10-12}$$

$$U_d=2.34sE_{r0}-\frac{3sX_{D0}}{\pi}I_d-2R_DI_d \tag{10-13}$$

式中，R_D 是折算到转子侧的异步电动机定子和转子每相等效电阻。

② 第二工作状态，其特征是 $\gamma=60°$，$0°<\alpha_p<30°$。

该状态相当于触发延迟角为 α_p 的三相桥式相控整流电路，转子整流器输出电流、电压的表达式为

$$I_d=\frac{\sqrt{6}E_{r0}}{2X_{D0}}\left[\cos\alpha_p-\cos(\alpha_p+\gamma)\right]=\frac{\sqrt{6}E_{r0}}{2X_{D0}}\sin\left(\alpha_p+\frac{\pi}{6}\right) \tag{10-14}$$

$$U_d=2.34sE_{r0}\cos\alpha_p-\frac{3sX_{D0}}{\pi}I_d-2R_DI_d \tag{10-15}$$

③ 第三工作状态，其特征是 $\alpha_p=30°$，$\gamma>60°$。

当转子整流器在第一、二工作状态工作时，电路中最多只有 3 个器件同时导通，整流波形正常。而在第三状态时，电路中有 4 个器件同时导通，整流波形不再正常，这是在实际工作中需要避免的非正常的故障状态。

图 10-4 表示了在不同工作状态下转子整流电流 I_d 与 γ、α_p 间的函数关系。

10.2.2 串级调速系统的转速特性

图 10-5 给出了串级调速系统主电路的接线图及其等效电路。

考虑异步电动机与逆变变压器的内阻和换相重叠压降后，可列出串级调速系统的稳态电路方程式。

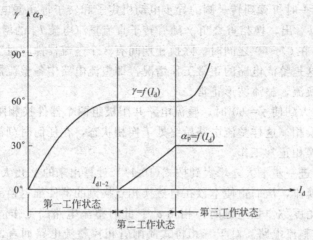

图 10-4　转子整流电路的 $\gamma = f(I_d)$，$\alpha_p = f(I_d)$

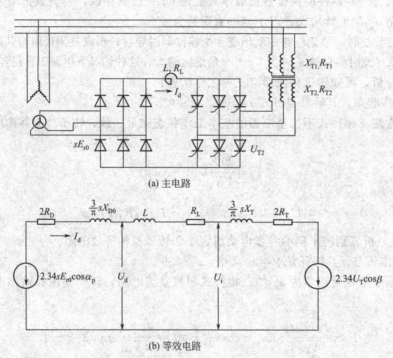

(a) 主电路

(b) 等效电路

图 10-5　串级调速系统主电路及其等效电路

转子整流电路的输出电压

$$U_d = 2.34 s E_{r0} \cos\alpha_p - I_d \left(\frac{3 s X_{D0}}{\pi} + 2 R_D \right) \tag{10-16}$$

要注意的是，当电路工作在第一状态时，$\alpha_p = 0°$；当电路工作在第二状态时，$0° < \alpha_p < 30°$。

逆变器直流侧电压

$$U_i = 2.34 U_{T2} \cos\beta + I_d \left(\frac{3}{\pi} X_T + 2 R_T \right) \tag{10-17}$$

式中，U_{T2} 为逆变变压器二次侧相电压有效值；X_T、R_T 分别为折算到二次侧的逆变变压器等效漏抗和等效电阻。

将式(10-16)、式(10-17)代入式(10-7)所示的直流回路电压平衡方程式，整理可得转差

率 s 为

$$s = \frac{2.34U_{T2}\cos\beta + I_d\left(\frac{3}{\pi}X_T + 2R_T + 2R_D + R_L\right)}{2.34E_{r0}\cos\alpha_p - \frac{3}{\pi}X_{D0}I_d} \tag{10-18}$$

而转速 n 可表示为

$$n = n_s(1-s) = n_s\left[\frac{2.34(E_{r0}\cos\alpha_p - U_{T2}\cos\beta) - I_d\left(\frac{3X_{D0}}{\pi} + \frac{3X_T}{\pi} + 2R_T + 2R_D + R_L\right)}{2.34E_{r0}\cos\alpha_p - \frac{3}{\pi}X_{D0}I_d}\right] \tag{10-19}$$

$$= \frac{U - R_\Sigma I_d}{C_E}$$

式(10-19) 中 U 为转子直流回路的直流电压

$$U = 2.34(E_{r0}\cos\alpha_p - U_{T2}\cos\beta) \tag{10-20}$$

R_Σ 为串级调速系统回路总电阻

$$R_\Sigma = \frac{3X_{D0}}{\pi} + \frac{3X_T}{\pi} + 2R_T + 2R_D + R_L \tag{10-21}$$

C_E 为电动势系数

$$C_E = \frac{2.34E_{r0}\cos\alpha_p - \frac{3}{\pi}X_{D0}I_d}{n_0} \tag{10-22}$$

由式(10-15) 可见，异步电动机串级调速系统与他励直流电动机的转速特性在形式上完全相同，改变电压 U 即可得到一簇平行移动的调速特性。在直流调速系统中，可直接改变电枢电压 U；而在异步电动机串级调速系统中，是通过改变式(10-20) 第二项中的逆变角 β 来实现的。它们都是通过对晶闸管相控变流装置的控制而实现的。

在直流调速系统中，电动势系数 C_E 都是常数；但在串级调速系统中，电动势系数 C_E 却不是常数，而是负载电流的函数。C_E 值随 I_d 的增大而减小，它是使转速特性成为非线性的重要因素，相当于存在电枢反应的去磁作用。

在串级调速系统中总电阻 R_Σ 较大，使得串级调速系统的调速特性较软。对于第二工作状态，由于 α_p 的影响，相应的"电枢反应"去磁作用更强，而且在同一 β 值下的电压 U 更小，因而调速特性更软。

10.2.3 串级调速系统的电磁转矩

式(10-16) 给出的是串级调速系统的转速特性，给出的是转速 n 与直流回路电流 I_d 的关系；而更准确的机械特性则应该是转速与电磁转矩之间的关系式。为了得到以电磁转矩表示的机械特性，需要先求得电磁转矩的表达式。对于串级调速系统来说，容易知道的是转差功率；因此从转差功率入手，推导电磁转矩。

忽略转子铜损和线路损耗，可以认为转子整流器的输入功率与输出功率平衡，即可得转差功率为

$$P_s = sP_m = U_dI_d = \left(2.34sE_{r0}\cos\alpha_p - \frac{3sX_{D0}}{\pi}I_d\right)I_d \tag{10-23}$$

式中，P_m 为电磁总功率。

因此电磁转矩可表示为

$$T_e = \frac{P_m}{\Omega_1} = \frac{P_s}{s\Omega_1} = \frac{1}{\Omega_1}\left(2.34E_{r0}\cos\alpha_p - \frac{3X_{D0}}{\pi}I_d\right)I_d \tag{10-24}$$

式中，Ω_1 为异步电动机的同步机械角速度。

下面按不同工作状态，分别对电磁转矩进行详细分析。

(1) 第一工作状态时的电磁转矩表达式 将第一工作状态时的直流电流表达式(10-12)，以及 $\alpha_p = 0°$ 代入式(10-24)，整理得

$$T_{e1} = \frac{1}{\Omega_1} \times \frac{9}{2\pi X_{D0}} E_{r0}^2 \sin^2\gamma \tag{10-25}$$

$\gamma = 0° \sim 60°$ 单调增加，T_{e1} 单调增加。$\gamma = 60°$，$\alpha_p = 0°$ 就是转子整流电路是否发生强迫延迟换相的临界工作点，也就是第一工作状态与第二工作区的交接处，称此时的电磁转矩为交界转矩 $T_{e1\text{-}2}$。由式(10-25) 可得

$$T_{e1-2} = \frac{27E_{r0}^2}{8\pi\Omega_1 X_{D0}} \tag{10-26}$$

$T_{e1\text{-}2}$ 即第一工作区的最大转矩，对应的交界电流为 $I_{d1\text{-}2} = \dfrac{\sqrt{6}\,E_{r0}}{4X_{D0}}$。

(2) 第二工作状态时的电磁转矩表达式 将第二工作状态时的直流电流表达式(10-14) 代入式(10-24)，整理得

$$T_{e2} = \frac{1}{\Omega_1} \times \frac{9\sqrt{3}}{4\pi X_{D0}} E_{r0}^2 \sin\left(2\alpha_p + \frac{\pi}{3}\right) \tag{10-27}$$

$\alpha_p = 0° \sim 30°$ 变化时，$2\alpha_p + 60° = 60° \sim 120°$，$T_{e2}$ 先增加后减少。当 $2\alpha_p + 60° = 90°$ 即 $\alpha_p = 15°$ 时 T_{e2} 达到最大值。第二工作区的最大电磁转矩为

$$T_{e2m} = \frac{9\sqrt{3}\,E_{r0}^2}{4\pi\Omega_1 X_{D0}} \tag{10-28}$$

对应最大转矩时的整流电流为

$$I_{d2} = \frac{\sqrt{6}\,E_{r0}}{2X_{D0}}\sin(15° + 30°) = \frac{\sqrt{3}\,E_{r0}}{2X_{D0}} \tag{10-29}$$

可见第二工作区的最大转矩才是串级调速系统的最大转矩，且与逆变角 β 无关。

(3) 串级调速系统的过载能力与实际工作区 下面从异步电动机的铭牌数据计算出额定转矩与正常接线情况下的最大转矩，来分析 $T_{e1\text{-}2}$、T_{e2m} 与正常接线时最大转矩的关系，从而了解串级调速时对转矩输出的影响。

异步电动机在正常接线时固有机械特性上的最大转矩为 $T_{em} = \dfrac{3E_{r0}^2}{2\Omega_1 X_{D0}}$。

因此可得串级调速时的最大转矩 T_{e2m} 与 T_{em} 之比为

$$\frac{T_{e2m}}{T_{em}} = \frac{\dfrac{9\sqrt{3}}{4\pi\Omega_1 X_{D0}}E_{r0}^2}{\dfrac{3E_{r0}^2}{2\Omega_1 X_{D0}}} = \frac{3\sqrt{3}}{2\pi} = 0.827 \tag{10-30}$$

式(10-30) 表明串级调速时所能产生的最大转矩为正常接线时最大转矩的 0.827 倍，即异步电动机串级调速时所能产生的最大转矩比正常接线时减少了 17.3%，这在选用电动机时必须注意。

串级调速时的交界转矩 $T_{e1\text{-}2}$ 与 T_{em} 之比为

$$\frac{T_{e1\text{-}2}}{T_{em}}=\frac{\dfrac{1}{\varOmega_1}\dfrac{27}{8\pi X_{D0}}E_{r0}^2}{\dfrac{3E_{r0}^2}{2\varOmega_1 X_{D0}}}=\frac{9}{4\pi}=0.716 \tag{10-31}$$

一般绕线异步电动机的过载能力为 2 倍以上，即 $T_{em}\geqslant 2T_{eN}$（额定负载）。而由式（10-31）可知，串级调速时，交界转矩是正常接线时的最大转矩的 71.6% 倍，$T_{e1\text{-}2}=0.716T_{em}\geqslant 1.432T_{eN}$，说明当电动机工作在 T_{eN} 下运行时，它处于串级调速系统转子整流器的第一工作状态，因此可以认为，异步电动机的实际工作区为第一工作区。

根据以上分析，可绘制出异步电动机串级调速时的机械特性曲线，如图 10-6 所示。

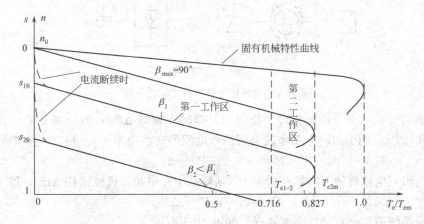

图 10-6　异步电动机串级调速时的机械特性

10.3　串级调速系统的技术经济指标及工程设计

本节首先介绍串级调速系统的技术经济指标，包括效率和功率因数，然后介绍串级调速系统的工程设计。

10.3.1　串级调速系统的效率

所谓效率是指一个系统输出有功功率与输入有功功率之比。对于串级调速系统而言，其输入有功功率是指从交流电网输入的总有功功率。应该注意的是串级调速系统与转子短接或者转子串电阻的调速系统不同，其电网有功功率由两个部分组成：一部分是从电网发出的，从定子侧进入电机的有功功率；一部分是转差功率经转子整流器、有源逆变器和变压器回馈给电网的有功功率。而串级调速系统的输出有功功率最终体现为机械轴上的输出功率。图 10-7 给出了串级调速系统的功率关系图。由图 10-7 可知，串级调速系统总的输入有功功率 P_W 等于定子输入总有功功率 P_1 与逆变器经变压器回馈的有功功率 P_T 之差，即

$$P_W=P_1-P_T \tag{10-32}$$

而电动机轴上的机械输出功率 P_0 则等于 P_1 与电动机转差功率 P_s 之差，即

$$P_0=P_1-P_s \tag{10-33}$$

如果忽略损耗，则 $P_s=P_T$；于是输入功率与输出功率完全平衡。

以上分析是在忽略损耗的基础上得到的，在实际系统中损耗则是不能忽略的，因此式（10-32）和式（10-33）需要进行修正。

转子的输入功率 P_2 要从定子输入总有功功率 P_1 中扣除定子的铜损和铁损 ΔP_1，即

$$P_2 = P_1 - \Delta P_1 \tag{10-34}$$

转子输入功率 P_2 又分为两部分，一部分通过电磁能量转换，转化为机械功率 $P_m = (1-s)P_2$；另一部分就是转差功率 sP_2。

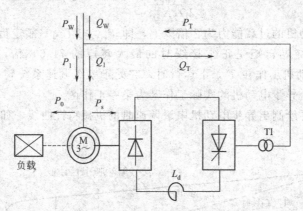

图 10-7　串级调速系统的功率关系图

转差功率 sP_2 的一部分消耗在转子绕组上，即转子铜损 ΔP_2；另一部分消耗在串级变流回路中，记作 ΔP_3；剩余的转差功率就是回馈给电网的有功功率 P_T。由以上分析可知，

$$P_T = sP_2 - \Delta P_2 - \Delta P_3 \tag{10-35}$$

而最终输出到电动机轴上的机械功率 P_0 则要从 P_m 中扣除机械损耗 ΔP_4，即

$$P_0 = (1-s)P_2 - \Delta P_4 \tag{10-36}$$

串级调速系统的实际有功功率流动图，如图 10-8 所示。

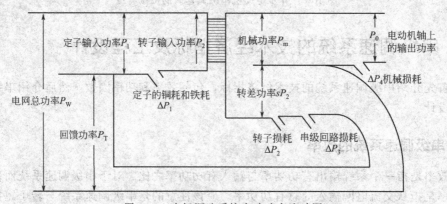

图 10-8　串级调速系统有功功率流动图

由以上分析可以得到，实际系统总的输入有功功率为

$$P_W = P_1 - P_T = (P_2 + \Delta P_1) - (sP_2 - \Delta P_2 - \Delta P_3) = (1-s)P_2 + \Delta P_1 + \Delta P_2 + \Delta P_3 \tag{10-37}$$

由式(10-36) 和式(10-37)，可得串级调速系统的效率为

$$\eta = \frac{P_0}{P_W} \times 100\% = \frac{(1-s)P_2 - \Delta P_4}{(1-s)P_2 + \Delta P_1 + \Delta P_2 + \Delta P_3} \times 100\% \tag{10-38}$$

由式(10-38) 可知，在串级调速系统中，转速降低时，如果负载转矩不变，电动机、串级回路的损耗几乎不变（即 $\Delta P_1 + \Delta P_2 + \Delta P_3$ 基本保持恒定），而 $(1-s)P_2$ 随着 s 的增大而同时减小，对 η 值的影响并不太大。由于大部分转差功率被送回电网，使串级调速系统从电网输入的总有功功率并不多，故串级调速系统的效率很高。转差率较低，也就是调速范围比较窄的时候，效率可达 90% 以上。串级调速系统的效率与转差率的关系曲线如图 10-9 所示。

10.3.2 串级调速系统的功率因数

普通异步电动机的功率因数在 $0.8\sim0.9$ 之间，如果采用串级调速而不采取任何改善功率因数的措施，则串级调速系统的总功率因数会很低，即使高速运行也只有 0.6 左右，低速时可降低到 $0.4\sim0.5$。

造成串级调速系统功率因数低的主要原因有三个方面。首先，由于逆变变压器和异步电动机均为电感性，工作时都要从电网吸收无功功率。其次，由于转子整流器的接入造成了转子电流的换流重叠和波形畸变，使得绕线电动机自身的功率因数变低。最后，逆变器的相控作用使其电流与电压不同相，也要消耗无功功率，逆变角越大，消耗的无功功率也越大。

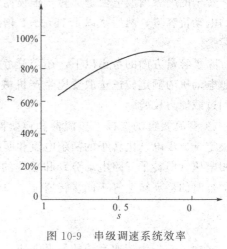

图 10-9 串级调速系统效率
与转差率的关系

在图 10-7 所示的串级调速系统功率关系图上，可以看到从交流电网吸收的总有功功率是电动机吸收的有功功率与逆变器回馈至电网的有功功率之差；而从交流电网吸收的总的无功功率却是电动机和逆变器所吸收的无功功率之和。转速越低，回馈功率越大，位移功率因数越低。串级调速系统总位移功率因数可表示为

$$\cos\varphi=\frac{P_{in}}{S}=\frac{P_1-P_f}{\sqrt{(P_1-P_f)^2+(Q_1+Q_f)^2}} \tag{10-39}$$

式中，S 为系统总的视在功率；Q_1 为电动机从电网吸收的无功功率；Q_f 为逆变变压器从电网吸收的无功功率。

功率因数低下，是串级调速系统的主要缺点，也是串级调速能否被推广应用的关键问题之一。改善串级调速系统功率因数的方法有两种常见方法。

一种是增加静止无功补偿装置。常见的无功补偿装置有晶闸管控制电抗器（TCR）、晶闸管投切电容器（TSC）和无功功率发生器（SVG）等。其中，SVG 效果最佳，但成本和价格也更高。

改善串级调速系统功率因数的另一种方法是在转子直流回路中加斩波控制装置。采用这种方法时，可将逆变器的控制角设定为最小值不变，即可降低无功功率的损耗，而提高系统的功率因数。而转差功率的控制则通过斩波电路占空比的调节来实现。由于逆变器仍采用相控电路，因而这种方法对功率因数的改善比较有限。更加有效的方法是在增加斩波电路的基础上，将相控逆变器改为电压型 PWM 逆变器。这样可以将逆变器侧的功率因数调整为超前功率因数以抵消电动机定子侧的滞后功率因数，还可同时改善系统的谐波特性。通过这样的措施，可以大大提高串级调速系统的功率因数，代价是增加了变流装置的成本。

10.3.3 串级调速系统的工程设计

串级调速系统的工程设计包含两个方面。首先是主电路方面，主要是电动机和串级调速变流器以及变压器的容量选择。其次是控制系统方面。

（1）主电路设计

① 电动机的选择　首先是电动机容量的选择。在选择电动机容量时，需要考虑以下因素：串级调速系统的负载能力比自然接线损失 17%；串级调速电动机的功率因数降低；低速运行

时，转子的高频谐波电流造成转子铜损耗增加。因此，在设计容量时，首先按自然接线计算所需的电动机容量，然后乘以 1.15～1.2 倍的串级调速系数得到串级调速后所需的绕线异步电动机容量。

除了容量方面的考虑以下，还需要考虑转速的选取问题。由于串级调速系统的机械特性较软，电动机的额定转速选取要比生产机械所需的最高转速高出 10% 左右；并进行适当的热校验和过载能力校验。

② 变流装置的选择　整流器和逆变器容量的选择主要依据其电流与电压的定额。电流定额决定于异步电动机转子的额定电流和所拖动的负载；电压定额则决定于异步电动机转子的额定相电压（即转子开路电动势）和系统的调速范围 D。采用串级调速的异步电动机在电动状态运行时的最高转速等于同步转速 n_s，于是有

$$D = \frac{n_s}{n_{min}} \tag{10-40}$$

式中，n_{min} 为调速系统的最低转速，对应于最大理想空载转差率 s_{max}。

$$s_{max} = 1 - \frac{1}{D} \tag{10-41}$$

调速范围越大时，s_{max} 也越大，整流器和逆变器所承受的电压越高。

③ 逆变变压器的选择　逆变变压器与晶闸管-直流电动机调速系统中的整流变压器作用类似，但其容量与二次电压的选择却与整流变压器截然不同。在直流调速系统中，整流变压器的二次电压只要能满足电动机额定电压的要求即可，整流变压器的容量与电动机的额定电压和额定电流有关，而与系统的调速范围无关。而在串级调速系统中，逆变电压与转子整流电压要平衡，则对逆变变压器二次侧的电压就要有相应的匹配值；当然变压器还起到电气隔离的作用，以抑制电网的浪涌电压对晶闸管的影响。

忽略直流回路电阻，由式(10-7)，当 $s = s_{max}$ 时，可得

$$U_{T2} = \frac{s_{max} E_{r0}}{\cos\beta_{min}} \tag{10-42}$$

一般取 $\beta_{min} = 30°$，结合式(10-41)，有

$$U_{T2} = 1.15 E_{r0} \left(1 - \frac{1}{D}\right) \tag{10-43}$$

由式(10-43) 可以看出，U_{T2} 与系统的调速范围及异步电动机转子开路电动势都有关。所以，对于不同的调速范围或不同的 E_{r0} 值，会得到不同的 U_{T2} 值。可以设想，如果不用逆变变压器，则上式中的 U_{T2} 只能是交流电网电压，这样要满足在给定的 s_{max}、E_{r0} 时 $\beta_{min} = 30°$ 的条件是很困难的，且往往是不可能的。

逆变变压器的容量为

$$W_T \approx 3 U_{T2} I_{T2} = 3.45 E_{r0} I_{T2} \left(1 - \frac{1}{D}\right) \tag{10-44}$$

由式(10-44) 可知，随着系统调速范围的增大，逆变变压器的容量 W_T 和整个串级调速装置的容量都相应增大。随着系统调速范围的增大，通过串级调速装置回馈给电网的转差功率也增大，必须有较大容量的串级调速来传递与变换转差功率。从这一点出发，串级调速系统往往被推荐用于调速范围不大（如 $D = 1.5～2.0$）的场合，而很少用于从零到额定转速全范围调速的系统。

(2) 控制系统设计　由于串级调速系统机械特性的静差率较大，所以开环控制系统只能用于对调速精度要求不高的场合。为了提高静态调速精度，并获得较好的动态特性，需采用闭环

控制。由式(10-19)可知，串级调速系统的开环机械特性与直流调速系统非常相似，因此可以按直流调速系统的转速、电流双闭环结构进行闭环控制系统设计。由于在串级调速系统中转子整流器是不可控的，所以系统不能产生电气制动作用，所谓动态性能的改善只是指启动与加速过程性能的改善，减速过程只能靠负载作用自由降速。

图 10-10 为双闭环控制的串级调速系统原理图。电流调节器 ACR 和转速调节器 ASR 均采用 PI 调节器，转速反馈信号取自异步电动机轴上连接的测速发电动机，电流反馈信号取自逆变器交流测的电流互感器，也可通过霍尔变换器或直流互感器取自转子直流回路。为了防止逆变器逆变颠覆，在电流调节器 ACR 输出电压为零时，应整定触发脉冲输出相位角为 $\beta=\beta_{min}$，随着电流调节器的输出增加，β 向 $90°$ 方向变化。图 10-10 所示系统的工作与直流不可逆双闭环调速系统一样，具有静态稳速与动态恒流的作用。所不同的是它的控制作用都是通过异步电动机转子回路实现的。

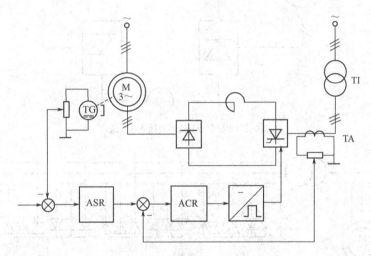

图 10-10　双闭环控制的串级调速系统

10.4　双馈调速系统的基本结构和工作原理

串级调速系统实现了转差功率的回馈利用，具有比较高的效率，但还是存在一些问题，主要包含两个方面：

① 由于二极管和晶闸管的单向导电性，使得转差功率只能单向流动，电动机只能工作于正转电动状态，不能提供制动转矩，从而不能实现电气制动，也无法发电运行。

② 由于电动机和逆变器都需要吸收无功功率，因此功率因数低下。逆变器采用相控方式，还会带来谐波问题。

解决第一个问题，只要转差功率能够双向流动就可以了。能够实现能量双向流动的变流装置有很多种，具体选择哪种，就看其是否能够解决第二个问题了。下面首先分析双馈调速系统的基本结构，再介绍其工作原理。

10.4.1　双馈调速系统的基本结构

如果将串级调速系统中的转子不控整流器换成相控整流器，就可以实现能量的双向流动，其结构如图 10-11(a) 所示。该结构中，转子侧变流器需要由转子相电压提供换相条件。在转差率很小，电动机转速接近于同步转速的情况下，转子相电压很小，会造成晶闸管换相困难。

为此，可以用电网换相的交-交直接变频器（或称周波变换器）代替双变流器结构，如图 10-11(b) 所示。周波变换器结构虽然较双变流器结构复杂一些，但省去了直流中间环节，属于单级变换，效率更高。周波变换器直接利用电网换相，接近同步转速时，也不会有换相困难的问题。由于没有中间直流电抗器，使得转子电流更接近正弦波，从而减少了谐波损耗。同时，由于能量可以双向流动，因此允许电动机过励运行，使定子侧获得超前的位移功率因数；与周波变流器滞后的位移功率因数相抵消，从而使得线路总位移功率因数可以接近 1。

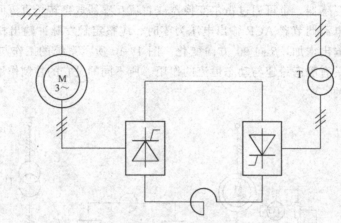

(a) 采用相控双变流器的双馈调速系统

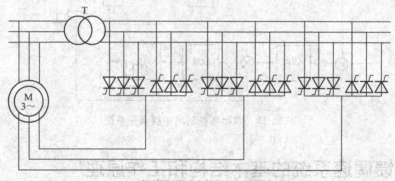

(b) 采用相控周波变换器的双馈调速系统

图 10-11　相控式双馈调速系统

　　虽然相控双变流器结构和周波变换器结构都能实现能量的双向流动，且周波变换器结构还可以获得接近于 1 的位移功率因数，但毕竟采用的是晶闸管相控变流，因而上述两种方案的网侧电流谐波品质都不理想。这使得线路的总功率因数还是很低。

　　能够更理想地解决功率因数的方案，是如图 10-12 所示的双 PWM 电压型变流器方案。PWM 整流器和逆变器都能够控制输入的无功功率和谐波，因而控制灵活；不但可以实现调速系统的单位功率因数运行，必要时还可以提供超前的无功功率输出。

10.4.2　双馈调速系统的运行模式分析

　　忽略机械损耗和杂散损耗时，异步电动机在任何工况下的功率关系都可写作

$$P_{\mathrm{m}} = sP_{\mathrm{m}} + (1-s)P_{\mathrm{m}} \tag{10-45}$$

　　式中，P_{m} 为从电动机定子传入转子（或由转子传出给定子）的电磁功率；sP_{m} 为包含转子损耗在内的转子电路输入或输出功率，即转差功率；$(1-s)P_{\mathrm{m}}$ 为电动机轴上输出或输入的机械功率。

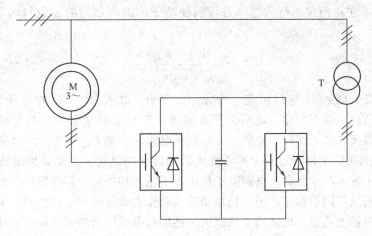

图 10-12　基于双 PWM 电压型变流器的双馈调速系统

串级调速系统中由于能量只能单向流动，附加电动势只有一个极性，因此 s 和 P_m 也只能为正。而在双馈调速系统中，由于采用能量可以双向流动的变流器结构，附加电动势就可正可负，s 和 P_m 也可正可负。根据实际的功率流向，双馈调速系统有四种运行模式，如图 10-13 所示。

（1）次同步转速电动运行模式　此种工作模式的功率流动方向与串级调速相同。定子侧输入功率 P_m 为正，带恒转矩负载时基本保持恒定。转差功率 sP_m 经双 PWM 变流器返回电网。机械轴上的净输出功率为 $(1-s)P_m$。与串级调速一样，该模式下转子附加电动势的相位与转子电动势相反。由于电动机在低于同步转速下工作，故称为次同步转速电动运行模式。该模式的功率流程图如图 10-13(a) 所示。

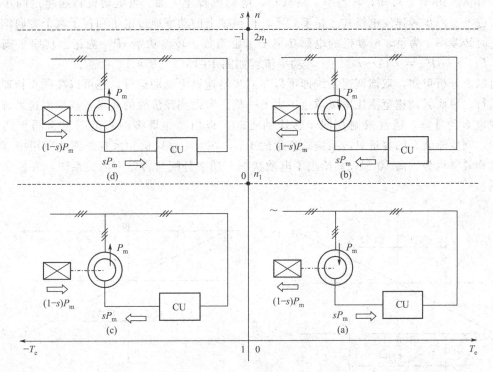

图 10-13　双馈调速系统的基本运行模式

（2）超同步转速电动运行模式　假设系统已工作在次同步转速电动模式，轴上拖动额定

的恒转矩负载,工作在额定运行状态。若设法使转子附加电动势的相位与转子电动势相同,式(10-3)变为:

$$I_r = \frac{sE_{r0} + E_{add}}{\sqrt{R_r^2 + (sX_{r0})^2}}$$

(10-46)

由于负载不变,因而 I_r 保持恒定。考虑到 s 很小,故式(10-46)的分母部分基本不变,当 E_{add} 由负变正后,s 必然变小,电动机开始加速。若 E_{add} 持续加大,则电动机转速不断上升,最终会超越同步转速,使得 s 变负。此时定子侧输入功率 P_m 仍为正,且基本恒定。转差功率 sP_m 则变为负值,电网通过双 PWM 变流器向转子提供能量。此时机械轴上的输出功率为转差功率与定子输入功率之和。电网除了提供定子输入功率外,还要提供转差功率。此时电动机的转速虽然超过了同步转速,但它仍拖动着负载作电动运转。电动机处于定、转子双输入状态,所以电动机轴上输出的机械功率可以大于铭牌数据所标示的额定功率,这是超同步电动状态的优点。功率平衡关系为 $P_m + |sP_m| = (1-s)P_m$,功率流程如图10-13(b)所示。

(3) 次同步转速发电运行模式 假设电动机原来工作于次同步转速电动运行模式,其转子侧已加入与转子电动势反相的 E_{add}。在电动状态下,I_r 为正,故 $sE_{r0} > E_{add}$。若设法使 $E_{add} > sE_{r0}$,则 I_r 变为负值,电动机进行制动状态。此时机械轴由负载带动,负载的机械能转变为电能经定子向电网回馈。电动机的电磁功率 P_m 为负,而转差率 s 为正,因此转差功率 sP_m 为负,由电网通过双 PWM 变流器传送到转子侧,此时的功率流程如图10-13(c)所示,而功率平衡关系为

$$|P_m| = |(1-s)P_m| + |sP_m|$$

(10-47)

(4) 超同步转速发电运行模式 假设电动机原来工作于次同步转速发电运行模式。此时若机械轴上的功率 $|(1-s)P_m|$ 不断加大,而设法使定子输出功率 P_m 维持恒定(此时 P_m 为负值),由式(10-47)可知,转差率 s 将减小,电动机转速增加。当电动机转速超过同步转速后,即进入超同步转速发电模式。该模式下,机械轴上的功率通过定子和转子两个方向馈入电网。此时转差率 s 为负,电动机的电磁功率 P_m 也为负,转差功率 sP_m 为正。功率平衡关系变为 $|P_m| + sP_m = |(1-s)P_m|$,功率流程如图10-13(d)所示。

由以上分析可知,双馈调速系统即可以在同步转速以上电动运行,还可以在同步转速以下电动运行,因而其调速范围比串级调速扩大了一倍。考虑到经济性的要求,双馈调速系统的调速范围也不宜过宽,通常限制在同步转速的 $\pm 50\%$ 以内。如果将调速范围定为同步转速的 $\pm 30\%$,则变流装置的容量只占系统总容量的 1/3,在大功率风机和水泵的调速应用中有显著的成本和效率优势。图10-14(a)给出了电动状态下功率分配与转差率的关系图,并标示了调速范围。

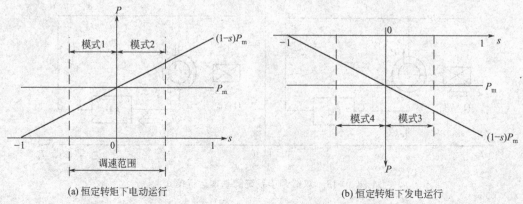

(a) 恒定转矩下电动运行　　　　　　　　　　(b) 恒定转矩下发电运行

图10-14　双馈调速系统功率分配与转差率的关系

还应注意到双馈调速系统的回馈制动能力。这种工作模式不仅为电动机提供了电气制动的方法，还可以应用于发电系统。实际上，双馈风力发电系统已经广泛应用于工业实际之中，主流双馈风力发电机组的单机容量已经达到1.5～2.0MW。双馈发电系统还有望应用于潮汐发电、洋流发电等新能源发电技术中。图10-14(b) 给出了发电状态下功率分配与转差率的关系图。

10.5 双馈调速系统的矢量控制

与异步电动机变压变频调速系统一样，双馈调速系统若要获得类似于直流电动机调速的动静态性能，也需要通过坐标变换后进行矢量控制。在变压变频调速系统中，定子侧电压为频率可变的交流电压，转子侧短接，定子电流为系统控制量。双馈调速系统中，定子侧接入交流电网，转子侧电压则为频率可变的交流电压。在变压变频调速系统中，常采用转子磁链定向的矢量控制。而在双馈调速系统中，则常采用定子磁链定向或者气隙磁链定向。下面介绍基于定子磁链定向的双馈电动机矢量控制调速系统，在这之前，先讨论一下同步旋转坐标系下双馈调速系统的功率关系。

10.5.1 同步旋转坐标系下双馈调速系统的功率关系

双馈电机定子侧接电网，定子电压为频率 ω_1、幅值 U_s 均恒定的三相正弦电压

$$\begin{cases} u_{sa} = U_s \sin\omega_1 t \\ u_{sb} = U_s \sin\left(\omega_1 t - \dfrac{2}{3}\pi\right) \\ u_{sc} = U_s \sin\left(\omega_1 t + \dfrac{2}{3}\pi\right) \end{cases} \tag{10-48}$$

对式(10-48) 进行 3s/2r 的坐标变换，可得同步旋转坐标系下定子电压为

$$\begin{cases} u_{sd} = 0 \\ u_{sq} = \sqrt{\dfrac{3}{2}} U_s \end{cases} \tag{10-49}$$

根据坐标变换前后功率不变的基本原则，可知定子侧有功功率为

$$P = u_A i_A + u_B i_B + u_C i_C = u_{sd} i_{sd} + u_{sq} i_{sq} \tag{10-50}$$

式中，i_A，i_B 和 i_C 为三相静止坐标系的定子电流；i_{sd} 和 i_{sq} 为两相同步旋转坐标系下的定子电流。

而定子侧视在功率为

$$S = \frac{3}{2} U_s I_s = \sqrt{u_{sd}^2 + u_{sq}^2} \sqrt{i_{sd}^2 + i_{sq}^2} \tag{10-51}$$

式中，I_s 为定子电流幅值。

根据无功功率的定义，可得定子侧无功功率为

$$Q = \sqrt{S^2 - P^2} = u_{sq} i_{sd} - u_{sd} i_{sq} \tag{10-52}$$

将式(10-49) 代入式(10-50)、式(10-52)，有

$$\begin{cases} P = \sqrt{\dfrac{3}{2}} U_s i_{sq} \\ Q = \sqrt{\dfrac{3}{2}} U_s i_{sd} \end{cases} \tag{10-53}$$

可见，在双馈调速系统中，定子侧有功功率 P 与 i_{sq} 成正比，无功功率 Q 与 i_{sd} 成正比。分别对 i_{sq} 和 i_{sd} 进行控制，就可以控制电动机的定子有功功率和无功功率。但双馈电机的定子直接与电网相连，不便于直接控制；而转子则与逆变器相连接，更容易进行控制。因此需要对控制变量进行代换，用转子电流代替定子电流实现对定子侧的功率控制。为了简化控制，引入定子磁链定向。

10.5.2 定子磁链定向下的矢量控制

异步电动机在两相同步旋转坐标系中的电压方程为

$$
\begin{bmatrix} u_{sd} \\ u_{sq} \\ u_{rd} \\ u_{rq} \end{bmatrix} = \begin{bmatrix} R_s & 0 & 0 & 0 \\ 0 & R_s & 0 & 0 \\ 0 & 0 & R_r & 0 \\ 0 & 0 & 0 & R_r \end{bmatrix} \begin{bmatrix} i_{sd} \\ i_{sq} \\ i_{rd} \\ i_{rq} \end{bmatrix} + \frac{d}{dt} \begin{bmatrix} \psi_{sd} \\ \psi_{sq} \\ \psi_{rd} \\ \psi_{rq} \end{bmatrix} + \begin{bmatrix} -\omega_1 \psi_{sq} \\ \omega_1 \psi_{sd} \\ -(\omega_1 - \omega)\psi_{rq} \\ (\omega_1 - \omega)\psi_{rd} \end{bmatrix}
\tag{10-54}
$$

将 d 轴按定子磁链的方向定向，q 轴则相对于 d 轴按逆时针旋转 $90°$，即与定子磁链垂直。由于 d 轴与定子磁链矢量重合，有

$$
\begin{cases} \psi_{sd} = \psi_s \\ \psi_{sq} = 0 \end{cases}
\tag{10-55}
$$

将式(10-55)代入式(10-54)的前两行，并忽略定子电阻（即 $R_s = 0$），则有

$$
\begin{cases} \dfrac{d\psi_s}{dt} = u_{sd} \\ \omega_1 \psi_s = u_{sq} \end{cases}
\tag{10-56}
$$

将式(10-49)代入式(10-56)，有

$$
\psi_s = \sqrt{\frac{3}{2}} \frac{U_s}{\omega_1}
\tag{10-57}
$$

可见双馈电机的定子磁链基本保持不变。

异步电动机在两相同步旋转坐标系下的磁链方程为

$$
\begin{bmatrix} \psi_{sd} \\ \psi_{sq} \\ \psi_{rd} \\ \psi_{rq} \end{bmatrix} = \begin{bmatrix} L_s & 0 & L_m & 0 \\ 0 & L_s & 0 & L_m \\ L_m & 0 & L_r & 0 \\ 0 & L_m & 0 & L_r \end{bmatrix} \begin{bmatrix} i_{sd} \\ i_{sq} \\ i_{rd} \\ i_{rq} \end{bmatrix}
\tag{10-58}
$$

将式(10-55)代入式(10-58)的前两行，整理得

$$
\begin{cases} i_{rd} = \dfrac{1}{L_m} \psi_s - \dfrac{L_s}{L_m} i_{sd} \\ i_{rq} = -\dfrac{L_s}{L_m} i_{sq} \end{cases}
\tag{10-59}
$$

而电磁转矩可简化为

$$
T_e = -n_p \frac{L_m}{L_s} \psi_s i_{rq}
\tag{10-60}
$$

通过以上分析，利用定子磁链定向，双馈电机转子电流的励磁分量和转矩分量实现了解耦，其条件是定子磁链为恒定值。而式(10-57)表明双馈系统的定子磁链在忽略定子电阻的情况下确实为恒定值。

结合式(10-53)、式(10-59)和式(10-60)，可知控制 i_{rd} 就可以控制定子侧无功功率，控

制 i_{rq} 就可以控制定子侧有功功率和电磁转矩进而控制转速。

10.5.3　双馈调速系统转子侧变流器的控制结构图

通过定子磁链定向，双馈电机转子电流的励磁分量和转矩分量实现了解耦，可以像直流电动机一样，分别构件转矩闭环和磁链闭环控制。在调速系统中，转速为被控量，因此可以构建以转速为外环、转子电流转矩分量为内环的有功功率控制，以及以无功功率为外环、转子电流励磁分量为内环的无功功率控制，如图10-15所示。图中 PLL 为锁相环，其输出为定子相位角 θ_1。转子相位角 θ_2 由转速 ω 经积分得到。定子相位角与转子相位角之差 $\theta_1 - \theta_2$ 即为转子侧电量坐标旋转的参考角度。图中，ASR 为转速调节器，AQR 为无功功率调节器，ACQR 为转子电流有功分量调节器，ACDR 为转子电流无功分量调节器。

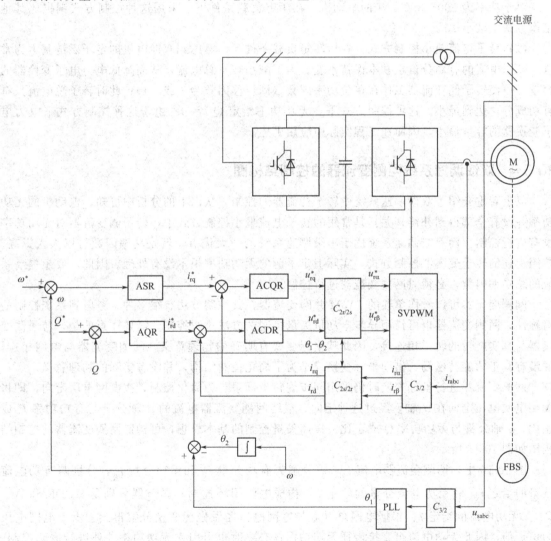

图 10-15　双馈调速系统转子侧变流器的控制结构图

图 10-15 是在忽略定子电阻条件下构造的。在此条件下，由式 (10-57) 可知定子磁链为常数。如果定子电阻不能忽略，则定子磁链就不是常数了。这时，为了保证磁场定向的准确性，就需要对定子磁链和定子相位角进行估算。定子磁链的估算方法已经在第 9 章讲过，这里不再重复。

图 10-15 中没有体现式 (10-59) 的数学关系，同样是在假设定子磁链恒定条件基础上简化

处理的。如果定子电阻不能忽略，则需要在结构图中增加式(10-59)的数学关系。必要时，还可以构造转矩闭环和磁链闭环。由于双馈电机的定子直接与电网相连，且功率较大，在大多数情况下忽略定子压降能够符合工程需要。

下面要谈论一下无功功率闭环控制的问题。通过上面的分析，双馈系统是可以通过转子变流器控制定子侧无功功率的，关键是控制程度。如果将电动机所有的无功功率都通过转子变流器进行控制，则转子总电流必然大幅度增加，从而导致电力电子变换器容量的整体提高。这显然是不利的。为此，应该考虑转子侧无功功率控制占电机总无功功率控制的分量。具体的控制方法，有以下两种。

(1) 铜损最小控制方式 该控制方式通过调节转子绕组电压的幅值、相位，合理地分配定子绕组电流、转子侧绕组电流，使其在任意负载下都能保持双馈调速系统的电动机铜损耗最小。对于功率为 $500 \sim 3500 \mathrm{kW}$ 的电动机，在额定负载条件下，采用这种控制方式铜损比其他工作方式下减小 $15\% \sim 30\%$。

(2) 转子电流最小控制方式 在恒转矩负载条件下，考虑到双馈电机的定子磁链基本为常量，转子电流的有功分量也基本保持不变。为了减小转子总电流，从而降低电力电子变换器的容量，可使转子侧变流器工作在单位功率因数（即位移因数为 1 或 -1）；此时转子总电流只有有功成分，达到最小。这种控制方式下，无功功率给定 $Q^* = 0$。由于这种控制方式下电力电子变换器的容量最小，因而在工程实际中应用更广。

10.5.4　双馈调速系统网侧变流器的控制结构图

以上着重介绍了双馈调速系统中转子变流器的控制。从以上的分析中可知，电动机的无功功率并没有全部得到补偿，尤其是常用的转子电流最小控制方式中，转子侧变流器对无功功率没有进行控制。而双馈调速系统优于串级调速系统的一大优点，就是功率因数可以大大提高。按照上述的转子变流器控制方式，实际上定子侧的无功功率根本没有处理。因此，要想提高系统的总功率因数，必须对网侧变流器进行控制。

网侧变流器可以看作单纯的 PWM 并网变流器，其控制方法有很多种。考虑到系统控制的对称性，网侧变流器也可借用异步电动机矢量控制的方法进行控制。需要注意的是，转子侧变流器与真实旋转的转子相连接，因此其坐标变换有明确的物理意义。网侧变流器与电网相连，并没有真正的旋转磁场，借助坐标变换只是为了简化控制结构，并没有实际的物理意义。

网侧变流器进行坐标变换时仍采用同步旋转坐标系。为简化控制，按电网电压定向，即将 A 相电网电压定向在 d 轴。经过这种定向，最终网侧变流器电流的 d 轴分量与有功功率 P 成正比，q 轴分量与无功功率 Q 成正比。按照矢量控制的基本思想，可构造网侧变流器的控制结构图如图 10-16 所示。

图 10-16 中，网侧变流器电流 i_{abc} 被分解为有功分量 i_d 和无功分量 i_q，分别与有功电流分量的给定 i_d^* 和无功电流分量的给定 i_q^* 构成电流闭环控制，调节器分别是 ACDR 和 ACQR。无功电流的给定 i_q^* 根据电网总电流与电网电压经做坐标变换分解得到。由于电网电压为恒定值，因此无功电流可直接表征无功功率；必要时也可引入无功功率外环进行嵌套控制。有功电流分量的给定 i_d^* 为直流电压 U_{dc} 外环调节器 AUR 的输出。设置直流电压外环主要是保证其稳定，同时也为网侧变流器提供必要的有功电流。

通过对转子侧变流器和网侧变流器的分别控制，双馈调速系统可以做到有功功率和无功功率的完全解耦控制，在高频 PWM 作用下还可以获得良好的谐波品质。这样双馈调速系统就可以实现单位功率因数的输出，必要时还可输出超前无功功率补偿其他负载。

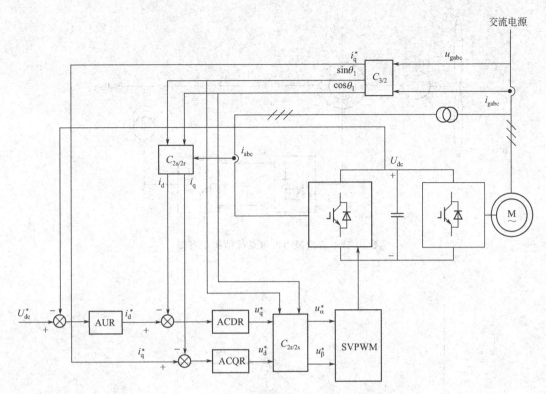

图 10-16　双馈调速系统网侧变流器的控制结构

10.5.5　双馈电机在风力发电中的应用

双馈电机除了在大容量风机、水泵调速中有良好的应用前景外，更突出的应用场合是在风力发电系统中。风能是一种重要的可再生能源，利用风力发电具有清洁、无污染且占地小等独特优点。风能具有随机性和间歇性的特点，风速往往是在不停的变化之中，而且变化范围很大，因此风力发电机组的转速与输出电功率会随之变化，当风力发电机组与电网并联运行时，必须要求风力发电机组发出的电能频率与相位和电网频率与相位保持一致。这种风速变化而发电频率恒定的发电技术称为变速恒频风力发电技术。

目前变速恒频风力发电技术的主流机型有两种：一种是直驱型，采用大容量永磁同步发电机；一种就是双馈型，采用绕线式异步发电机。双馈风力发电系统的优点是电力电子变换器容量只占系统总容量的 1/3，可对有功功率和无功功率进行完全解耦控制；缺点是不能在全风速范围内发电，电刷和滑环增加了成本并降低了可靠性。上述优缺点与双馈电机在调速系统中的优缺点完全对应，这里不再展开。目前，在 1.5～2.0MW 等级的风力发电机组中，绝大多数采用双馈电机。

图 10-17 所示就是双馈风力发电系统的结构示意图。应该注意的是，与调速系统的控制目标不同，发电系统的被控量不再是转速，而是功率。但图 10-15 和图 10-16 的基本结构还可以使用，只不过要注意控制量的改变，以及功率流的方向。在风力发电系统中，转子侧变流器通常只负责有功功率的控制，无功功率则由网侧变流器控制。

风力涡轮机的输入功率与风速密切关系。从发电系统的效率及可靠性出发，风力发电机组在不同风速下需要采用不同的控制策略。图 10-18 所示是双馈风力发电机组输出功率 P 与风速 v 的关系曲线。其中，v_1 为切入风速，v_2 为切出风速，v_N 为额定风速。

当风速小于 v_1 时，大部分输入机械功率被传动机构和电气线路损耗掉，还要从电网吸收

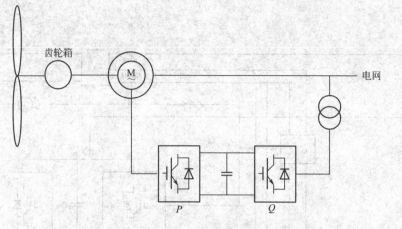

图 10-17　双馈风力发电系统结构示意图

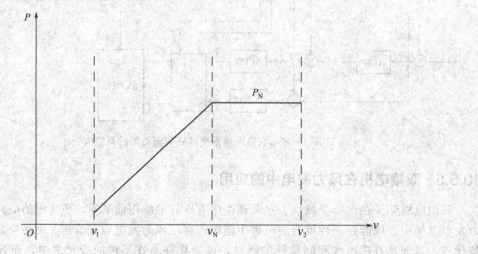

图 10-18　双馈风力发电机组输出功率与风速的关系曲线

转差功率为电动机运行提供励磁；因此发电机组的效率较低，在实际系统中风电机组与电网脱离，处于关闭模式。

当风速大于 v_1 时，风电机组正式投入工作。在风速恒定的情况下，风力涡轮机输出功率与转速的关系具有抛物线特性，有一个极值点。因此，为了使风力发电系统获得更高的效率，需要对发电机转速进行调节，使输出功率达到最大；这就是所谓的最大功率点跟踪。风力发电系统可看作是风机调速系统的逆系统，其功率-转速特性与通风机相似，即遵循立方规则：$P = K\omega^3$。

在双馈风力发电系统中，当风速刚超过切入风速 v_1 时，发电机转速比较低。此时，系统处于次同步转速发电模式，风力涡轮机轴上的输入功率全部通过定子传送给电网；电网在吸收定子侧功率的同时，向转子侧提供转差功率。当转速逐渐增大，以至于超过同步转速时，系统进入超同步转速发电模式。风力涡轮机轴上的输入功率通过定子和转子两个方向同时向电网传送。

当风速达到额定风速 v_N 时，风力涡轮机的输出功率达到额定值。为了保证系统的可靠性和使用寿命，风速继续增加后，应使风力发电系统输出功率恒定，维持为额定功率。考虑到能量守恒，应控制风力涡轮机机械轴上的输入功率，这就需要对风力涡轮机的桨距角进行控制。此时，电力电子变换器进行恒功率控制，不再进行最大功率点跟踪。

当风速超出切出风速 ν_2 时，风力发电机组已经达到安全警戒线，需要从电网出切出。风力涡轮机则通过电磁抱闸方式停止运转。

习　题

1. 试述绕线式异步电动机串级调速的基本原理。在启动、调速、停车的过程中，逆变角 β 是如何控制的？

2. 次同步串级调速系统主电路有何特点？说明串级调速系统能够实现异步机在次同步转速下作电动运行状态时，其功率传递方向。

3. 串级调速系统的启动、停车要注意什么？在串级调速系统的启动过程中应如何设置逆变角 β？间接启动方式和直接启动方式各适用于什么场合？为什么？

4. 串级调速系统中转子整流电路为什么会出现换向重叠现象和强迫延时现象？换向重叠角与强迫延时角和转子直流回路电流的关系是什么？

5. 在晶闸管串级调速系统中，转子整流器在第一工作状态与在第二工作状态时的主要区别是什么？电动机在额定负载下工作时，一般位于哪一个工作区？

6. 与异步电动机运行在自然接线时的情况相比，运行在串级调速时的机械特性有什么不同？试画出串级调速时的机械特性曲线。为什么串级调速系统的机械特性比电动机的固有机械特性要软？

7. 串级调速系统中的转速特性与直流他励电动机的转速特性有何异同？

8. 试定性分析晶闸管串级调速系统总效率。

9. 试分析次同步串级调速系统总功率因数低的主要原因，并指出提高系统总功率因数的主要方法。

10. 简述双馈调速的基本工作原理。掌握异步电动机双馈调速的四种工况，说明每一种工况下转差功率的传递方向。

11. 双馈调速系统按定子磁链定向的矢量控制的基本原理是什么？

12. 双馈调速系统转子侧无功功率的控制策略有哪几种？各自的特点如何？

第11章
同步电动机变压变频调速系统

同步电动机的转速等于同步转速，只与供电电源的频率相关，因此也就没有所谓转差率和转差功率的问题。这一特点在低速运行时显得尤为突出。因为异步电动机在低速运行时转差功率很大导致效果较低，而同步电动机则没有这个问题。同步电动机应用的难点在失步和启动，但随着变频技术的发展，这些难点已经得到解决。同步电动机从励磁方式上，可分为电励磁式和永磁式。传统上 MW 级以上大功率应用场合采用电励磁式同步电动机，而中小功率场合则采用永磁同步电动机。但随着永磁铁制造技术的不断进步，MW 级的永磁同步电机也已经投入工业应用，比如风力发电系统。

本章首先介绍同步电动机的调速方法。在此基础上，分别介绍电励磁同步电动机和永磁同步电动机的变频调速系统。

11.1　同步电动机的调速方法

前面已经谈到，同步电动机只能采用变频的方式进行调速。同步电动机的变频调速方法又有最大电流控制、单位功率因数控制等不同方式，但应用最广的仍然是变压变频方式。

同步电动机的变压变频调速，根据位置同步的控制方法的不同，又分为他控变频调速和自控变频调速两大类。

11.1.1　他控变频调速系统

所谓他控变频调速系统，是指用独立的变频器为同步电动机供电。变频器采用开环标量控制，电动机的转速决定于变频器的输出频率。他控变频调速系统的特点是无须转子位置检测或观测装置，因而结构简单、控制方便。

从系统结构和性能上看，他控变频调速系统与异步电动机的电压-频率协调控制方案类似。基频以下采用带定子压降补偿的恒压频比控制方式。以隐极同步电动机为例，转矩角 $\theta = 90°$ 时，电磁转矩最大，为

$$T_{\text{emax}} = \frac{3 U_s E_s}{\Omega_{\text{m}} x_{\text{d}}} \tag{11-1}$$

式中，U_s 为定子相电压有效值；E_s 为转子磁动势在定子绕组上产生的感应电动势；Ω_{m} 为机械角速度；x_{d} 为定子交轴电抗。E_s 与 x_{d} 为常数。

基频以下采用恒压频比控制，即

$$\frac{U_s}{\Omega_{\text{m}}} = 常数 \tag{11-2}$$

因此，最大电磁转矩也为常数。

基频以上采用电压恒定的控制方式，最大电磁转矩

$$T_{\text{emax}} = \frac{3U_s E_s}{\Omega_m x_d} \propto \frac{1}{\Omega_m} \propto \frac{1}{n_s} \tag{11-3}$$

随着电源频率的上升，最大转矩下降。

同步电动机他控变频调速系统在同步电动机并联应用的场合中使用非常普遍，特别是要求多台同步电动机进行紧密速度跟踪协调的场合，比如纺纱机等。在这种场合中，通常采用由不控整流供电的电压型变频器，如图 11-1 所示。

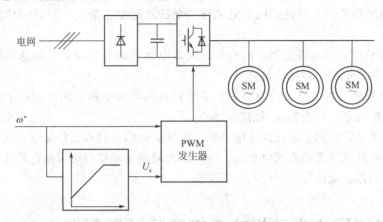

图 11-1　多同步电动机的电压-频率协调控制调速系统

这种方法将所有的电机并联在一个逆变器上，按输入的指令频率 ω^* 同步运转。相电压控制信号 U_s^* 由函数发生器产生，电压与频率之间基本上维持一定的比例以保持定子磁链为恒定值。需要注意的是，尽管所有电动机的转速是一致的，但如果电机参数不匹配或者负载转矩不同，电动机的转角位置将会不同。

他控变频调速系统还可以应用于大容量低速的交流传动系统，如矿井提升机、水泥磨机和轧钢机等，通常采用相控的晶闸管交-交直接变频器供电。控制方式可以选择恒压频比控制。在启动过程中，同步电动机定子电源频率按斜坡函数变化，将动态转差限制在允许的范围内，以保证同步电动机顺利启动，待启动结束后，同步电动机转速等于同步转速，稳态转差等于零。

由于变频器的输出频率与转子位置或速度无直接联系，因此他控调速系统没有解决失步问题。ω^* 的任何突变都将破坏同步，从而使整个系统崩溃。这是他控变频系统的主要缺点。

11.1.2　自控变频调速系统

为彻底解决失步问题，需要利用转子位置信息直接控制变频器输出波形的频率和相位，使转矩角 $\theta < 90°$，这就是同步电动机的自控变频调速。

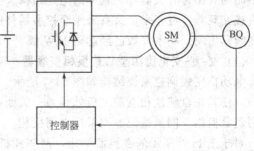

图 11-2　自控变频调速系统基本结构图

自控变频调速系统的基本结构如图 11-2 所示。同步电动机由逆变器产生的频率和电压可调的交流电供电。控制器通过安装在电动机轴上的转子位置传感器获得转子位置信息，经由控制算法确定逆变器输出波形（电压或电流）的频率和相位。

自控式同步电动机和直流电动机非常相似。对于直流电动机而言，定子绕组提供直流励磁，直流电源通过电刷和换向器给电枢供电。换向器和电刷的作用是将输入的直流电转化为交流电,提供给电枢绕组;因为电动机内部的感应电动势和电流都是交变的。因此,换向器和电刷可以看作是一个对转子位置敏感的机械式逆变器,其中换向器起到逆变的作用,电刷相当于转子位置传感器。

从图 11-2 中可以看出,自控式的同步电动机是用一个电气式的逆变器和转子位置传感器取代了直流电动机的换向器和电刷,因此自控式同步电动机可以近似看作直流电动机。但二者还是有所不同,区别如下:

① 与直流电动机不同,自控式同步电动机磁场旋转而电枢静止,可以叫作反结构的直流电动机。

② 直流电动机的磁链是静止的,而自控式同步电动机的磁链以同步转速旋转,因此需要通过转子位置传感器检测出磁链的位置。

③ 自控式同步电动机用电子换向器取代了机械换向器和电刷,因此去掉了直流电动机的固有缺点,如维护问题、转速容量积的限制问题等。

自控式变频技术常应用于永磁同步电动机。根据具体的结构和工作原理,又可以分为正弦波永磁自控同步电动机和无刷直流电动机。电励磁的同步电动机也可采用自控式变频技术,习惯上称为"无换向器电动机"。

11.2 电励磁同步电动机的自控变频调速系统

所谓电励磁同步电动机就是指转子侧有直流励磁。传统上采用相控整流器提供励磁电流。但这种方式需要滑环和电刷,存在可靠性问题,增加了系统的维护开支。为此,又出现了基于旋转变压器的无刷励磁同步电动机。无论如何,由于存在独立的励磁回路,可以有效地调节同步电动机的功率因数,从而获得良好的动静态性能。本节首先介绍电励磁同步电动机变频器的结构及其工作原理,然后分析电励磁同步电动机的动态数学模型,最后介绍电励磁同步电动机的矢量控制变频调速系统。

11.2.1 电励磁同步电动机变频器的结构及基本工作原理

电励磁同步电动机一般应用于 MW 级以上的大容量交流传动系统。由于容量大,传统上采用晶闸管作为开关器件。具体的电路结构又有两种:交-直-交电流源型负载换相变频器和交-交直接变频器。近年来,又有采用全控型器件的由中点钳位三电平逆变器构成的交-直-交电压型变频器出现,功率等级已经达到 MW 级。

(1) 交-直-交电流源型负载换相变频器 采用交-直-交电流源型负载换相变频器的电励磁同步电动机变频调速系统结构如图 11-3 所示。晶闸管的触发用装于电动机轴上的位置控制器控制,使其在自然换相点前 β 角处导通;关断则靠电动机定子绕组感生的交流电动势关断,即所谓负载换相。网侧整流器则采用电网换相。

对于图 11-3 所示的变换器结构,网侧和机侧变流器均为三相桥式电路。从网侧看,中间直流电压 U_d 可表示为:

$$U_d = 2.34 U_s \cos\alpha \tag{11-4}$$

式中,U_s 为电网相电压有效值;α 为网侧变流器的触发延迟角。

从电动机侧看,中间直流电压 U_d 又可表示为:

$$U_d = 2.34 U_o \cos\beta \tag{11-5}$$

式中,U_o 为机侧变流器输出相电压有效值;β 为机侧变流器的逆变角。

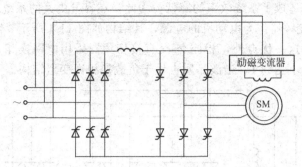

图 11-3 负载换相逆变器控制的同步电动机变频调速系统

联立式(11-4) 和式(11-5)，可得

$$U_o = \frac{\cos\alpha}{\cos\beta} U_s \tag{11-6}$$

同步电动机的感应电动势有效值为

$$E_o = C_e \Phi n_s \tag{11-7}$$

式中，C_e 为电动势常数；Φ 为每极磁通量；n_s 为同步转速。

感应电动势 E_o 在稳态时与变频器输出电压 U_o 是平衡的，即 $U_o = E_o$，因此由式(11-6) 和式(11-7) 可得

$$n_s = \frac{\cos\alpha}{C_e \Phi \cos\beta} U_s \tag{11-8}$$

由(11-8) 可见，调节网侧变流器触发延迟角 α、机侧变流器逆变角 β 以及磁通量 Φ 都可以达到调节转速的目的。虽然调节 β 可以改变速度，但 β 过小可能造成逆变失败，β 过大又会导致电动机功率因数过低，因此在实际系统中 β 的调节范围非常有限。因此，负载换相逆变器拖动的同步电动机调速系统主要的调速方法就是改变延迟角 α 和磁通量 Φ。改变延迟角 α，就改变了直流母线电压 U_d，与直流调速系统中调压调速类似；改变磁通量 Φ，则相当于直流调速系统中的弱磁调速。

从以上分析可以看出，交-直-交电流源型负载换相变频器拖动的同步电动机调速系统与直流调速系统非常相似，逆变器代替了机械换向器和电刷的作用，是一个非常典型的自控变频调速系统，因此该系统也被称为"无换向器电动机调速系统"。

从另一个角度看，电动机的同步转速为

$$n_s = \frac{60 f_s}{n_p} \tag{11-9}$$

将式(11-8) 和式(11-9) 结合，并假设 β 为恒定值，整理得

$$\Phi = \frac{U_s \cos\alpha}{60 f_s / n_p} \times \frac{1}{C_e \cos\beta} = K \frac{U_d}{f_s} \tag{11-10}$$

由式(11-10) 可知，当 U_d / f_s 为常数时，Φ 保持不变，进而电动机电磁转矩为恒定，电动机为恒转矩调速方式；当 U_d 恒定时，电动机功率为恒定，电动机为恒功率调速方式。以上分析表明，无换向器电动机调速系统的调速原理，与异步电动机变压变频调速系统是相同的。既然如此，异步电动机变压变频调速系统的相关控制方法就完全适用于无换向器电动机调速系统。

由于在低速时同步电动机的感应电动势较小而不足以保证可靠环流，因此无换向器电动机系统适合于转速较高的应用场合，同步频率一般在 20~50Hz 之间。

(2) 交-交直接变频器 无换向器电动机调速系统中网侧变流器与机侧变流器中有直流电

抗器。直流环节的存在造成了系统效率的降低。为此，在容量更大的系统中常采用无中间直流环节的相控交-交直接变频器作为电动机的电源，其结构如图 11-4 所示。除了没有中间直流环节从而提高了系统效率这一优点外，相控交-交直接变频器采用电网换相，换相方式简单；且位移功率因数可以基本上达到 1，谐波品质也优于负载换相逆变器结构。

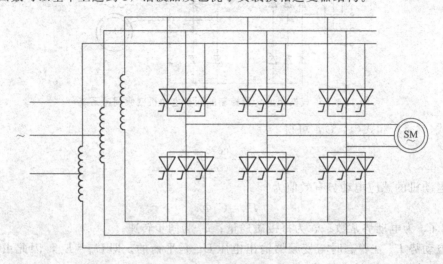

图 11-4　采用交-交直接变频器的同步电动机变频调速系统

采用交-交直接变频器控制的同步电动机调速系统可采用恒压频比控制的他控变频技术，其中交-交直接变频器的控制方式采用电压型控制方式。交交变频器的电压型控制方式在第 3 章中已经介绍过，这里不再重复。采用电压型控制的他控变频系统在动静态性能上都比较差，在现代大型同步电动机调速系统中已经基本不再使用。

交-交直接变频器的电压型控制方式属于直接控制方式。交-交直接变频器可以等效为图 11-3 的负载换相逆变器，可以用负载换相逆变器的控制原理进行控制，这种控制方式可称为间接控制方式。在间接控制方式下，前述的无换相器电动机调速系统的相关控制方法，也可以应用于交-交直接变频器。

交-交直接变频器也可以通过构造电流闭环，形成电流型控制。采用电流型控制的交-交直接变频器可以使用现代交流调速技术中矢量控制、直接转矩控制等高性能调速方式，因此目前在大容量同步电动机调速系统中得到了普遍应用。在交-交直接变频器控制的同步电动机矢量控制或直接转矩控制系统中也需要掌握转子位置（或速度）信息，同时也解决了失步问题，因此也属于自控变频系统。

交-交直接变频器适合于低速运行的工作场合，采用三相桥式电路时，输出频率的上限为 20Hz。

(3) 电压型交-直-交变频器　随着现代电力电子技术的迅猛发展，大容量的电压型逆变器也已经有成熟的产品出现。由于 IGBT 器件的最大电压等级已经达到 4500V，IGCT 器件的最大电压等级甚至已经达到 6500V，因此直接采用两电平结构的电压型变频器就可以达到 2MW以上。当然，为了降低成本、提高可靠性，也可采用图 11-5 所示的中点钳位三电平结构。图 11-5 中的结构为背靠背双 PWM 结构，可以实现电动机的四象限运行。

采用交-直-交电压型变频器的同步电动机调速系统的优点是调速范围宽，可以在 0～50Hz范围稳定运行；同时由于采用了 PWM 技术，变频器的谐波品质优良。采用电压型变频器的电励磁同步电动机，可以直接应用异步电动机变压变频调速系统中电压型变频器的控制技术，目前正在推广应用。

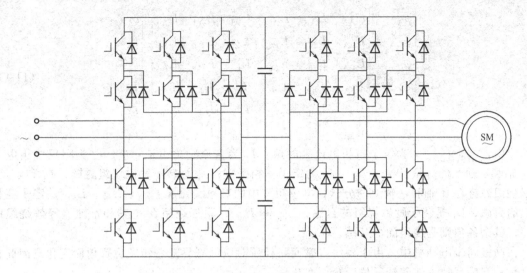

图 11-5　背靠背双 PWM 结构的三电平变频器同步电动机调速系统

11.2.2　电励磁同步电动机变频器的动态数学模型

　　与异步电动机类似，同步电动机的数学模型也具有多变量、强耦合和非线性的特点，因此要想获得良好的调速性能，也需要通过坐标变换，将同步电动机等效成直流电动机，再利用矢量控制或直接转矩控制等高性能控制技术进行控制。与异步电动机数学模型的推导过程类似，本节首先列出同步电动机自然轴系的动态方程，然后再对其进行坐标变换。

　　为了简化分析，在推导过程中，做以下假设：

　　① 忽略磁芯损耗和磁路饱和，各绕组的自感和互感都是恒定的。

　　② 定子三相是对称的，定子绕组的空载电势是正弦波。

　　③ 定子绕组的电流在电机气隙中只产生正弦分布的磁势，忽略磁场的高次谐波。

　　④ 磁路是线性的，不考虑频率变化和温度变化对绕组电阻的影响。

　　同步电动机有凸极和隐极两种结构，凸极结构较隐极结构复杂。为全面起见，以下分析以凸极同步电动机为例。

　　(1) 自然轴系电励磁同步电动机的动态数学模型　三相异步电动机的定子侧和转子侧均接入三相交流电，因而转子侧和定子侧都为三相坐标系，这就是异步电动机的自然轴系。同步电动机的自然轴系与异步电动机有所不同。同步电动机的定子侧同样是三相坐标系，而转子侧则与异步电动机不同。同步电动机的转子为直流励磁绕组，有些电动机在转子上还加有阻尼绕组。阻尼绕组多导条类似笼型异步电动机的转子绕组。为了方便起见，将转子的轴系定为 dq 两相同步旋转坐标系；以直流励磁绕组的 N 极方向作为 dq 坐标系中的 d 方向，q 方向与 d 方向垂直；将阻尼绕组等效为在 d 轴和 q 轴各自短路的两个独立绕组。因此，同步电动机的所谓自然轴系就是定子为三相静止坐标系，转子为两相同步旋转坐标系，如图 11-6 所示。

　　① 磁链方程　同步电动机的磁链方程可表示为

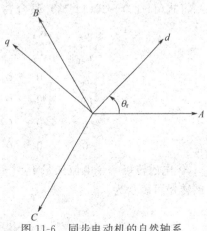

图 11-6　同步电动机的自然轴系

$$
\begin{bmatrix} \psi_{A} \\ \psi_{B} \\ \psi_{C} \\ \psi_{f} \\ \psi_{d} \\ \psi_{q} \end{bmatrix} = \begin{bmatrix} L_{AA} & L_{AB} & L_{AC} & L_{Af} & L_{Ad} & L_{Aq} \\ L_{BA} & L_{BB} & L_{BC} & L_{Bf} & L_{Bd} & L_{Bq} \\ L_{CA} & L_{CB} & L_{CC} & L_{Cf} & L_{Cd} & L_{Cq} \\ L_{fA} & L_{fB} & L_{fC} & L_{f} & L_{fd} & L_{fq} \\ L_{dA} & L_{dB} & L_{dC} & L_{df} & L_{dd} & L_{dq} \\ L_{qA} & L_{qB} & L_{qC} & L_{qf} & L_{qd} & L_{qq} \end{bmatrix} \begin{bmatrix} i_{A} \\ i_{B} \\ i_{C} \\ I_{f} \\ i_{d} \\ i_{q} \end{bmatrix}
\tag{11-11}
$$

式中，i_A，i_B，i_C 为定子三相电流瞬时值；I_f 为直流励磁电流；i_d，i_q 为阻尼绕组电流在 d 轴和 q 轴上的分量；ψ_A，ψ_B，ψ_C 为定子三相磁链；ψ_f 为转子励磁绕组磁链；ψ_d 和 ψ_q 为阻尼绕组磁链在 d 轴和 q 轴上的分量；电感矩阵中的对角线元素 L_{AA}，L_{BB}，L_{CC} 是定子三相绕组的自感；L_f 是转子励磁绕组的自感；L_{dd} 和 L_{qq} 是阻尼绕组在 d 轴和 q 轴上等效绕组的自感；其余各项则是绕组间的互感。

在凸极同步电动机中，由于各绕组磁通路径所对应的磁导随着转子位置角而变化，因此自感系数和互感系数也随着转子位置角而变化。

② 电压方程　同步电动机的定子电压方程式为

$$
\begin{cases} u_A = R_s i_A + \dfrac{d\psi_A}{dt} \\[2mm] u_B = R_s i_B + \dfrac{d\psi_B}{dt} \\[2mm] u_C = R_s i_C + \dfrac{d\psi_C}{dt} \end{cases}
\tag{11-12}
$$

式中，R_s 为定子电阻。

电励磁同步电动机励磁绕组的电压方程式为

$$
U_f = R_f I_f + \frac{d\psi_f}{dt}
\tag{11-13}
$$

式中，R_f 为励磁绕组电阻。

阻尼绕组在 d 轴和 q 轴的两个绕组相互独立，且各自短路，其电压方程为

$$
\begin{cases} R_d i_d + \dfrac{d\psi_d}{dt} = 0 \\[2mm] R_q i_q + \dfrac{d\psi_q}{dt} = 0 \end{cases}
\tag{11-14}
$$

式中，R_d 和 R_q 为分别为阻尼绕组的 d 轴和 q 轴电阻。

将式(11-12)～式(11-14) 整合在一起，就是同步电动机的电压方程

$$
\begin{bmatrix} u_A \\ u_B \\ u_C \\ U_f \\ 0 \\ 0 \end{bmatrix} = \begin{bmatrix} R_s & 0 & 0 & 0 & 0 & 0 \\ 0 & R_s & 0 & 0 & 0 & 0 \\ 0 & 0 & R_s & 0 & 0 & 0 \\ 0 & 0 & 0 & R_f & 0 & 0 \\ 0 & 0 & 0 & 0 & R_d & 0 \\ 0 & 0 & 0 & 0 & 0 & R_q \end{bmatrix} \begin{bmatrix} i_A \\ i_B \\ i_C \\ I_f \\ i_d \\ i_q \end{bmatrix} + \frac{d}{dt} \begin{bmatrix} \psi_A \\ \psi_B \\ \psi_C \\ \psi_f \\ \psi_d \\ \psi_q \end{bmatrix}
\tag{11-15}
$$

③ 电磁转矩　令电流矢量 $i = [i_A i_B i_C I_f i_d i_q]^T$，用 $\boldsymbol{L}$ 表示式(11-11) 中的电感矩阵，则电磁转矩可表示为

$$
T_e = \frac{1}{2} n_p i^T \frac{\partial L}{\partial \theta_r} i
\tag{11-16}
$$

式中，n_p 为磁极对数；θ_r 为 d 轴与 A 轴间的夹角。

④ 运动方程 运动方程与异步电动机一样，为

$$T_e - T_L = \frac{J}{n_p} \times \frac{d\omega}{dt} \tag{11-17}$$

（2）按转子位置定向的两相旋转坐标系下的动态数学模型 按照坐标变换原理，将坐标旋转的参考角度取为转子相对于定子的位置角，对式(11-11)、式(11-15) 和式(11-16) 进行坐标变换至两相旋转坐标系，可得按转子位置定向的两相旋转坐标系（dq 坐标系）下同步电动机的数学模型。

① 磁链方程 dq 坐标系下的磁链方程为

$$\begin{bmatrix} \psi_{sd} \\ \psi_{sq} \\ \psi_f \\ \psi_d \\ \psi_q \end{bmatrix} = \begin{bmatrix} L_{sd} & 0 & L_{md} & L_{md} & 0 \\ 0 & L_{sq} & 0 & 0 & L_{mq} \\ L_{md} & 0 & L_f & L_{md} & 0 \\ L_{md} & 0 & L_{md} & L_{rd} & 0 \\ 0 & L_{mq} & 0 & 0 & L_{rq} \end{bmatrix} \begin{bmatrix} i_{sd} \\ i_{sq} \\ I_f \\ i_d \\ i_q \end{bmatrix} \tag{11-18}$$

式中，L_{sd} 为等效两相定子绕组 d 轴自感，$L_{sd} = L_{ls} + L_{md}$；L_{sq} 为等效两相定子绕组 q 轴自感，$L_{sq} = L_{ls} + L_{mq}$；L_{ls} 为等效两相定子绕组漏感；L_{md} 为 d 轴定子与转子绕组间的互感，相当于同步电动机原理的 d 轴电枢反应电感；L_{mq} 为 q 轴定子与转子绕组间的互感，相当于 q 轴电枢反应电感；L_f 为励磁绕组自感，$L_f = L_{lf} + L_{md}$；L_{lf} 为励磁绕组漏感；L_{rd} 为 d 轴阻尼绕组自感，$L_{rd} = L_{lrd} + L_{md}$；$L_{lrd}$ 为 d 轴阻尼绕组漏感；L_{rq} 为 q 轴阻尼绕组自感，$L_{rq} = L_{lrq} + L_{mq}$；$L_{lrq}$ 为 q 轴阻尼绕组漏感。

② 电压方程 电压方程中转子电压方程已在 dq 坐标系中不必改变，只需对定子电压方程进行坐标变换。dq 坐标系下的电压方程为

$$\begin{bmatrix} u_{sd} \\ u_{sq} \\ U_f \\ 0 \\ 0 \end{bmatrix} = \begin{bmatrix} R_s & 0 & 0 & 0 & 0 \\ 0 & R_s & 0 & 0 & 0 \\ 0 & 0 & R_f & 0 & 0 \\ 0 & 0 & 0 & R_d & 0 \\ 0 & 0 & 0 & 0 & R_q \end{bmatrix} \begin{bmatrix} i_{sd} \\ i_{sq} \\ I_f \\ i_d \\ i_q \end{bmatrix} + \begin{bmatrix} 0 & -\omega_1 & 0 & 0 & 0 \\ \omega_1 & 0 & 0 & 0 & 0 \\ 0 & 0 & 0 & 0 & 0 \\ 0 & 0 & 0 & 0 & 0 \\ 0 & 0 & 0 & 0 & 0 \end{bmatrix} \begin{bmatrix} \psi_{sd} \\ \psi_{sq} \\ \psi_f \\ \psi_d \\ \psi_q \end{bmatrix} + \frac{d}{dt}\begin{bmatrix} \psi_{sd} \\ \psi_{sq} \\ \psi_f \\ \psi_d \\ \psi_q \end{bmatrix} \tag{11-19}$$

式中，ω_1 为同步角频率。

将磁链方程式(11-18) 代入式(11-19)，可得

$$\begin{bmatrix} u_{sd} \\ u_{sq} \\ U_f \\ 0 \\ 0 \end{bmatrix} = \begin{bmatrix} R_s & -\omega L_{sq} & 0 & 0 & -\omega L_{mq} \\ \omega L_{sd} & R_s & \omega L_{md} & \omega L_{md} & 0 \\ 0 & 0 & R_f & 0 & 0 \\ 0 & 0 & 0 & R_d & 0 \\ 0 & 0 & 0 & 0 & R_q \end{bmatrix} \begin{bmatrix} i_{sd} \\ i_{sq} \\ I_f \\ i_d \\ i_q \end{bmatrix} +$$

$$\begin{bmatrix} L_{sd} & 0 & L_{md} & L_{md} & 0 \\ 0 & L_{sq} & 0 & 0 L_{mq} \\ L_{md} & 0 & L_f & L_{md} & 0 \\ L_{md} & 0 & L_{md} & L_{rd} & 0 \\ 0 & L_{mq} & 0 & 0 & L_{rq} \end{bmatrix} \frac{d}{dt} \begin{bmatrix} i_{sd} \\ i_{sq} \\ I_f \\ i_d \\ i_q \end{bmatrix} \tag{11-20}$$

③ 电磁转矩　dq 坐标系下的电磁转矩为

$$T_e = n_p(\psi_{sd}i_{sq} - \psi_{sq}i_{sd})$$
$$= n_p L_{md}I_f i_{sq} + n_p(L_{sd} - L_{sq})i_{sd}i_{sq} + n_p(L_{md}i_d i_{sq} - L_{mq}i_q i_{sd}) \quad (11\text{-}21)$$

由式(11-21) 可见，同步电动机的电磁转矩有三个分量。第一个分量，是转子励磁电动势 $L_{md}I_f$ 与定子电流转矩分量 i_{sq} 相互作用产生的转矩，即 $n_p L_{md}I_f i_{sq}$，这是同步电动机的主要转矩。第二个分量，是由凸极效应引起的磁阻变化产生的转矩，即 $n_p(L_{sd} - L_{sq})i_{sd}i_{sq}$，称为磁阻转矩。第三个分量，即 $n_p(L_{md}i_d i_{sq} - L_{mq}i_q i_{sd})$，是电磁反应磁动势与阻尼绕组磁动势相互作用产生的转矩；如果没有阻尼绕组，或者在稳态运行时阻尼绕组中没有感应电流，该分量均为零；只有在动态过程中产生阻尼电流，才有阻尼转矩，帮助同步电动机尽快达到新的稳态。

需要进一步说明的是磁阻转矩。对于凸极式同步电动机，如果转子上没有励磁绕组或永磁体，在定子侧施加三相交流电压时，由式(11-21) 可知，仍会产生电磁转矩，此时的主导电磁转矩就是磁阻转矩；该类电动机称为同步磁阻电动机。再进一步将定子和转子都设计为凸极结构，就变成了开关磁阻电动机。

对于隐极式同步电动机而言，$L_{sd} = L_{sq}$，磁阻转矩为零。

④ 运动方程　运动方程仍与式(11-17) 一致。

11.2.3　电励磁同步电动机变频器的矢量控制系统

在得到 dq 坐标系下同步电动机动态数学模型的基础上，再选择合适的磁场定向，就可以得到相应的同步电动机矢量控制系统。同步电动机中有多种磁链矢量，比如定子磁链、转子磁链、气隙磁链以及阻尼磁链等，可供磁场定向。

为了简化起见，以下分析忽略凸极效应和阻尼绕组的影响，即按无阻尼绕组的隐极式同步电动机进行分析。此时，dq 坐标系下的同步电动机动态数学模型大大简化。

磁链方程变为

$$\begin{bmatrix} \psi_{sd} \\ \psi_{sq} \\ \psi_f \end{bmatrix} = \begin{bmatrix} L_s & 0 & L_m \\ 0 & L_s & 0 \\ L_m & 0 & L_f \end{bmatrix} \begin{bmatrix} i_{sd} \\ i_{sq} \\ I_f \end{bmatrix} \quad (11\text{-}22)$$

式中，$L_s = L_{sd} = L_{sq}$，$L_m = L_{md} = L_{mq}$。

电压方程变为

$$\begin{bmatrix} u_{sd} \\ u_{sq} \\ U_f \end{bmatrix} = \begin{bmatrix} R_s & -\omega L_s & 0 \\ \omega L_s & R_s & \omega L_m \\ 0 & 0 & R_f \end{bmatrix} \begin{bmatrix} i_{sd} \\ i_{sq} \\ I_f \end{bmatrix} + \begin{bmatrix} L_s & 0 & L_m \\ 0 & L_s & 0 \\ L_m & 0 & L_f \end{bmatrix} \frac{d}{dt} \begin{bmatrix} i_{sd} \\ i_{sq} \\ I_f \end{bmatrix} \quad (11\text{-}23)$$

电磁转矩仍为

$$T_e = n_p(\psi_{sd}i_{sq} - \psi_{sq}i_{sd}) \quad (11\text{-}24)$$

(1) 按气隙磁链定向的电励磁同步电动机矢量控制基本原理　在电励磁同步电动机调速系统中，通常采用气隙磁链定向。对于电励磁同步电动机而言，气隙磁链是由转子直流励磁和定子磁动势的电枢反应相互作用生成的。气隙磁链 ψ_g 是指同时与定子和转子交链的主磁链，在 dq 坐标系下可表示为

$$\begin{cases} \psi_{gd} = L_m i_{sd} + L_m I_f \\ \psi_{gq} = L_m i_{sq} \end{cases} \quad (11\text{-}25)$$

将式(11-25) 写成矩阵形式，有

$$\begin{bmatrix} \psi_{gd} \\ \psi_{gq} \end{bmatrix} = \begin{bmatrix} L_m & 0 \\ 0 & L_m \end{bmatrix} \begin{bmatrix} i_{sd} \\ i_{sq} \end{bmatrix} + \begin{bmatrix} L_m & 0 \\ 0 & L_m \end{bmatrix} \begin{bmatrix} I_f \\ 0 \end{bmatrix} \tag{11-26}$$

而由式(11-22)，可知

$$\begin{bmatrix} \psi_{sd} \\ \psi_{sq} \end{bmatrix} = \begin{bmatrix} L_s & 0 \\ 0 & L_s \end{bmatrix} \begin{bmatrix} i_{sd} \\ i_{sq} \end{bmatrix} + \begin{bmatrix} L_m & 0 \\ 0 & L_m \end{bmatrix} \begin{bmatrix} I_f \\ 0 \end{bmatrix} \tag{11-27}$$

考虑到 $L_s = L_{ls} + L_m$，由式(11-26) 和式(11-27)，可得

$$\begin{bmatrix} \psi_{sd} \\ \psi_{sq} \end{bmatrix} = \begin{bmatrix} L_{ls} & 0 \\ 0 & L_{ls} \end{bmatrix} \begin{bmatrix} i_{sd} \\ i_{sq} \end{bmatrix} + \begin{bmatrix} \psi_{gd} \\ \psi_{gq} \end{bmatrix} \tag{11-28}$$

将式(11-28) 代入式(11-22)，有

$$T_e = n_p (\psi_{gd} i_{sq} - \psi_{gq} i_{sd}) \tag{11-29}$$

而气隙磁链相对于 d 轴的夹角 δ 为

$$\delta = \arctan \frac{\psi_{gd}}{\psi_{gq}} \tag{11-30}$$

现在将电励磁同步电动机按气隙磁链 ψ_g 定向，假设 ψ_g 与 d 轴的夹角为 δ。按磁链 ψ_g 定向，即 m 轴与磁链 ψ_g 方向重合，t 轴与 m 轴垂直，如图 11-7 所示。

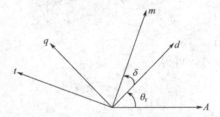

图 11-7 mt 坐标系与 dq 坐标系及 ABC 坐标系的空间关系

由图 11-7 可见，磁链 ψ_g 的空间位置角，即 m 轴与 A 的夹角为

$$\theta_m = \theta_r + \delta \tag{11-31}$$

因此从 ABC 坐标系到 mt 坐标系的旋转矩阵为

$$C_{3s/2r} = \sqrt{\frac{2}{3}} \begin{bmatrix} \cos\theta_m & \cos(\theta_m - 120°) & \cos(\theta_m + 120°) \\ \sin\theta_m & \sin(\theta_m - 120°) & \sin(\theta_m + 120°) \end{bmatrix} \tag{11-32}$$

其逆矩阵为

$$C_{2r/3s} = \sqrt{\frac{2}{3}} \begin{bmatrix} \cos\theta_m & \sin\theta_m \\ \cos(\theta_m - 120°) & \sin(\theta_m - 120°) \\ \cos(\theta_m + 120°) & \sin(\theta_m + 120°) \end{bmatrix} \tag{11-33}$$

从 dq 坐标系到 mt 坐标系的旋转矩阵为

$$C_{dq/mt} = \begin{bmatrix} \cos\delta & \sin\delta \\ -\sin\delta & \cos\delta \end{bmatrix} \tag{11-34}$$

其逆矩阵为

$$C_{mt/dq} = \begin{bmatrix} \cos\delta & -\sin\delta \\ \sin\delta & \cos\delta \end{bmatrix} \tag{11-35}$$

将定子电流和励磁电流均变换到 mt 坐标系，有

$$\begin{bmatrix} i_{sm} \\ i_{st} \end{bmatrix} = C_{dq/mt} \begin{bmatrix} i_{sd} \\ i_{sq} \end{bmatrix} \tag{11-36}$$

$$\begin{bmatrix} i_{fm} \\ i_{ft} \end{bmatrix} = C_{dq/mt} \begin{bmatrix} I_f \\ 0 \end{bmatrix} \tag{11-37}$$

同样地,对式(11-26) 按气隙磁链进行坐标旋转,即

$$\begin{bmatrix} \psi_{gm} \\ \psi_{gt} \end{bmatrix} = C_{dq/mt} \begin{bmatrix} \psi_{gd} \\ \psi_{gq} \end{bmatrix} = C_{dq} \begin{bmatrix} L_m & 0 \\ 0 & L_m \end{bmatrix} \begin{bmatrix} i_{sd} \\ i_{sq} \end{bmatrix} + C_{dq} \begin{bmatrix} L_m & 0 \\ 0 & L_m \end{bmatrix} \begin{bmatrix} I_f \\ 0 \end{bmatrix}$$

$$= L_m C_{dq} \begin{bmatrix} i_{sd} \\ i_{sq} \end{bmatrix} + L_m C_{dq} \begin{bmatrix} I_f \\ 0 \end{bmatrix} \tag{11-38}$$

将式(11-36) 和式(11-37) 代入式(11-38),整理得

$$\begin{bmatrix} \psi_{gm} \\ \psi_{gt} \end{bmatrix} = \begin{bmatrix} L_m i_{sm} + L_m i_{fm} \\ L_m i_{st} + L_m i_{ft} \end{bmatrix} \tag{11-39}$$

按气隙磁链定向,即 m 轴方向与气隙磁链矢量方向一致,t 轴与 m 轴成垂直关系,因此有

$$\begin{bmatrix} \psi_{gm} \\ \psi_{gt} \end{bmatrix} = \begin{bmatrix} \psi_g \\ 0 \end{bmatrix} = \begin{bmatrix} L_m i_g \\ 0 \end{bmatrix} \tag{11-40}$$

式中,ψ_g 为气隙磁链幅值。

结合式(11-39) 和式(11-40),可得

$$\begin{cases} i_g = i_{sm} + i_{fm} \\ i_{st} = -i_{ft} \end{cases} \tag{11-41}$$

对电磁转矩表达式(11-29) 也进行坐标旋转变换,可得到气隙磁链定向两相旋转坐标系下电磁转矩的表达式为:

$$T_e = n_p (\psi_{gm} i_{st} - \psi_{gt} i_{sm}) \tag{11-42}$$

将式(11-40) 和式(11-41) 代入式(11-42),可得

$$T_e = n_p \psi_g i_{st} = -n_p \psi_g i_{ft} \tag{11-43}$$

由式(11-43) 可见,通过气隙磁链定向,同步电动机的转矩公式与直流电动机转矩表达式相同。只要保证气隙磁链 ψ_g 恒定,控制定子电流的转矩分量 i_{st} 就可以方便灵活地控制同步电动机的电磁转矩。这个控制要求与异步电动机矢量控制相似,因此可借鉴其实现方法。

异步电动机矢量控制有直接矢量控制和间接矢量控制两种方案,均可引入电励磁同步电动机调速系统中。本书采用直接矢量控制的方案,即有磁链闭环的控制方案。磁链闭环的电励磁同步电动机矢量控制系统的结构与异步电动机直接矢量控制有相同之处,也有不同的地方。相同之处在于,二者都需要构造转速和磁链两个闭环;转速调节器的输出作为定子电流转矩分量的给定。不同的地方是,异步电动机没有单独的励磁绕组,磁链调节器的输出作为定子电流励磁分量的给定;而电励磁同步电动机有可以独立控制的励磁绕组,磁链调节器的输出作为励磁电流的给定。

(2) 磁链闭环的实现 气隙磁链的给定值可以通过转速-磁链曲线进行规划:在基速以下,气隙磁链给定值为恒定值,此时电动机为恒转矩工作模式;在基速以上,则按电压恒定的基本原理计算气隙磁链给定值,进行弱磁调速,此时电动机为恒功率工作模式。

气隙磁链的实际值很难通过直接检测获得，因此也需要进行估算。同步电动机磁链估算的办法与异步电动机相似，也可以分为电流模型和电压模型。按照式(11-33)直接估算气隙磁链的方法，就是所谓的电流模型。电压模型与异步电动机定子磁链电压估算模型非常相似，这里不再介绍。

由(11-25)，利用 K/P 变换可以得到气隙磁链幅值 ψ_g 的计算方法为

$$\psi_g = \sqrt{\psi_{dg}^2 + \psi_{qg}^2} \tag{11-44}$$

气隙磁链矢量与 d 轴的空间位置夹角 δ 则按式(11-30)计算。

气隙磁链的估计值不仅用于构成磁链闭环，还用于定子电流转矩分量给定值和励磁电流转矩分量给定值的计算。

(3) 定子电流闭环的实现及功率因数的控制 43)计算定子电流转矩分量的给定值 i_{st}^*。与异步电动机矢量控制系统类似，转速调节器的输出为电磁转矩的计算值。

在气隙磁链恒定的条件下，可依据式(11-43)计算定子电流转矩分量的给定值 i_{st}^*。

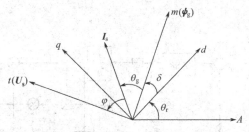

图 11-8 气隙磁链定向时各矢量与轴系的空间关系

定子电流的励磁分量 i_{sm} 该如何确定呢？这与系统功率因数的控制有关。为了解释清楚，需要给出气隙磁链定向时各矢量与轴系的空间关系，如图 11-8 所示。其中，θ_r 为转子空间位置与 A 轴夹角，δ 为气隙磁链矢量 ψ_g（m 轴）与 d 轴夹角。

图 11-8 中，I_s 为定子电流矢量，其在 m 轴的分量 i_{sm} 为定子电流励磁分量，在 t 轴的分量 i_{st} 为定子电流励磁分量；I_s 与 m 轴的夹角 θ_g 为

$$\theta_g = \arctan \frac{i_{st}}{i_{sm}} \tag{11-45}$$

由电磁感应定律可知，同步电动机的感应电动势矢量与气隙磁链矢量在空间上相互垂直，感应电动势矢量超前气隙磁链矢量 90°；而在图 11-8 中，t 轴恰好超前气隙磁链矢量 90°。忽略定子电阻和漏抗，同步电动机感应电动势矢量与定子电压矢量 U_s 重合，也就是说 t 轴与 U_s 重合。而定子电压矢量 U_s 与定子电流矢量 I_s 之间的夹角 φ 就是功率因数角。于是，由图 11-8 可得

$$\varphi = 90° - \theta_g \tag{11-46}$$

将式(11-46)代入式(11-45)，再经三角/反三角变换，得

$$i_{sm} = i_{st} \tan\varphi \tag{11-47}$$

因此，定子电流励磁分量的给定 i_{sm}^*，可以根据设定的功率因数角 φ 和由式(11-45)计算得到的 i_{st}^*，通过式(11-47)计算得到。一般来说，希望功率因数 $\cos\varphi = 1$，则 $\varphi = 0°$，$i_{sm}^* = 0$。

(4) 励磁电流闭环的实现 前面已经讲过，磁链调节器的输出量就是励磁电流的给定量 i_g^*。由于定子电流励磁分量的给定值 i_{sm}^* 已经由式(11-47)确定，励磁绕组电流给定 I_f^* 在 m 轴的分量 i_{fm}^* 可通过式(11-41)第一行求得，即

$$i_{fm}^* = i_g^* - i_{sm}^* \tag{11-48}$$

励磁绕组电流给定 I_f^* 在 t 轴的分量 i_{ft}^* 可通过式(11-41)第二行求得，即

$$i_{ft}^* = -i_{st}^* \tag{11-49}$$

于是，励磁绕组电流给定 I_f^* 的计算公式为

$$I_f^* = \sqrt{(i_{fm}^*)^2 + (i_{ft}^*)^2} \tag{11-50}$$

　　电励磁同步电动机按气隙磁链定向的矢量控制系统的总体结构图如图 11-9 所示，其中变频器采用电压型两电平变频器，励磁绕组控制采用不控整流加直流斩波器。

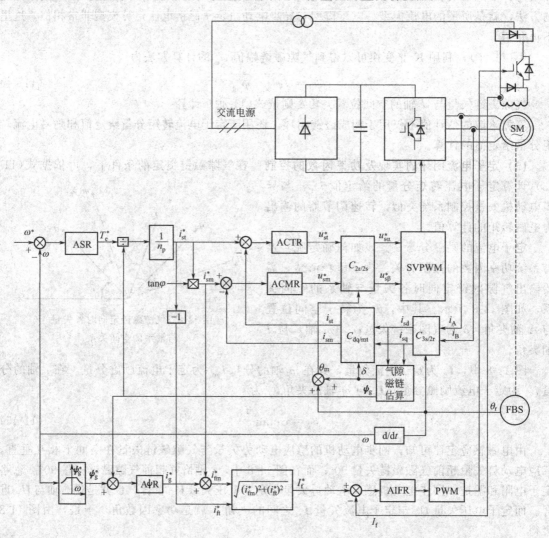

图 11-9　电励磁同步电动机气隙磁链定向的矢量控制系统原理图

11.3　永磁同步电动机的自控变频调速系统

　　永磁同步电动机根据工作原理和核心部件的不同，又可以分为以下两种：

　　① 梯形波永磁同步电动机　梯形波永磁同步电动机的输入电流为方波，气隙磁场为梯形波分布，性能更接近于直流电动机，但没有电刷，故又称无刷直流电动机（Brushless DC Motor——BLDM 或 BDCM）。无刷直流电动机多用于一般调速系统。

　　② 正弦波永磁同步电动机　正弦波永磁同步电动机的输入电流为正弦波，气隙磁场为正弦分布，通常直接称为永磁同步电动机（Permanent Magnet Synchronous Motor——PMSM）。正弦波永磁同步电动机多用于性能要求较高的调速系统。

　　本节首先介绍无刷直流电动机的自控变频调速系统，再介绍正弦波永磁同步电动机的自控变频调速系统。

11.3.1　无刷直流电动机的自控变频调速系统

无刷直流电动机是一种永磁式隐极同步电动机，其转子磁极采用瓦形磁钢，通过专门的磁路设计，可以获得梯形波的气隙磁场；定子采用集中整距绕组，因而感应电动势也是梯形波。与常规的有刷直流电动机相比，无刷直流电动机用转子位置传感器和三相电压型逆变器作为电子换向器取代了机械电刷和换向器，其基本结构如图 11-10 所示。图中，电动机用一个三相等效电路来表示，每相都由定子电阻 R、等效自感 L 和梯形波反电动势串联而成。

由于无刷直流电动机特殊的结构和工作原理，其位置传感器与其他类型电动机的位置传感器有所不同。一般在无刷直流电动机本体内部安装有三个开关式位置传感器，用以检测转子位置。转子位置传感器一般安装在定子内侧，其基本原理是该传感器能够感知转子磁极的转动，从而输出指示转子位置的方波信号，供无刷电动机换相之用。三个位置传感器排列的空间相隔机械角度 $\alpha = 2\pi/(3n_p)$。当永磁体转子磁极依次转过三个位置传感器时，传感器就会输出方波信号，经过信号处理电路，从而输出指示转子位置的三路相差 120°电角度，宽度为 180°电角度的方波位置信号。逆变器根据来自位置传感器的开关逻辑脉冲驱动开关器件。

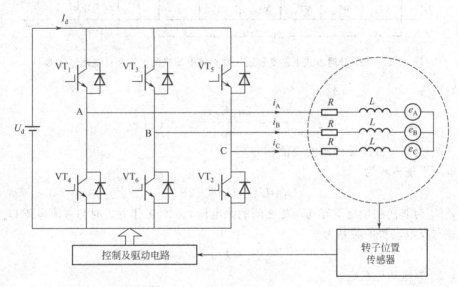

图 11-10　无刷直流电动机的等效电路及其逆变器主电路

逆变器的工作方式有两种，即 120°导电模式和 PWM 控制模式。

(1) 120°导通工作方式　所谓 120°导通工作方式，就是每个桥臂的导电角度为 120°，六个桥臂按照数字序号顺序轮流导通。共集电极的三个桥臂（VT_1、VT_3、VT_5）称为上桥臂组，共发射极的三个桥臂（VT_2、VT_4、VT_6）称为下桥臂组。同一桥臂组三个桥臂开始导电的角度依次相差 120°，同一相上下两个桥臂开始导电的角度相差 180°。这样，任一时刻将有分属于不同相也不同桥臂组的两个桥臂同时导通。每次换相都是在同一桥臂组中的两个桥臂之间进行，称为横向环流。

在以上工作方式下，直流母线电流 I_d 以 120°电角度的宽度分配给各相。每相电流（i_A、i_B 和 i_C）与各相反电动势（e_A、e_B 和 e_C）同步，各电量波形图如图 11-11 所示。

在非换相情况下，同时只有两相导通，从逆变器直流侧看进去，为两相绕组串联，则电磁功率为

$$P = 2I_d E_p \tag{11-51}$$

式中，E_p 为反电动势峰值。

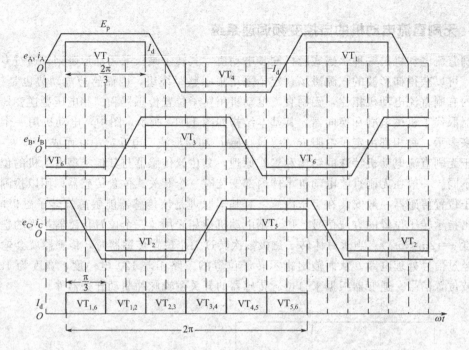

图 11-11　120°导通方式下逆变器及无刷直流电动机的电流及反电动势波形

电磁转矩为

$$T_e = \frac{P_m}{\omega_1/n_p} = \frac{2n_p E_p I_d}{\omega_1} = 2n_p \psi_p I_d \tag{11-52}$$

式中，ψ_p 为梯形波励磁磁链的峰值。

回路电压平衡方程为

$$U_l = U_d = 2RI_d + 2E_p \tag{11-53}$$

式中，U_l 为非换相情况下导通两相之间的线电压，120°工作方式时与直流电压 U_d 相等。

而转速与反电动势的关系为

$$E_p = k_e \omega \tag{11-54}$$

式中，k_e 为电动势系数。

将式(11-52) 和式(11-54) 代入式(11-53)，可得到稳态下直流无刷电动机调速系统的机械特性方程为

$$\omega = \frac{U_d}{2k_e} - \frac{R}{2n_p k_e \psi_p} T_e \tag{11-55}$$

由式(11-55) 可见，无刷直流电动机的机械特性方程与有刷直流电动机非常相似。与直流电动机的调压调速方式类似，改变直流侧电压 U_d 就可以实现调速的目的；这就要求直流侧电压源为可调直流电压源。

(2) PWM 工作方式　120°导通工作方式下，若要实现连续平滑调速，需要配置可调压的直流电源，这是不经济的。为此，可以采用 PWM 工作方式，通过对直流侧电压的斩波控制，连续地改变电动机的电压和电流。无刷直流电动机自控调速系统的 PWM 工作方式又可分为五种方法，分别为 ON_PWM、PWM_ON、HPWM_LON、HON_LPWM 和 HPWM_LPWM，其各桥臂的驱动波形如图 11-12 所示。

采用 PWM 工作方式时，各相电流和反电动势波形与 120°导通工作方式基本相同，因此电磁功率和电磁转矩的公式仍可按式(11-51) 和式(11-52) 给出。

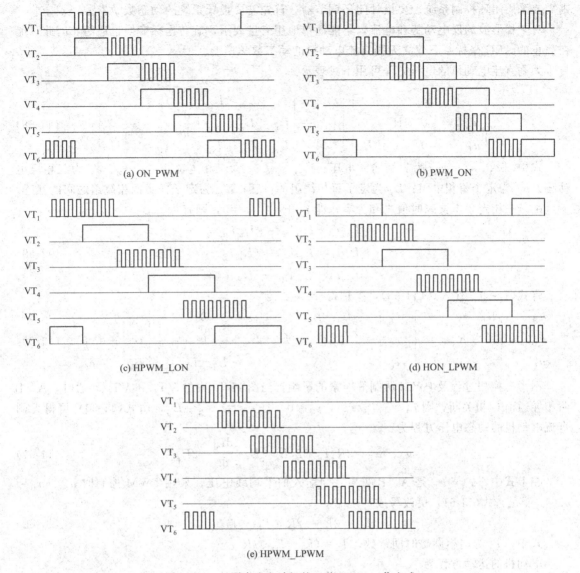

图 11-12　无刷直流电动机的五种 PWM 工作方式

PWM 工作方式与 120°导通工作方式的不同在于开关器件高频斩波工作，因此相电流波形含有高频脉动成分。此外，PWM 工作方式在非换相期的直流电压平衡方程与式（11-53）有所不同。线电压不再是恒定值 U_d，而是按占空比 ρ 对直流电源电压的高频斩波波形，取平均值为 ρU_d。用 ρU_d 代替式（11-53）中的 U_d，就是 PWM 工作方式下的电压平衡方程。

$$\rho U_d = 2RI_d + 2E_p \tag{11-56}$$

将式（11-52）和式（11-54）代入式（11-56），可得到稳态下 PWM 工作方式下直流无刷电动机调速系统的机械特性方程为

$$\omega = \frac{\rho U_d}{2k_e} - \frac{R}{2n_p k_e \psi_p} T_e \tag{11-57}$$

式（11-57）与直流脉宽调速系统的机械特性方程式非常接近，调节占空比 ρ 就可以实现调速的目的。

（3）动态数学模型和闭环控制系统　采用 PWM 工作方式的无刷直流电动机调速系统，和直流脉宽调速系统一样，要求不高时，可采用开环控制。如果对动态性能指标的要求比较高，

则需要采用闭环控制系统。要设计闭环调节器，首先需要推导系统的动态数学模型。

对于梯形波的反电动势和电流，不能简单地用矢量表示，旋转坐标变换也适用，因此只能在静止的 ABC 坐标系下建立无刷直流电动机的动态数学模型。

无刷直流电动机的电压方程可用下式表示：

$$\begin{bmatrix} u_A \\ u_B \\ u_C \end{bmatrix} = \begin{bmatrix} R_s & 0 & 0 \\ 0 & R_s & 0 \\ 0 & 0 & R_s \end{bmatrix} \begin{bmatrix} i_A \\ i_B \\ i_C \end{bmatrix} + \begin{bmatrix} L_s & L_m & L_m \\ L_m & L_s & L_m \\ L_m & L_m & L_s \end{bmatrix} \frac{d}{dt} \begin{bmatrix} i_A \\ i_B \\ i_C \end{bmatrix} + \begin{bmatrix} e_A \\ e_B \\ e_C \end{bmatrix} \tag{11-58}$$

式中，u_A、u_B、u_C 为三相输入电压；i_A、i_B、i_C 为三相电流；e_A、e_B、e_C 为三相反电动势；R_s 为定子每相电阻；L_s 为定子每相绕组的自感；L_m 为定子任意两相绕组之间的互感。

由于三相定子电流瞬时值之和为零，即 $i_A + i_B + i_C = 0$，则有

$$\begin{cases} L_m i_B + L_m i_C = -L_m i_A \\ L_m i_C + L_m i_A = -L_m i_B \\ L_m i_A + L_m i_B = -L_m i_C \end{cases} \tag{11-59}$$

将式（11-59）代入式（11-58），整理得

$$\begin{bmatrix} u_A \\ u_B \\ u_C \end{bmatrix} = \begin{bmatrix} R_s & 0 & 0 \\ 0 & R_s & 0 \\ 0 & 0 & R_s \end{bmatrix} \begin{bmatrix} i_A \\ i_B \\ i_C \end{bmatrix} + \begin{bmatrix} L_s-L_m & 0 & 0 \\ 0 & L_s-L_m & 0 \\ 0 & 0 & L_s-L_m \end{bmatrix} \frac{d}{dt} \begin{bmatrix} i_A \\ i_B \\ i_C \end{bmatrix} + \begin{bmatrix} e_A \\ e_B \\ e_C \end{bmatrix} \tag{11-60}$$

不考虑换相过程及 PWM 调制等因素的影响，当图 11-10 中的 VT_1 和 VT_6 导通时，A、B 两相导通而 C 相关断，则 $i_A = -i_B = I_d$，$i_C = 0$，且 $e_A = -e_B = E_p$，由式（11-60）可得无刷直流电动机的动态电压方程为

$$u_A - u_B = 2R_s I_d + 2(L_s - L_m) \frac{dI_d}{dt} + 2E_p \tag{11-61}$$

在上式中，$u_A - u_B$ 是 A、B 两相之间输入的平均线电压，采用 PWM 控制时 $u_A - u_B = \rho U_d$。于是，式（11-61）可改写成

$$\rho U_d - 2E_p = 2R_s(T_1 s + 1)i_A \tag{11-62}$$

式中，T_1 为电枢漏磁时间常数，$T_1 = (L_s - L_m)/R_s$。

电动机的运动方程为

$$T_e - T_L = \frac{J}{n_p} s\omega \tag{11-63}$$

将式（11-62）和式（11-63）结合起来，并考虑式（11-52）和式（11-54），可以画出无刷直流电动机的动态结构图，如图 11-13 所示，其他工作状态的动态模型均与此相同。

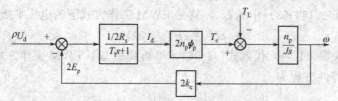

图 11-13 无刷直流电动机的动态结构图

图 11-13 所示的无刷直流电动机的动态结构图与直流脉宽调制系统的开环动态结构图非常相似，因而可以参考转速、电流双闭环直流脉宽调速系统的控制结构图，设计无刷直流电动机的双闭环调速系统，如图 11-14 所示。图中，转速调节器 ASR 和电流调节器 ACR 均为带有积分和输出限幅的 PI 调节器，调节器可以参照直流调速系统的方法设计。

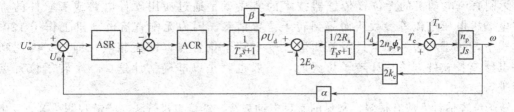

图 11-14　无刷直流电动机转速电流双闭环调速系统结构图

(4) 无刷直流电动机存在的问题　无刷直流电动机控制结构简单，具有效率高、体积小的优点，已经广泛应用于各种工程领域。虽然如此，无刷直流电动机还存在一些问题，最主要的问题有两个：转矩脉动问题和无位置传感器问题。

① 转矩脉动问题　根据形成原因的不同，无刷直流电动机的电磁转矩脉动可分为三种类型：齿槽转矩脉动、谐波转矩脉动和换相转矩脉动。齿槽转矩脉动是由定子齿槽引起气隙不均匀而造成磁阻不等而形成的。无刷直流电动机采用 PWM 控制时，其电流是含有高频开关谐波的脉动电流，如图 11-15 所示，这是形成谐波转矩脉动的原因。另一种电磁转矩脉动，是由换相引起的，称为换相转矩脉动。无刷直流电动机理想的相电流波形是方波，但由于绕组电感的作用，换相时电流波形不可能突跳，其波形实际上只能是近似梯形的，因而通过气隙传送到转子的电磁功率也是梯形波，每次换相时平均电磁转矩都会降低。由于无刷直流电动机每隔 60°换相一次，故实际的转矩波形每隔 60°出现一个缺口，每周期有 6 个缺口，这就是所谓换相转矩脉动，如图 11-15 所示。

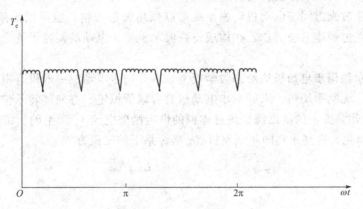

图 11-15　梯形波永磁同步电动机的转矩脉动

由于目前开关器件技术的发展，使得开关频率相对较高，从而电流脉动相对较小，所以谐波转矩脉动一般情况下可以忽略。齿槽转矩脉动一般采用转子或定子斜槽或者磁性槽楔消除。对于一台制造质量良好的无刷直流电动机来说，其齿槽转矩脉动和谐波转矩脉动均较小，而换相转矩脉动就成为了其主要存在的问题。抑制换相转矩脉动的方法有很多种，比如重叠换相法、无差拍控制法及换相电流预测控制法等。

② 无位置传感器技术　从前面的介绍中可以知道，位置传感器是构成无刷直流电动机自控变频调速系统的核心部件。有位置传感器的无刷直流电动机因其控制简单，系统开发难度低，得到了广泛的应用。但就其应用情况综合来看，有位置传感器无刷直流电动机存在许多不足，主要表现在传感器的工作可靠性，检测的位置信号的准确度，对环境的要求，使用寿命以及在小功率电机本体上安装的空间等。为此，便产生了除掉位置传感器的想法，也就是所谓无位置传感器技术。

无刷直流电动机的无位置传感器技术的实质就是通过使用硬件电路或者软件的方法检测电动机电压电流等参数从而得到转子位置信息。因为无刷直流电动机工作于120°导通方式下，转子旋转一周，只需要知道 $2n_p$ 个转子位置点（即换相点）即可；因此利用硬件电路或者软件方法估计转子位置时，一般也就是以准确估计这 $2n_p$ 个转子位置点为目标进行。

转子位置估计方法有很多，常见的有反电动势法、续流二极管法、磁链观测法等。反电动势法是目前应用最成熟的方法，其原理基础是转子旋转时会在定子绕组上感应反电动势，该反电动势的相位反映转子位置信息，通过检测反电动势信号间接得到转子位置信号。实际设计中，依靠检测浮空相的端电压得到反电动势过零点，在过零点之后30°电角度即为换相时刻。反电动势法在中高速工况中是比较实用的，但在电动机处于低速乃至静止状态下时，因为反电动势幅值较小或者为零，反电动势法就失效了。其他检测方法在低速时的估计精度也不高，这是无位置传感器技术中的难点问题，亟待解决。

11.3.2　正弦波永磁同步电动机的自控变频调速系统

正弦波永磁同步电动机的定子电压和定子电流均为正弦波，在磁路结构和绕组分布上保证了定子绕组中的感应电动势也为正弦波。与无刷直流电动机相比，正弦波永磁同步电动机结构和控制较为复杂，且需要提高连续的转子位置信息，一般要借助于价格较昂贵的光电编码盘检测转子位置，成本较高。但正弦波永磁同步电动机理论上无转矩脉动，调速范围宽，定位精度高，因此在精度要求高的应用场合较有优势。

高性能的正弦波永磁同步电动机调速系统可以采用矢量控制，也可以采用直接转矩控制。与异步电动机高性能调速系统类似，在构成正弦波永磁同步电动机调速系统之前，也需要讨论其动态数学模型。

(1) 正弦波永磁同步电动机的动态数学模型　永磁同步电动机一般没有阻尼绕组，转子由永磁体材料提供，无励磁绕组。永磁同步电动机具有幅值恒定、方向随转子位置变化的转子磁动势 F_r，可以看作是虚拟的励磁绕组通过虚拟的恒定励磁电流 I_f 产生的。根据上述条件，对式(11-18) 进行简化，得到永磁同步电动机 dq 坐标系下的磁链方程

$$\begin{bmatrix} \psi_{sd} \\ \psi_{sq} \\ \psi_f \end{bmatrix} = \begin{bmatrix} L_{sd} & 0 & L_{md} \\ 0 & L_{sq} & 0 \\ L_{md} & 0 & L_f \end{bmatrix} \begin{bmatrix} i_{sd} \\ i_{sq} \\ I_f \end{bmatrix} \tag{11-64}$$

电压方程则可由(11-20) 简化得到

$$\begin{bmatrix} u_{sd} \\ u_{sq} \end{bmatrix} = \begin{bmatrix} R_s + L_{sd}s & -\omega L_{sq} \\ \omega L_{sd} & R_s + L_{sq}s \end{bmatrix} \begin{bmatrix} i_{sd} \\ i_{sq} \end{bmatrix} + \begin{bmatrix} 0 \\ \omega L_{md} \end{bmatrix} I_f \tag{11-65}$$

转矩方程变为

$$T_e = n_p(\psi_{sd}i_{sq} - \psi_{sq}i_{sd}) = n_p[L_{md}I_f i_{sq} + (L_{sd} - L_{sq})i_{sd}i_{sq}] \tag{11-66}$$

式(11-64)～式(11-66) 就是永磁同步电动机 dq 坐标系下的动态数学模型。

(2) 正弦波永磁同步电动机的矢量控制　永磁同步电动机采用按转子磁链定向，即将两相旋转坐标系的 d 轴定在转子磁链 ψ_f 方向上。具体地又可以分为两个工作区，在基频以下的恒转矩工作区和在基频以上的弱磁工作区。

① 恒转矩控制　最简单的恒转矩控制方案就是控制定子电流矢量使之落在 q 轴上，即令 $i_{sd}=0$，$i_{sq}=i_s$，对应的空间矢量图如图 11-16(a) 所示。

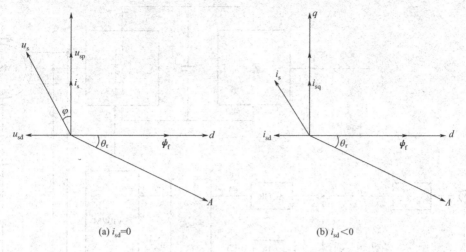

(a) $i_{sd}=0$ (b) $i_{sd}<0$

图 11-16 转子磁链定向永磁同步电动机矢量控制矢量图

此时的磁链和转矩方程分别变为

$$\begin{bmatrix} \psi_{sd} \\ \psi_{sq} \\ \psi_f \end{bmatrix} = \begin{bmatrix} L_{md}I_f \\ L_{sq}i_{sq} \\ L_f I_f \end{bmatrix} \tag{11-67}$$

$$T_e = n_p \frac{L_{md}}{L_f} \psi_f i_{sq} \tag{11-68}$$

由于 ψ_f 恒定，电磁转矩与定子电流转矩分量 i_{sq} 的幅值成正比，控制定子电流转矩分量幅值就能很好地控制转矩，和直流电动机完全一样。

按转子磁链定向并使 $i_{sd}=0$ 的永磁同步电动机矢量控制系统原理框图如图 11-17 所示，其结构与异步电动机矢量控制系统非常类似。与异步电动机矢量控制系统最显著的区别在于，永磁同步电动机矢量控制系统中用于旋转坐标变换的转子磁场位置 θ_r 可以直接从同步电动机获得。需要注意的是在安装位置传感器 BQ 时不能保证将其零位置与转子磁场的零位置完全吻合，所以位置传感器输出的角度 θ_{det} 与实际转子磁场角度 θ_r 之间的关系为：

$$\theta_r = \frac{\theta_{det} - \Delta\theta}{n_p} \tag{11-69}$$

式中，$\Delta\theta$ 为安装误差角。

到达稳定时，电压方程为

$$\begin{cases} u_{sd} = -\omega\psi_{sq} = -\omega L_{sq}i_s \\ u_{sq} = R_s i_{sq} + \omega\psi_{sd} = R_s i_s + \omega L_{md}I_f \end{cases} \tag{11-70}$$

由式(11-67) 和式(11-70) 可知，当负载增加时，定子电流 i_s 增大，使定子磁链和反电动势加大，迫使定子电压升高。定子电压矢量和电流矢量的夹角 φ 增大，造成功率因数降低，其空间矢量图如图 11-16(a) 所示。

$i_{sd}=0$ 使得恒转矩控制变得很简单，但却损失了式(11-66) 中第二项表示的磁阻转矩。如果要获得单位电流下的最大转矩输出，需要采用更复杂的控制方式；此时 i_{sd} 不再等于 0，需要找出最大转矩与电流的关系；这种控制方式称为最大转矩控制方式。此外，还有最大功率因数控制方式等。

② 弱磁控制　若要使永磁同步电动机运行在基速以上，就需要进行弱磁控制。由于永磁

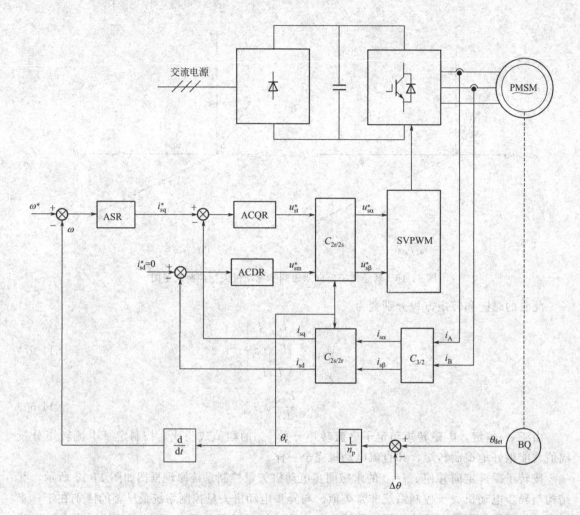

图 11-17 转子磁链定向，且 $i_d = 0$ 的永磁同步电动机矢量控制系统结构图

同步电动机的转子励磁由永磁体提供，因此不能通过控制励磁电流 I_f 进行弱磁控制，而只能利用电枢反应削弱定子磁链，具体办法就是使定子电流励磁分量 $i_{sd} < 0$，相应的矢量图如图 11-16（b）所示。i_{sd} 的方向与 ψ_f 相反，起到去磁作用。但由于稀土永磁材料的磁导率与空气相近，磁阻很大，相当于定转子间有很大的等效气隙。因此电枢反应影响很微弱，需要很大的 i_{sd} 才能起到去磁的作用。常规的永磁同步电动机在弱磁运行的效果很差，调速范围很小。如果需要长期弱磁工作，必须采用特殊设计的永磁同步电动机。

（3）正弦波永磁同步电动机的直接转矩控制　与异步电动机类似，正弦波永磁同步电动机也可采用直接转矩控制，其结构图如图 11-18 所示。用与异步电动机类似的分析方法，也可以得到永磁同步电动机的电压矢量选择表。

正弦波永磁同步电动机定子磁链的计算公式可由定子电压平衡方程式推导得到。三相静止坐标系下永磁同步电动机的定子电压平衡方程式与电励磁同步电动机相同，如式（11-12）所示。通过坐标变换，将其变换到两相静止坐标系，有

$$\begin{cases} u_{s\alpha} = R_s i_{s\alpha} + \dfrac{\mathrm{d}\psi_{s\alpha}}{\mathrm{d}t} \\[2mm] u_{s\beta} = R_s i_{s\beta} + \dfrac{\mathrm{d}\psi_{s\beta}}{\mathrm{d}t} \end{cases} \tag{11-71}$$

　　由此，可以得到永磁同步电动机定子磁链的计算公式

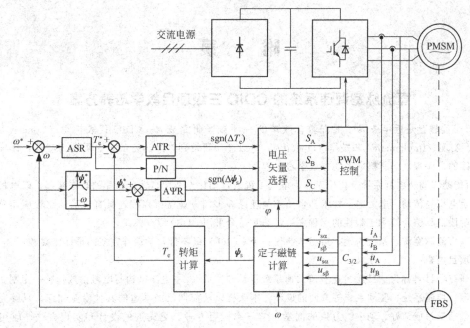

图 11-18　正弦波永磁同步电动机直接转矩控制系统结构图

$$\begin{cases} \psi_{s\alpha} = \int (-R_s i_{s\alpha} + u_{s\alpha}) \mathrm{d}t \\ \psi_{s\beta} = \int (-R_s i_{s\beta} + u_{s\beta}) \mathrm{d}t \\ \psi_s = \sqrt{\psi_{s\alpha}^2 + \psi_{s\beta}^2} \\ \varphi = \arctan \dfrac{\psi_{s\alpha}}{\psi_{s\beta}} \end{cases} \tag{11-72}$$

　　永磁同步电动机的转矩计算公式如式(11-66)所示。利用该式计算转矩时需要进行坐标旋转运算，比较复杂。对式(11-66)进行坐标变换，可以将其变换到两相静止坐标系

$$\begin{aligned} T_e &= n_p(\psi_{sd} i_{sq} - \psi_{sq} i_{sd}) \\ &= n_p \begin{bmatrix} \psi_{sd} & \psi_{sq} \end{bmatrix} \begin{bmatrix} 1 & 0 \\ 0 & 1 \end{bmatrix} \begin{bmatrix} i_{sq} \\ i_{sd} \end{bmatrix} \\ &= n_p \begin{bmatrix} \psi_{sd} & \psi_{sq} \end{bmatrix} C_{2r/2s} C_{2s/2r} \begin{bmatrix} i_{sq} \\ i_{sd} \end{bmatrix} \\ &= n_p(\psi_{s\alpha} i_{s\beta} - \psi_{s\beta} i_{s\alpha}) \end{aligned} \tag{11-73}$$

习　题

1. 同步电动机变压变频调速系统的特点是什么？基本类型有哪些？各自的优缺点是什么？

2. 自控变频同步电动机调速系统是如何组成的？为什么要用转子位置传感器？

3. 电励磁同步电动机自控变频调速系统的变频器结构有哪几种？各有什么特点？

4. 电励磁同步电动机矢量控制系统的基本工作原理是什么？如何实现功率因数的控制？

5. 梯形波永磁同步电动机自控变频调速系统和正弦波永磁同步电动机自控变频调速系统在结构、波形、组成原理、控制方法和调速性能方面有何不同？

6. 无刷直流电动机脉动转矩产生的原因有哪些？

附　　录

直流脉宽调速系统的 CDIO 三级项目教学培养方案

CDIO 工程教育是近年来国际工程教育改革的一项重要研究成果。CDIO 代表构思（Conceive）、设计（Design）、实现（Implement）和操作（Operate），它以产品研发到产品运行的生命周期为载体，让学生以主动的、实践的、课程之间有机联系的方式学习工程。

"电力传动与调速控制系统及应用"作为电气工程及自动化专业和自动化专业的必修课程，以电机控制为核心，涉及电机与传动、电力电子技术和自动控制理论等多门专业基础课程，具有明确的工程应用背景，是大学本科阶段最具综合性和工程性的课程之一，非常适合采用 CDIO 教育模式。

下面以直流脉宽调速系统为例，给出本课程一个 CDIO 三级项目教学培养方案的可操作案例。

一、项目内容

课程研究项目名称为"H 桥可逆直流调速系统设计与实验"。主电路结构与电机由教师统一定制。学生主要负责电源、控制系统、驱动系统等方面的设计。本课程以及前期已经学过的其他专业知识，足够完成该项目研究；鼓励学习成绩好、动手能力强的同学，学习掌握更专业、更先进的设计和实现方法，应用到项目中来。

学生需分组完成下述内容：

（1）完成立项申报

① 立项依据（项目的研究目的、研究的必要性和研究意义）。

② 项目的研究内容、研究目标以及拟解决的关键科学问题。

③ 拟采取的研究方案及可行性分析。

④ 本项目的特色与创新之处。

⑤ 研究计划及预期研究结果。

⑥ 研究基础与工作条件（包括团队成员介绍、技术条件等的论证）。

⑦ 项目参加人员简介。

⑧ 成本预算。

（2）完成项目研究报告

① 调速系统调节器设计：

➤ 系统稳态结构图和动态结构图。

➤ 动、静态性能指标分析。

➤ 调节器结构选型。

➤ 调节器参数设计。

➤ 动、静态性能指标校验。

② 电源设计及保护：

➤ 供电电源设计。

➤ 控制电源设计。

➤ 操作系统设计。

➤ 系统保护设计。

③ 完成设计图纸。

④ 系统仿真。

⑤ 项目报告及答辩用 PPT。

（3）完成实体制作与性能测试

① 产品零部件加工与采购。

② 产品组装与调试。

③ 性能测试竞赛。

二、组织方式

由任课教师和指导教师组成教学小组，分工合作，发挥指导教师的专长，对在 H 桥可逆直流调速系统设计与实验过程中的不同阶段进行辅导。

实施方案如附图 1 所示。

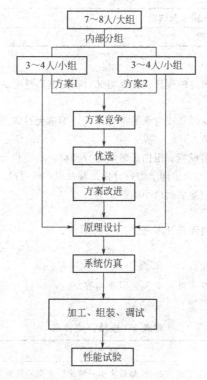

附图 1　三级项目实施方案

三级项目采取竞争式方案，首先 3~4 人一组进行方案设计，然后进行方案竞争，从所有学生中选若干组优秀方案，将方案提出人任命为课题组长，每个组长组织 7~8 人团队，继续进行项目优化、设计、制作。

各团队在进行 H 桥可逆直流调速系统设计与实验项目过程中，既要具有一定技术衔接，又要各有所重。项目实施过程中团队之间互评、互比、互助，形成有效竞争模式与协作模式。同时，为有效推进 H 桥可逆直流调速系统设计与实验实施效果，采取定期组织各组进行项目进展讨论、汇报的方式，解决所遇到的技术问题，有效推进各组进度。

各三级项目题目将在电力传动与控制课程开始时确定。

学生应根据项目题目及课程的进度，按时完成资料的查阅及控制系统调节器设计、电源设计、系统仿真和硬件搭建与试验等内容。

项目的课内学时要求学生集中对项目的研究工作进行相互评议及讨论。

三级项目将以答辩和竞赛的形式进行验收。

答辩结束后，学生需及时上交项目研究报告、图纸、实物。

三、进程安排

项目实施内容及时间规划见附表 1，共占 40 学时，占用"电力传动与调速控制系统"14 学时，其余为课外时间进行。

附表 1　项目实训内容及时间规划

时间安排	主要内容	备注
第 1~2 学时	H 桥可逆直流调速系统的整体构成，工作原理，设计要点	课内
第 3~4 学时	调速系统动、静态指标规划	课内
第 5~6 学时	调节器结构设计、参数优化	课内
第 7~12 学时	供电电源、控制电源设计	课外
第 13~16 学时	操作系统设计、系统保护设计	课外
第 17~20 学时	方案评比	课内
第 21~24 学时	系统仿真验证	课外
第 25~36 学时	软硬件设计、组装及试验	课外
第 37~40 学时	项目验收答辩	课内

四、考核方式和成绩评定标准

指导教师根据学生出勤情况、项目的设计制作及测试、研究报告等方面的情况综合评定每个学生的项目成绩。

项目执行期间，严格考勤。学生必须按时参加项目研究，不准无故缺席、早退。在项目研究中表现突出的学生将给予奖励，并记入考核成绩。

每位同学的三级项目成绩由小组成绩和组内成绩两部分构成。小组得分为组内所有同学的平均分（项目设计、制作及实验和研究报告得分），每位同学的得分依据其在组内的贡献，在小组平均分的基础上浮动。组内得分由各小组成员自行讨论确定，签字后由小组组长上报。

成绩评定标准如附表 2 所示。

注：不参加研究项目的学生本门课程计零分。

五、三级项目研究报告要求

项目报告主要包括以下主要内容：

(1) 封面　封面设计应美观大方，且至少包含以下内容。

项目名称：

附表 2　成绩评定标准

评定条目	评定标准	备注
本组学生自评分(20 分)	由本组学生相互打分，最后由组长签字后上交给指导教师，每组学生平均分不超过 16 分，最高分与最低分的分差不小于 5 分。重点考察学生在整个项目完成过程中的贡献大小	答辩前给定
指导教师评分(20 分)	由指导教师根据学生出勤、平时表现、仿真及实验结果等给学生打分。平均分为 16 分	答辩前给定
项目设计、制作及实验(共 50 分)	一、答辩汇报 25 分 (1)H 桥可逆调速系统整体结构电气连接图 (2)控制系统动、静态结构框图 (3)调节器选型及参数优化设计 (4)供电电源设计原理图 (5)控制电源设计原理图 (6)操作系统设计原理图 (7)控制系统仿真结果 二、实物竞赛 25 分 (1)成本 (2)性能测试结果	对于创新设计给予奖励 2 分。优秀合作团队每人增加 1 分
研究报告(10 分)	研究报告整理、撰写	

姓　　名：

指导教师：

日　　期：

（2）摘要　摘要应简明、确切地记述报告的重要内容，150 字左右，摘要后应注明 3～5 个关键词。

（3）前言　前言简要说明项目研究报告的目的和范围，介绍相关领域所做的工作和研究的概况，研究报告的意图、预期的结果及项目组分工。

（4）研究报告正文　包括介绍相关项目开展的研究内容的基本原理、所采用的研究方法及相关工具；详细说明项目的方案设计；给出研究结果并讨论等。主要提纲如下：

① 调速控制系统设计（包括动、静态性能指标规划，控制系统动、静态数学模型建立，调速系统总体结构设计，调节器选型及参数优化设计等）。

② 电源及操作系统设计（包括供电电源设计、控制电源设计、操作系统设计以及系统保护设计等）。

③ 计算机仿真（主要是调速系统动、静态性能仿真）。

④ 实物制作。

⑤ 性能测试（总体参数测试）。

（5）结论　研究报告的总结简要总结主要工作、主要结果、心得感受、主要发现以及下一步应当开展的主要工作等。

注意：

① 报告总字数要求 5000 字以上，字迹工整，图文规范。

② 每个课程都要交单独的项目报告。

③ 各组报告所选取内容要独立完成，若雷同，将会严重影响成绩；同时各个小组成员也要有明确的分工和合作。

④ 要在汇报的前一天前提交研究报告电子版和纸质文档。

六、参考资料的检索及来源

资料查询：根据课题题目，收集国内外资料，进行论文检索、专利检索、图片检索、视频检索、网页检索、新闻检索，以了解该课题的研究背景及研究目的，以及国内外的研究进展情况。

参 考 文 献

[1] 顾绳谷. 电机及拖动基础. 第2版. 北京：机械工业出版社，1999.

[2] Bowes S R. New sinusoidal pulse width modulated inverter. Proc IEE Electric Power Applications, 1975, 122 (11): 1279-1285.

[3] 李志民. 电气工程概论. 北京：电子工业出版社，2011.

[4] 范瑜. 电气工程概论. 北京：高等教育出版社，2006.

[5] 陈伯时. 电力拖动自动控制系统. 第3版. 北京：机械工业出版社，2003.

[6] 杨耕，罗应立. 电机与运动控制系统. 北京：清华大学出版社，2006.

[7] 李发海，王岩. 电机与拖动基础. 第3版. 北京：清华大学出版社，2005.

[8] 王兆安，刘进军. 电力电子技术. 第5版. 北京：机械工业出版社，2009.

[9] 王立乔，孙孝峰. 分布式发电系统中的光伏发电技术. 北京：机械工业出版社，2010.

[10] 林渭勋. 现代电力电子技术. 北京：机械工业出版社，2006.

[11] 孙孝峰，顾和荣，王立乔，等. 高频开关型逆变器及其并联并网技术. 北京：机械工业出版社，2011.

[12] 韩安荣. 通用变频器及其应用. 第2版. 北京：机械工业出版社，2000.

[13] 孙孝峰，王立乔. 三相变流器调制与控制技术. 北京：国防工业出版社，2010.

[14] 吴守箴，臧英杰. 电气传动的脉宽调制控制技术. 北京：机械工业出版社，1995.

[15] 陈国呈. PWM变频调速及软开关电力变换技术. 北京：机械工业出版社，2001.

[16] 王立乔，林平，张仲超. 最小开关损耗空间矢量调制的谐波分析. 电力系统自动化，2003，27 (21): 30-34.

[17] 王立乔. 错时采样空间矢量调制技术研究. 杭州：浙江大学，2003.

[18] 李建林，王立乔. 载波相移调制技术及其在大功率变流器中的应用. 北京：机械工业出版社，2009.

[19] 王立乔，黄玉水，张仲超. 多电平变流器多载波PWM技术的研究. 浙江大学学报：工学版，2005，39 (7): 1025-1030.

[20] 陈隆昌. 控制电机. 第3版. 西安：西安电子科技大学出版社，2000.

[21] 赵岩. 编码器测速方法的研究. 北京：中国科学院，2003.

[22] 李华德. 电力拖动自动控制系统. 北京：机械工业出版社，2008.

[23] 夏德钤. 自动控制理论. 第4版. 北京：机械工业出版社，2012.

[24] 李友善. 自动控制原理. 第3版. 北京：国防工业出版社，2005.

[25] 阮毅，陈伯时. 电力拖动自动控制系统：运动控制系统. 第4版. 北京：机械工业出版社，2010.

[26] Bose B K. Modern Power Electronics and AC Drives. Prentice Hall, 2002.

[27] Bose B K. 现代电力电子学与交流传动. 王聪，译. 北京：机械工业出版社，2005.

[28] 汤蕴璆，史乃. 电机学. 北京：机械工业出版社，1999.

[29] 许大中. 交流电机调速理论. 杭州：浙江大学出版社，1991.

[30] 陈伯时，陈敏逊. 交流调速系统. 北京：机械工业出版社，1998.

[31] Depenbrock M. Direct Self Control of Inverter-fed Induction Machines. IEEE Trans PE, 1988 (4).

[32] 李夙. 异步电动机直接转矩控制. 北京：机械工业出版社，1994.

[33] 王克成，余达太. 感应电机双馈调速的三种最佳控制方法. 北京科技大学学报，1999，21 (4).

[34] 曹晓鸽. 泵站电机双馈调速系统的研究. 淮南：安徽理工大学，2012.

[35] 张崇巍，张兴. PWM整流器及其控制. 北京：机械工业出版社，2005.

[36] 李建林，许洪华. 风力发电系统中的电力电子技术. 北京：机械工业出版社，2008.

[37] 马小亮. 大功率交-交变频调速及矢量控制技术. 北京：机械工业出版社，1996.

[38] 陈构宜. 同步电动机气隙磁场定向矢量控制技术的研究. 武汉：华中科技大学，2011.

[39] 韦鲲，熊宇，张仲趣. 无刷直流电机PWM调制方式的优化研究. 浙江大学学报：工学版，2005，39 (7): 1038-1042.

[40] 周美兰，高肇明，吴晓刚等. 五种PWM方式对直流无刷电机系统换相转矩脉动的影响. 电机与控制学报，2013，17 (7): 15-21.

化学工业出版社专业图书推荐

ISBN	书　　名	定价
29111	西门子 S7-200 PLC 快速入门与提高实例	48
29150	欧姆龙 PLC 快速入门与提高实例	78
29155	西门子 S7-300 PLC 快速入门与提高实例	48
29156	西门子 S7-400 PLC 快速入门与提高实例	68
29084	三菱 PLC 快速入门及应用实例	68
28669	一学就会的 130 个电子制作实例	48
28918	维修电工技能快速学	49
28987	新型中央空调器维修技能一学就会	59.8
28745	AVR 单片机很简单：C 语言快速入门及开发实例	98
28840	电工实用电路快速学	39
29154	低压电工技能快速学	39
28914	高压电工技能快速学	39.8
28923	家装水电工技能快速学	39.8
28932	物业电工技能快速学	48
28663	零基础看懂电工电路	36
28866	电机安装与检修技能快速学	48
28459	一本书学会水电工现场操作技能	29.8
28479	电工计算一学就会	36
28093	一本书学会家装电工技能	29.8
28482	电工操作技能快速学	39.8
28480	电子元器件检测与应用快速学	39.8
28544	电焊机维修技能快速学	39.8
28303	建筑电工技能快速学	28
28378	电工接线与布线快速学	49
25201	装修物业电工超实用技能全书	68
27369	AutoCAD 电气设计技巧与实例	49
27022	低压电工入门考证一本通	49.8
26890	电动机维修技能一学就会	39
26619	LED 照明应用与施工技术 450 问	69
26567	电动机维修技能一学就会	39
26330	家装电工 400 问	39
26320	低压电工 400 问	39
26318	建筑弱电电工 600 问	49
26316	高压电工 400 问	49
26291	电工操作 600 问	49
26289	维修电工 500 问	49
26002	一本书看懂电工电路	29
25881	一本书学会电工操作技能	49
25291	一本书看懂电动机控制电路	36
25250	高低压电工超实用技能全书	98
27467	简单易学 玩转 Arduino	89
27930	51 单片机很简单——Proteus 及汇编语言入门与实例	79
27024	一学就会的单片机编程技巧与实例	46
10466	Visual Basic 串口通信及编程实例(附光盘)	36
24650	单片机应用技术项目化教程——基于 STC 单片机(陈静)	39.8
20309	单片机 C 语言编程就这么容易	49
20522	单片机汇编语言编程就这么容易	59
19200	单片机应用技术项目化教程(陈静)	49.8
19939	轻松学会滤波器设计与制作	49
21068	轻松掌握电子产品生产工艺	49

ISBN	书　　　名	定价
21004	轻松学会 FPGA 设计与开发	69
20507	电磁兼容原理、设计与应用一本通	59
20240	轻松学会 Protel 电路设计与制版	49
22124	轻松学通欧姆龙 PLC 技术	39.8
20805	轻松学通西门子 S7-300 PLC 技术	58
20474	轻松学通西门子 S7-400 PLC 技术	48
21547	半导体照明技术技能人才培养系列丛书(高职)——LED 驱动与智能控制	59
21952	半导体照明技术技能人才培养系列丛书(中职)——LED 照明控制	49
20733	轻松学通西门子 S7-200PLC 技术	49
19998	轻松学通三菱 PLC 技术	39
25170	实用电气五金手册	138
25150	电工电路识图 200 例	39
24509	电机驱动与调速	58
24162	轻松看懂电工电路图	38
24149	电工基础一本通	29.8
24088	电动机控制电路识图 200 例	49
24078	手把手教你开关电源维修技能	58
23470	从零开始学电动机维修与控制电路	88
22847	手把手教你使用万用表	78
22836	LED 超薄液晶彩电背光灯板维修详解	79
22829	LED 超薄液晶彩电电源板维修详解	79
22827	矿山电工与电路仿真	58
22515	维修电工职业技能基础	79
21704	学会电子电路设计就这么容易	58
21122	轻松掌握电梯安装与维修技能	78
21082	轻松看懂电子电路图	39
20494	轻松掌握汽车维修电工技能	58
20395	轻松掌握电动机维修技能	49
20376	轻松掌握小家电维修技能	39
20356	轻松掌握电子元器件识别、检测与应用	49
20163	轻松掌握高压电工技能	49
20162	轻松掌握液晶电视机维修技能	49
20158	轻松掌握低压电工技能	39
20157	轻松掌握家装电工技能	39
19940	轻松掌握空调器安装与维修技能	49
19939	轻松学会滤波器设计与制作	49
19861	轻松看懂电动机控制电路	48
19855	轻松掌握电冰箱维修技能	39
19854	轻松掌握维修电工技能	49
19244	低压电工上岗取证就这么容易	58
19190	学会维修电工技能就这么容易	59
18814	学会电动机维修就这么容易	39
18813	电力系统继电保护	49
18736	风力发电与机组系统	59
18015	火电厂安全经济运行与管理	48
15726	简明维修电工手册	78

欢迎订阅以上相关图书

图书详情及相关信息浏览：请登录 http:// www.cip.com.cn

购书咨询：010-64518800

邮购地址：北京市东城区青年湖南街 13 号化学工业出版社（100011）

如欲出版新著，欢迎投稿 E-mail：editor2044@sina.com